普通高等教育计算机系列教材

AutoCAD 2011 及天正建筑 8.2

应 用 教 程

曹 磊 朱 一 主编

机 械 工 业 出 版 社

本书由浅入深、循序渐进地介绍了 AutoCAD 2011 和天正建筑软件 TArch 8.2 的基本功能和应用技巧。全书内容翔实，图文并茂，语言简洁，思路清晰，充分考虑了内容的系统性，结构安排合理，设计案例选取典型。本书融合了大量的工程实例，并在每章最后提供了实训环节和操作练习，具有较强的实用性。通过案例教学和实训教学，使读者能够在较短的时间内熟练地掌握 AutoCAD 2011 和 TArch 8.2 的操作方法与应用技巧。

本书适合作为高等院校、高职高专等工科院校的教材使用，也可以作为建筑设计初学者和相关工程技术人员的入门与提高教材或参考工具书。

图书在版编目（CIP）数据

AutoCAD 2011 及天正建筑 8.2 应用教程/曹磊，朱一主编．—北京：机械工业出版社，2011.5（2025.1 重印）
普通高等教育计算机系列教材
ISBN 978-7-111-34837-5

Ⅰ．①A… Ⅱ．①曹… ②朱… Ⅲ．①建筑设计：计算机辅助设计－应用软件，AutoCAD、TArch 8.2－高等学校－教材 Ⅳ．①TU201.4

中国版本图书馆 CIP 数据核字（2011）第 096553 号

机械工业出版社（北京市百万庄大街 22 号 邮政编码 100037）
策划编辑：唐德凯
责任编辑：唐德凯 和庆娣
责任印制：单爱军
北京虎彩文化传播有限公司印刷

2025 年 1 月第 1 版・第 13 次印刷
184mm×260mm・21.75 印张・534 千字
标准书号：ISBN 978-7-111-34837-5
定价：69.00 元

电话服务
客服电话：010-88361066
010-88379833
010-68326294

网络服务
机 工 官 网：www.cmpbook.com
机 工 官 博：weibo.com/cmp1952
金 书 网：www.golden-book.com
机工教育服务网：www.cmpedu.com

出版说明

信息技术是当今世界发展最快、渗透性最强、应用最广的关键技术，是推动经济增长和知识传播的重要引擎。在我国，随着国家信息化发展战略的贯彻实施，信息化建设已进入了全方位、多层次推进应用的新阶段。现在，掌握计算机技术已成为21世纪人才应具备的基础素质之一。

为了进一步推动计算机技术的发展，满足计算机学科教育的需求，机械工业出版社聘请了全国多所高等院校的一线教师，进行了充分的调研和讨论，针对计算机相关课程的特点，总结教学中的实践经验，组织出版了这套“普通高等教育计算机系列教材”。

本套教材具有以下特点：

（1）反映计算机技术领域的新发展和新应用。

（2）注重立体化教材的建设，多数教材配有电子教案、习题与上机指导或多媒体光盘等。

（3）针对多数学生的学习特点，采用通俗易懂的方法讲解知识，逻辑性强、层次分明、叙述准确而精炼、图文并茂，使学生可以快速掌握，学以致用。

（4）符合高等院校各专业人才的培养目标及课程体系的设置，注重培养学生的应用能力，强调知识、能力与素质的综合训练。

（5）适合各类高等院校、高等职业学校及相关院校的教学，也可作为各类培训班和自学用书。

机械工业出版社

前 言

AutoCAD 2011 是美国 Autodesk 公司于 2010 年开发的 AutoCAD 软件的最新版本，它拥有强大且直观的用户界面，利用它可以快速、轻松地进行建筑工程辅助设计。另外，在实际的建筑工程设计中，更多的用户选择采用二次开发的专业软件来完成图形绘制，尤其是天正建筑软件。本教材针对天正软件公司开发的天正建筑软件的最新版本 TArch 8.2 做了详细介绍，它能够在最新的 AutoCAD 2011 图形平台中运行。

本书根据编者多年来的教学和实践经验，针对建筑类专业对计算机绘图的要求和最新的制图标准编写而成，由浅入深、循序渐进地介绍了 AutoCAD 2011 和 TArch 8.2 的基本功能和应用技巧，内容丰富，结构清晰，语言简练，并融合了大量的工程实例，另外，还包括大量的三维空间建模和渲染等案例，并在每章最后提供了实训环节和操作练习，具有较强的实用性。通过案例教学和实训教学，使读者能够在较短的时间内熟练地掌握 AutoCAD 2011 和 TArch 8.2 的操作方法与应用技巧。

本书共分为 13 章，内容包括：第 1 章 AutoCAD 2011 基本知识，第 2 章 AutoCAD 2011 绘图基础，第 3 章 二维图形的绘制，第 4 章 二维图形的编辑，第 5 章 创建文字和表格，第 6 章 图形尺寸标注，第 7 章 图块应用与图案填充，第 8 章 图形输出，第 9 章 三维图形的绘制，第 10 章 建筑图绘制实例，第 11 章 天正建筑软件概述，第 12 章 天正建筑平面图的绘制，第 13 章 天正建筑立面图与剖面图的绘制。

本书内容翔实，图文并茂，语言简洁，思路清晰，充分考虑了内容的系统性，结构安排合理，设计案例选取典型。为了方便教师、学生以及自学者使用，本书配有全程课件以及所有例题、实训、习题的 AutoCAD 图形文件，读者可到机械工业出版社网站下载，网址是 http://www.cmpedu.com。

本教材由曹磊、朱一主编，其中第 1、2 章由曹磊编写，第 3 章由孙斌编写，第 4、5 章由朱一编写，第 6 章由杨玉东编写，第 7、8 章由李乃宏编写，第 9 章的 9.1~9.3 节由付义刚编写，第 9 章的 9.4~9.7 节由陈忠编写，第 10 章的 10.1~10.3 节由张加强编写，第 10 章的 10.4~10.7 节由刘培山编写，第 11 章的 11.1 节由郭璐青、徐维维、缪丽丽、骆秋容、臧顺娟、翟丽娟、岳香菊编写，第 11 章的 11.2 节由刘克纯、崔瑛瑛、孙洪玲、李晓娟、魏蔚、赵俊杰张丽娜编写，第 11 章的 11.3~11.4 节由庄建新、张国胜、巩义云、杨柳、岳爱英、马春锋、胡楠编写，第 12 章由王秋生编写，第 13 章由徐金平编写。全书由曹磊统稿，刘瑞新审阅。在编写过程中得到了许多同行的帮助和支持，在此表示感谢。由于编者水平有限，书中难免有不妥之处，欢迎读者对本书提出宝贵意见和建议。

本书适合作为高等院校、高职高专等工科院校的教材使用，也可以作为建筑设计初学者和相关工程技术人员的入门与提高教材或参考工具书。

编 者

目　录

第1章　AutoCAD 2011 基本知识

AutoCAD（Auto Computer Aided Design）是由美国 Autodesk 公司开发的通用计算机辅助绘图和设计软件，具有强大的图形绘制功能和图形编辑功能，广泛应用于建筑、机械、造船、纺织、轻工、冶金、土木工程等领域。AutoCAD 具有易学易用、使用方便、体系结构开放等诸多优点。经过多次的版本更新和性能完善，现在已经发展到 AutoCAD 2011 版本。AutoCAD 2011 为从事各种专业设计的客户提供了强大的功能和灵活性，可以帮助用户更好地完成设计和文档编制工作。

1.1　AutoCAD 简介

1.1.1　AutoCAD 软件发展

AutoCAD 是美国 Autodesk 公司于 20 世纪 80 年代初为计算机上应用 CAD（Computer Aided Design）技术而开发的绘图程序软件包，经过不断完善，已经成为国际上广为流行的绘图工具。AutoCAD 具有良好的用户界面，通过交互式菜单或命令行方式便可以进行各种操作。它的多文档设计环境，让非计算机专业人员也能很快地学会使用，在不断实践的过程中更好地掌握其各种应用和开发技巧，从而不断提高工作效率。AutoCAD 具有广泛的适应性，它可以在多种操作系统上运行，这些都为 AutoCAD 的普及创造了优越的条件。AutoCAD 可以绘制任意二维和三维图形，目前，它已经在建筑、规划、测绘、航空航天、造船、机械、电子等众多领域得到了广泛应用，并取得了丰硕的成果和巨大的经济效益。

AutoCAD 的发展过程可分为初级阶段、发展阶段、高级发展阶段、完善阶段和进一步完善阶段。

1）初级阶段：AutoCAD 1.0 于 1982 年 11 月正式出版，容量为一张 360KB 的软盘，其执行方式类似 DOS 命令。从 1982 年 11 月的 AutoCAD 1.0 到 1984 年 10 月的 AutoCAD 2.0 经历了五个版本的更新。

2）发展阶段：从 1985 年 5 月到 1987 年末经历了 AutoCAD 2.17、AutoCAD 2.18、AutoCAD 2.5、AutoCAD 9.0 和 AutoCAD 9.03 五个版本，出现了状态行、下拉式菜单和 3D 功能。

3）高级发展阶段：1988 年 8 月的 AutoCAD 10.0 开始出现图形界面的对话框，CAD 的功能已经比较齐全，1992 年发布的 AutoCAD 12.0 采用 DOS 操作环境，并出现了工具条，具有成熟完备的功能，还提供了完善的 AutoLisp 语言进行二次开发。许多机械、建筑和电路设计的专业 CAD 模块就是在这一版本上开发的。

4）完善阶段：从 1996 年起，AutoCAD 经历了三个版本，逐步由 DOS 平台转向 Windows 平台。1997 年 4 月，推出了划时代的 AutoCAD R14 版本，适应 Pentium 机型及 Windows 95/NT 操作环境，实现了 Internet 网络连接，提供了无所不到的工具条，使用更加方便快捷。1999

年 1 月推出了 AutoCAD 2000 版本，提供了更开放的二次开发环境，出现了 Visual Lisp 独立编程环境，3D 绘图及编辑更为方便。

5）进一步完善阶段：AutoCAD 经历了多个版本，功能逐渐加强。2001 年 6 月 Autodesk 公司向用户发布了 AutoCAD 2002 版本，2003 年 3 月推出了 AutoCAD 软件的划时代版本 AutoCAD 2004 简体中文版，2004 年 3 月推出了 AutoCAD 2005 版本，2005 年 3 月推出了 AutoCAD 2006 版本。2006 年 3 月 AutoCAD 2007 发行，2007 年 3 月 AutoCAD 2008 发行，2008 年 3 月 AutoCAD 2009 发行，2009 年 3 月 AutoCAD 2010 发行，本书中所介绍的 AutoCAD 2011 版本于 2010 年 4 月发布。

1.1.2 AutoCAD 2011 基本功能

AutoCAD 2011 具有简便易学、精确高效、功能强大、体系结构开放等优点，能够绘制平面二维图形及三维图形。用户可以使用它来创建、浏览、管理、打印、输出和共享设计图形。AutoCAD 2011 软件具有以下基本功能。

1）具有完善的图形绘制功能。用户可以使用多种方式创建基本图形对象。

2）具有强大的图形编辑功能。用户可以更加方便地进行图形绘制和提高绘图效率。使用编辑功能还可以创建出更加复杂的图形对象。

3）具有图层管理功能。图形对象都位于设定的图层上，用户可方便地设定图层的颜色、线型和线宽等特性，还可以方便地控制图层的显示和锁定等特性。

4）具有强大的三维造型功能。用户可以创建基本的三维实体对象和复杂的三维对象，并且可以使用三维对象的编辑功能来创建更加复杂的三维对象。

5）具有图形渲染功能。用户可通过光源、材质、环境的设置，得到三维图形的真实效果，可以创建一个能够表达用户想法的真实照片级质量的演示图像。渲染是一个非常有效的交流想法与显示图形真实效果的工具。

6）具有数据交换功能。AutoCAD 提供了多种图形图像数据交换格式及相应命令。

7）具有尺寸标注和文字输入功能。用户可以创建多种类型的尺寸标注，并可进行标注样式的自定义，还可以方便地进行图形的文字标注和编辑。

8）具有图形输出功能。AutoCAD 支持绝大多数的输出设备并提供强大的打印输出功能，另外，用户还可以进行多种图形格式的转换，具有较强的数据交换能力。

9）具有二次开发和用户定制功能。AutoCAD 允许用户定制菜单和工具栏，并能利用内嵌语言 Autolisp、Visual Lisp、VBA、ADS、ARX 等进行二次开发。

1.1.3 AutoCAD 2011 新增功能

在 AutoCAD 的每个发展阶段都有多个版本的更新，每一版本都是在原有的基础上增添了许多新功能，从而使 AutoCAD 系统更加完善。AutoCAD 2011 在三维建模、参数化图形、绘图工具、生产率等几大方面进行了改进，增强和完善了部分功能。

借助 AutoCAD 2011 中的自由形状设计工具，用户几乎可以创建所有可以想象的形状。AutoCAD 2011 软件中的许多重要功能都实现了自动化，能够帮助用户提高工作流程效率，更顺利地迁移到三维设计环境。除了上述功能以外，它还具有许多其他新功能，下面针对 AutoCAD 2011 的新增功能予以介绍。

1．三维增强功能

AutoCAD 2011 的三维功能在曲面建模、网格建模、实体建模和三维工具等方面得到了增强。下面分别对这些功能进行介绍。

1）曲面建模：通过曲面建模，用户可以将多个曲面作为一个关联组或者以一种更自由的形式进行编辑。AutoCAD 2011 提供了程序曲面和 NURBS 曲面，程序曲面可以是关联曲面，即保持与其他对象间的关系，以便将它们作为一个组进行处理；NURBS 曲面不是关联曲面，此类曲面具有控制点，使用户能够以一种更自然的方式对其进行造型。

2）网格建模：AutoCAD 2011 增强了网格面对象的修改工具，如可以选择相邻网格面并将其合并来创建单个面；对平滑网格面进行拉伸时，相邻面会在拉伸时进行合并，通过更改设置，还可以将面拉伸形成单独的丘；可以旋转相邻三角面的边来更改面的方向；也可以通过合并选定网格面或边的顶点来修复网格中的孔。

3）实体建模：在 AutoCAD 2011 中，用户可以使用“圆角边”（FILLETEDGE）和“倒角边”（CHAMFEREDGE）两个新命令为三维实体的边生成圆角或倒角。执行命令时，选择要修改的一条或多条边，然后单击并拖动这些边，以便调整和预览圆角或倒角的效果。

4）改进的三维工具：在绘制复杂的三维图形时，要想选择其中的对象是比较困难的。AutoCAD 2011 提供了三个新的系统变量用以简化这一过程，如增强的选择循环（SELECTIONCYCLING）、用于控制将光标悬停在一个对象上或选择该对象时亮显哪些子对象（CULLINGOBJ）、用于控制将光标悬停在多个对象上或选择这些对象时亮显哪些对象（CULLINGOBJSELECTION）。另外，通过旋转、拉伸、放样和扫掠操作，用户可以基于非平面对象、实体边对象或曲面边对象创建实体和曲面，同时还可以指定将创建曲面还是实体。

2．参数化图形

1）推断几何约束：在 AutoCAD 2011 中，用户可以通过在绘制或编辑几何图形期间推断约束来了解设计意图。只有当对象符合约束条件时，才能推断约束。用户可以在应用程序状态栏中启用或禁用“推断约束”按钮。需要注意的是，推断约束功能需与对象捕捉和极轴追踪功能配合使用。如果在启用推断约束时执行移动、复制或拉伸操作，则可以在正在编辑的对象与将捕捉到的对象之间，应用重合、垂直、平行或相切约束。当通过夹点编辑一条线的端点，以便沿另一条线的端点进行水平或垂直追踪时，会对该线应用水平或垂直约束。

2）定义参数组和过滤器：在 AutoCAD 2011 中，用户可以通过在参数管理器中定义参数组和过滤器来约束几何图形。“参数管理器”选项板中将会显示图形中可以使用的所有关联变量（标注约束变量和用户定义变量）。用户可以在此创建、编辑、重命名、编组和删除关联变量。参数组通常包含为当前空间定义的所有参数的子集。用户可以将参数拖到定义的组过滤器中。

3．绘图工具

1）图案填充：在 AutoCAD 2011 中使用图案填充时，若将光标移至闭合区域上，则可预览图案填充效果；可以为填充图案指定背景色；可以指定只应用于图案填充和填充的透明度设置；使用夹点和夹点菜单调整关联或非关联图案填充（包括无边界图案填充）的形状。当创建或编辑图案填充时，在功能区将自动显示特定于图案填充的上下文选项卡。若要编辑图案填充，只需选择该图案填充，然后更改图案填充特性即可，任何特性更改都会立即生效。这比以往版本的通过“图案填充对话框”进行操作的效率要提高很多。另外，程序默认将所有图案填充的绘图次序设定为在其他对象之后。用户也可根据需要自行定义绘图次序。

2）透明度：用户可使用功能区或特性选项板为所有对象指定透明度。使用“透明度”滑块左侧的下拉按钮可将选定的对象或新对象的透明度设定为“ByLayer”、“ByBlock”或“值”，对象透明度在图形中会显示出来。出于性能原因的考虑，默认情况下在打印输出时是禁用透明效果的。

3）应用材质：AutoCAD 2011 提供了一个含有预定义材质的大型材质库。用户可以使用材质浏览器查看或搜索材质，并将它们应用于图形中的对象。还可以使用材质编辑器创建和修改材质。

4）绘图和编辑：在 AutoCAD 2011 中，用户可以使用多功能夹点修改多段线、样条曲线和非关联多段线图案填充对象。多功能夹点提供了一种可替代“多段线编辑”和“样条曲线编辑”命令的更轻松的编辑方法。使用多功能夹点可以修改对象的位置、大小和方向，以及重塑对象的形状。

4．生产率

1）学习工具：在 AutoCAD 2011 中首次应用了基于 Web 的帮助。按〈F1〉键即可获得详细信息及指向相关资源的链接。在“欢迎屏幕”界面上，以动画视频形式概述了基本任务和工作流程。

2）界面增强：在 AutoCAD 2011 的三维工作空间中，新增了用于实体、曲面和网格建模工具的单独选项卡。新增了导航栏，可以轻松访问常用的导航工具，用户可以控制导航栏的显示、位置和方向。新增了专为三维建模新手设计的三维基础工作空间。

1.1.4 AutoCAD 2011 软硬件需求

AutoCAD 2011 具有广泛的适用性，它可以在多种操作系统支持的计算机上运行。在程序安装过程中将会自动检测 Windows 操作系统是 32 位还是 64 位的版本，然后自动安装合适版本的 AutoCAD。用户需要确保计算机能够满足最低系统需求，如果系统不能满足这些需求，则可能会出现运行不正常的情况。AutoCAD 2011 的软硬件需求见下表所示。

表　AutoCAD 2011 软硬件需求

操作系统	Microsoft Windows XP，Windows Vista，Windows 7
浏览器	Internet Explorer 7.0 或更高版本
处理器	Windows XP - Intel Pentium 4 或 AMD Athlon™ Dual Core，1.6 GHz 或更高； Windows Vista 或 Windows 7 - Intel Pentium 4 或 AMD Athlon Dual Core，3.0 GHz 或更高。
内存	2 GB RAM
显示器分辨率	1024 × 768 以上真彩色
硬盘	2.0 GB 以上
三维建模需求	Intel Pentium 4 或 AMD Athlon 处理器，3.0 GHz 或更高；Intel 或 AMD Dual Core 处理器，2.0 GHz 或更高；2 GB RAM 或更大；2 GB 可用硬盘空间（不包括安装）； 1280 × 1024 32 位彩色视频显示适配器（真彩色），具有 128 MB 或更大显存、采用 Pixel Shader 3.0 或更高版本、且支持 Direct3D 的工作站级图形卡

1.2 AutoCAD 2011 工作界面

AutoCAD 的工作界面是用以显示和编辑图形的区域，AutoCAD 2011 的工作界面继承了前一版本 AutoCAD 2010 的基本特点，另外，在启动选项、功能区、选项板、状态栏等处又增加了许多新的选项。

1.2.1 首次启动 AutoCAD 2011

用户可以通过从“开始”菜单中选择 AutoCAD 2011 或双击电脑桌面上的 AutoCAD 2011 图标来启动该程序。第一次启动 AutoCAD 2011 时，系统将会弹出一个“欢迎屏幕”对话框，此处与以往的版本不同，用户可以在此看到 AutoCAD 2011 主要功能的视频介绍，主要有新功能概述、预览用户界面、创建和编辑二维对象、创建文字和标注、打印图形布局、将二维对象转换为三维对象、创建和修改三维网格等视频。另外，还可以选择查看“新功能专题研习”、“学习途径”、“更多视频”和“联机帮助”等内容，如图 1-1 所示。用户还可以在此选择每次启动程序时是否显示该“欢迎屏幕”对话框。

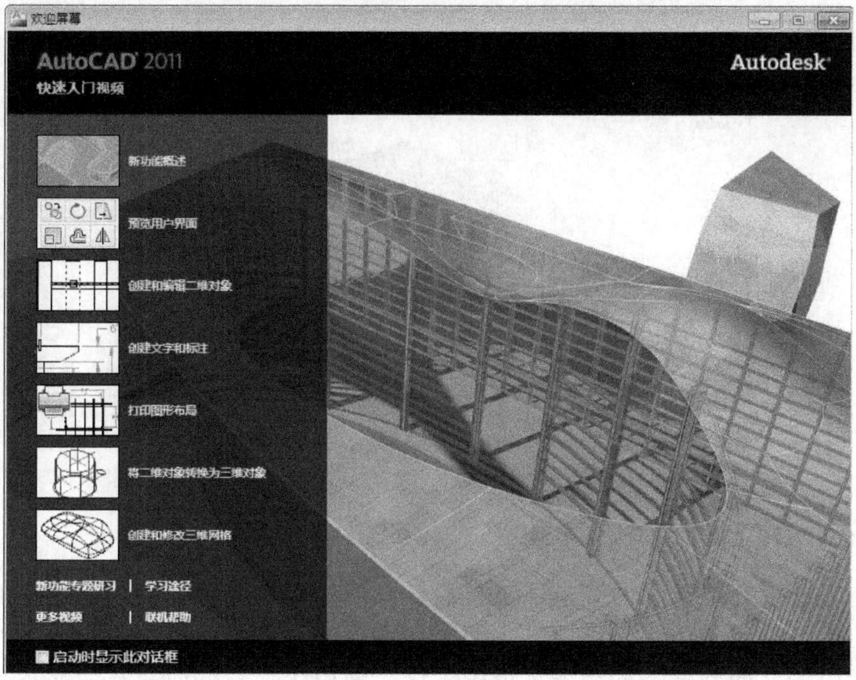

图 1-1 “欢迎屏幕”对话框

选择“新功能概述”选项，程序将会弹出“欢迎屏幕播放器”窗口，并自动播放相关的视频，如图 1-2 所示。

选择“新功能专题研习”选项，程序将自动链接到网络，并进入“新功能专题研习”网页，如图 1-3 所示。在“新功能专题研习”窗口中，详细介绍了 AutoCAD 2011 版本所增加的新功能，每个功能都有具体的绘图操作演示和文字说明，是 AutoCAD 用户学习新功能的好地方。

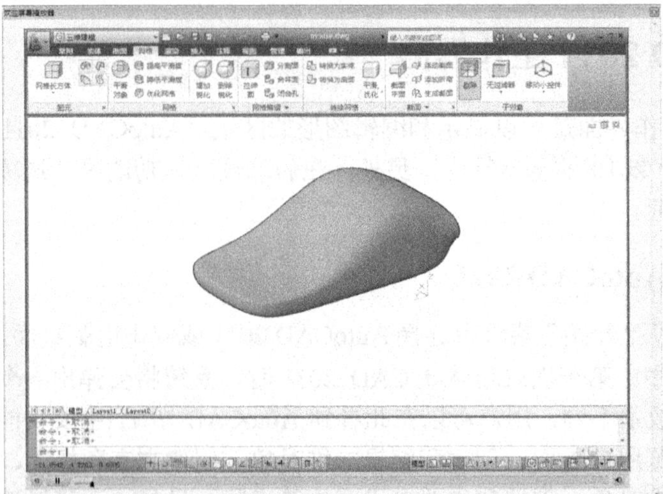

图 1-2 “欢迎屏幕播放器”窗口

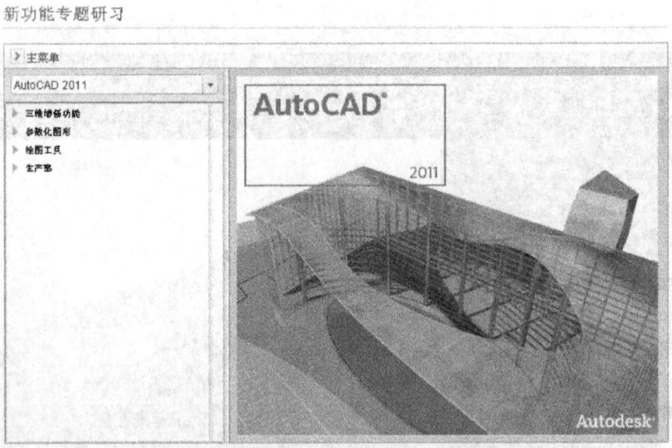

图 1-3 “新功能专题研习”窗口

1.2.2 AutoCAD 2011 的工作空间

工作空间是由分组组织的菜单、工具栏、选项板和功能区控制面板组成的集合，用户可将它们进行编组和组织来创建一个面向任务的绘图环境。利用不同的工作空间可以使用户在专门的、面向任务的绘图环境中工作。使用工作空间时，只会显示与任务相关的菜单、工具栏和选项板。用户还可使用自动显示功能区，即带有特定任务的控制面板的特殊选项板。

AutoCAD 2011 提供了四种用户工作空间，分别是 AutoCAD 经典、二维草图与注释、三维基础和三维建模，可通过窗口右下角的“切换工作空间”快捷菜单或窗口左上角“快速启动工具栏”中的“工作空间下拉菜单”进行切换。用户还可根据个人需要来进行自定义工作空间。当更改工作空间设置（例如移动、隐藏或显示工具栏或工具选项板组）并希望保留该设置以备将来使用时，用户可以将当前设置保存到工作空间中。

当用户将工作空间切换至“AutoCAD 经典”时，程序界面将切换为如图 1-4 所示的状态。

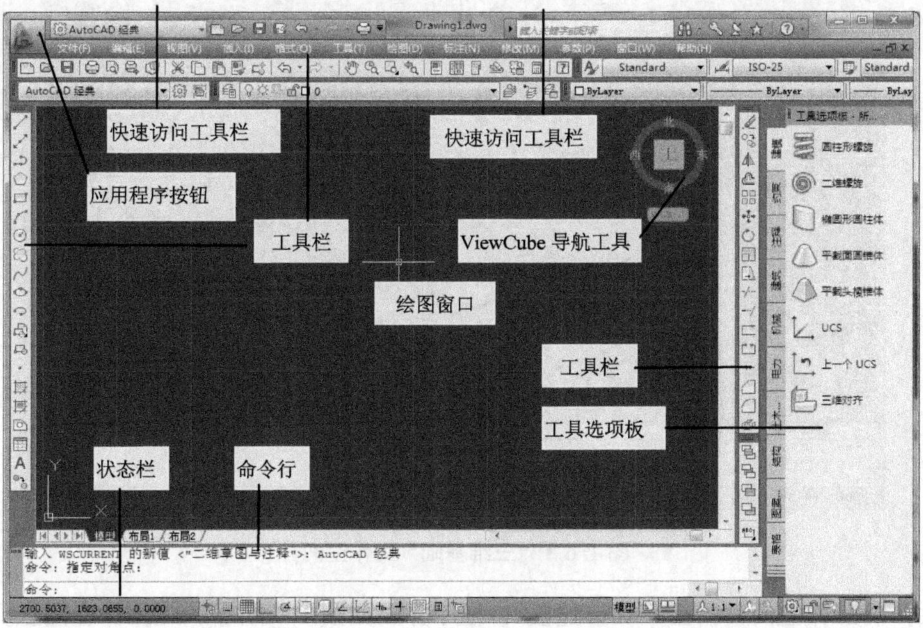

图 1-4 “AutoCAD 经典”工作空间

若用户将工作空间切换至“二维草图与注释”，程序界面如图 1-5 所示，此工作空间主要用于二维草图的绘制并进行文字与尺寸的注释。

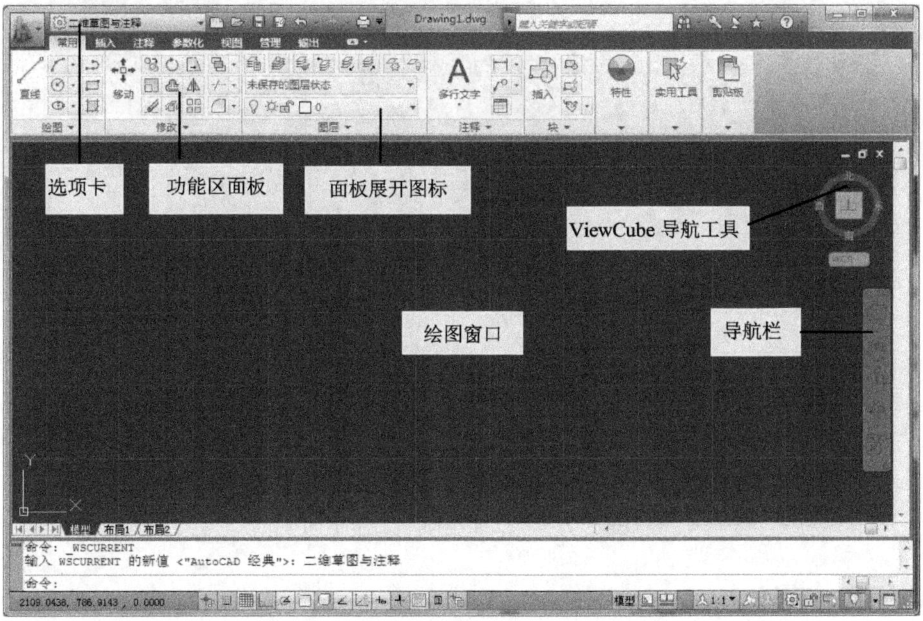

图 1-5 “二维草图与注释”工作空间

若用户将工作空间切换至“三维基础”，程序界面如图 1-6 所示。此工作空间专为三维建模新手设计，在此提供了最常用的三维建模命令。

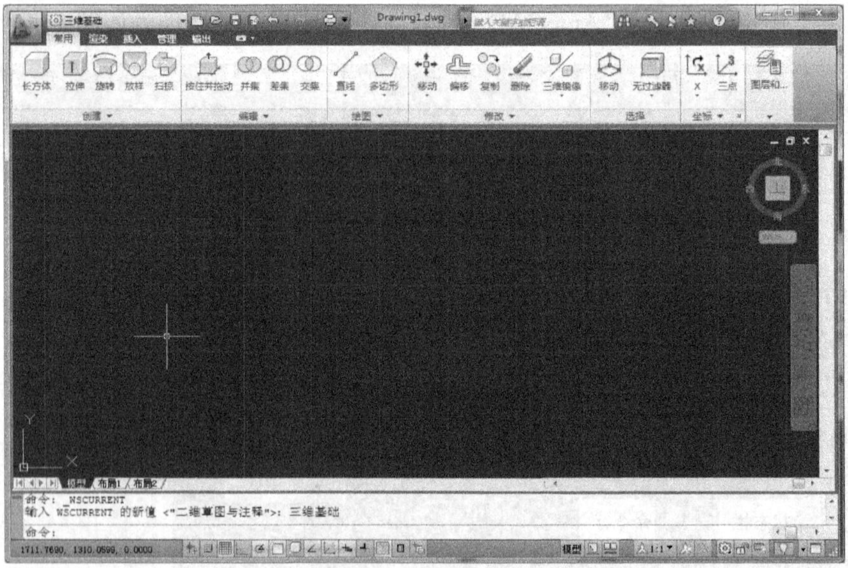

图 1-6　“三维基础”工作空间

若用户将工作空间切换至“三维建模”，程序界面如图 1-7 所示。此工作空间主要用于进行三维建模。其中仅包含与三维相关的工具栏、菜单和选项板。三维建模不需要的工具将会被隐藏，使工作区域最大化。

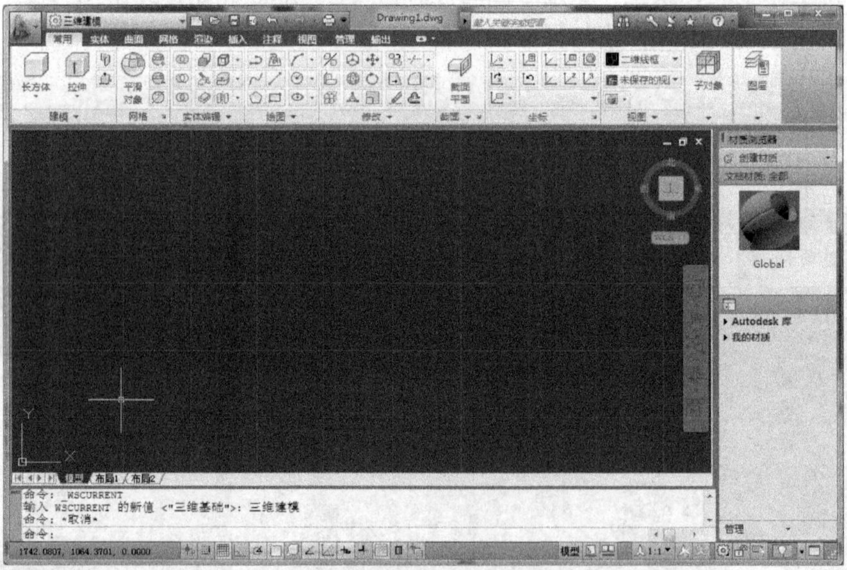

图 1-7　“三维建模”工作空间

1.2.3　应用程序菜单

单击应用程序按钮，弹出应用程序菜单，在此可以搜索命令以及访问用于创建、打开、浏览和发布文件的工具。如图 1-8 所示。

搜索功能可以实现对快速访问工具栏、应用程序菜单和功能区中执行命令的实时搜索。

搜索字段显示在应用程序菜单的顶部。搜索结果可以包括菜单命令、基本工具提示和命令提示文字字符串。若将鼠标悬停在某命令附近，还可显示相关的提示信息。如图 1-9 所示。

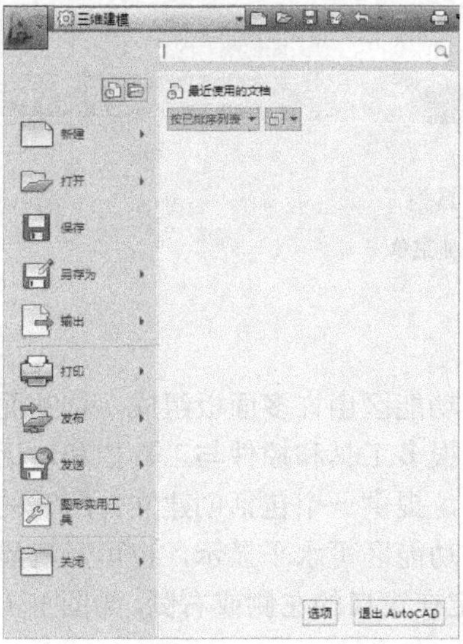

图 1-8　应用程序菜单

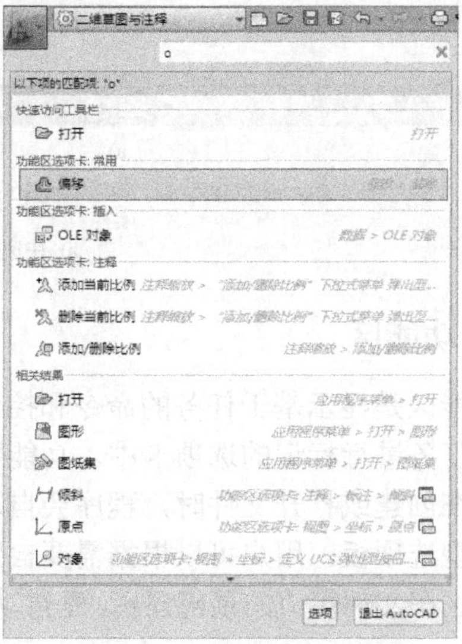

图 1-9　搜索命令

在应用程序菜单中，用户还可以查看最近使用的文档、已打开的文档，并能够对文档进行预览，当将指针悬停在其中一个列表中的文件时，将显示文件的预览与相关信息，如保存文件的路径、上次修改文件的日期、用于创建文件的版本信息、上次保存文件的人员姓名、当前正在编辑文件的人员姓名。

默认情况下，在最近使用的文档列表的顶部显示的文件是最近使用的文件，用户还可以使用“最近使用的文档”列表顶部的下拉列表按文件名、文件大小、文件类型、上次修改文件的日期等选项对文件进行排序或分组，如图 1-10 所示。

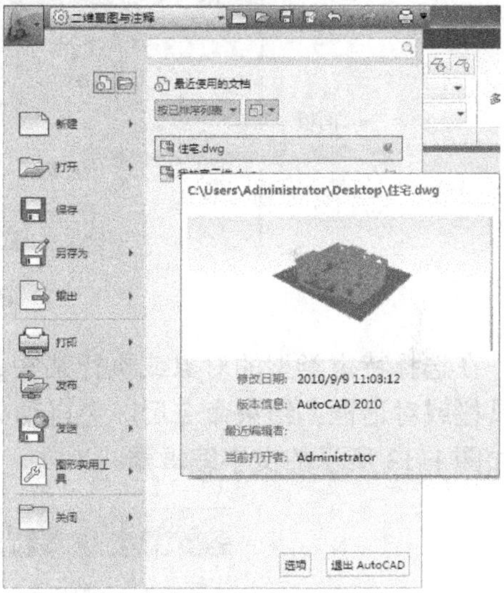

图 1-10　文档预览

1.2.4　快速访问工具栏

快速访问工具栏位于应用程序窗口顶部，可提供对定义的命令集的直接访问。如图 1-11a 所示。快速访问工具栏始终位于程序中的同一位置，但显示在其上的命令随当前工作空间的不同而有所不同，快速访问工具栏初始显示有新建、打开、保存、打印、放弃和重做命令按钮。用户可以根据需要对快速访问工具栏进行添加、删除和重新定位命令及控件，以按照用户的工作方式对界面元素进行适当调整，用户可以向快速访问工具栏添加无限多的工具。超出工具栏最大长度范围的工具将会以弹出按钮显示，如图 1-11b 所示。同时，还可以将下拉菜单和分隔符添加到组中，并组织相关的命令。用户可以通过快速访问工具栏右侧的下拉箭头按钮对其进行自定义，在此可以选择是否显示传统的“菜单栏”，以及快速访问工具栏的显示位置是在功能区的上方或下方。默认情况下，在每次启动 AutoCAD 2011 程序时，将自动显示应用程序窗口顶部的快速访问工具栏。

a) b)

图1-11 快速访问工具栏

a) 快速访问工具栏 b) 快捷菜单

1.2.5 功能区

功能区是显示基于任务的命令和控件的选项板。功能区由许多面板组成，这些面板被组织到依任务进行标记的选项卡中。功能区面板包含的很多工具和控件与工具栏和对话框中的相同。在创建或打开文件时，程序会自动显示功能区，提供一个包括创建文件所需的所有工具的小型选项板。用户可以根据需要自定义功能区。功能区可水平显示，也可竖直显示。水平功能区在文件窗口的顶部显示。垂直功能区一般固定在窗口的左侧或右侧，如图 1-12 所示。

图 1-12 功能区

在选择特定类型的对象或执行某些命令时，程序将显示专用功能区上下文选项卡，而非工具栏或对话框。结束命令后，会自动关闭上下文选项卡。如使用文字标注功能时，将会显示如图 1-13 所示的文字编辑器。

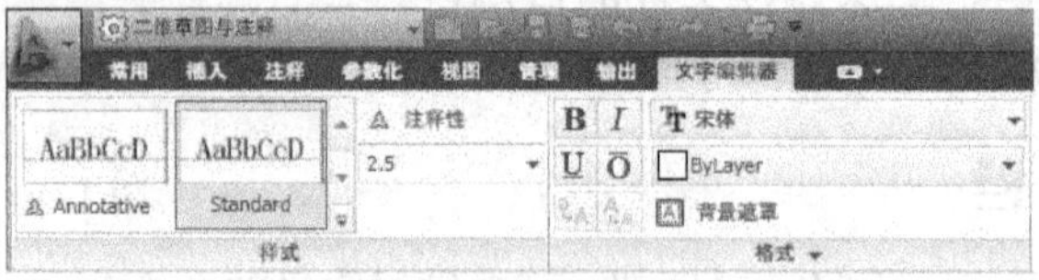

图 1-13 文字编辑器

用户可以通过功能区选项卡右侧的状态切换按钮，来选择功能区的显示效果，程序提供了最小化为面板标题、最小化为选项卡和显示完整功能区三种形式。另外，用户还可以使用“自定义用户界面”编辑器创建和修改功能区面板；可以将可自定义的工具选项板组与功能区上的各个选项卡关联；可以通过鼠标拖动更改功能区选项卡及面板的顺序；还可以使用“自定义用户界面”编辑器将工具栏转换为功能区面板。

1.2.6 状态栏

状态栏位于程序界面的底部，由应用程序状态栏和图形状态栏组成。应用程序状态栏显示了光标的坐标值、绘图工具，以及用于快速查看和注释缩放的工具。图形状态栏显示缩放注释的若干工具。如图 1-14 所示。

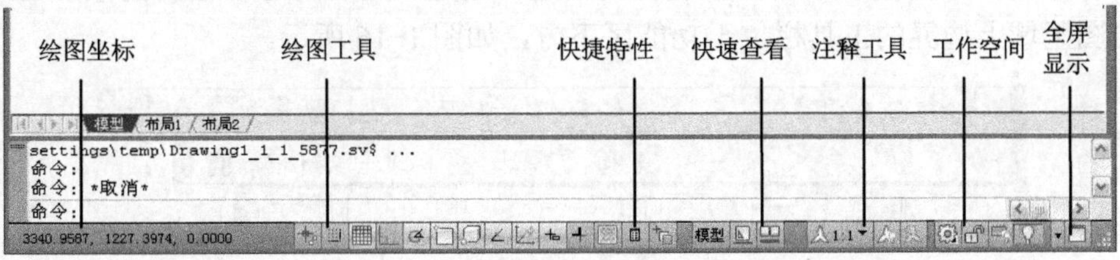

图 1-14　状态栏

图形状态栏中显示缩放注释的若干工具，对于模型空间和图纸空间，将显示不同的工具。图形状态栏打开后，将显示在绘图区域的底部。图形状态栏关闭时，图形状态栏上的工具将会移至应用程序状态栏。用户可以使用“图形状态栏”菜单选择要显示在状态栏上的工具。

应用程序状态栏可显示光标的坐标值、绘图工具、导航工具以及用于快速查看和注释缩放的工具。用户可以以图标或文字的形式查看图形工具按钮。通过捕捉工具、极轴工具、对象捕捉工具和对象追踪工具的快捷菜单，用户可以轻松更改这些绘图工具的设置。用户可以预览打开的图形和图形中的布局，并在其间进行切换，还可以显示用于缩放注释的工具。通过工作空间按钮，用户可以切换工作空间。锁定按钮可锁定工具栏和窗口的当前位置。也可单击“全屏显示”按钮，展开图形显示区域，以方便绘图。通过状态栏的快捷菜单还可以在应用程序状态栏中添加或删除按钮。

1.2.7 命令窗口

该窗口提供了调用命令的又一种方式，即用键盘直接输入命令。窗口底部为命令行，用户可以在命令提示行中输入各种命令。该窗口还显示 AutoCAD 命令的提示及有关信息，并可查阅和复制命令的历史记录。如果启用了“动态输入”并设置为显示动态提示，则可以在光标附近的工具提示中输入命令和查看参数，如图 1-15 所示。

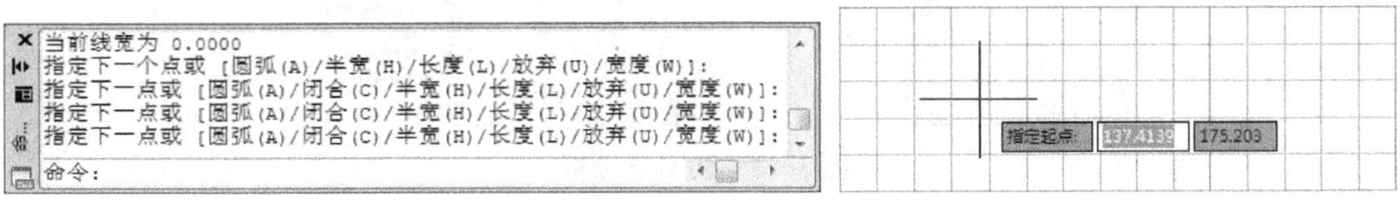

图 1-15　命令窗口

1.2.8 工具栏

在 AutoCAD 2011 中除了通过功能区提供的工具面板和命令窗口可以执行各种命令，也可以利用工具栏来完成命令操作。工具栏包含启动命令的按钮，当用户将鼠标或定点设备移到工具栏按钮上时，工具提示将显示按钮的名称。右下角带有小黑三角形的按钮是包含相关命令的弹出工具栏，当光标悬停在图标上时，按住鼠标左键直至显示弹出工具栏即可调用相应的命令。

用户还可以选择显示或隐藏工具栏、锁定工具栏和调整工具栏大小，并将所做的选择另存为一个工作空间，还可以创建自定义工具栏，以提高绘图效率。

工具栏通常是以浮动或固定的方式显示。浮动工具栏可以显示在绘图区域的任意位置，用户可以将浮动工具栏拖动至新位置或将其固定。固定工具栏附着在绘图区域的任一边上，固定在绘图区域上边界的工具栏位于功能区下方，如图 1-16 所示。

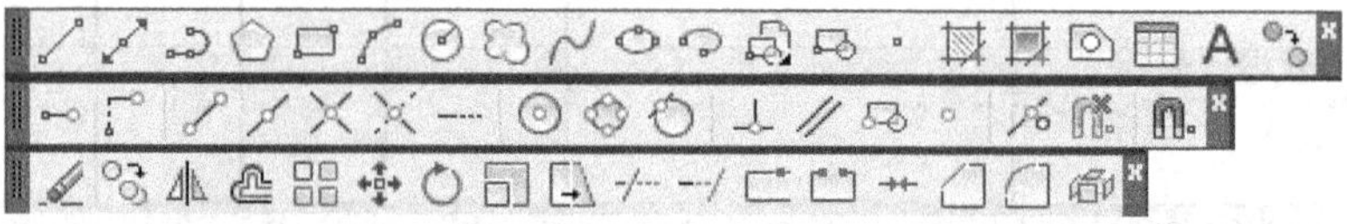

图 1-16　工具栏

1.2.9　工具选项板

工具选项板是“工具选项板”窗口中的选项卡形式区域，工具选项板提供了一种用来组织、共享和放置块、图案填充及其他工具的有效方法。用户可以对其进行编辑和管理。工具选项板还可以包含由第三方开发人员提供的自定义工具。如图 1-17 所示。

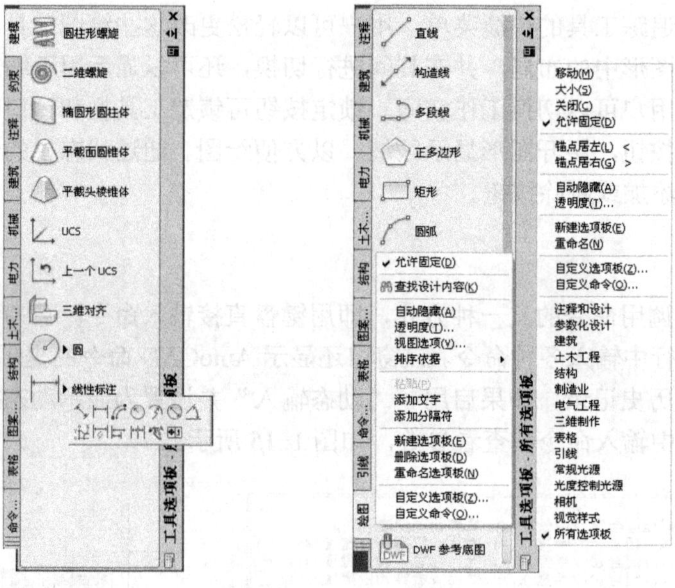

图 1-17　工具选项板

通过将对象从图形拖至工具选项板中可以创建新工具。然后可以使用添加的新工具来创建与拖至工具选项板的对象具有相同特性的对象。用户可以通过将各类对象拖至工具选项板来创建新工具，如几何对象（直线、圆和多段线）、标注、块、对象填充、光栅图像、外部参照。例如，如果将线宽为 0.5mm 的黄色的圆形拖至工具选项板，则会创建一个线宽为 0.5mm 的黄色的圆，当然，用户也可更改创建的新工具的特性，以便创建不同特性的对象。如果将块或外部参照拖至工具选项板，则新工具将在图形中插入一个具有相同特性的块或外部参照。若将几何对象或标注拖至工具选项板后，会自动创建带有相应弹出工具栏的新工具。例如，标注工具将弹出标注样式的分类。用户还可以更改工具选项板的设置，如自动隐藏和透明度等。

另外，用户也可以使用“自定义”对话框将命令拖至工具选项板，如图 1-18 所示。还可以使用“剪切”、“复制”和“粘贴”将一个工具选项板中的工具移动或复制到另一个工具选项板中。通过创建新选项板并使用快捷菜单重命名、删除或移动选项板可以对工具选项板进行管理。

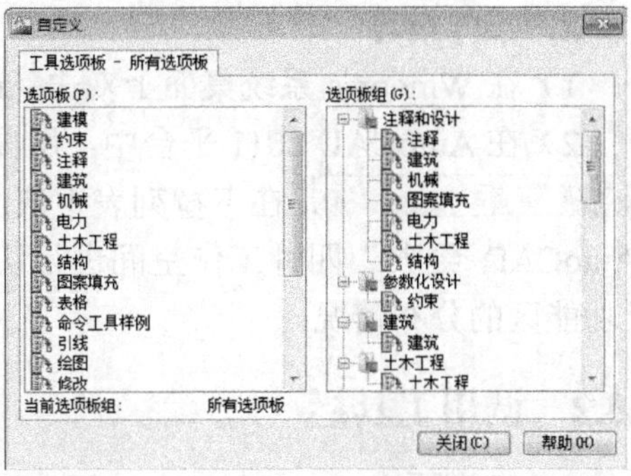

图 1-18　工具选项板“自定义”对话框

1.2.10　设计中心

通过设计中心，用户可以组织对图形、块、图案填充和其他图形内容的访问。可以将图形、块和填充拖动到工具选项板上。可以将源图形中的任何内容拖动到当前图形中，源图形可以位于用户的计算机、网络位置或网站上。另外，如果打开了多个图形，则可以通过设计中心在图形之间复制和粘贴其他内容（如图层定义、布局和文字样式）来简化绘图过程，以提高绘图效率，如图 1-19 所示。

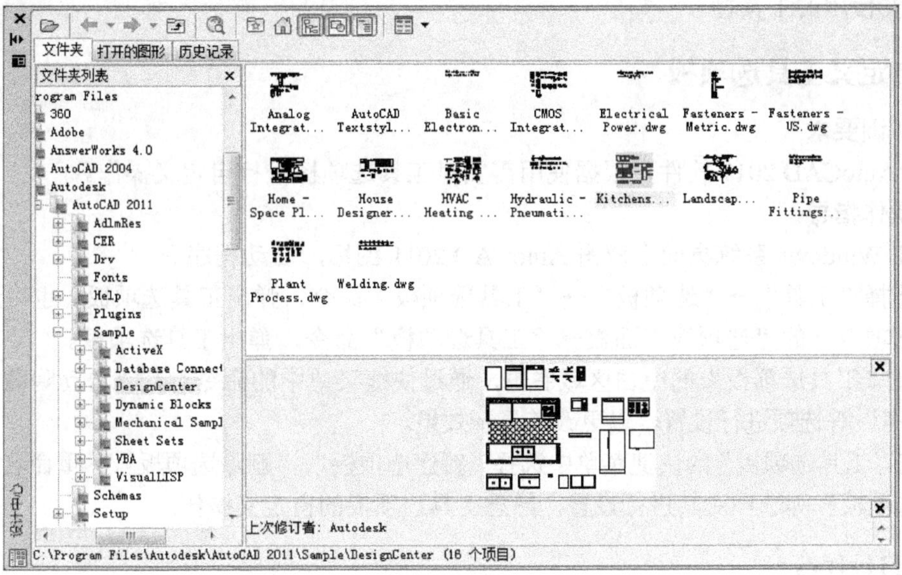

图 1-19　设计中心

1.3　实训操作

1.3.1　工作空间

1．实训要求

启动 AutoCAD 2011，依次将工作空间切换为“AutoCAD 经典”、“二维草图与注释”、“三维基础”和“三维建模”，熟悉 AutoCAD 2011 的工作界面。

2．操作指导

1）在 Windows 系统桌面上双击 AutoCAD 2011 图标，启动程序。

2）在 AutoCAD 2011 平台中，用鼠标点取快速访问工具栏中的“工作空间”下拉列表框 

，在下拉列表中依次选择“二维草图与注释”、“三维基础”、“三维建模”、“AutoCAD 经典”四种工作空间进行切换，并熟悉在不同的工作空间中，工作界面的区别以及功能区的分布情况。

1.3.2 调用工具栏

1．实训要求

启动 AutoCAD 2011，调用绘图、修改、标注、对象捕捉等常用工具栏。

2．操作指导

1）在 Windows 系统桌面上双击 AutoCAD 2011 图标，启动程序。

2）选择“工具”→“工具栏”→“AutoCAD”命令，在弹出的工具栏列表中选择要使用的工具栏，如绘图、修改、标注、对象捕捉等常用工具栏。

3）也可以选择“视图”选项卡下的“窗口”面板→“工具栏”命令，在弹出的工具栏列表中选择要使用的工具栏。

1.3.3 自定义工具选项板

1．实训要求

启动 AutoCAD 2011 软件，根据使用需要对工具选项板进行自定义操作。

2．操作指导

1）在 Windows 系统桌面上双击 AutoCAD 2011 图标，启动程序。

2）选择“工具”→“选项板”→“工具选项板”命令，弹出工具选项板。也可通过选择“视图”选项卡下的“选项板”面板→“工具选项板”命令，弹出工具选项板。

3）在“工具选项板”的空白区域右击，通过快捷菜单中的命令对其“自动隐藏”、“透明度”、“排序”等选项进行设置，以更改其显示效果。

4）在“工具选项板”的快捷菜单中选择“新建选项板”、“删除选项板”、“重命名选项板”、“自定义选项板”等选项对其进行设置，熟悉工具选项板的自定义操作。

1.3.4 设计中心

1．实训要求

利用设计中心功能，将 AutoCAD 2011 提供的图块“餐桌椅”插入到新建的图形文件中。

2．操作指导

1）在 Windows 系统桌面双击 AutoCAD 2011 图标，启动程序。

2）选择“工具”→“选项板”→“设计中心”命令，弹出“设计中心”窗口。

3）在“设计中心”窗口左侧的“文件夹列表”栏选择“C:\Program Files\Autodesk\AutoCAD 2011\Sample\DesignCenter\Home”文件中的“块”选项。

4）在“设计中心”的预览窗口将会显示该文件中的全部图块，选取所需的“餐桌椅”图块并拖动到图形文件中即可。如图 1-20 所示。

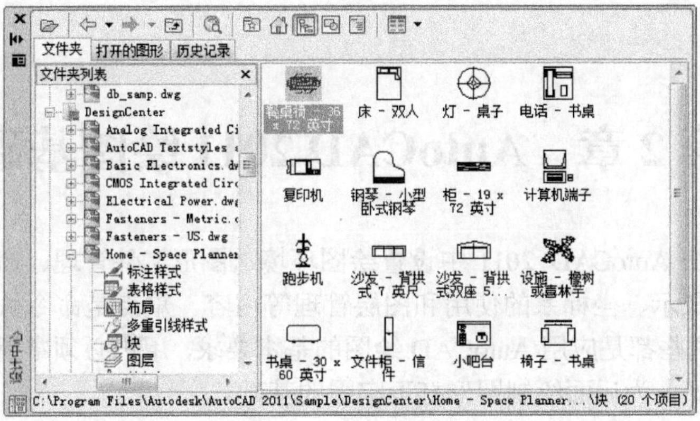

图 1-20　设计中心预览窗口

1.4　思考与练习

1．AutoCAD 的发展经历了哪些阶段？各阶段都有哪些版本？

2．AutoCAD 2011 有哪些基本功能？新增功能都有哪些？

3．AutoCAD 2011 的工作界面与以往版本有什么区别？

4．AutoCAD 2011 中“应用程序菜单”和“快速访问工具栏”有什么作用？

5．AutoCAD 2011 中，设计中心的作用是什么？

6．AutoCAD 2011 提供了哪些工作空间？它们的区别是什么？

第 2 章　AutoCAD 2011 绘图基础

本章主要学习在 AutoCAD 2011 中设置绘图环境、图形文件管理、命令执行操作、对象的选择、控制图形显示、坐标系的使用和图层管理等内容。重点是命令执行操作、对象的选择及图层的管理。这些都是应用 AutoCAD 绘图的基本要求，用户必须掌握这些基本操作和设置，并能够运用自如，为后面绘制图形打下牢固的基础。

2.1　设置绘图环境

通过绘图环境的设置，用户可以自定义工作环境中的许多元素以满足用户的需要。绘图环境一般是在开始新的绘图工作之前就要配置好的。对绘图环境进行正确的设置，是保证准确、快速绘制图形的基本条件。要想提高绘图速度和质量，必须有一个合理的、适合自己绘图习惯的参数配置。

可以使用 AutoCAD 提供的“选项”对话框、“图形界限”和“图形单位”等多项功能对绘图环境进行设置。如图 2-1 所示为“选项”对话框。

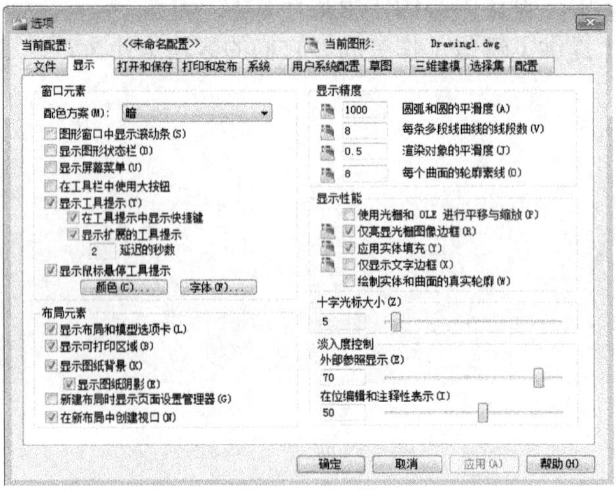

图 2-1　“选项”对话框

2.1.1　更改绘图环境色彩方案

1．功能

通过“选项”对话框，用户可以调整应用程序和图形窗口中使用的配色方案和显示方案。背景色设置可指定布局和模型空间中使用的背景色以及用于提示和十字光标的颜色；配色方案设置可以为整个用户界面指定暗或明配色方案。这些设置可影响窗口边框背景、状态栏、标题栏、菜单浏览器边框、工具栏和选项板。模型选项卡上的背景色发生变化，指明用户是在二维设计环境、三维建模（平行投影）还是三维建模（透视投影）中工作。

2. 命令调用

用户可以使用下述方法之一调用“选项”对话框来设置色彩方案。

- 从“应用程序菜单”中选择“选项”命令。
- 在绘图区右击，在弹出的快捷菜单中选择“选项”命令。
- 在命令行中输入“Options”，按〈Enter〉键执行命令。

3. 操作示例

1）选择“选项”命令，打开“选项”对话框，在对话框中切换到“显示”选项卡。

2）单击 颜色(C)... 按钮，弹出“图形窗口颜色”对话框，如图 2-2 所示。

3）单击“颜色”列表框的按钮，从“颜色”列表中选择要使用的颜色即可。

4）单击“应用并关闭”按钮，完成绘图区背景颜色的设置。

5）单击“确定”按钮，关闭“选项”对话框。

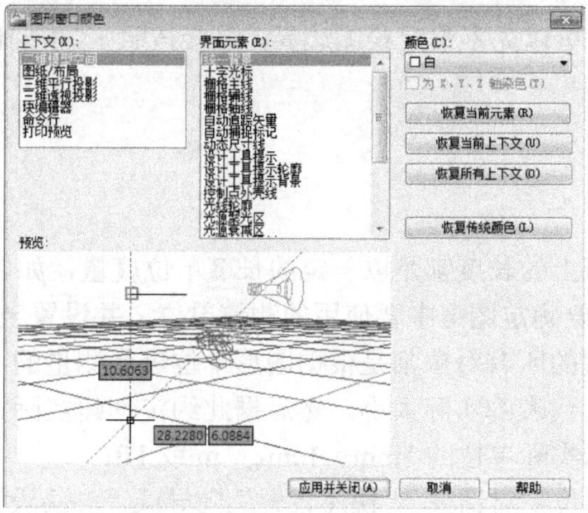

图 2-2 “图形窗口颜色”对话框

2.1.2 设置图形界限

1. 功能

同手工绘图相同，利用 AutoCAD 绘图，也需要为图形设定一个界限，用户可以利用设置图形界限来控制图形对象的绘制范围。图形界限，即模型空间界限，是指用户根据需要设定的绘图工作区的大小。它以坐标形式表示，并以绘图单位来度量，它是可以使用的绘图区域。界限通过指定左下角与右上角两点的坐标来定义，一般要大于或等于实体（等于实体即用 1∶1 绘出的图样）的绝对尺寸。目的是避免所绘制的图形超出边界。用户可根据所绘图形的大小、比例等因素来确定绘图幅面，如 A2（420×594）、A3（297×420）等。

2. 命令调用

用户可以使用以下方法之一调用该命令。

- 利用“应用程序菜单”中的实时搜索功能调用“图形界限”命令。
- 选择“格式”→“图形界限”命令。
- 在命令行中输入“Limits”，按〈Enter〉键执行命令。

3．操作示例

将当前的图形界限设置为“297，420”，命令行提示如下。

命令: limits
重新设置模型空间界限;
指定左下角点或 [开(ON)/关(OFF)] <0.0000,0.0000>:（一般默认，也可以输入新坐标值）
指定右上角点 <420.0000,594.0000>: 297,420（括号内为当前图形界限值，冒号后面为新输入图形界限值）

在实际操作中，一旦改变了图形界限，绘图区的对象显示大小会随之改变，一般情况下，Limits 命令常与 Zoom 命令配合使用，命令行提示如下。

命令: zoom
指定窗口的角点，输入比例因子 (nX 或 nXP)，或者
[全部(A)/中心(C)/动态(D)/范围(E)/上一个(P)/比例(S)/窗口(W)/对象(O)] <实时>: a（或者输入 E）

说明：实际绘图中也可以先不设定绘图边界，直接按照 1∶1 的比例进行绘图，等到布局打印时再作相应的设置。

2.1.3　设置图形单位

1．功能

手工绘图时，在图纸上的长度都是以一定的长度单位度量，如以 mm、cm、m 为单位。在 AutoCAD 中，用户需要确定图形中要使用的测量单位，并设置坐标和距离要使用的格式、精度以及其他约定。创建的所有对象都是根据图形单位进行测量的，所以，必须基于要绘制的图形确定一个图形单位代表的实际大小。然后据此约定创建实际大小的图形。例如，一个图形单位的距离通常表示实际单位的 1mm、1cm、1in 或 1ft。

用户可以在“图形单位”对话框、“快速设置”向导或“高级设置”向导中设置单位类型和精度。另外，角度约定包括 0° 角的位置（通常为正东或正北）和角度测量的方向（顺时针或逆时针），用户可以百分度、弧度或度/分/秒等形式输入角度。

2．命令调用

用户可以使用以下方法之一对图形单位进行设置。

- 可利用“应用程序菜单”中的实时搜索功能调用“单位”命令。
- 选择“格式”→“单位”命令。
- 在命令行中输入“Units”，按〈Enter〉键执行命令。

通过上述方法调用该命令，系统将会弹出如图 2-3 所示的“图形单位”对话框，用户可在此设置图形文件的长度、角度类型和精度等内容。

对话框的左上角是“长度选项区”，可以设置图形的长度单位和精度。“类型”用来设置测量单位的当前格式，包括建筑、小数、工程、分数和科学等类型；“精度”用来设置线型测量值显示的小数位数或分数大小。

对话框的右上角是“角度选项区”，可以设置图形的角度格式和精度。“类型”用来设置当前的角度格式；“精度”用来设置当前角度显示的精度；选中“顺时针”复选框，用于表示以顺时针方向计算正的角度值，默认的正角度方向为逆时针方向；单击对话框中的“方向”

按钮，将会弹出“方向控制”对话框，如图 2-4 所示。默认时 0° 角的方向为正东方向，即为 X 轴正方向。

对话框左下角是“光源选项区”，用户可以选择光源单位的类型。AutoCAD 2011 提供了三种光源单位：常规、国际和美国。

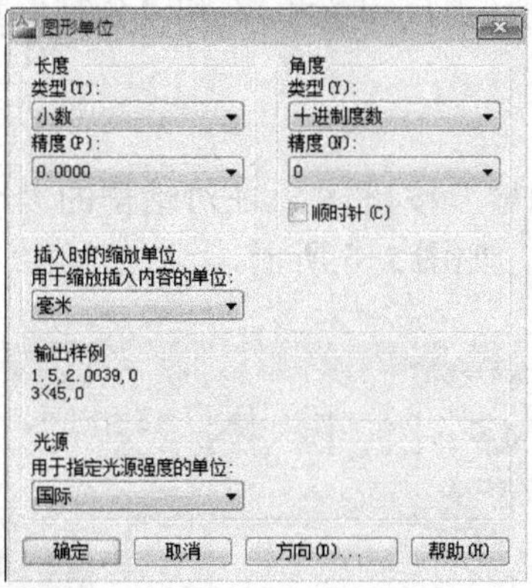

图 2-3　“图形单位”对话框

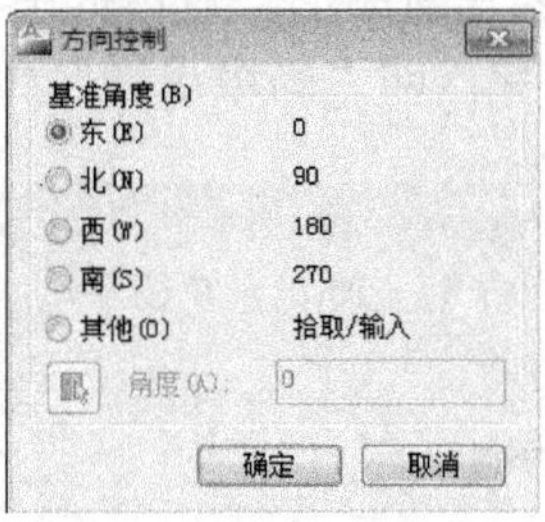

图 2-4　“方向控制”对话框

2.2　图形文件管理

对图形文件的管理是进行高效绘图的基础。在 AutoCAD 2011 中，图形文件管理包括创建新的图形文件、打开已有的图形文件、关闭和保存图形文件以及获得帮助等。

2.2.1　创建图形文件

1．功能

使用创建图形文件功能可以创建新的图形文件。用户可以通过以下方法创建图形：从“创建新图形”对话框、从“选择样板”对话框，或通过不使用任何对话框的默认图形样板文件。

2．命令调用

用户可以利用以下方法之一创建新的图形文件。

- 利用“应用程序菜单”中的实时搜索功能调用“新建”命令。
- 选择“文件”→“新建”命令。
- 单击“快速访问工具栏”中的“新建”按钮。
- 选择“应用程序菜单”中的“新建”命令。
- 在命令行中输入“New”，按〈Enter〉键执行命令。
- 使用快捷键〈Ctrl+N〉执行命令。

若要使用“创建新图形”对话框来创建图形文件，需要将系统变量 STARTUP 和 FILEDIA 均设置为 1（开），要使用“选择样板”对话框，则应将系统变量 STARTUP 设置为 0（关），FILEDIA 设置为 1（开）。这样，在每次启动 AutoCAD 时，都将会显示“创建新图形”对话框。系统启动后，每次执行新建图形文件命令，都会打开“创建新图形”对话框。如图 2-5 所示。

3. 操作示例

通过“创建新图形”对话框创建新图形的方法有三种。

（1）以默认方式创建新的图形文件

在“创建新图形”对话框中，单击“从草图开始”按钮，表示使用默认设置新建一幅空白图形，如图 2-5 中所示。此时，可选择“英制（英尺和英寸）”和“公制”两种形式来创建图形。

（2）使用向导创建新图形文件

1）在“创建新图形”对话框中单击“使用向导”按钮，在对话框的“选择向导”中给出了两个向导，即“高级设置”和“快速设置”，如图 2-6 所示。

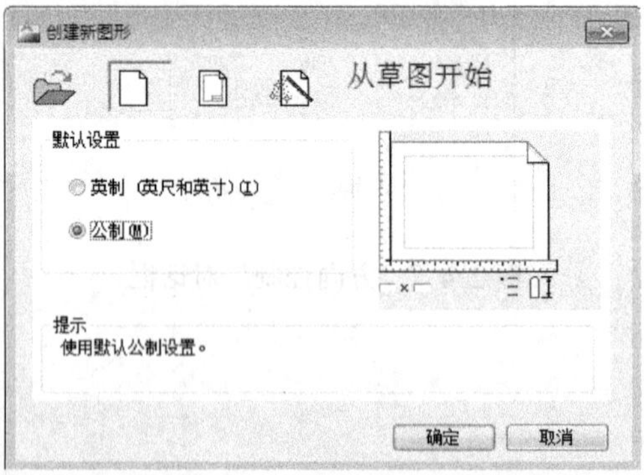

图 2-5 “创建新图形”对话框

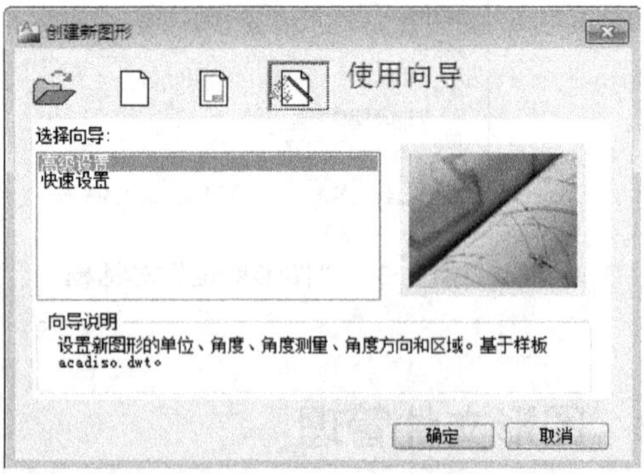

图 2-6 选择向导

2）选择“高级设置”项，单击“确定”按钮，弹出“高级设置”对话框，如图 2-7 所示。首先需要选择测量单位，单位是指用户输入以及程序显示坐标和测量所采用的格式，现选择为“小数”，单击“下一步”按钮。

3）一般情况下，角度选择“十进制度数”，如图 2-8 所示。

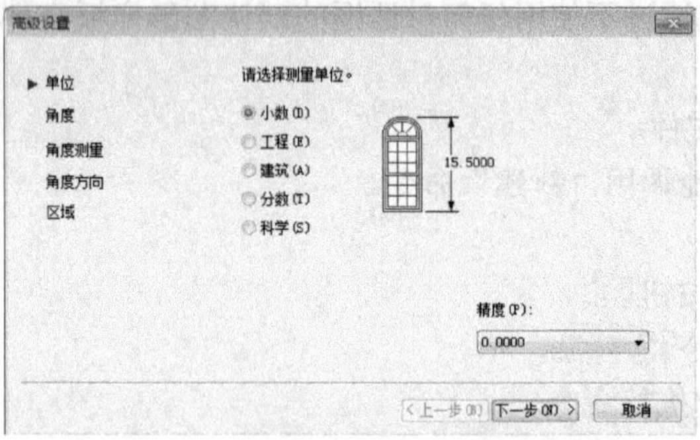

图 2-7 单位设置

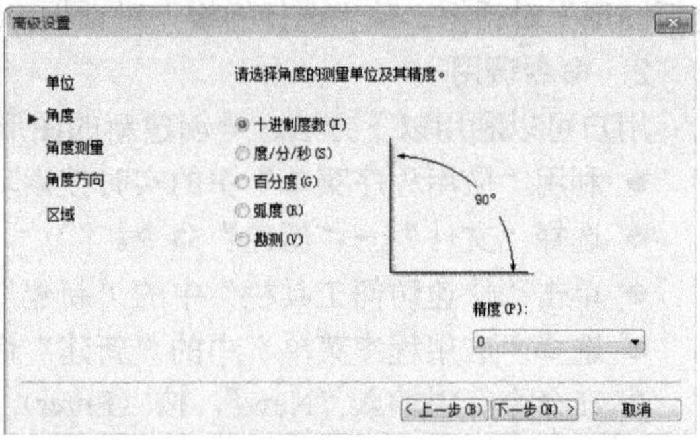

图 2-8 角度设置

4）通常情况下，都将角度测量的起始方向选为“东”，角度方向选为“逆时针”，如图 2-9 所示。

5）设置绘图区域，区域指定按绘制图形的实际比例单位表示的宽度和长度，如果栅格设置处于打开状态，此设置还将限定栅格点所覆盖的绘图区域，如图 2-10 所示。

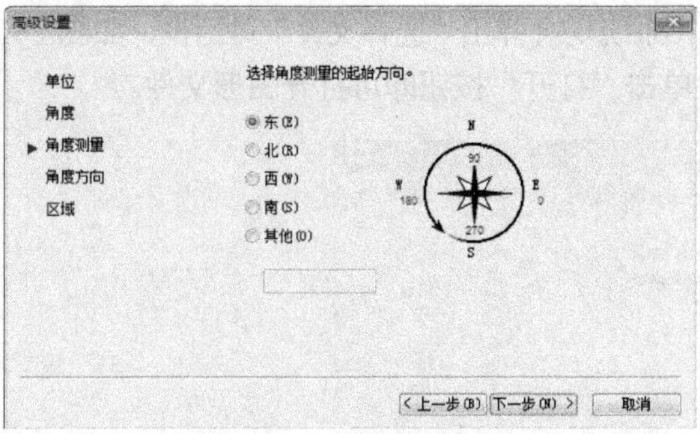

图 2-9　角度设置

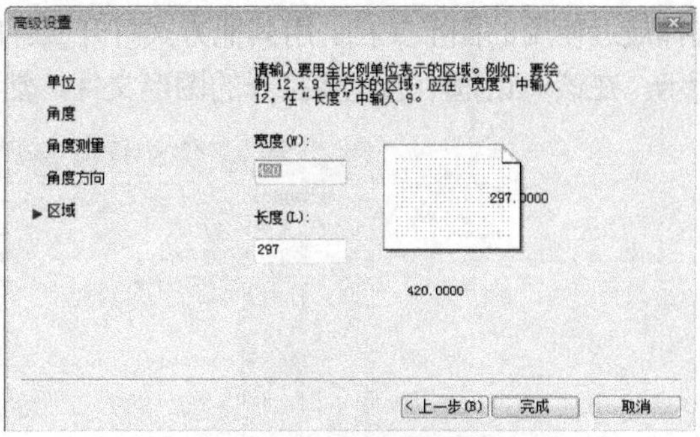

图 2-10　区域设置

6）完成以上设置，单击“完成”按钮，进入工作界面，即完成了一个新的图形文件创建。需要注意的是，“启动”对话框和“创建新图形”对话框只是标题不同，内容及操作基本相同。

（3）使用样板文件创建新图形

样板文件是预先对绘图环境进行了设置的“图形模板”，需要创建使用相同约定和默认设置的多个图形时，通过创建或自定义图形样板文件，而不是每次启动时都指定约定和默认设置，这样可以避免重复性的设置工作并节省很多时间。样板文件中通常存储有与绘图相关的一些通用设置和约定，包括有单位格式和精度、标题栏与边框、图层名、捕捉和栅格间距、文字样式、标注样式、多重引线样式、表格样式、线型、线宽、布局和页面设置等。用户在命令行中输入“New”或在“创建新图形”对话框中单击“使用样板”按钮，即可调出“使用样板”对话框，如图 2-11 所示。

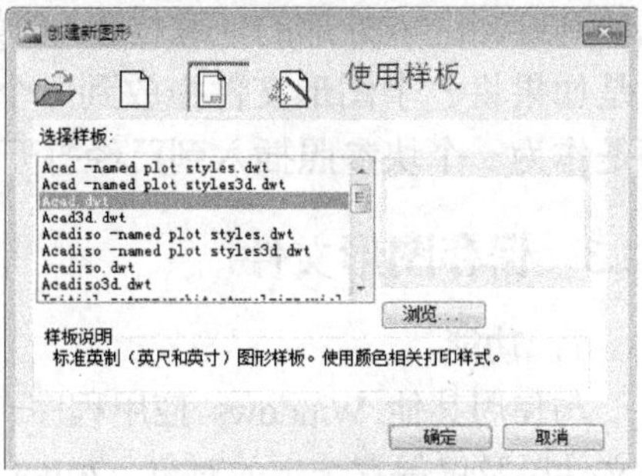

图 2-11　“使用样板”对话框

2.2.2　打开图形文件

1．功能

在 AutoCAD 2011 中，可以使用多种方法查找和打开图形文件，甚至是损坏的图形，方法与使用其他 Windows 应用程序类似。

2．命令调用

用户可以利用以下方法之一打开图形文件。

- 从“启动”对话框中选择“打开图形”选项。
- 选择“文件”→“打开”命令。
- 单击“快速访问工具栏”中的“打开”按钮。
- 选择“应用程序菜单”中的“打开”命令。
- 使用设计中心打开图形。
- 使用图纸集管理器可以在图纸集中找到并打开图形。
- 在命令行中输入“Open”，按〈Enter〉键执行命令。
- 使用快捷键〈Ctrl+O〉执行命令。

在“启动”对话框的“选择文件”栏中显示的是最近程序曾经打开的图形文件列表，可以方便选择最近使用的图形文档。用其他方式打开文件时，系统均会弹出“选择文件”对话框，如图 2-12 所示。在该对话框中选定要打开的图形文件，然后单击“打开”按钮即可打开图形文件。

图 2-12 “选择文件”对话框

另外，用户也可以在 Windows 资源管理器中双击图形文件的图标，启动 AutoCAD 并打开图形；当用户将图形文件从 Windows 资源管理器拖动到 AutoCAD 中时，如果将图形文件拖动到绘图区域外部的任意位置(例如命令行或工具栏旁边的空白处)，将会打开该图形文件。但是如果将一个图形文件拖放到一个已打开图形文件的绘图区域中，新图形则不是被打开，而是作为一个块参照插入到已经打开的图形文件中。

2.2.3 保存图形文件

1．功能

与使用其他 Windows 应用程序一样，保存图形文件以便日后使用。可以设置自动保存、备份文件以及仅保存选定的对象。AutoCAD 2011 图形文档的文件扩展名为.dwg，除非更改保存图形文件所使用的默认文件格式，否则将使用最新的图形文件格式保存图形。此格式适用于文件压缩和在网络上的使用。DWG 文件名称（包括其路径）最多可以包含 256 个字符。

在 AutoCAD 2011 中图形文档默认的文件类型为“AutoCAD 2011 图形”，用户也可以将图形文档保存为传统图形文件格式（AutoCAD 2007 或早期版本），但是早期版本的图形文档不支持大于 256MB 的对象。AutoCAD 2011 图形文件格式没有这些限制，从而使用户可以保存容量更大的对象。用户可以使用 LARGEOBJECTSUPPORT 系统变量控制保存图形时使用的图形对象大小限制。

2．命令调用

可以利用以下方法之一对图形文件进行保存。

- 选择“文件”→“保存”命令。
- 单击“快速访问工具栏”中的“保存”按钮。
- 选择“应用程序菜单”中的“保存”命令。
- 在命令行中输入“Save”，按〈Enter〉键执行命令。
- 使用快捷键〈Ctrl+S〉执行命令。

通过上述操作执行“保存”命令，系统均会弹出如图 2-13 所示的“图形另存为”对话框。

注意：在对图形进行处理时，用户应当经常进行保存。保存操作可以在出现电源故障或发生其他意外事件时防止图形和数据丢失。

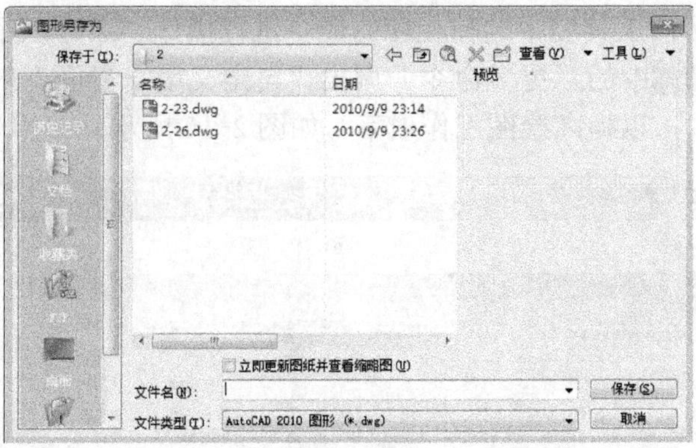

图 2-13 “图形另存为”对话框

2.3 命令执行操作

用户在 AutoCAD 2011 系统中工作时，执行命令的方法有很多种，可以根据实际需要和使用习惯进行调用。在使用任何一种方法执行命令时，都会在命令提示行的窗口中显示使用状态，并提示用户进行下一步操作。如图 2-14 所示。

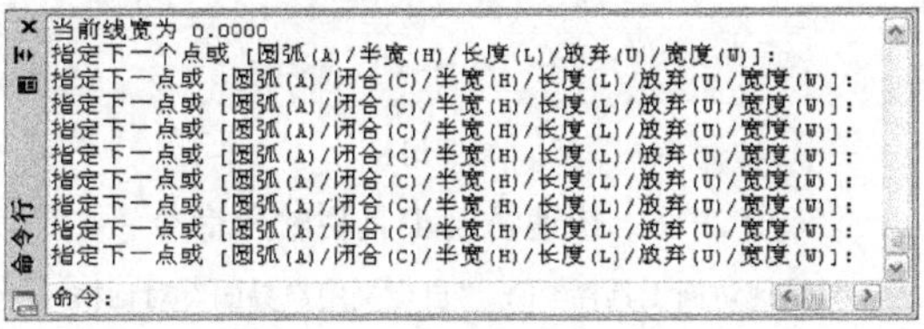

图 2-14 命令提示窗口

在 AutoCAD 2011 中可以通过应用程序菜单、快速访问工具栏、功能区面板、快捷菜单、动态命令窗口、命令行来输入 AutoCAD 命令。无论使用哪种方式执行命令，AutoCAD 都会以同样的方式执行命令，并在命令提示行中显示命令的执行信息，或弹出相应的对话框。

2.3.1 应用程序菜单输入命令

用户可在应用程序菜单中输入命令操作，搜索字段显示在应用程序菜单的顶部。搜索结果可以包括菜单命令、基本工具提示和命令提示文字字符串。如图 2-15 所示。

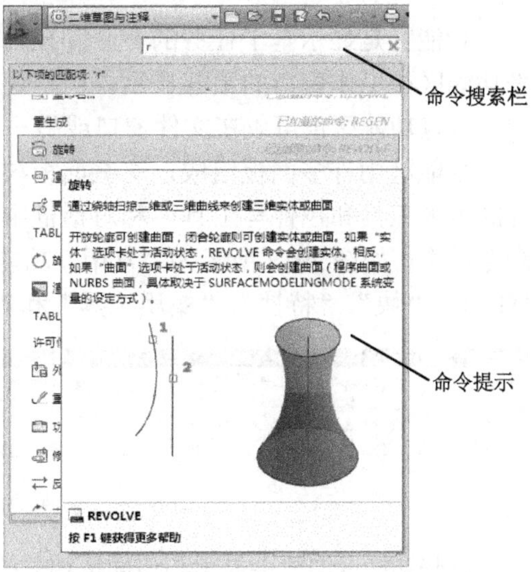

图 2-15 应用程序菜单输入命令

2.3.2 快速访问工具栏输入命令

用户可以在快速访问工具栏中选择相应的命令进行操作。还可以根据工作需要或个人习惯，选择下拉箭头按钮中的“更多命令”调出“自定义用户界面”对话框，将常用命令添加到快速访问工具栏中，以提高绘图工作效率。如图 2-16 所示。

a)

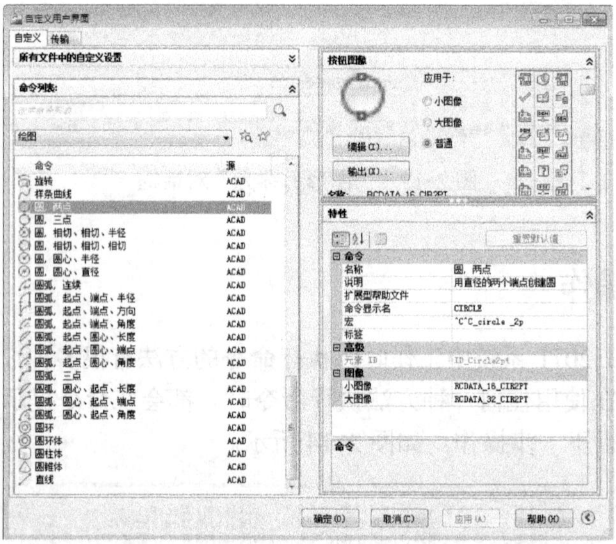

b)

图 2-16　快速访问工具栏输入命令

a) 快速访问工具栏　b) “自定义用户界面”对话框

2.3.3 功能区面板输入命令

功能区是显示基于任务的命令和控件的选项板。功能区可水平显示，也可竖直显示。水平功能区在工作窗口的顶部显示。用户还可以将垂直功能区固定在应用程序窗口的左侧或右侧。垂直功能区也可以在文件窗口或另一个监控器中浮动。

功能区由许多面板组成，这些面板被组织到依任务进行标记的选项卡中。功能区面板包含的很多工具和控件与工具栏和对话框中的相同。用户可以根据需要选择不同的选项板进行命令操作。如图 2-17 所示为“常用”功能面板组合，其中列出了“绘图”、“修改”、“图层”、“注释”、“块”、“特性”、“实用工具”和“剪贴板”8 个面板。

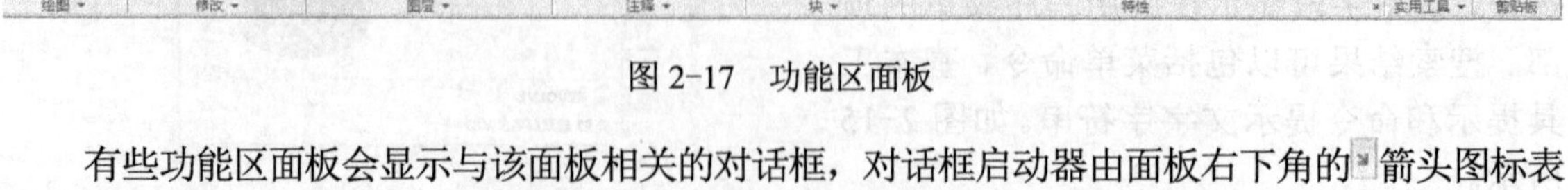

图 2-17　功能区面板

有些功能区面板会显示与该面板相关的对话框，对话框启动器由面板右下角的箭头图标表示，对话框启动器指示用户可以显示相关的对话框，通过单击对话框启动器可以显示相关对话框。

面板标题中的箭头▾表示可以展开该面板以显示其他工具和控件，在已打开的面板的标题栏上单击即可显示滑出式面板。默认情况下，当单击其他面板时，滑出式面板将自动关闭。若要使面板处于展开状态，可以单击滑出式面板左下角的图钉按钮。

2.3.4 右键快捷菜单输入命令

鼠标右键的功能主要是弹出快捷菜单，快捷菜单的内容将根据光标所处的位置和系统状态的不同而变化。比如，直接在绘图区中右击，将弹出如图 2-18a 所示的快捷菜单；选中某一图形对象后右击将弹出如图 2-18b 所示的快捷菜单；在文本窗口区右击将弹出如图 2-18c 所示的快捷菜单。

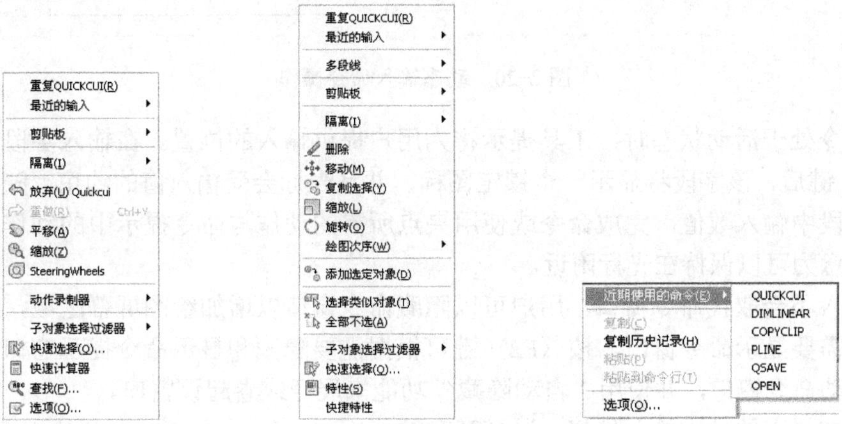

a) b) c)

图 2-18 右键快捷菜单

a) 在绘图区右击，弹出的快捷菜单 b) 选中某一图形对象后右击，弹出的快捷菜单 c) 在文本窗口区右击，弹出的快捷菜单

右击的另一个功能是等同于按〈Enter〉键，即在命令行输入命令、选项或参数后可右击确定。该用法需要进行配置才可以使用，具体配置如下。

单击“应用程序菜单”中“选项”按钮，弹出“选项”对话框，切换到“用户系统配置”选项卡，选中“绘图区域中使用快捷菜单”复选框，单击“自定义右键单击”按钮，在弹出的对话框中可修改鼠标右键的功能，如设置“快速单击表示按 Enter 键”，如图 2-19 所示。

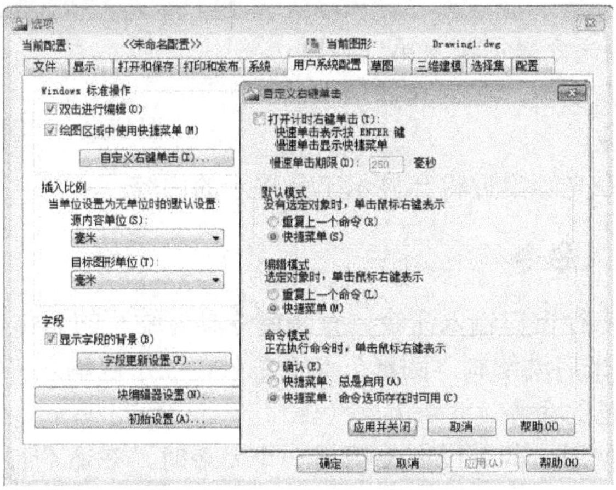

图 2-19 自定义右键单击功能

2.3.5 动态输入窗口输入命令

“动态输入”在光标附近提供了一个命令界面，以帮助用户专注于绘图区域。打开动态输入时，工具提示将在光标旁边显示信息，该信息会随光标移动而动态更新。如图 2-20 所示为利用动态输入绘制圆的过程。

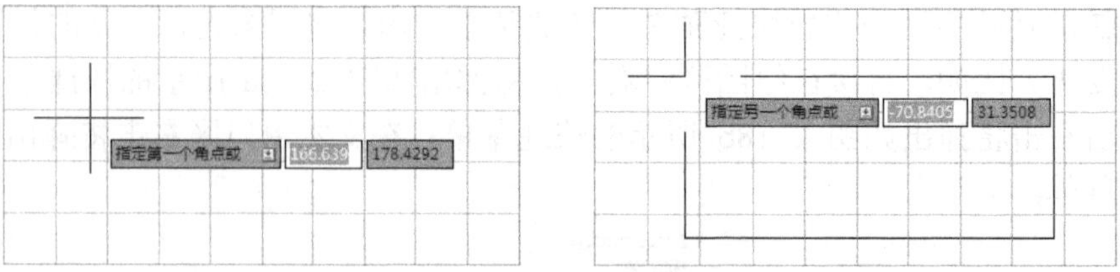

图 2-20 动态输入命令操作

当某命令处于活动状态时，工具提示将为用户提供输入的位置。在输入字段中输入数值并按〈Tab〉键后，该字段将显示一个锁定图标，并且光标会受输入值的约束。随后可以在第二个输入字段中输入数值。完成命令或使用夹点所需的动作与命令提示中的动作类似。区别是用户的注意力可以保持在光标附近。

动态输入不会取代命令窗口。用户可以隐藏命令窗口以增加绘图屏幕区域，但是在有些操作中还是需要显示命令窗口。按〈F2〉键可根据需要隐藏和显示命令提示窗口。另外，也可以使用浮动命令窗口，并使用“自动隐藏”功能来展开或卷起该窗口。

单击状态栏上的动态输入按钮以打开和关闭动态输入。动态输入有三个组件：指针输入、标注输入和动态提示，可在状态栏上右击，在快捷菜单中选择“设置”选项，可调出动态输入设置窗口。如图 2-21 所示。

当启用指针输入且有命令在执行时，“十”字光标的位置将在光标附近的工具提示中显示为坐标。用户可以在工具提示中输入坐标值，而不用在命令行中输入。

启用标注输入时，当命令提示输入第二点时，工具提示将显示距离和角度值。在工具提示中的值将随着光标移动而改变。

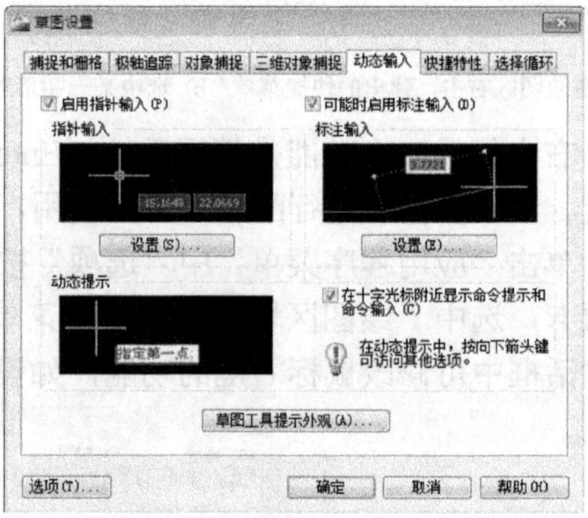

图 2-21 “动态输入”选项卡

启用动态提示时，在光标附近将会显示工具提示的内容。

2.3.6 命令行窗口输入命令

可以使用键盘在命令行窗口输入命令。有些命令具有缩写的名称，称为命令别名。例如，除了通过输入“Circle”来启动绘制“圆形”命令之外，还可以输入“C”。在命令行上右击还可以重新启动最近使用过的命令。

许多命令可以透明使用，即可以在使用另一个命令时，在命令行中输入这些命令。透明命令经常用于更改图形设置或显示，例如“Grid”或“Zoom”。要以透明的方式使用命令，可单击其工具栏按钮或在当前命令提示下输入命令之前输入单引号（'）。在命令行中，双尖括号（>>）置于命令前，提示显示透明命令。完成透明命令后，将恢复执行原命令。如图 2-22 所示为绘制圆形时打开栅格并为其设置一个新的单位间隔，然后继续绘制圆形。

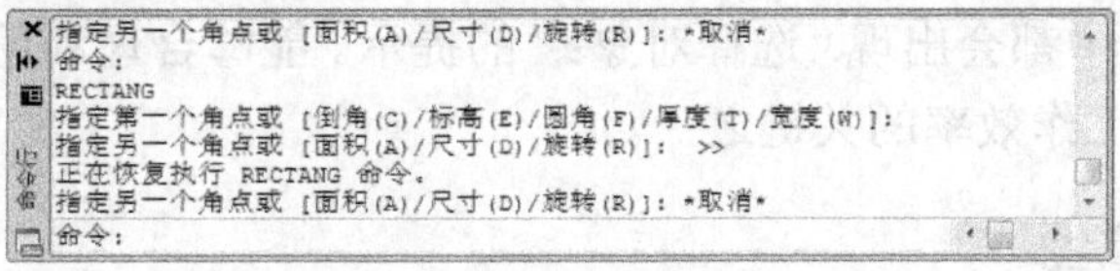

图 2-22　命令行输入窗口

不选择对象、创建新对象或结束绘图任务的命令通常可以透明使用。透明打开的对话框中所做的修改，直到被中断的命令已经执行后才能生效。同样，透明重置系统变量时，新值在开始下一命令时才能生效。

2.3.7　鼠标滚轮的应用

在滚轮鼠标上的两个按钮之间有一个小滚轮，它可以转动或按下。用户可以使用滚轮在图形中进行缩放和平移，而无需使用其他任何命令。

默认情况下，缩放比例设为 10%，每次转动滚轮都将按 10%的增量改变缩放级别。ZOOMFACTOR系统变量控制滚轮转动（无论向前还是向后）的增量变化。其数值越大，增量变化就越大。表 2-1 列出了此程序支持的鼠标滚轮动作。

表 2-1　鼠标滚轮动作列表

命　令	滚 轮 动 作
放大或缩小	转动滑轮：向前，放大；向后，缩小
缩放到图形范围	双击滑轮按钮
平移	按住滑轮按钮并拖动鼠标
平移（操纵杆）	按下 Ctrl 键不放，再按鼠标滑轮按钮并拖动鼠标
显示“对象捕捉”菜单	将 MBUTTONPAN 系统变量设置为 0 并单击滑轮按钮

2.3.8　拾取框和十字光标

屏幕上的光标将伴随着鼠标的移动而移动。在绘图区域内可用光标选择点或对象。光标形状随着执行的操作和光标移动的位置不同而变化。在不执行任何命令的状态下，光标是一个带有十字线的小方框，十字线的交点是光标的实际位置。小方框称为拾取框，用于选择图形中的对象，如图 2-23 所示。

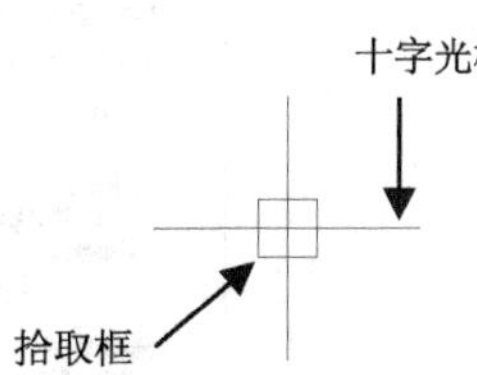

图 2-23　拾取框和十字光标

在执行“绘图”命令时，光标上的拾取框将会从十字线上消失，系统等待键盘输入参数或单击十字光标输入。当进行“对象选择”操作时，十字光标消失，仅显示拾取框。

如果将光标移出绘图区，光标将会变成几种标准的窗口指针之一。例如，当光标移动到工具栏或是状态栏上时，光标将会变成窗口箭头。此时可以从工具栏上的图标或菜单中选择要执行的命令。

2.4 对象的选择

使用 AutoCAD 绘制和修改图形，常常需要选择图元对象，这些被选中的对象称为选择集。在许多命令的执行过程中都会出现“选择对象：”的提示。能够合理利用不同的对象选择方式，是提高 AutoCAD 绘图工作效率的关键之一。

2.4.1 拾取框单选模式

AutoCAD 默认的对象选择方式是单选模式，例如在执行“删除”命令后，当前的十字光标将变成“对象选择目标框”或“拾取框”的小框。将拾取框移动到要选择的对象之上，被选对象就会加粗显示，此时单击鼠标左键，对象就被选中并呈高亮度显示，并由原来的实线变成虚线，按〈Enter〉键确定后，外框线将会被删除，如图 2-24 所示。单选模式简单实用，还可以一次连续选择多个对象。

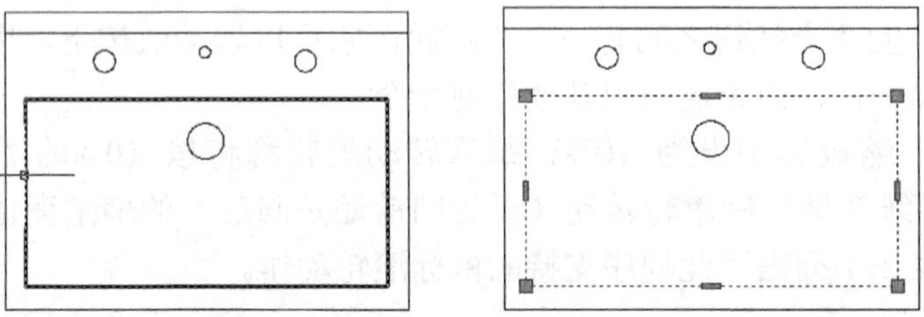

图 2-24　单个选择

用户可在后续命令中自动重新选定使用此命令选定的对象。在后续命令的“选择对象”提示下，使用“上一个”选项可检索上一个选择集。也可以通过在对象周围绘制选择窗口、输入坐标等方法来选择具有定点设备的对象。无论提供“选择对象”提示的是哪个命令，均可以使用这些方法进行对象的选择。

用户可以根据个人习惯在“选项”对话框“选择集”选项卡中调整拾取框的大小，以方便绘图，如图 2-25 所示。

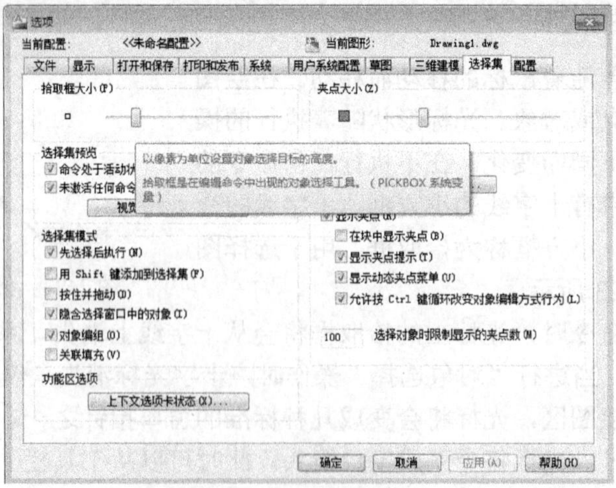

图 2-25　调整“拾取框”大小

2.4.2 快速选择

1．功能

使用“快速选择”功能可以根据指定的过滤条件快速定义选择集。用户可以根据对象特性或对象类型将对象包含在选择集中或排除对象。例如，只选择图形中所有红色的圆而不选择任何其他对象，或者选择除红色圆以外的所有其他对象。此功能可以大大提高在绘制复杂图形时批量选择或修改对象的工作效率。

2．命令调用

用户可以使用下列操作方法之一调用快速选择功能。

- 单击“实用工具”面板上的“快速选择”工具按钮。
- 单击“特性”工具面板上的“快速选择”工具按钮。
- 终止所有活动命令，在绘图区域中右击并选择“快速选择”命令。
- 在命令行中输入“Qselect”，按〈Enter〉键执行命令。

3．操作示例

执行“快速选择”命令时，系统将会弹出如图 2-26 所示的“快速选择”对话框。

用户可以通过该对话框设定过滤条件，从而快速定义选择集合。选项说明如下。

1）应用到：将过滤条件应用到整个图形或当前选择集。使用“选择对象”按钮可以在所选范围内应用该过滤条件。完成对象选择后，按〈Enter〉键重新显示该对话框。“应用到”将会显示为“当前选择”。

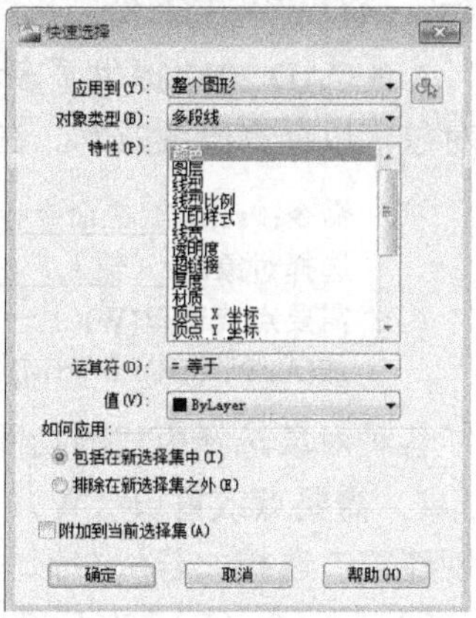

图 2-26 “快速选择”对话框

2）对象类型：指定要包含在过滤条件中的对象类型。如果过滤条件应用于整个图形，则“对象类型”列表将包含该图形文件的全部对象类型。否则，该列表只包含选定对象的对象类型。

3）特性：指定过滤器的对象特性。此列表包括选定对象类型的所有可搜索特性。选定的特性决定“运算符”和“值”中的可用选项。

4）运算符：控制过滤的范围。根据选定的特性，选项可包括“等于”、“不等于”、“大于”、“小于”等。

5）值：指定过滤器的特性值。该项根据“对象类型”和“特性”不同，会显示不同的内容。

例如：在如图 2-27a 所示的住宅院落示意图中，图形的一些轮廓线条“线宽”为 0.5，现需要将其改为线宽 0.1，由于图形较为复杂，为避免多选或漏选，同时也为了提高工作效率，用户可以使用“快速选择”工具。

命令: _.QSELECT（执行快速选择工具，并在弹出的对话框中设置相应选项，单击“确定”按钮）
已选定 5 个项目。（确定选择集，如图 2-27b 所示）
命令: _chprop（更改已选定对象的特性）
找到 5 个
输入要更改的特性 [颜色(C)/图层(LA)/线型(LT)/线型比例(S)/线宽(LW)/厚度(T)/材质(M)/注释性(A)]: _lweight（选择线宽选项进行修改）
输入新线宽 <0.50 mm>: 0.1 （将选择集的线宽设为 0.1）

完成命令操作，结果如图 2-27c 所示。

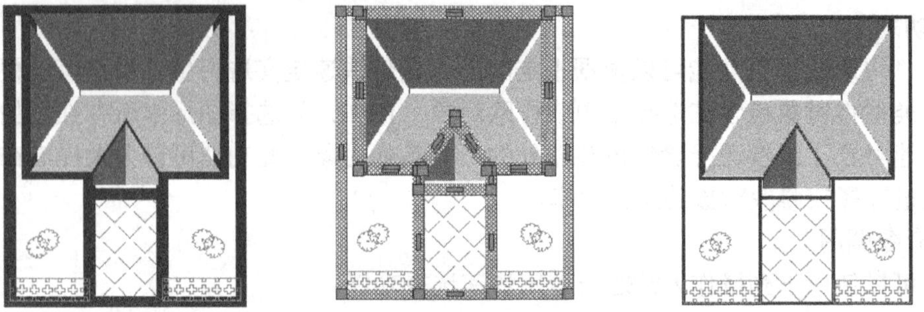

a)　　　　b)　　　　c)

图 2-27 “快速选择”应用

a) 住宅院落示意图　b) 确定选择集　c) 更改线宽后的结果

2.4.3 其他选择模式

AutoCAD 2011 提供了多种对象选择的模式。用户可以根据实际情况选择适当的模式来选择对象，以提高绘图效率。在命令提示行输入“Select”命令，提示如下。

命令：select（在命令行中输入“Select”，按〈Enter〉键）

选择对象：?（输入?，按〈Enter〉键，系统将显示所有可用的选择模式）

需要点或窗口(W)/上一个(L)/窗交(C)/框(BOX)/全部(ALL)/栏选(F)/圈围(WP)/圈交(CP)/编组(G)/添加(A)/删除(R)/多个(M)/前一个(P)/放弃(U)/自动(AU)/单个(SI)（选择模式）

各种对象选择模式的功能说明如下。

1）需要点或窗口（W）：选择由两点确定的矩形范围内的所有对象。从左到右指定角点可创建窗口选择，若从右到左指定角点则创建窗交选择。

2）上一个（L）：在后续命令的“选择对象”提示下，使用“上一个”选项可检索上一个选择集。

3）窗交（C）：选择区域（由两点确定）内部或与之相交的所有对象。窗交显示的方框为虚线或高亮度方框，这与窗口选择框不同。从左到右指定角点可创建窗口选择，若从右到左指定角点则创建窗交选择。

4）框（BOX）：选择区域（由两点确定）内部或与之相交的所有对象。如果矩形的点是从右至左指定的，则框选与窗交等效。否则，框选与窗选等效。

5）全部（ALL）：选择当前除冻结图层或锁定图层上的对象之外的所有对象。

6）栏选（F）：选择与选择栏相交的所有对象。栏选方法与圈交方法相似，只是栏选不闭合，并且栏选可以自交。

7）圈围（WP）：选择多边形（通过待选对象周围的点定义）中的所有对象。该多边形可以为任意形状，但不能与自身相交或相切。将绘制多边形的最后一条线段，所以该多边形在任何时候都是闭合的。

8）圈交（CP）：选择多边形内部或与之相交的所有对象。

9）编组（G）：选择指定组中的全部对象。

10）添加（A）：可以使用任何对象选择方法将选定对象添加到选择集。

11）删除（R）：可以使用任何对象选择方法从当前选择集中删除对象。删除模式的替换模式是在选择单个对象时按下〈Shift〉键。

12）多个（M）：指定多次选择而不高亮显示对象，从而加快对复杂对象的选择过程。

13）前一个（P）：选择最近创建的选择集。如果图形中删除对象后将清除该选择集。

14）放弃（U）：放弃选择最近加到选择集中的对象。

15）自动（AU）：指向一个对象即可选择该对象。指向对象内部或外部的空白区，将形成框选方法定义的选择框的第一个角点。

16）单个（SI）：选择指定的第一个或第一组对象而不继续提示进一步选择。

2.4.4 使用捕捉、追踪、栅格和正交模式

在绘制工程图样时，为了确保绘图的准确、快速，往往需要借助一些辅助工具，尽管可以通过移动光标来指定点的位置，但很难精确指定点的某一位置。AutoCAD 作为计算机辅助设计软件，强调的是绘图的精度和效率，并提供了多种图形对象的定位方法与辅助工具。用户使用“捕捉”、“追踪”和“栅格”功能，可以精确定出点位，提高绘图效率。另外，正交模式也可以用来精确定位，它将定点设备的输入限制为水平或垂直。

使用对象捕捉可以精确定位，使用户在绘图过程中可直接利用光标来准确地确定目标点，如圆心、端点、垂足等。不论何时提示输入点，都可以指定对象捕捉。默认情况下，当光标移到图形的对象捕捉位置时，将显示标记和工具栏提示。此功能称为自动捕捉，并提供了视觉提示，指示哪些对象捕捉正在使用。

1. 对象捕捉

（1）功能

使用对象捕捉可以指定相对于现有对象的点（例如，直线的中点或圆的圆心等），而不用输入坐标。在提示输入点时指定对象捕捉后，对象捕捉只对指定的下一点有效。

如果需要重复使用一个或多个对象捕捉模式，用户可以在“草图设置”对话框的“对象捕捉”选项卡中指定一个或多个对象捕捉模式，如果启用多个对象捕捉，则在一个指定的位置可能有多个对象捕捉符合条件。在指定点之前，按〈Tab〉键可遍历各种可能选择。

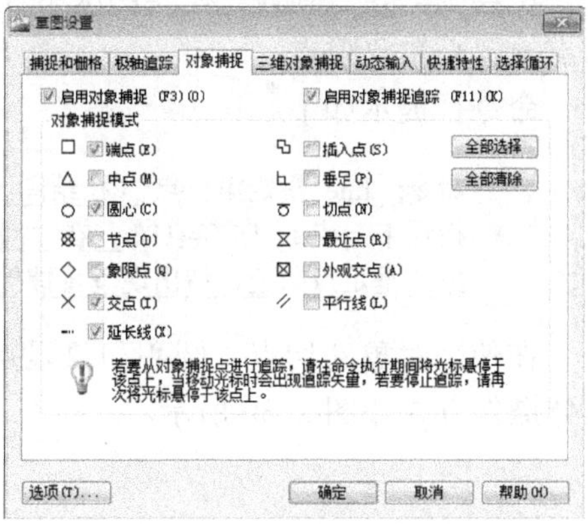

图 2-28 “对象捕捉”选项卡

用户可以通过在状态栏中的“对象捕捉”按钮处右击，在弹出的快捷菜单中选择“设置”命令，或在命令行中输入“Osnap”，按〈Enter〉键，弹出“草图设置”对话框，选择“对象捕捉”选项卡，如图 2-28 所示。

用户也可以在三维空间中使用对象捕捉功能。默认情况下，对象捕捉位置的 Z 值由对象在空间中的位置确定。如果处理建筑物的平面视图或部件的俯视图上的对象捕捉，恒定的 Z 值更有用。如果打开 OSNAPZ 系统变量，则所有对象捕捉都将投影到当前 UCS 的 XY 平面上，或者如果将 ELEV 设置为非零值，则所有对象捕捉都将投影到指定标高处与 XY 平面平行的平面上。

（2）命令调用

单击状态栏上的“对象捕捉”按钮或按下〈F3〉键可打开和关闭对象捕捉功能。在使用对象捕捉功能时，用户可以在提示输入点的时候，通过以下方式之一指定要使用的对象捕捉模式。

- 右击，在弹出的快捷菜单中选择“捕捉替代”命令，在弹出的如图 2-29 所示的快捷菜单中选择要使用的捕捉方式。
- 按下〈Shift〉键的同时右击，在弹出的快捷菜单中选择捕捉方式。
- 在状态栏的“对象捕捉”按钮处右击，在弹出的快捷菜单中选择捕捉方式。
- 在命令行中输入对象捕捉的名称。例如，要使用中点捕捉时，用户输入“Midpoint”，按〈Enter〉键执行即可。

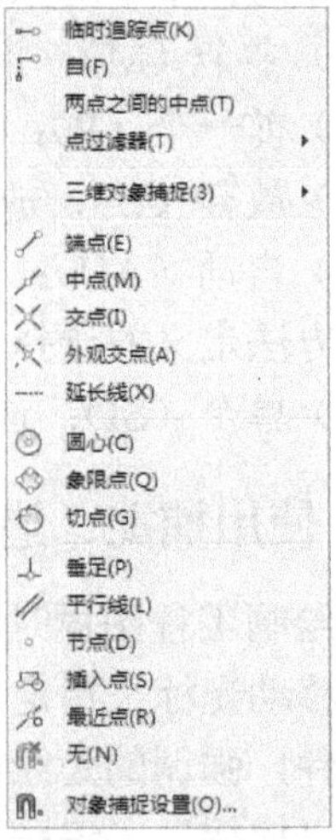

图 2-29　“对象捕捉”快捷菜单

注意：在绘图过程中，仅在提示输入点时，对象捕捉功能才生效。如果尝试在命令提示下使用对象捕捉功能，将会显示错误信息。如果要让对象捕捉忽略图案填充对象，可将 OSOPTIONS 系统变量设置为 1。

（3）操作示例

1）捕捉对象的垂足、切点、圆心和象限点。

试绘制一条直线段，在绘图区中任意位置确定其第一点，另一点分别为已知对象的垂足、切点、圆心和象限点。

命令行提示如下。

> 命令: _line 指定第一点: (在绘图区中任意确定一点 1)
> 指定下一点或 [放弃(U)]: (在“对象捕捉”工具栏上单击“垂足”按钮，然后移动十字光标到对象的垂足点附近，待出现垂直捕捉提示符时单击即可)

在使用对象的切点、圆心和象限点的捕捉时，命令行的提示与使用垂足捕捉方式相同，具体操作方式如图 2-30 所示。

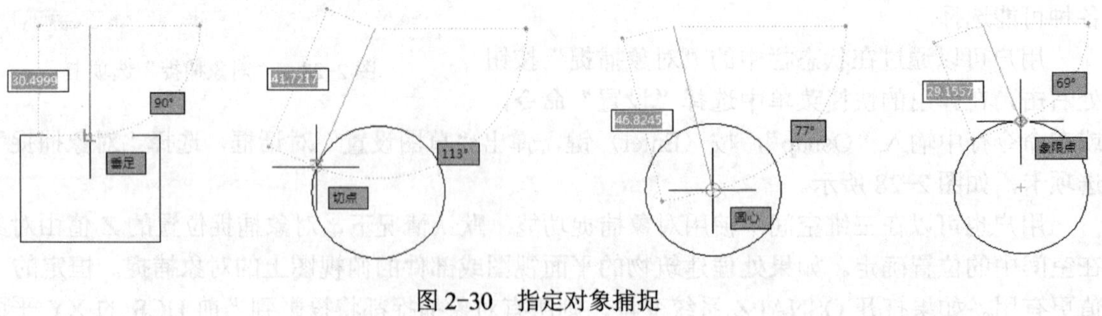

图 2-30　指定对象捕捉

2）平行线捕捉。

首先画出已知直线段。

命令: _line 指定第一点:（任意拾取一点）
指定下一点或 [放弃(U)]:（移动鼠标到任一点，单击确定好直线的第二点）
指定下一点或 [放弃(U)]:（按〈Enter〉键，结束绘制）

接下来，再绘制平行线。

命令: _line 指定第一点:（选择已知直线外的一点）
指定下一点或 [放弃(U)]: _par 到（单击“对象捕捉”工具栏上的“捕捉到平行线”按钮，移动十字光标到已知直线段，出现黄色捕捉标记“//”，此时，十字光标离开该线段到目测平行的位置时，出现一条虚线的轨迹线，沿着轨迹线到合适的位置后单击即可）

操作方式如图 2-31 所示。

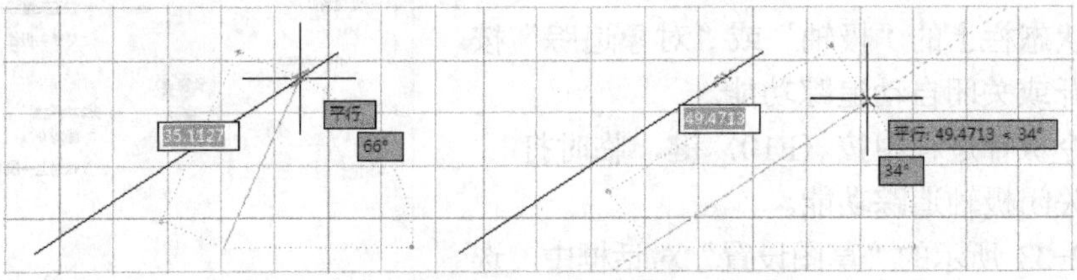

图 2-31　平行线捕捉

3）延长线交点捕捉。
首先绘制一个梯形，再来绘制梯形斜边与直边的交线。

命令: _line 指定第一点:（绘制梯形第一点）
指定下一点或 [放弃(U)]: _ext 于（绘制梯形第二点）
指定下一点或 [放弃(U)]: _ext 于（绘制梯形第三点）
指定下一点或 [放弃(U)]: _ext 于（绘制梯形第四点）
指定下一点或 [放弃(U)]: _ext 于（单击捕捉工具栏上的按钮）
指定下一点或 [放弃(U)]:（移动十字光标到延长线参照点，待出现“+”标记时，沿着 AB 延长线方向拖动光标，到合适位置后确定即可）

操作方式如图 2-32 所示。

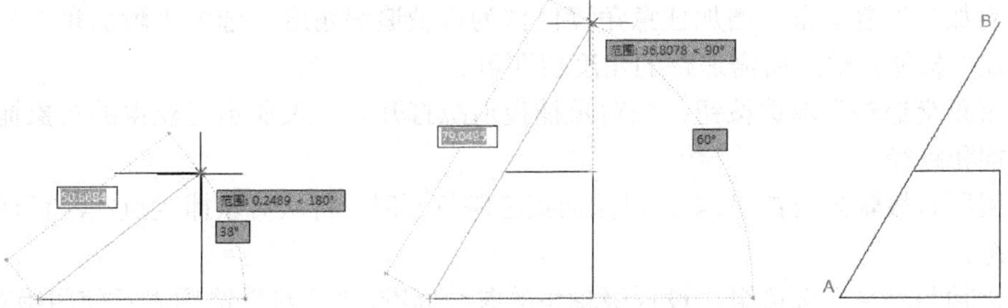

图 2-32　延长线交点捕捉

2. 自动追踪

（1）功能

自动追踪可以帮助用户按照指定的角度或按照与其他对象的特定关系绘制对象。当“自动追踪”打开时，临时对齐路径有助于以精确的位置和角度创建对象。自动追踪包括两个追踪选项，分别是极轴追踪和对象捕捉追踪。

极轴追踪实际上是极坐标的应用。使用极轴追踪，光标将按指定角度和方向进行移动，从而能够快速确定所需点位。

对象捕捉追踪是在对象捕捉功能的基础上发展起来的，该功能可以使光标从对象捕捉点开始，沿着对齐路径进行追踪，并找到需要的精确位置。对齐路径是指和对象捕捉点水平对齐、垂直对齐或是按设置的极轴追踪角度对齐的方向。

（2）命令调用

用户可以使用以下方式之一打开或关闭自动追踪功能。

- 单击状态栏上的“极轴”或“对象追踪”按钮打开或关闭自动追踪功能。
- 在命令执行过程中按〈F10〉键，临时打开或关闭极轴追踪功能。

在如图 2-33 所示的“草图设置”对话框中，选择“极轴追踪”选项卡，可以设置以下极轴追踪属性。

1）“增量角”下拉列表框：选择极轴追踪角度，当光标的相对角度等于该角度或为该角度的整数倍时，将自动显示追踪路径。如图 2-34 所示为将“增量角”设置为 10 时的极轴追踪状态。

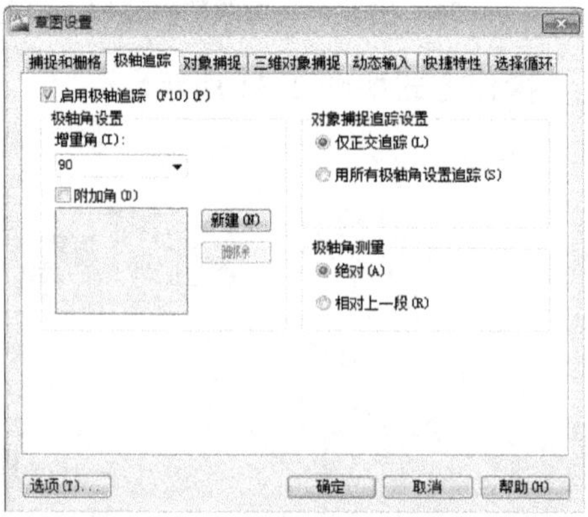

图 2-33　“极轴追踪”选项卡

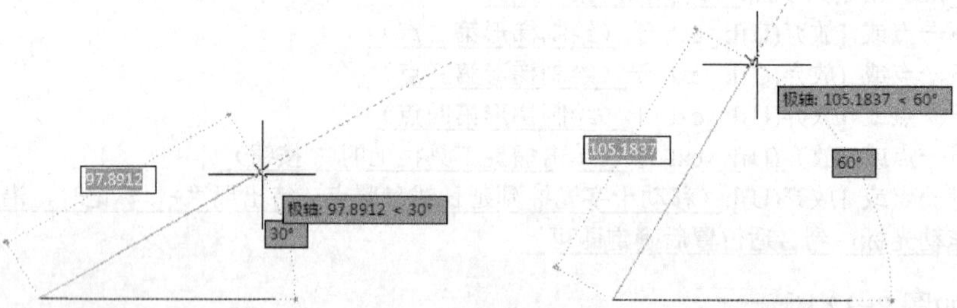

图 2-34　极轴追踪示例

2）“附加角”复选框：增加任意角度值作为极轴追踪角度。选中“附加角”复选框，并单击“新建”按钮，输入所需追踪的角度值即可。

3）“仅正交追踪”单选按钮：当对象捕捉追踪打开时，仅显示已获得的对象捕捉点的正交对象捕捉和路径。

4）“用所有极轴角设置追踪”：对象捕捉追踪打开时，将从对象捕捉点起沿任何极轴追踪角进行追踪。

5）“极轴角测量”选项组：设置极轴角的参照标准。“绝对”选项表示使用绝对极坐标，以 X 轴正方向为 0°。“相对上一段”选项根据上一段绘制的直线确定极轴追踪角，即上一段绘制的直线所在方向为 0°。

对象捕捉追踪应与对象捕捉功能配合使用。使用对象捕捉追踪功能之前，应先设置好对象捕捉点。用户要使用对象捕捉追踪功能，可按〈F11〉键，或单击状态栏上的“对象追踪”

按钮▲。

（3）操作示例

用户在绘图过程中需输入点的位置时，将光标移动到一个对象捕捉点附近，不用点击鼠标，只需稍作停留即可获取该点。已获取的点显示为一个蓝色靶框标记。在获取点后，当在绘图路径上移动光标时，相对点的水平、垂直和极轴对齐路线将会自动显示。如图 2-35a 所示为已绘制的三个矩形，若要将左上角的矩形复制到右下角，并且使四个矩形行列对齐，就可以利用自动追踪功能，使复制出的矩形与其他矩形对齐。结果如图 2-35b 所示。

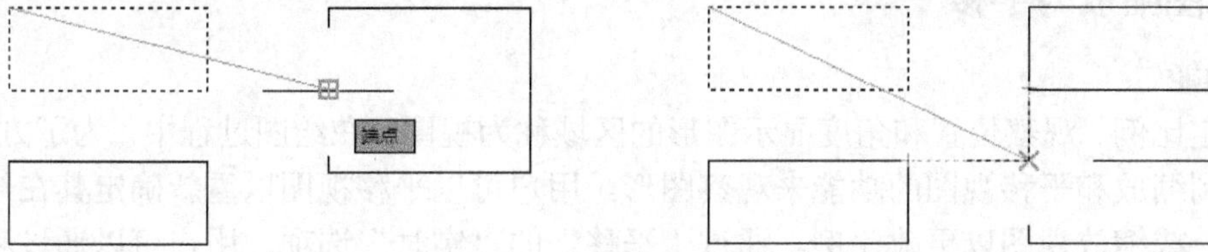

a)　　　　b)

图2-35　对象捕捉追踪示例

3．使用栅格

（1）功能

用户可以指定栅格在 X 轴方向和 Y 轴方向上的间距。在“草图设置”对话框中，“捕捉 X 轴间距”编辑框和“捕捉 Y 轴间距”编辑框分别用于指定栅格在 X 轴方向和 Y 轴方向上的间距。其中，如果用户先设置了 X 轴间距值，则系统会自动将同样的值赋予 Y 轴间距；而如果用户先设置 Y 轴间距值，这时 X 轴间距值仍保持不变。利用这种办法用户可设置一个 X 轴间距与 Y 轴间距不等的栅格。

（2）命令调用

用户可以使用以下方式之一打开或关闭栅格。

- 在状态栏上用鼠标单击栅格按钮。
- 使用功能键〈F7〉进行切换。
- 在状态栏中栅格按钮上右击使用快捷菜单。
- 在“草图设置”对话框中设置。
- 在命令行中输入“Grid”，按〈Enter〉键执行命令。

4．使用正交模式

（1）功能

AutoCAD 提供的正交模式也可以用来精确定位点，它将定点设备的输入限制为水平或垂直。在正交模式下，可以方便地绘出与当前 X 轴或 Y 轴平行的线段。

（2）命令调用

用户可以使用以下方式之一打开或关闭正交模式。

- 在状态栏上用鼠标单击正交按钮。
- 使用功能键〈F8〉进行切换。
- 在状态栏中正交按钮上右击使用快捷菜单。
- 在命令行中输入“Ortho”，按〈Enter〉键执行命令。

2.5 控制图形显示

在 AutoCAD 2011 中，用户可以使用多种方法来观察工作窗口中正在绘制的图形，以便灵活观察图形的整体效果或局部细节。为方便观察幅面较大且复杂的图形，AutoCAD 提供了缩放、平移、鸟瞰视图等一系列图形显示控制工具，可以用来放大、缩小或移动屏幕上的图形显示，或者同时从不同的角度、不同的部位来显示图形。

2.5.1 视图缩放与平移

1. 功能

按一定比例、观察位置和角度显示图形的区域称为视图。在绘图过程中，为了方便绘图，经常要用到缩放和平移视图的功能来观察图形。用户可以平移视图以重新确定其在绘图区域中的位置，或缩放视图以更改比例。通过“平移”的“实时”选项，用户可以通过移动定点设备进行动态平移。与使用相机平移一样，“平移”不会更改图形中的对象位置或比例，而只是更改视图。通过放大和缩小操作可以改变视图的比例，类似于使用相机进行缩放。“缩放”不改变图形中对象的绝对大小，只是改变视图的比例。

2. 命令调用

用户可从“视图”菜单、功能区导航面板或导航栏中调用该命令，也可以在命令提示行输入“Zoom”命令以观察图形。如图 2-36 所示。

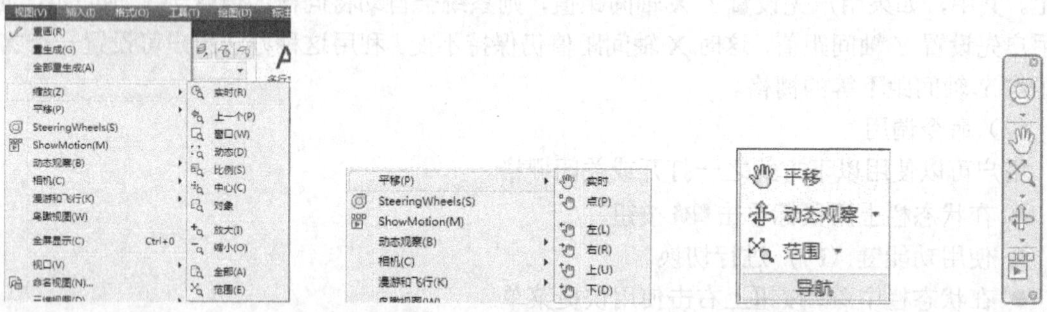

a)　　b)　　c)　　d)

图 2-36　视图缩放和平移工具

a) 缩放工具菜单　b) 平移工具菜单　c) 功能区导航面板　d) 导航栏

3. 操作示例

当用户在命令提示行输入“Zoom”命令，来执行视图缩放与平移功能时，命令行提示如下。

命令: zoom

指定窗口的角点，输入比例因子 (nX 或 nXP)，或者[全部(A)/中心(C)/动态(D)/范围(E)/上一个(P)/比例(S)/窗口(W)/对象(O)] <实时>: a（选择缩放操作方式）

常用的视图缩放操作方式有“全部”、“中心”、“动态”、“范围”、“上一个”、“比例”、“窗口”、“对象”。用户可根据需要选择使用。各种视图缩放与平移操作方式的作用如下。

（1）显示全图

选择“全部（A）”选项，或单击导航面板中的全部按钮，可以显示整个模型空间界限范围内的所有图形对象。

（2）中心缩放

选择“中心（C）”选项，或单击导航面板中的按钮，将进入中心缩放状态。要求先确定中心点，然后以该点为基点，整个图形按照指定的缩放比例缩放。而该点在缩放操作后即成为新视图的中心点。

（3）动态缩放

选择“动态（D）”选项，或单击导航面板中的按钮，将进入动态缩放状态。动态缩放是 AutoCAD 的一个非常有特色的缩放功能。该功能如同在模仿一架照相机的取景框，先用取景框在全图状态下“取景”，然后将取景框取到的内容放大到整个视图。

（4）范围缩放

选择“范围（E）”选项，或单击导航面板中的按钮，将进入范围缩放状态。实际制图过程中，通常模型空间的界限非常大，但是所绘制图形所占的区域又很小。缩放视图时，如果使用显示全图功能，那么图形的显示将会很小，因此，使用该方式可将绘制的图形对象最大范围地显示。

（5）回到上一个视图

选择“上一个（P）”选项，或单击导航面板中的按钮，将回到上一个视图状态。当在图形中进行局部特写时，可能经常需要将图形缩小以观察总体布局。使用“缩放到上一个”命令可以快速返回到上一个视图。

（6）比例缩放

选择“比例（S）”选项，或单击导航面板中的按钮，将进入比例缩放状态。比例缩放是一个定量的精确缩放命令。要求输入缩放比例因子，然后按此比例进行缩放。

（7）窗口缩放

选择“窗口（W）”选项，或单击导航面板中的按钮，将进入窗口缩放状态。这是最为常用的缩放功能。通过确定矩形的两个角点，可拉出一个矩形窗口，窗口区域的图形将放大到整个视图范围。

（8）对象缩放

选择“对象（O）”选项，或单击导航面板中的按钮，将进入对象缩放状态。可根据所选择的图形对象自动调整适当的显示状态。

（9）视图平移

在命令行中输入命令“Pan”或单击导航面板中的按钮，光标将变成小手形状，这时，用户可按住鼠标左键向不同方向拖动光标，视图的显示区域将随之实时平移。和缩放不同，平移命令不改变显示比例，只改变显示范围。另外，还有两种方式可平移图形，一个是使用垂直与水平滚动条；另一个是鼠标在绘图区时，压下滚轮再平移鼠标即可。

2.5.2 使用命名视口

AutoCAD 提供了将绘图区域拆分为多个单独视口的功能，在绘制较复杂的图形时，可以缩短在单一视图中平移或缩放的时间。用户还可以对某一视图进行命名和保存，以利于下次迅速打开视图进行编辑。

1. 创建多视口

所谓视口，是图形屏幕中用于绘制、显示图形的区域。在 AutoCAD 默认情况下，绘图区域将作为一个单独的视口存在。使用“模型”选项卡，可以将绘图区域拆分成一个或多个相邻的矩形视图，称为模型空间视口。在大型或复杂的图形中，显示不同的视图可以缩短在单一视图中缩放或平移的时间。而且，在一个视图中出现的错误可能会在其他视图中表现出来。在“模型”选项卡上创建的视口充满整个绘图区域并且相互之间不重叠。在一个视口中做出修改后，其他视口也会立即更新。

在“视图”→“视口”子菜单和功能区的“视口”面板中都提供了用于创建和编辑视口的命令，如图 2-37 所示。

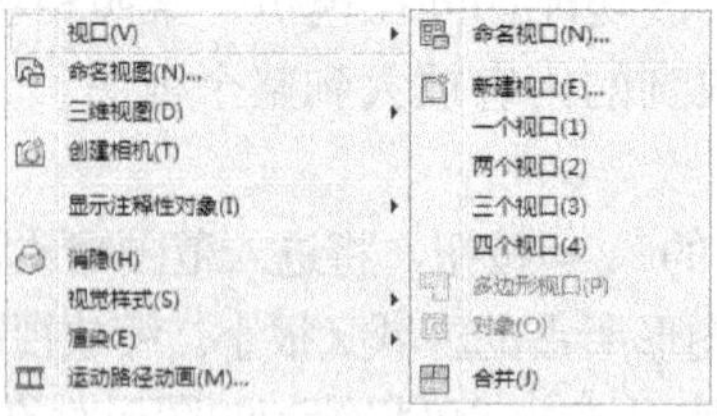

a)

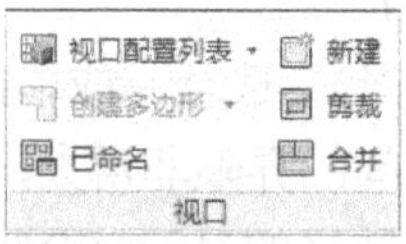

b)

图 2-37 “视口”编辑命令

a) 视口菜单栏 b) 视口面板

在绘图过程中，如果需要用到多个视口时，用户可选择功能区中“视口”面板的“新建视口”命令，此时，将会弹出“视口”对话框，如图 2-38 所示。在该对话框中可以创建新的视口配置，命名和保存模型视口配置。

如在“新名称”栏内输入“我的视口”，在“标准视口”选项栏中选择“四个：相等”，单击“确定”按钮即可创建多视口。

2. 命名视口

单击“视口”对话框中的“命名视口”标签，即可切换到该选项卡，其表框中将显示当前视口配置的名称，如“主视口”、“我的视口”等。完成设置后，单击“确定”按钮即可，如图 2-39 所示。

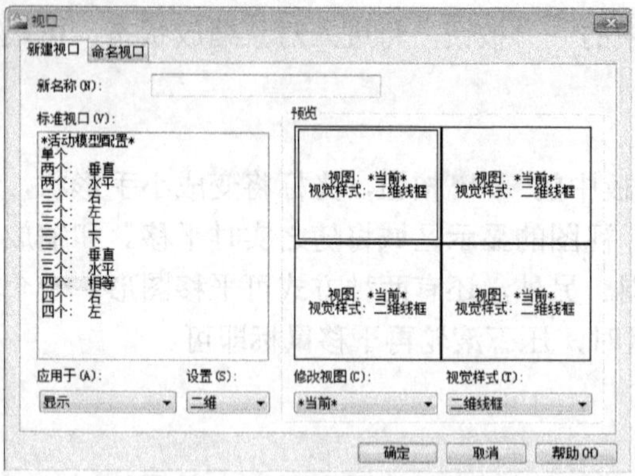

图 2-38 “新建视口”对话框

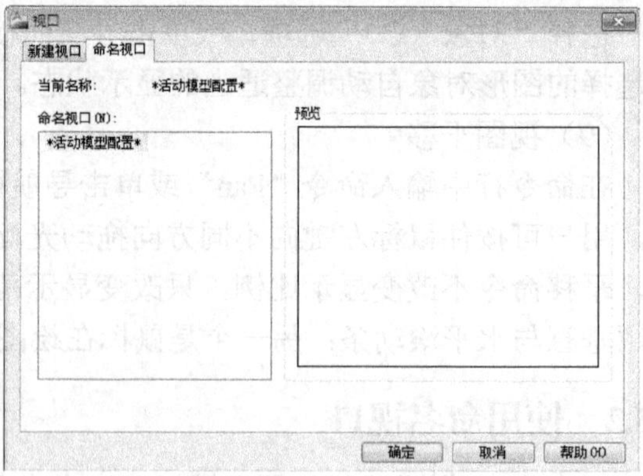

图 2-39 “命名视口”对话框

3. 使用视口

使用多个视口时，其中有一个为当前视口，可在其中输入光标和执行视图命令。对于当前视口，光标显示为十字而不是箭头，并且视口边缘亮显。用户可以随时切换当前视口。在视口中单击即可将一个视口置为当前视口。

要使用两个模型空间视口绘制直线，可先在当前视口开始绘制，再单击另一个视口将其置为当前，然后在第二个视口中指定该直线的端点即可。

4．视图管理

按一定比例、位置和方向显示的图形称为视图。用户可以利用“视图管理器”来创建、设置、重命名、修改和删除命名视图。命名视图随图形一起保存并可以随时使用。在构建布局时，可以将命名视图恢复到布局的视口中。

选择“视图”→“命名视图”命令，或单击功能区“视图”面板中的“命名视图”按钮，弹出“视图管理器”对话框，如图 2-40 所示。

单击“新建”按钮，弹出“新建视图/快照特性”对话框，在“视图名称”文本框内输入名称“我的视图”、“视图类别”为“二维”，如图 2-41 所示。

图 2-40 “视图管理器”对话框

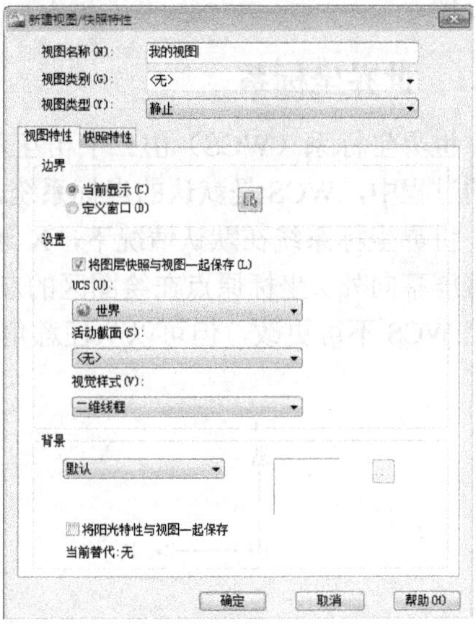

图 2-41 “新建视图/快照特性”对话框

2.5.3 使用鸟瞰视图

鸟瞰视图是一种辅助定位工具，它用于在另外一个独立的窗口中显示整个图形，可以帮助用户更直观地预览全图，并且可以对图形进行动态缩放和平移。在绘图过程中，如果“鸟瞰视图”窗口保持打开状态，则无需中断当前的命令操作便可以直接进行缩放和平移视图操作。这在大型图形的绘制过程中非常有用。

选择“视图”→“鸟瞰视图”命令，屏幕将会弹出一个小视窗，其大小可以用双箭头光标进行调节，如图 2-42 所示。

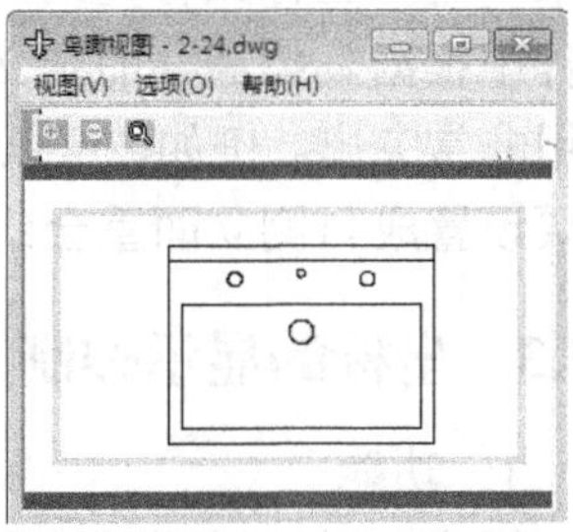

图 2-42 “鸟瞰视图”窗口

视图框在“鸟瞰视图”窗口内，是一个用于显示当前视口中视图边界的粗线矩形。用户可以通过在“鸟瞰视图”窗口中改变视图框来改变图形中的视图。将视图框缩小即可放大图形，将视图框放大即可缩小图形。单击可以执行所有平移和缩放操作，右击可以结束平移或缩放操作。

2.6 坐标系的使用

在 AutoCAD 中，用户可以使用坐标系快速地输入坐标和建立工作平面，坐标的输入可以精确地定位绘制点的位置。AutoCAD 提供了一个三维的绘图空间，建模工作通常都是在这样一个空间中进行的。在 AutoCAD 中有两种坐标系，一种是世界坐标系（WCS，World Coordinate System），它是一个绝对的坐标系，这个坐标系存在于任何一个图形之中，并且不可更改，图形文件中的所有对象均由 WCS 坐标定义。另一种是用户坐标系（UCS，User Coordinate System），它是一个可移动的坐标系，使用可移动的 UCS 创建和编辑对象通常会更方便。

2.6.1 世界坐标系

世界坐标系（WCS）由三个相互垂直并相交的坐标轴 X、Y 和 Z 组成。在绘图和编辑图形的过程中，WCS 是默认的坐标系统，其坐标原点和坐标轴方向都不会改变。

世界坐标系统在默认情况下，X 轴正方向水平向右，Y 轴正方向垂直向上，Z 轴正方向垂直屏幕向外。坐标原点在绘图区的左下角。通常 AutoCAD 构造新图形时将自动使用 WCS，虽然 WCS 不可更改，但可以从任意角度、任意方向来观察图形，如图 2-43 所示。

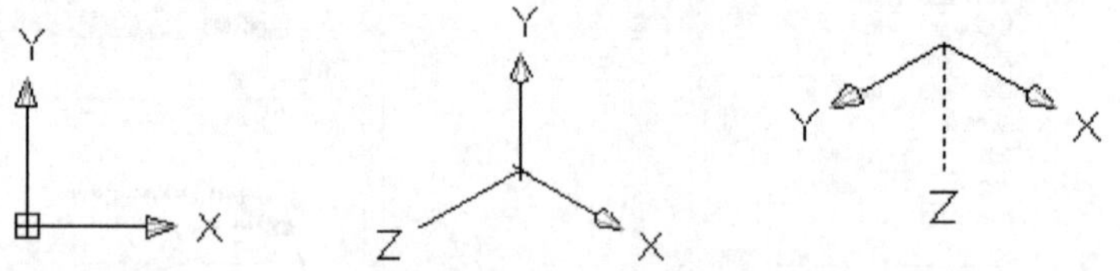

图 2-43　世界坐标系

2.6.2 用户坐标系

相对于世界坐标系 WCS，用户可根据需要创建无限多的坐标系，这些坐标系称为用户坐标系（UCS）。UCS 可以在绘图过程中根据具体需要而定义，这一点在创建复杂三维模型时的作用非常突出。例如，可以将 UCS 设置在斜面上，也可以根据需要设置成与侧立面重合或平行的状态，如图 2-44 所示。

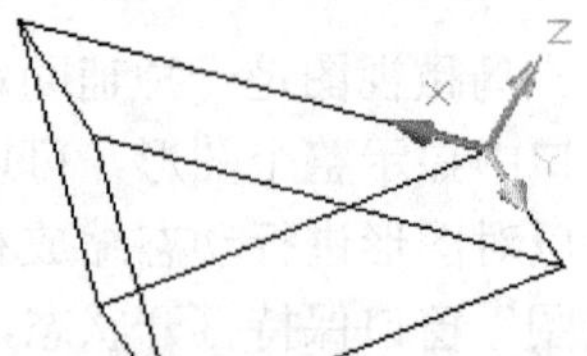

图2-44　用户坐标系

2.6.3 坐标的显示控制

1．功能

用户可以通过“UCS 图标”对话框中的选项来设置绘图区中坐标的显示样式、大小和颜色等内容。

2．命令调用

用户可以利用以下方法之一对坐标的显示效果进行设置。

- 选择“视图”→“显示”→“UCS 图标”→“特性”命令，可打开“UCS 图标”对话框进行设置。
- 在命令行输入“Ucsicon”，按〈Enter〉键执行命令，也可控制“UCS 图标”的显示。

利用上述方法可调出“UCS 图标”对话框进行设置，如图 2-45 所示。

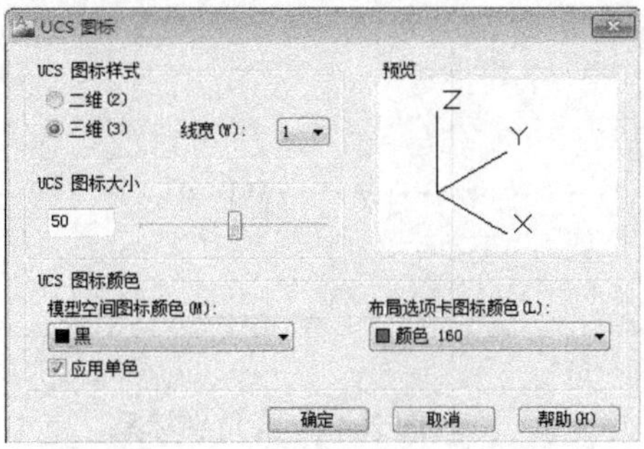

图 2-45　“UCS 图标”对话框

3．操作示例

用户可根据需要对“UCS 图标”的样式、大小、颜色进行设置。如将“UCS 图标样式”设为三维、“UCS 图标大小”改为 80、“UCS 图标颜色”设为红色。命令行提示如下。

命令: _ucsicon

输入选项 [开(ON)/关(OFF)/全部(A)/非原点(N)/原点(OR)/特性(P)] <开>: p（选择特性选项，在弹出的对话框中进行相应设置）

完成“UCS 图标”设置，单击“确定”按钮，结果如图 2-46 所示。

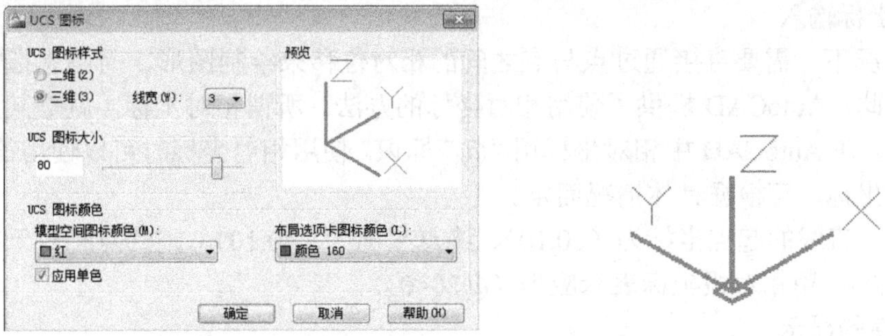

图 2-46　“UCS 图标”对话框设置

2.6.4　坐标的表示

1．直角坐标系中的表示

直角坐标系又称为笛卡儿坐标系，由一个原点和两个通过原点的、相互垂直的坐标轴构成，如图 2-47 所示。其中，水平方向的坐标轴为 X 轴，以向右为正方向；垂直方向的坐标轴为 Y 轴，以向上为正方向。平面上任何一点 P 都可以由 X 轴和 Y 轴的坐标所定义，即用一对坐标值（x,y）来定义一个点。例如，某点的直角坐标为（7,5）。

2．极坐标系中的表示

极坐标系是由一个极点和一个极轴构成，如图 2-48 所示。极轴的方向为水平向右。平面上任何一点 P 都可以由该点到极点的连线长度 L（>0）和连线与极轴的交角α（极角，逆时针方向为正）定义，即用一对坐标值（L<α）来定义一个点，其中“<”表示角度。例如，某点

的极坐标为（130<45）。

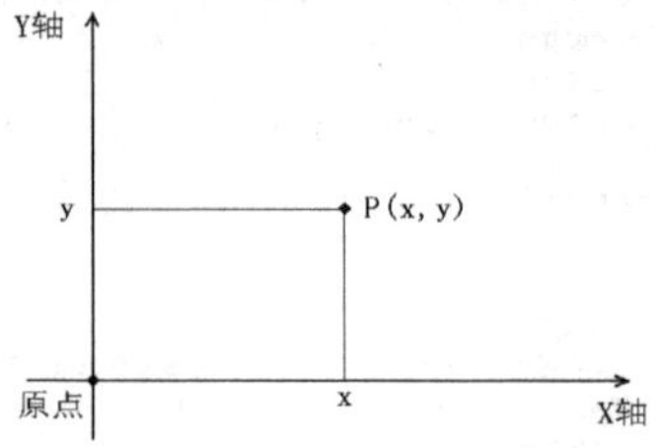

图 2-47　直角坐标系

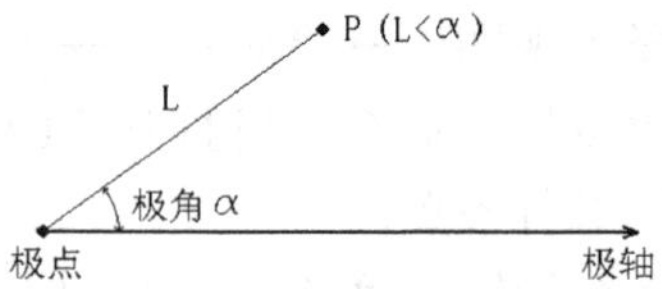

图 2-48　极坐标系

2.6.5　坐标的输入

在命令提示输入点时，可以使用定点设备指定点，也可以在命令行提示中输入坐标值。打开动态输入时，还可以在光标旁边的工具提示中输入坐标值。用户可以按照笛卡儿坐标(x,y)或极坐标（L<α）的方式输入二维坐标。

1．绝对坐标输入

绝对坐标是以左下角的原点（0,0,0）为基点来定义所有的点。绘图区内任何一点均可用（x,y,z）来表示，可以通过输入 X、Y、Z（中间用逗号间隔）坐标来定义点的位置。例如：绘制一条直线段 AB，端点坐标分别为 A（15,15,0）和 B(45,45,0)。

2．相对坐标输入

在某些情况下，需要直接通过点与点之间的相对位移来绘制图形，而不想指定每个点的绝对坐标。为此，AutoCAD 提供了使用相对坐标的办法。所谓相对坐标，就是某点与相对点的相对位移值，在 AutoCAD 中相对坐标用“@”标识。使用相对坐标时可以使用笛卡儿坐标，也可以使用极坐标，可根据具体情况而定。

例如，某一直线的起点坐标为（20,10）、终点坐标为（40,10），则终点相对于起点的相对坐标为（@20,0）；用相对极坐标表示应为（@20<0）。

3．坐标值的显示

在工作窗口底部的状态栏中能够显示当前光标所处位置的坐标值，该坐标值有三种显示状态。

1）绝对坐标状态：显示光标所在位置的坐标。

2）相对坐标状态：在相对于前一点来指定第二点时可使用此状态。

3）关闭状态：颜色变为灰色，并“冻结”关闭时所显示的坐标值。

用户可根据需要在这三种状态之间进行切换，方法如下：右击状态栏中显示坐标值的区域，在弹出的菜单中选择相应的命令。如图 2-49 所示。

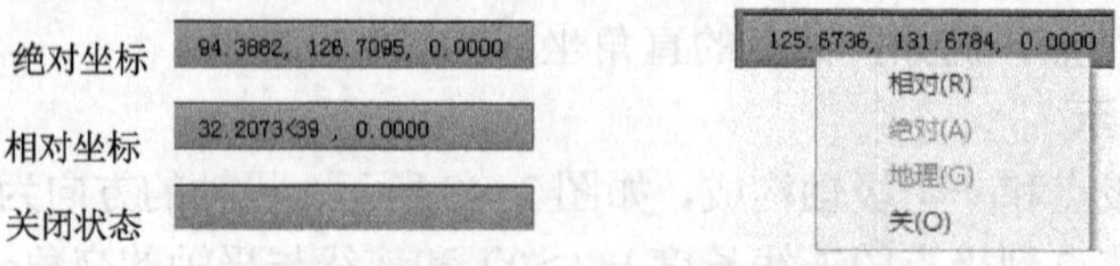

图 2-49　坐标显示快捷菜单

2.7 创建和管理图层

在 AutoCAD 中，图层就像透明的覆盖层，相当于绘图中使用的重叠图纸。用户可以分别在不同的透明图纸上绘制不同的对象，然后将这些透明图纸重叠起来，最终形成复杂的图形。图层是图形绘制中使用的重要组织工具。在 AutoCAD 中绘图，利用图层可以很好地组织不同类型的图形信息，并对整个图形进行综合控制。

在绘制复杂的平面图形时，一般要创建多个图层来组织图形，可以将类型相似的对象指定给同一图层以使其相关联。例如，用户可以将不同类型的图形对象、构造线、文字、标注和标题栏置于不同的图层上，而不是将整个图形均创建在“0”图层上。这样，用户可以方便地控制各图层对象的颜色、线型、线宽、可见性等特性。

通过控制图层对象的显示或打印方式，可以降低图形的视觉复杂程度，并提高显示性能。例如，可以使用图层控制相似对象（例如门窗或标注）的特性和可见性，也可以锁定图层，以防止意外选择和修改该图层上的对象。

2.7.1 创建图层

1. 功能

在图形绘制过程中，用户可以为类型相近的一组对象创建和命名图层，并为这些图层指定通用特性。对于一个图形，可创建的图层数和在每个图层中创建的对象数都是没有限制的。只要将对象分类并置于各自的图层中，即可方便、有效地对图形进行编辑和管理。

2. 命令调用

用户可以采用以下操作方法之一来创建图层。

- 单击功能区“常用”选项卡内的“图层”面板上的“图层特性”工具按钮。
- 选择“格式”→“图层”命令。
- 在命令行输入“Layer”，按〈Enter〉键执行命令。

以上方法均可打开“图层特性管理器”对话框，如图 2-50 所示。

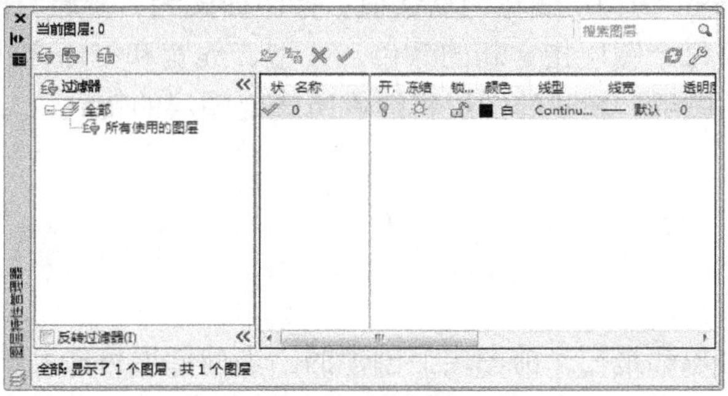

图 2-50 “图层特性管理器”对话框

3. 操作示例

新建一个图形文件并创建 4 个新图层，名称分别为轴线、墙线、门窗和尺寸标注。步骤如下。

1）在“图层特性管理器”对话框中，单击“新建图层”按钮。图层列表中将自动添

加名为“图层 1”的图层，所添加图层呈被选中即高亮显示状态，如图 2-51 所示。

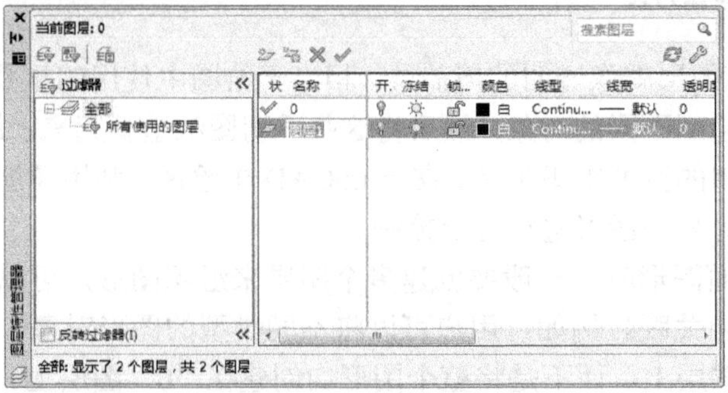

图 2-51　新建图层

2）在“名称”列为新建的图层命名为“轴线”。图层名最多可包含 255 个字符，其中包括字母、数字和特殊字符，如人民币符号（￥）和连字符（—）等。

3）通过多次单击“新建图层”按钮，创建其余各图层，并以同样的方法为每个新建图层命名，如图 2-52 所示。图层设置完成后，关闭该对话框即可。

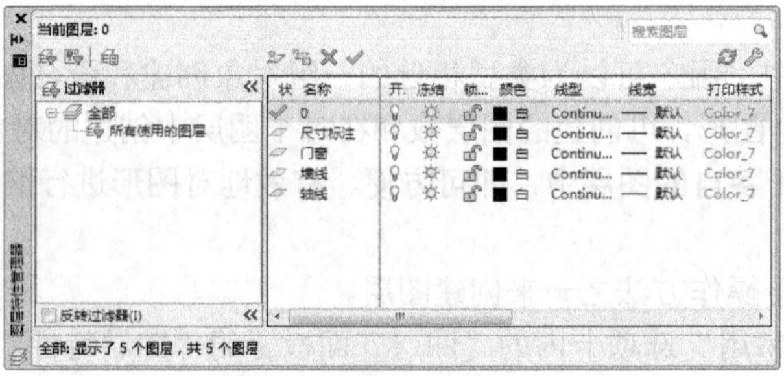

图 2-52　创建和命名图层

每个新图层的特性都被指定为默认设置：颜色为编号 7 的颜色（白色或黑色，由背景色决定）；线型为 Continuous 线型：线宽为默认值；打印样式为“普通”打印样式。用户可以使用默认设置，也可以给每个图层指定新的颜色、线型、线宽和打印样式。如果在创建新图层之前选中了一个现有的图层，新建的图层将继承所选定图层的特性。

2.7.2　设置图层

1. 指定当前图层

（1）功能

在绘图时，所有对象都是在当前图层上创建的。当前图层可能是默认的 0 图层或用户自己创建并命名的新图层。通过将不同图层指定为当前图层，用户可以从一个图层切换到另一图层进行图形的绘制。

（2）操作示例

在 AutoCAD 中，用户可通过以下多种方法之一将某个图层指定为当前图层。

● 在功能区的“图层”面板中，选择图层控件下拉列表中的某一个图层，该图层即为当前图层，如图 2-53 所示。

- 在“图层特性管理器”对话框的图层列表中选择一个图层，然后单击 ✓ 按钮，该图层即切换为当前图层。
- 在图层名上双击，或在图层名上右击，在弹出的快捷菜单中选择“置为当前”命令，也可指定当前图层。如图 2-54 所示。

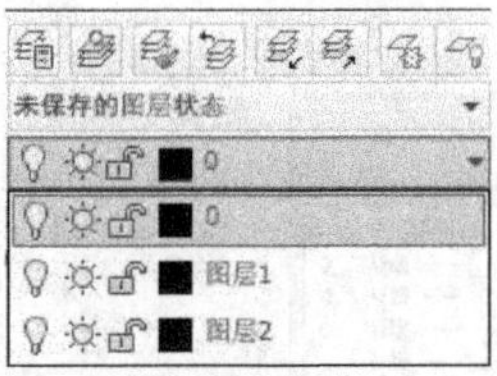

图 2-53 “图层”面板

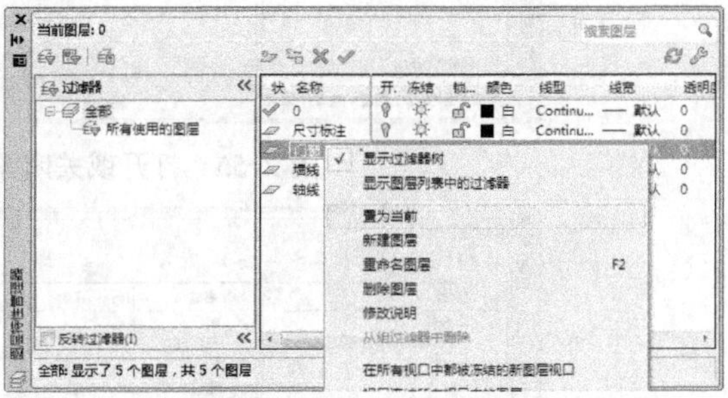

图 2-54 指定当前图层

- 若要将某个对象所在的图层指定为当前图层，用户可在绘图区域先选中该对象，然后在“图层”工具栏上单击“把对象的图层置为当前”按钮即可。也可以先单击“把对象的图层置为当前”按钮，然后再选择一个对象来改变当前图层。

说明：并不是所有图层都可以被指定为当前图层，被冻结的图层或依赖外部参照的图层不可以设定为当前图层。用户总是在当前图层上进行绘图，当前图层只能有一个。

2. 控制图层的可见性

（1）功能

对图层进行关闭或冻结，可以隐藏该图层上的对象。关闭图层后，该图层上的图形将不能被显示或打印。冻结图层后，AutoCAD 不能在被冻结图层上显示、打印或重生成对象。打开已关闭的图层时，AutoCAD 将重画该图层上的对象。解冻已冻结的图层时，AutoCAD 将重生成图形并显示该图层上的对象。关闭而不冻结图层，可避免每次解冻图层时重生成图形。

（2）操作示例

1）将图形文件中的图层打开或关闭。

当某些图层需要频繁地切换它的可见性时，选择关闭该图层而不冻结。当再次打开已关闭的图层时，图层上的对象会自动重新显示。关闭图层可以使图层上的对象不可见，但在使用 Hide 命令时，这些对象仍会遮挡其他对象。

当用户需要打开或关闭图层时，在“图层”工具栏或“图层特性管理器”的图层控件中，单击要操作图层的“开/关图层”灯泡图标。当图标显示为黄色时，图层处于打开状态，否则，图层处于关闭状态。如图 2-55 所示的“墙线”、“门窗”和“尺寸标注”三个图层都处于关闭状态。

2）将图形文件中的图层冻结和解冻。

在绘图中，对于一些长时间不必显示的图层，可将其冻结而非关闭。当要冻结或解冻图层时，在“图层”工具栏或“图层特性管理器”的图层控件中，单击要操作图层的“在所有视口中冻结解冻”图标。如果该图标显示为黄色的太阳状时，所选图层处于解冻状态；否则，所选图层处于冻结状态。如图 2-56 所示的“墙线”、“门窗”和“尺寸标注”三个图层处于冻结状态。

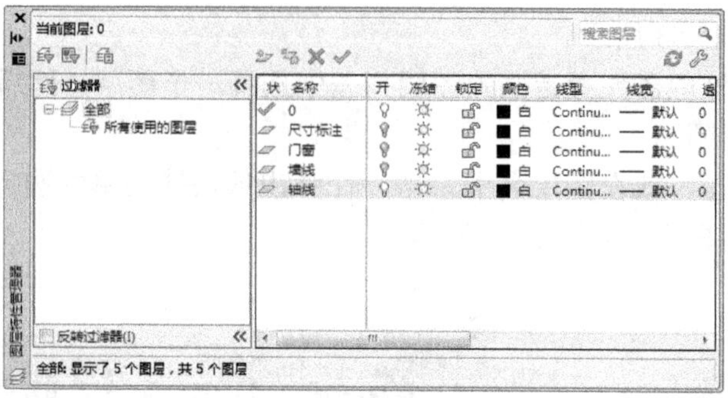

图 2-55　打开或关闭图层

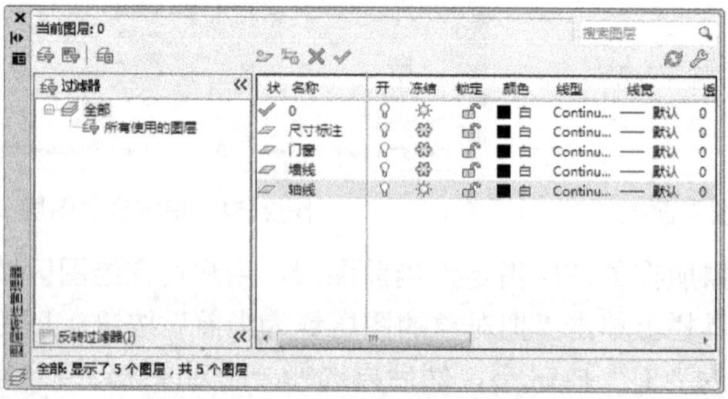

图 2-56　冻结和解冻图层

3）将图形文件中的图层锁定。

在编辑对象的过程中，有时要编辑与特殊图层关联的对象，同时对其他图层上的对象只想查看但不编辑。此时，就可以将不需编辑的图层锁定。锁定图层时，它上面的对象均不会被修改，直到为该图层解锁为止。锁定图层可以降低意外修改该图层对象的可能性。对锁定图层上的对象仍然可以使用捕捉功能，而且可以执行不修改对象的其他操作。

在“图层”工具栏或“图层特性管理器”中，单击锁定图标，当锁定图标显示为打开状态时，表示该图层未被锁定。当锁定图标显示为锁定状态时，表示该图层处于锁定状态。如图 2-57 所示的“墙线”、“门窗”和“尺寸标注”三个图层处于锁定状态。

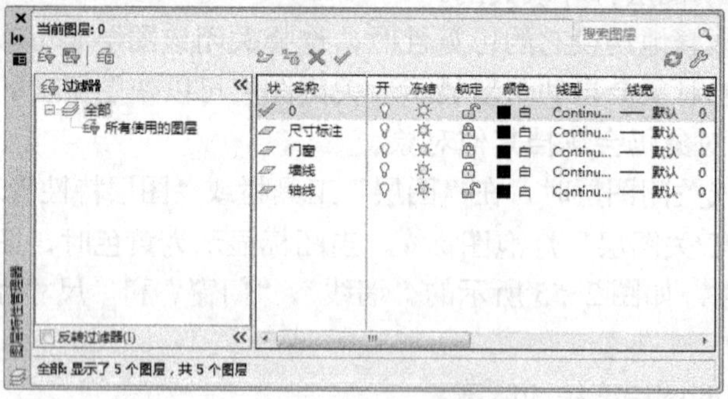

图 2-57　锁定图层

3. 设置图层颜色

（1）功能

在 AutoCAD 中进行图形绘制，颜色可以帮助用户直观地将对象进行编组。用户可以随图层将颜色指定给对象，也可以单独执行此操作。随图层指定颜色可以使用户轻松识别图形中的每个图层。单独指定颜色会使同一图层的对象之间产生色彩差别。

（2）操作示例

从“图层特性管理器”对话框中单击“颜色”下相应图层的按钮“■ 白”，将会弹出“选择颜色”对话框，如图 2-58 所示。

在“选择颜色”对话框中，用户可以选择使用“索引颜色（ACI）”、“真彩色”和“配色系统”3 种类型的色彩系统。

1）ACI 颜色是 AutoCAD 中使用的标准颜色。每种颜色均通过 ACI 编号（1 到 255 之间的整数）标识。标准颜色名称仅用于颜色 1 到 7。颜色指定如下：1 红、2 黄、3 绿、4 青、5 蓝、6 洋红、7 白/黑。

2）真彩色使用 24 位颜色定义显示 1600 多万种颜色。指定真彩色时，可以使用 RGB 或 HSL 颜色模式。通过 RGB 颜色模式，可以指定颜色的红、绿、蓝组合；通过 HSL 颜色模式，可以指定颜色的色调、饱和度和亮度要素。

3）配色系统包括几个标准 Pantone 配色系统。也可以输入其他配色系统，例如 DIC 色彩指南或 RAL 颜色集。输入用户定义的配色系统可以进一步扩充可以使用的颜色选择。

选择好所需颜色后，单击“确定”按钮即可完成图层颜色的设置。一般情况下，在建筑图的绘制中，习惯将“轴线”图层颜色设置为红色“■ 红”，将“墙体”图层颜色设置为白色“■ 白”，将“门窗”图层颜色设置为青色“□ 青”，将“尺寸标注”图层颜色设置为绿色“□ 绿”。如图 2-59 所示。

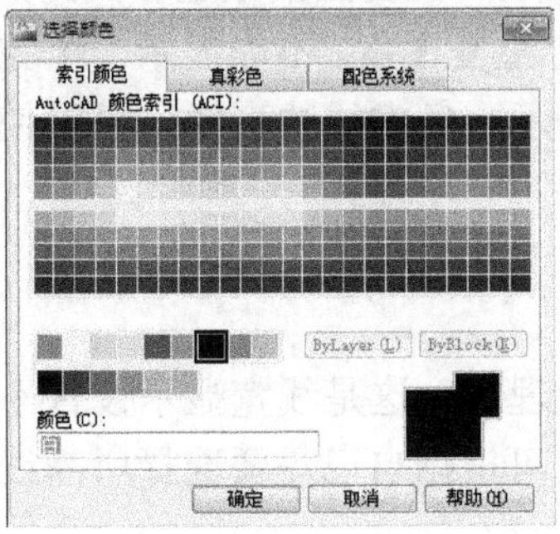

图 2-58 “选择颜色”对话框

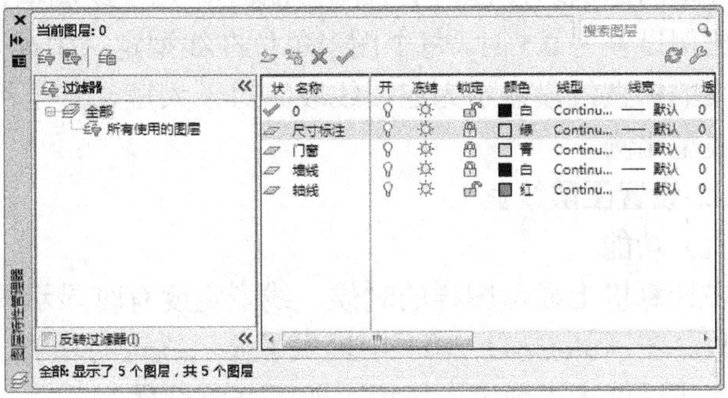

图 2-59 图层颜色设置

4. 设置图层线型

（1）功能

线型是由虚线、点和空格组成的重复图案，显示为直线或曲线。用户可以通过图层将线型指定给对象。除选择线型外，还需将线型比例设置为控制虚线和空格的大小，用户也可以根据需要创建自定义线型。在绘图过程中要用到不同类型和样式的线型，每种线型在图形中所代表的含义也各不相同。默认状态下的线型为“Continuous”线型（实线型），因此需要根据实际情况修改线型，同时还可以设置线型比例以控制虚线和点画线等线型的显示。

（2）操作示例

从“图层特性管理器”对话框中单击“线型”下的“Continuous”按钮，弹出“选择线型”对话框，如图 2-60 所示。

在“选择线型”对话框中，单击“加载”按钮，程序将会弹出“加载或重载线型”对话框，如图 2-61 所示，用户在此可选择所需线型，然后单击“确定”按钮，回到“选择线型”对话框。单击“确定”按钮，完成线型的设置。

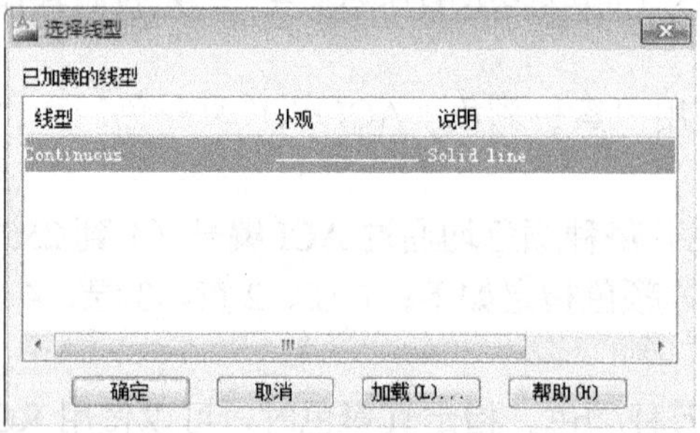

图 2-60 “选择线型”对话框

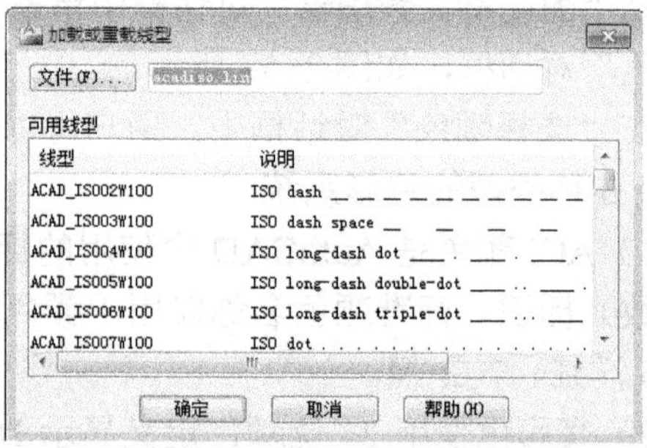

图 2-61 “加载或重载线型”对话框

选择“格式”菜单中的“线型”，将弹出“线型管理器”对话框，在其右下角的“全局比例因子”中，可输入线型的比例值，此比例值用于调整虚线和点画线的横线与空格的比例显示，一般设置为“0.2～0.5”之间。

说明：在建筑图绘制中，一般习惯将轴线图层设置为“点画线”，其他图层大多为“实线”。用户还可以用“对象特性”功能和“ltscale”命令设置线型比例因子。通过全局更改或分别更改每个对象的线型比例因子，能够以不同的比例使用同一种线型。默认情况下，全局线型和独立线型的比例均设置为 1.0。比例越小，每个绘图单位中生成的重复图案数越多。例如，将线型比例设置为 0.5 时，每个图形单位在线型定义中显示两个重复图案。不能显示一个完整线型图案的短直线段显示为连续线段。对于太短，甚至不能显示一条虚线的直线，可以使用更小的线型比例。

5. 设置图层线宽

（1）功能

在计算机上显示图样的时候，线型宽度有时显示得不太理想，这是线宽显示设置不合理的缘故。在 AutoCAD 2011 中提供了显示线宽的功能。用户可根据自己需要选择所需线宽，设置完成后单击“确定”按钮，即可完成设置。

线宽是指定给图形对象以及某些类型的文字的宽度值。使用线宽，可以用粗线和细线清楚地表现出截面的剖切方式、标高的深度、尺寸线和刻度线，以及细节上的不同。

（2）操作示例

从“图层特性管理器”对话框中单击“线宽”下的“—默认”按钮，弹出“线宽”对话框，如图 2-62 所示。

用户可以根据需要选择相应的线宽选项，最后，单击“确定”按钮完成线宽设置。通过为不同的图层指定不同的线宽，用户可以轻松区分新建构造、现有构造和被破坏的构造。除非选择了状态栏上的“显示/隐藏线宽”按钮，否则将不显示线宽。

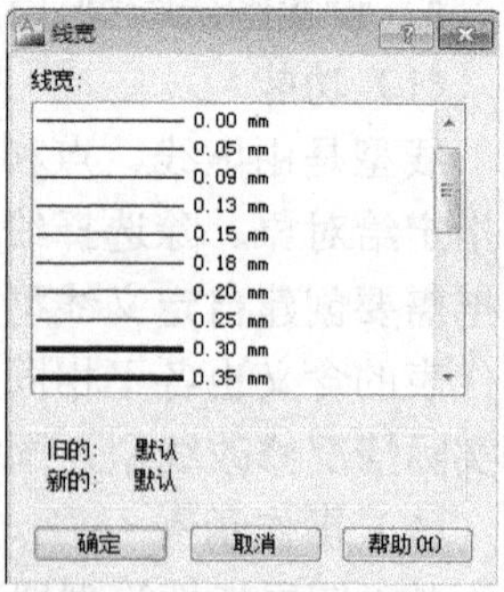

图 2-62 “线宽”对话框

注意：在模型空间中显示的线宽不随缩放比例而变化。例如，无论如何放大，以 4 个像素的宽度表示的线宽值总是用 4 个像素显示。如果要使对象的线宽在“模型”窗口上显示得更厚些或更薄些，可更改显示比例而不影响线宽的打印值。在“布局”窗口和打印预览时，线宽以实际单位显示，并随缩放比例而变化。用户可以通过“打印”对话框的“打印设置”选项卡控制图形中的线宽打印和缩放。

2.7.3 图层过滤

1．功能

使用图层过滤可以控制“图层特性管理器”中列出的图层名，并且可以按图层名或图层特性（例如，颜色或可见性）对其进行排序。图层过滤器可限制“图层特性管理器”和“图层”工具栏上的“图层”控件中显示的图层名。在复杂的图形中，用户可以使用图层过滤器选择仅显示要使用的图层。

2．操作示例

AutoCAD 2011 提供了两种图层过滤器。

1）“图层特性过滤器”：包括名称或其他特性相同的图层。例如，可以定义一个过滤器，其中包括颜色为红色，并且名称中包含特定字符的所有图层。

2）“图层组过滤器”：包括在定义时放入过滤器的图层，而不考虑其名称或特性。通过将选定图层拖动到过滤器，可以从图层列表中添加选定图层。

“图层特性管理器”中的树状图显示了默认的图层过滤器，以及在当前图形中创建并保存的所有命名过滤器。图层过滤器旁边的图标指示过滤器的类型，提供有以下 5 种默认过滤器。

1）“全部”：显示当前图形中的所有图层（始终显示过滤器）。

2）“所有使用的图层”：显示在当前图形中绘制的对象上的所有图层（始终显示过滤器）。

3）“外部参照”：如果图形附着了外部参照，将显示从其他图形参照的所有图层。

4）“视口替代”：如果存在具有当前视口替代的图层，将显示包含特性替代的所有图层。

5）“未协调的新图层”：如果自上次打开、保存、重载或打印图形后添加了新图层，将显示未协调的新图层的列表。

2.8 实训操作

2.8.1 创建图形文档

1．实训要求

启动 AutoCAD 2011 程序，利用向导创建一个名为“创建图形文档练习”的新图形文档。

2．操作指导

1）在 Windows 系统桌面上双击 AutoCAD 2011 图标，启动程序。

2）在弹出的“创建新图形”对话框中，选择“使用向导”选项对图形文档进行“快速设置”，“单位”设为“小数”；“区域”设为“594×420”。

3）在 AutoCAD 2011 平台中，单击“应用程序菜单”中的“选项”按钮，在弹出的“选项”对话框中选择“显示”选项卡，单击 颜色(C)... 按钮，弹出“图形窗口颜色”对话框，将颜色设为“黑色”。

4）单击“应用并关闭”按钮，完成绘图区背景颜色的设置。

5）选择“格式”→“图形界限”命令，根据命令行提示，将图形界限设为“5000×5000”。

6）选择“格式”→“单位”命令，在弹出的“图形单位”对话框中进行单位设置，“类型”设为“小数，“精度”设为“0”；“插入时的缩放单位”设为“毫米”；“光源”设为“国际”。

7）在“快捷工具栏”中，单击“保存”按钮，在弹出的“图形另存为”对话框中选择路径，将图形文档保存至“E:\第 2 章实训”，文件名为“创建图形文档练习”。

2.8.2 创建图层

1．实训要求

根据本章所学内容，为绘制建筑平面图创建相应图层。完成如图 2-63 所示的图层设置。

2．操作指导

1）打开 AutoCAD 2011 中文版，新建一个图形文件，工作空间选为“二维草图与注释”。

2）单击“常用”选项卡内的“图层”面板上的“图层特性”工具按钮，在弹出的“图层特性管理器”中进行相应设置。

3）在“图层特性管理器”中单击“新建图层”按钮，将新建的图层“名称”设为“轴线”；“颜色”设为“红色”；“线型”设为“Center”；“线宽”设为“默认”。

4）继续新建图层，将“名称”设为“墙线”；“颜色”设为“8”；“线型”设为“Continuous”；“线宽”设为“0.35”。

5）继续新建图层，将“名称”设为“尺寸”；“颜色”设为“绿色”；“线型”设为“Continuous”；“线宽”设为“默认”。

6）继续新建图层，将“名称”设为“文字”；“颜色”设为“黑色”，其余为默认项。

7）继续新建图层，将“名称”设为“门窗”；“颜色”设为“青色”，其余为默认项。

8）完成图层的创建，结果如图 2-63 所示。将文件保存至“E:\第 2 章实训”文件夹中，文件名为“创建图层”。

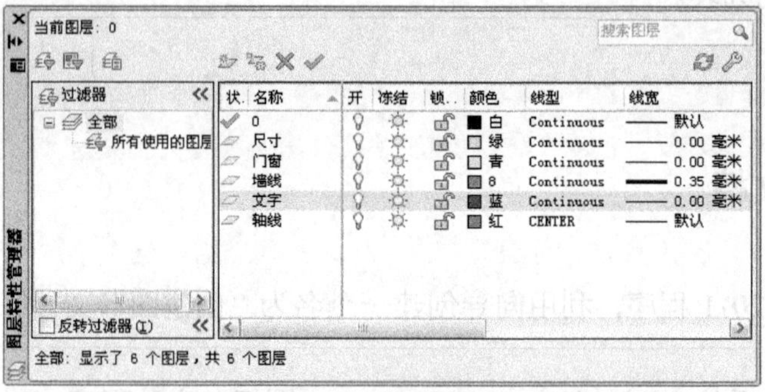

图 2-63 创建图层

2.9 思考与练习

1．在 AutoCAD 2011 中如何创建图形文件？

2．AutoCAD 2011 中有哪些命令执行操作方法？

3．坐标输入的方法有哪些？如何输入相对坐标？
4．绘图环境的设置有哪些步骤？
5．“快速选择”工具有那些作用和功能？
6．在绘图时如何使用捕捉、追踪、栅格和正交模式定点？它们有什么作用？
7．何为视口？如何创建视口？
8．在 AutoCAD 2011 中如何指定当前图层？有哪些途径？
9．如何控制图层的可见性？关闭、冻结和锁定图层有什么区别？
10．试述在绘制复杂工程图的过程中，应用图层工具的作用。

第3章　二维图形的绘制

在工程制图中，无论是多么复杂的图形，都是由一个或多个基本对象组成的，用户可通过使用鼠标定点或命令行操作来绘制基本对象。二维图形对象是整个AutoCAD的绘图基础，主要有点、直线、多段线、构造线、射线、多线、圆、圆弧、椭圆、椭圆弧、矩形、正多边形、圆环和样条曲线等内容。用户应熟练地掌握这些基本图形对象的绘制方法和技巧，这些命令对在后面章节中复杂图形的绘制和三维图形的绘制有着非常重要的作用。本章将介绍如何应用AutoCAD 2011绘制二维平面图形。

3.1　绘制点对象

点是组成图形的最基本对象之一，在图形的绘制过程中，点起到辅助工具的作用，可以作为捕捉对象的节点。点的绘制比较简单，用户只需指定其坐标即可。利用AutoCAD 2011，用户可以方便地绘制单点、多点，也可以使用定数等分和定距等分来绘制点对象。

3.1.1　设置点样式

在绘制点之前，首先应对点的样式和大小进行设置。AutoCAD 2011提供了20种不同样式的点，用户可以根据需要进行设置。

1．功能

用户可以相对于屏幕或使用绝对单位设置点的样式和大小。修改点的样式可以使它们有更好的可见性并更容易地与栅格点区分开，用户还可以修改图形中所有点对象的显示效果。

2．命令调用

用户可以采用以下操作方法之一对点样式进行设置。

● 选择“格式”→“点样式”命令。

● 在命令行输入“Ddptype”，按〈Enter〉键执行命令。

3．操作示例

根据上述方法执行“点样式”命令，系统将会弹出“点样式”对话框，如图3-1所示。对话框中各选项的功能如下。

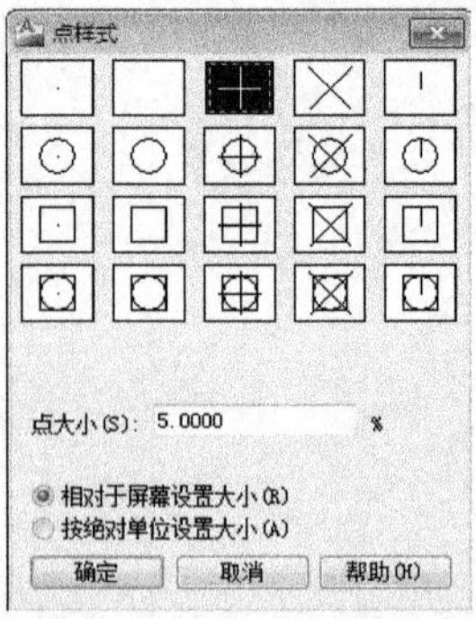

图3-1　“点样式”对话框

1）“点样式”：AutoCAD 2011提供了20种点样式，用户可以从中任选一种使用。

2）“点大小”：设置点的显示大小。默认值为5.0000。

3）“相对于屏幕设置大小”：按屏幕尺寸的百分比设置点的显示大小。当进行缩放时，点的显示大小并不改变。

4）“按绝对单位设置大小”：按“点大小”中指定的实际单位设置点的显示大小。进行缩放时，点的显示大小随之改变。

完成点样式的设置后，单击“确定”按钮，结束操作。

3.1.2 绘制单点或多点

1. 功能

点可以作为捕捉对象的节点。利用本功能可以绘制单点或多点。

2. 命令调用

用户可以采用以下方法之一绘制点对象。

- 单击功能区“常用”选项卡内的“绘图”面板上的“多点”工具按钮。
- 选择“绘图”→“点”→“单点”或“多点”命令。程序将会显示如图 3-2 所示的菜单命令。
- 在命令行中输入“Point”，按〈Enter〉键执行命令。

3. 操作示例

分别用单点和多点绘制如图 3-3 所示的图形。具体操作步骤如下。

1）打开“点样式”对话框，选择第 2 行第 4 列的点样式。

2）选择“绘图”面板上的“矩形”命令，任意绘制一个矩形。

3）选择单点命令，绘制矩形的四个角点。

4）选择多点命令，绘制矩形的四个角点，此时可以发现，利用单点绘制需多次调用命令，较为麻烦，而利用多点绘制的效率较高。

5）打开“点样式”对话框，将点样式改为第 3 行第 4 列的样式，则整个绘图区域的点样式都会随之改变。

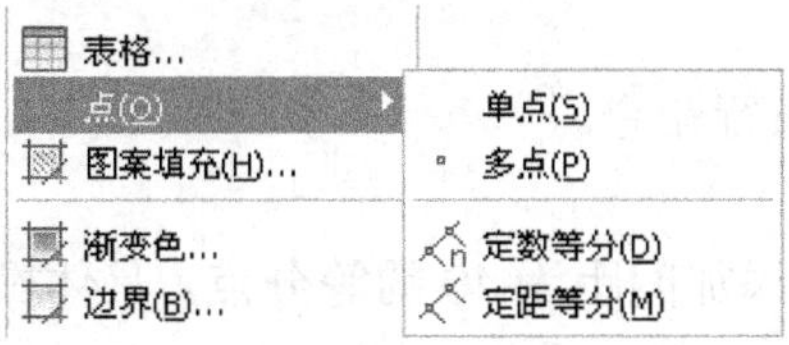

图 3-2 “点”菜单命令

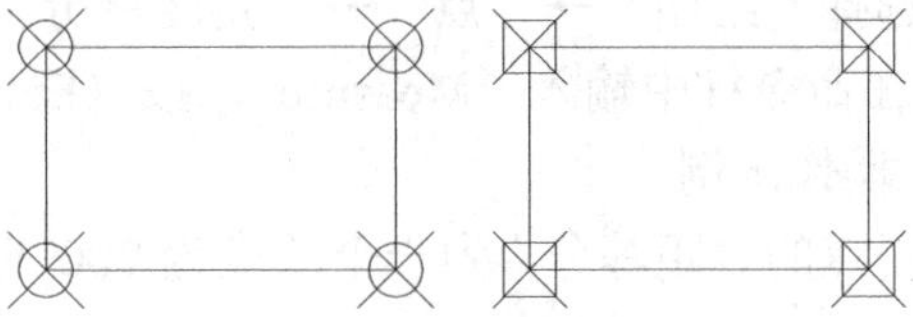

图 3-3 绘制点

3.1.3 绘制定数等分点

1. 功能

可以将所选对象等分为指定数目的相等长度，在对象上按指定数目等间距创建点或插入块，这个操作并未将对象实际等分为单独的对象，它仅仅是标明定数等分的位置，以便将它们作为几何参考点，便于复杂图形的绘制。

2. 命令调用

用户可以采用以下方法之一绘制定数等分点。

- 单击功能区“常用”选项卡内的“绘图”面板上的“定数等分”工具按钮。
- 选择“绘图”→“点”→“定数等分”命令。
- 在命令行中直接输入“Divide”，按〈Enter〉键执行命令。

3. 操作示例

利用点的定数等分，将一个半径为 100 的圆形进行五等分。具体操作步骤如下。

1）打开“点样式”对话框，选择第 2 行第 4 列的点样式。

2）单击“绘图”面板上的“圆”按钮，绘制一个半径为 100 的圆形。

3）选择“定数等分”命令，将圆形五等分，命令行提示如下。

命令: _divide（定数等分命令）
选择要定数等分的对象:（单击点选要进行等分的圆形）
输入线段数目或 [块(B)]: 5（输入要等分的数值）

4）按〈Enter〉键完成命令操作，结果如图 3-4 所示。

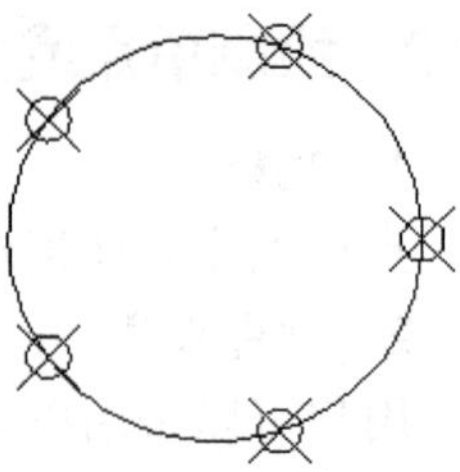

图 3-4 “定数等分”应用

3.1.4 绘制定距等分点

1．功能

此命令可以从选定对象的一个端点划分出相等的长度。用户可以使用点或块标记间隔，等分对象的最后一段可能要比指定的间距短。使用定距等分和定数等分一样，仅仅是标明等分的位置，并未将对象实际等分为单独的对象。

定距等分或定数等分的起点随对象的类型而变化。对于直线或非闭合的多段线，起点是距离选择点最近的端点；对于闭合的多段线，起点是多段线的起点；对于圆，起点是以圆心为起点、当前捕捉角度为方向的捕捉路径与圆的交点。

2．命令调用

用户可以采用以下方法之一绘制定距等分点。

- 单击功能区“常用”选项卡内的“绘图”面板上的“定距等分”工具按钮。
- 选择“绘图”→“点”→“定距等分”命令。
- 在命令行中输入“Measure”，按〈Enter〉键执行命令。

3．操作示例

利用点的定距等分，为一个长度为 200 的斜直线添加间距为 40 的等分点。具体操作步骤如下。

1）打开“点样式”对话框，选择第 2 行第 4 列的点样式。

2）单击“绘图”面板上的“直线”按钮，绘制一个长度为 200 的直线。

3）选择“定距等分”命令，将间距设为 40，等分该直线，命令行提示如下。

命令: _measure（定距等分命令）
选择要定距等分的对象:（单击点选要进行等分的直线）
指定线段长度或 [块(B)]: 40（输入等分间距的数值）

4）按〈Enter〉键完成命令操作，结果如图 3-5 所示。

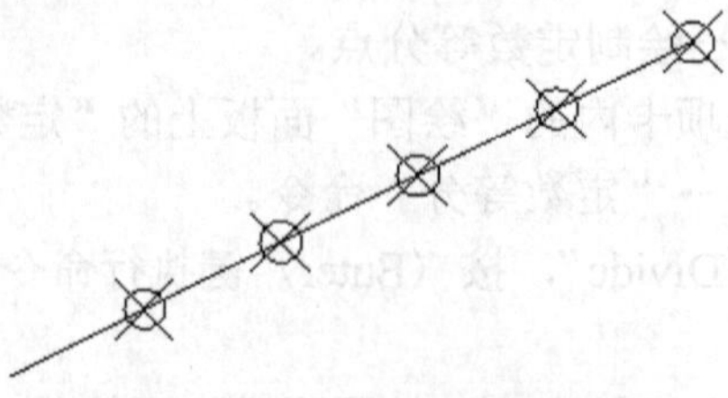

图 3-5 “定距等分”应用

3.2 绘制线性对象

3.2.1 直线绘制

1．功能

利用本功能可以绘制直线段、连续折线以及由直线组成的对象轮廓线等。

2．命令调用

用户可以采用以下方法之一进行直线的绘制。

- 单击功能区“常用”选项卡内的“绘图”面板上的“直线”工具按钮。
- 选择“绘图”→“直线”命令。
- 在命令行中输入“Line”，按〈Enter〉键执行命令。

3．操作示例

利用绘制直线命令，绘制一个封闭的直角三角形。执行“直线”命令，命令行提示如下。

命令: _line 指定第一点:（在绘图区中单击任意点为第一点）
指定下一点或 [放弃(U)]:（在绘图区中单击任意点为第二点）
指定下一点或 [放弃(U)]:（在绘图区中单击任意点为第三点）
指定下一点或 [闭合(C)/放弃(U)]: c（输入字母 C，按〈Enter〉键图形将自动闭合）

按〈Enter〉键完成命令操作，结果如图 3-6 所示。

说明：用户在绘制过程中发现有误时，不必取消命令，而可以使用命令提示中的“放弃（U）”选项，来取消已确定的端点（只需输入选项中大写字母即可，如“放弃（U）”选项可用字母“u”来表示），然后重新指定点。

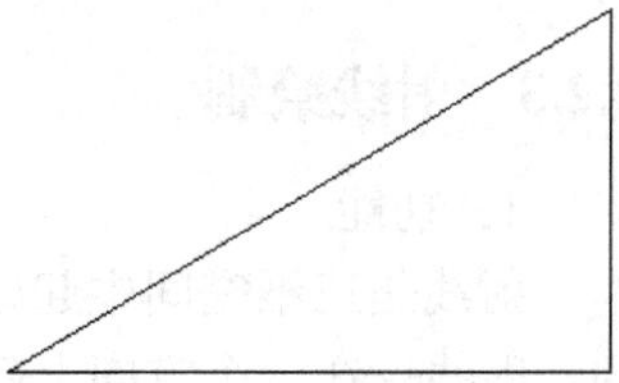

图 3-6 直线绘制

3.2.2 多段线绘制

1．功能

多段线是作为单个对象创建的相互连接的序列线段。可以创建直线段、弧线段或两者的组合线段。使用“矩形”、“正多边形”、“圆环”等命令绘制的矩形、正多边形和圆环等均属于多段线对象。

多段线适用于以下应用方面：用于地形和其他科学应用的轮廓素线；布线图、流程图和布管图；三维实体建模的拉伸轮廓和拉伸路径等。

多段线提供了单条直线所不具备的编辑功能。例如，可以调整多段线的宽度和曲率，可以使用夹点功能对多段线进行编辑，也可以使用“多段线编辑”命令对其进行编辑。用户也可以根据需要，使用“分解”命令将其转换成单独的直线段和弧线段，然后再进行编辑。

2．命令调用

用户可以采用以下方法之一绘制多段线。

- 功能区“常用”选项卡内的单击“绘图”面板上的“多段线”工具按钮。
- 选择“绘图”→“多段线”命令。
- 在命令行中输入“Pline”，按〈Enter〉键执行命令。

3. 操作示例

利用多段线命令，绘制一个任意形式的箭线。执行“多段线”命令，命令行提示如下。

命令: _pline（执行多段线命令）
指定起点:（单击任意点，确定箭线的起点）
当前线宽为 0.0000
指定下一个点或 [圆弧(A)/半宽(H)/长度(L)/放弃(U)/宽度(W)]: w（选择宽度设置选项）
指定起点宽度 <0.0000>: 10（指定起点宽度为 10）
指定端点宽度 <10.0000>: 2（指定端点宽度为 2）
指定下一点或 [圆弧(A)/闭合(C)/半宽(H)/长度(L)/放弃(U)/宽度(W)]: a（选择绘制圆弧选项）
指定圆弧的端点或[角度(A)/圆心(CE)/闭合(CL)/方向(D)/半宽(H)/直线(L)/半径(R)/第二个点(S)/放弃(U)/宽度(W)]:（确定圆弧第二点）
指定圆弧的端点或[角度(A)/圆心(CE)/闭合(CL)/方向(D)/半宽(H)/直线(L)/半径(R)/第二个点(S)/放弃(U)/宽度(W)]: l（选择绘制直线选项）
指定下一点或 [圆弧(A)/闭合(C)/半宽(H)/长度(L)/放弃(U)/宽度(W)]: w（选择宽度设置选项）
指定起点宽度 <2.0000>: 16（指定箭头起点宽度为 16）
指定端点宽度 <16.0000>: 1（指定箭头端点宽度为 1）
指定下一点或 [圆弧(A)/闭合(C)/半宽(H)/长度(L)/放弃(U)/宽度(W)]:
（按〈Enter〉键，结束绘制）

图 3-7 多段线绘制

按〈Enter〉键完成命令操作，结果如图 3-7 所示。

3.2.3 射线绘制

1. 功能

射线是三维空间中起始于指定点并且无限延伸的直线。与在两个方向上延伸的构造线不同，射线仅在一个方向上延伸。通过指定一个起点和一个通过点即可确定一条射线。射线可以用作创建其他对象的参照。

2. 命令调用

用户可以采用以下方法之一绘制射线。

- 单击“常用”选项卡内的“绘图”面板上的“射线”工具按钮。
- 选择“绘图”→“射线”命令。
- 在命令行中输入“Ray”，按〈Enter〉键执行命令。

3. 操作示例

执行“射线”命令，命令行提示如下。

命令: _ray 指定起点: （指定点 1）
指定通过点:（指定射线要通过的点 2）
指定通过点:（指定射线要通过的点 3）
指定通过点:（指定射线要通过的点 4）
指定通过点:（指定射线要通过的点 5）
指定通过点:（按〈Enter〉键，结束射线绘制）

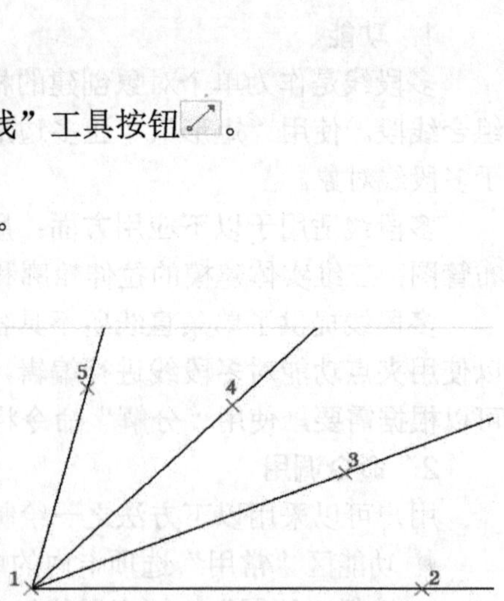

图 3-8 射线绘制

按〈Enter〉键完成命令操作，结果如图 3-8 所示。

3.2.4 构造线绘制

1. 功能

向两个方向无限延伸的直线称为构造线，它可以用作创建其他对象的参照。例如，可以用构造线查找三角形的中心、准备同一个项目的多个视图或创建临时交点用于对象捕捉。构造线不会改变图形的总面积。因此，它们的无限长标注对缩放或视点没有影响，并被显示图形范围的命令所忽略。和其他对象一样，构造线也可以移动、旋转和复制。

构造线可以放置在三维空间中的任意位置，用户可以使用多种方法指定它的方向。创建构造线的默认方法是两点法（通过指定两点来定义方向）。用户可以利用无限长直线所通过的两点定义构造线的位置，也可以使用其他方法创建构造线。

2. 命令调用

用户可以采用以下方法之一绘制构造线。

- 单击功能区“常用”选项卡内的“绘图”面板上的“构造线”工具按钮。
- 选择“绘图”→“构造线”命令。
- 在命令行中输入“Xline”，按〈Enter〉键执行命令。

3. 操作示例

执行“构造线”命令，命令行提示如下。

命令: _xline 指定点或 [水平(H)/垂直(V)/角度(A)/二等分(B)/偏移(O)]:（选择绘制构造线的方式或按〈Enter〉键使用默认的两点法）

（1）用定点和通过点法绘制构造线

命令: _xline 指定点或 [水平(H)/垂直(V)/角度(A)/二等分(B)/偏移(O)]:（单击任意点 1）
指定通过点:（拾取水平方向点 2，得到构造线 L1）
指定通过点:（向右上方移动光标拾取点 3，得到构造线 L2）
指定通过点:（向右上方再移动光标拾取点 4，得到构造线 L3）

按〈Enter〉键完成命令操作，结果如图 3-9 所示。

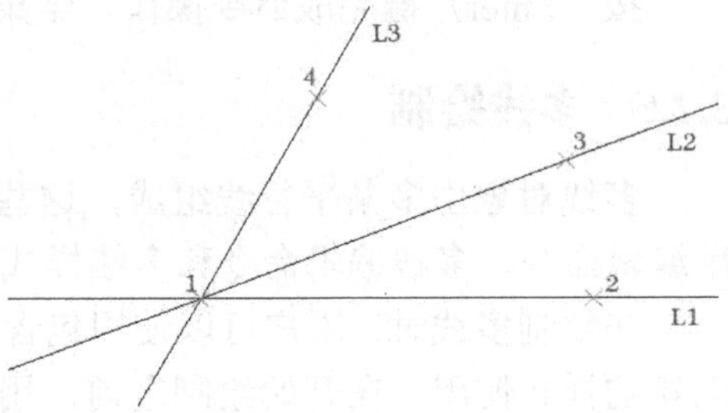

图 3-9　用定点和通过点法绘制构造线

（2）绘制水平构造线

命令: _xline 指定点或 [水平(H)/垂直(V)/角度(A)/二等分(B)/偏移(O)]: H（选择水平模式）
指定通过点:（单击任意点 1）
指定通过点: :（单击任意点 2）
指定通过点: :（单击任意点 n）

按〈Enter〉键完成命令操作，将会绘制出水平构造线。

（3）用垂直选项绘制构造线

命令: _xline 指定点或 [水平(H)/垂直(V)/角度(A)/二等分(B)/偏移(O)]: V（选择垂直模式）
指定通过点:（单击任意点 1）
指定通过点:（单击任意点 2）
指定通过点:（单击任意点 n）

按〈Enter〉键完成命令操作，将会绘制出垂直构造线。

（4）用角度选项绘制构造线

命令: _xline 指定点或 [水平(H)/垂直(V)/角度(A)/二等分(B)/偏移(O)]:A V（选择角度选项）
输入构造线的角度 (0) 或 [参照(R)]:30（输入与水平线或 X 轴的夹角）
指定通过点:（单击任意点 1）
指定通过点:（单击任意点 2）

按〈Enter〉键完成命令操作，将会绘制出与水平线或 X 轴有一定夹角的构造线。

（5）用二等分和偏移选项绘制构造线

首先用直线命令绘制出如图 3-10 所示的任意三角形 ABC。

命令: _xline 指定点或 [水平(H)/垂直(V)/角度(A)/二等分(B)/偏移(O)]: B（选择二等分选项）
指定角的顶点:（捕捉拾取顶点 A）
指定角的起点:（在 AB 上单击任意一点 1）
指定角的端点:（在 AC 上单击任意一点 2）

按〈Enter〉键完成命令操作，将会绘制出该角的等分线 L，如图 3-10 所示。

命令: _xline 指定点或 [水平(H)/垂直(V)/角度(A)/二等分(B)/偏移(O)]: O（选择偏移选项）
指定偏移距离或 [通过(T)] <0.0000>: 10（输入偏移距离）
选择直线对象:（拾取线段 BC）
指定向哪侧偏移:（在其右侧单击，得到 L1）
选择直线对象:（拾取 L1）
指定向哪侧偏移:（在其右侧单击，得到 L2）
选择直线对象:（拾取 L2）
指定向哪侧偏移:（在其右侧单击，得到 L3）

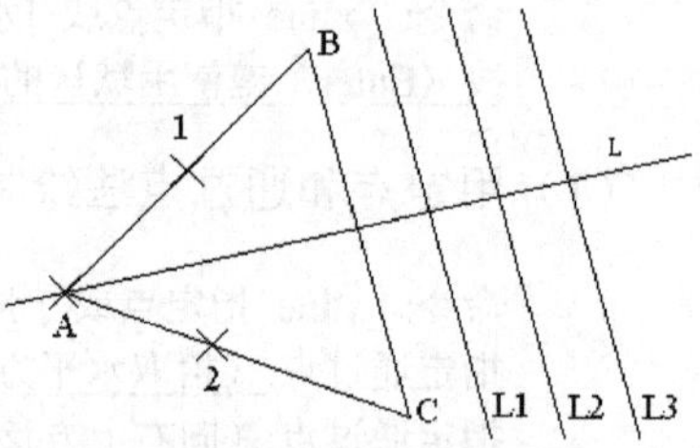

图 3-10 构造线绘制

按〈Enter〉键完成命令操作，结果如图 3-10 所示。

3.2.5 多线绘制

多线对象由多条平行线组成，这些平行线称为元素。要修改多线及其元素，可以使用通用编辑命令、多线编辑命令和多线样式命令。

在绘制多线时，用户可以使用包含两个元素的 STANDARD 样式，也可以指定一个以前创建的样式使用。在开始绘制之前，用户还可以更改多线的对正和比例。多线对正是确定将在光标的哪一侧绘制多线，或者是否位于光标的中心上。多线比例是用来控制多线的全局宽度，多线比例不影响线型比例。如果用户要更改多线比例，可能需要对线型比例做相应的调整，以防点或虚线的尺寸显示不准确。

1．功能

多线常用于绘制由多条平行线组成的实体对象。多线可具有不同的样式，在创建新图形时，AutoCAD 自动创建一个“标准”多线样式作为默认值。用户也可以根据需要，定义新的多线样式。

2．命令调用

用户可以采用以下方法之一绘制多线。

● 选择“绘图”→“多线”命令。

● 在命令行中输入“Mline”，按〈Enter〉键执行命令。

3．操作示例

执行“多线”命令，命令行提示如下。

```
命令: _mline
当前设置: 对正 = 上，比例 = 10.00，样式 = STANDARD
指定起点或 [对正(J)/比例(S)/样式(ST)]: j（选择改变对正方式选项）
输入对正类型 [上(T)/无(Z)/下(B)] <上>: z（改为无对齐）
当前设置: 对正 = 下，比例 = 10.00，样式 = STANDARD
指定起点或 [对正(J)/比例(S)/样式(ST)]: s（选择更改比例选项）
输入多线比例 <10.00>: 2（新的比例为 2）
当前设置: 对正 = 无，比例 =2.00，样式 = STANDARD
指定起点或 [对正(J)/比例(S)/样式(ST)]: st（选择新的样式）
输入多线样式名或 [?]:（选“？”可以看到所有样式，按〈Enter〉键表示使用默认样式）
当前设置: 对正 = 无，比例 = 20.00，样式 =窗
指定起点或 [对正(J)/比例(S)/样式(ST)]:（开始绘制多线）
```

按〈Enter〉键完成命令操作，绘制的多线及各选项的作用如图 3-11 所示。

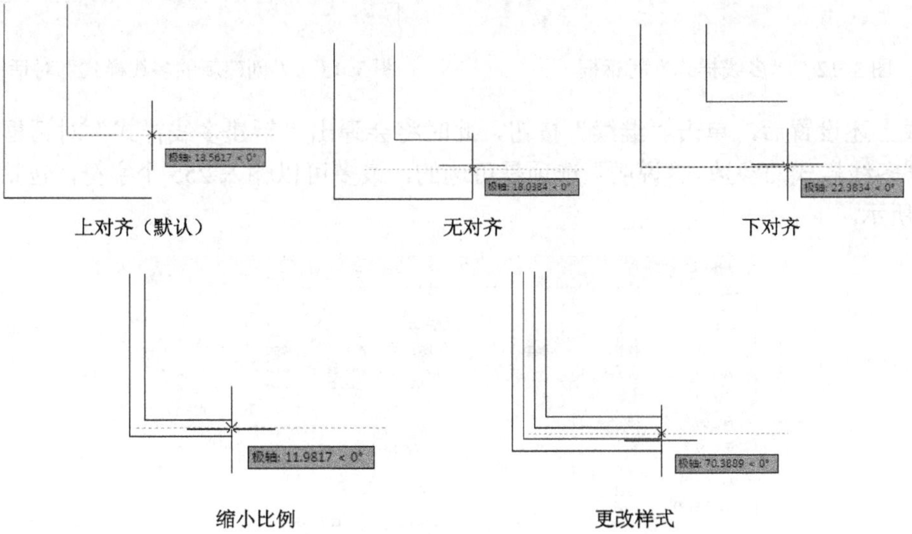

图 3-11　多线绘制

3.2.6　多线样式

1．功能

多线样式用于控制多线中直线元素的数目、颜色、线型、线宽以及每个元素的偏移量。还可以修改合并的显示、端点封口和背景填充。

2．命令调用

用户可以采用以下方法之一编辑多线样式。

● 选择“格式”→“多线样式”命令。

● 在命令行中输入“Mlstyle”，按〈Enter〉键执行命令。

3. 操作示例

（1）设置多线样式

执行“多线样式”命令，系统将弹出如图 3-12 所示的“多线样式”对话框。在“多线样式”对话框中，单击“新建”按钮，弹出如图 3-13 所示的“创建新的多线样式”对话框，用户可以输入多线样式的名称并选择开始绘制的多线样式。

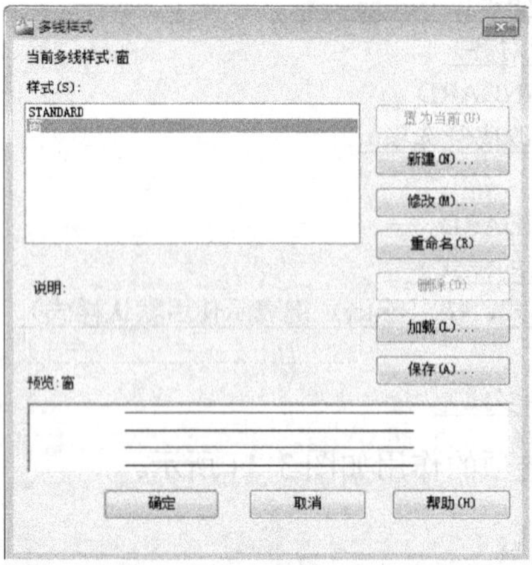

图 3-12 “多线样式”对话框

图 3-13 “创建新的多线样式”对话框

完成上述设置后，单击“继续”按钮，此时将会弹出“新建多线样式”对话框，用户可在此设置多线样式的参数，“说明”选项是可选的，最多可以输入 255 个字符，包括空格。如图 3-14 所示。

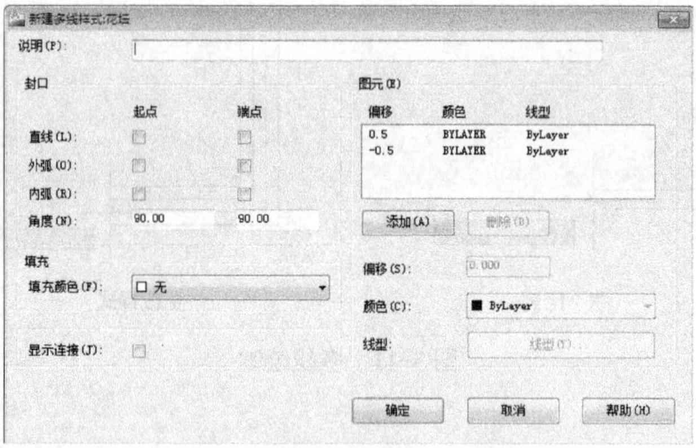

图 3-14 “新建多线样式”对话框

完成设置后，单击“确定”按钮。在“多线样式”对话框中，单击“保存”按钮，可将多线样式保存到文件（默认文件为“acad.mln”）。可以将多个多线样式保存到同一个文件中。如果要创建多个多线样式，请在创建新样式之前保存当前样式，否则，将丢失对当前样式所做的修改。

（2）设置一个 4 元素多线样式，绘制一个花坛轮廓

选择“格式”→“多线样式”命令，弹出“多线样式”对话框，单击“新建”按钮，弹出“创建新的多线样式”对话框，输入样式名为“花坛”，单击“继续”按钮，弹出“新建多线样式”对话框，在此进行多线的设置，如图 3-15 所示。

在如图 3-16 所示的对话框中选中新建的多线样式“花坛”，单击“置为当前”按钮并单击“保存”按钮，将该多线样式保存起来。

图 3-15　“新建多线样式：花坛”对话框

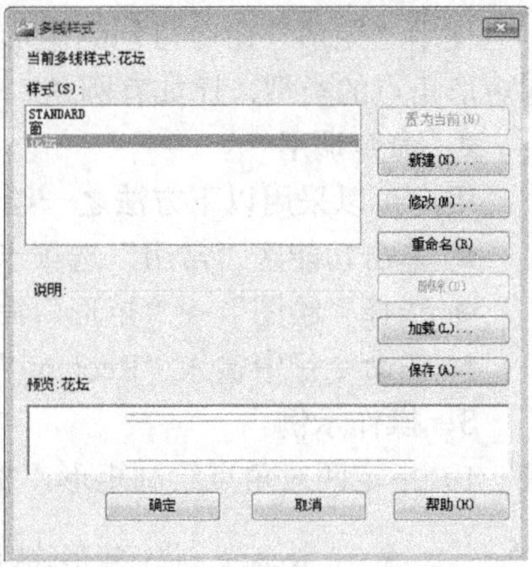

图 3-16　选择和保存多线样式

用新建的多线样式“花坛”绘制一个花坛轮廓。具体的命令行提示如下。

命令: _mline
当前设置: 对正 = 无，比例 = 20.00，样式 = STANDARD
指定起点或 [对正(J)/比例(S)/样式(ST)]: st（输入 st，按〈Enter〉键，表示选择多线的样式）
输入多线样式名或 [?]: 花坛（输入要使用的多线样式名称，按〈Enter〉键确定）
当前设置: 对正 = 无，比例 = 20.00，样式 =花坛
指定起点或 [对正(J)/比例(S)/样式(ST)]:（在绘图区中任意指定多线的起点）
指定下一点: 30（使用对象捕捉追踪，方向水平向右）
指定下一点或 [放弃(U)]: 20（使用对象捕捉追踪，方向竖直向下）
指定下一点或 [闭合(C)/放弃(U)]: 40（使用对象捕捉追踪，方向水平向右）
指定下一点或 [闭合(C)/放弃(U)]: 20（使用对象捕捉追踪，方向竖直向上）
指定下一点或 [闭合(C)/放弃(U)]: 30（使用对象捕捉追踪，方向水平向右）
指定下一点或 [闭合(C)/放弃(U)]: 20（使用对象捕捉追踪，方向竖直向上）
指定下一点或 [闭合(C)/放弃(U)]: 100（使用对象捕捉追踪，方向水平向左）
指定下一点或 [闭合(C)/放弃(U)]: c（输入 c，将多线闭合）

按〈Enter〉键完成命令操作，结果如图 3-17 所示。

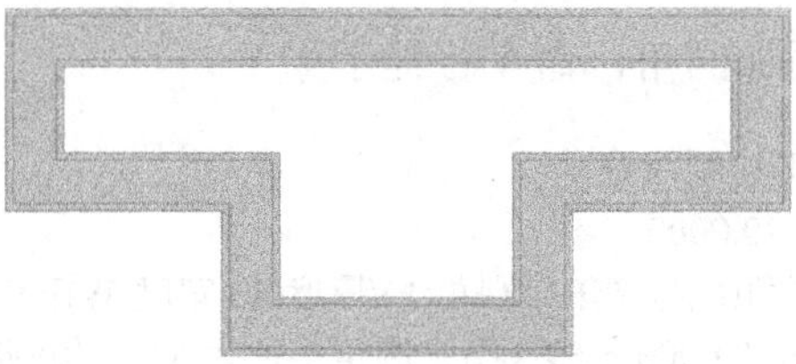

图 3-17　花坛轮廓

3.3 绘制多边形对象

3.3.1 矩形绘制

1. 功能

使用“矩形”命令可创建矩形形状，可以指定长度、宽度、面积和旋转参数。还可以控制矩形角点的类型，比如有圆角、倒角或直角。

2. 命令调用

用户可以采用以下方法之一绘制矩形。

- 单击功能区“常用”选项卡内的“绘图”面板上的“矩形”工具按钮▭。
- 选择“绘图”→“矩形”命令。
- 在命令行中输入“Rectang”，按〈Enter〉键执行命令。

3. 操作示例

1）指定两对角点绘制矩形，执行“矩形”命令，命令行提示如下。

命令: _rectang（执行矩形绘制命令）
指定第一个角点或 [倒角(C)/标高(E)/圆角(F)/厚度(T)/宽度(W)]:（单击拾取第一个角点）
指定另一个角点或 [面积(A)/尺寸(D)/旋转(R)]:（单击拾取第二个角点）

完成命令操作，结果如图 3-18 所示。

2）绘制矩形并在四个角点添加倒角，命令行提示如下。

命令: _rectang（执行矩形绘制命令）
指定第一个角点或 [倒角(C)/标高(E)/圆角(F)/厚度(T)/宽度(W)]: c（选择倒角选项）
指定矩形的第一个倒角距离 <0.0000>: 20（设置倒角距离为 20）
指定矩形的第二个倒角距离 <20.0000>:（按〈Enter〉键，完成倒角距离设置）
指定第一个角点或 [倒角(C)/标高(E)/圆角(F)/厚度(T)/宽度(W)]:（单击拾取第一个角点）
指定另一个角点或 [面积(A)/尺寸(D)/旋转(R)]:（单击拾取第二个角点）

完成命令操作，结果如图 3-19 所示。

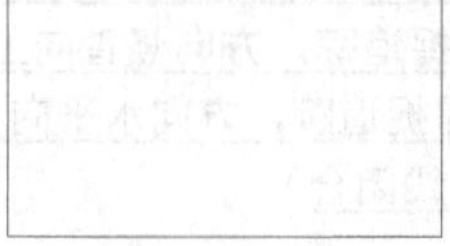

图 3-18　矩形绘制

图 3-19　矩形倒角绘制

3）绘制矩形并在角点添加圆角，命令行提示如下。

命令:rectang（执行矩形绘制命令）
当前矩形模式:　圆角=30.0000
指定第一个角点或 [倒角(C)/标高(E)/圆角(F)/厚度(T)/宽度(W)]: f（选择圆角选项）
指定矩形的圆角半径 <30.0000>: 50（指定圆角半径为 50，然后按〈Enter〉键）
指定第一个角点或 [倒角(C)/标高(E)/圆角(F)/厚度(T)/宽度(W)]:（单击拾取第一个角点）

指定另一个角点或 [面积(A)/尺寸(D)/旋转(R)]:（单击拾取第二个角点）

完成命令操作，结果如图 3-20 所示。

4）绘制矩形并指定线宽，命令行提示如下。

命令:rectang（执行矩形绘制命令）
当前矩形模式：圆角=50.0000
指定第一个角点或 [倒角(C)/标高(E)/圆角(F)/厚度(T)/宽度(W)]: w（选择宽度选项）
指定矩形的线宽 <0.0000>:10（指定宽度为 10，然后按〈Enter〉键）
指定第一个角点或 [倒角(C)/标高(E)/圆角(F)/厚度(T)/宽度(W)]:（单击拾取第一个角点）
指定另一个角点或 [面积(A)/尺寸(D)/旋转(R)]:（单击拾取第二个角点）

完成命令操作，结果如图 3-21 所示。

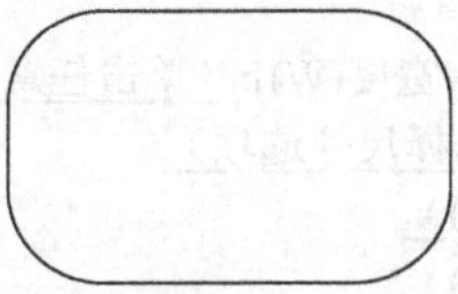

图 3-20 矩形圆角绘制

图 3-21 矩形线宽设置

5）绘制矩形并指定标高和厚度。用户通过确定矩形的厚度可绘制长方体，“厚度（T）”选项可绘制一个在 Z 轴方向上有一定高度的矩形。如绘制一个厚度为 60 的矩形，可得到一个高度为 60 的长方体。命令行提示如下。

命令: rectang（执行矩形绘制命令）
指定第一个角点或 [倒角(C)/标高(E)/圆角(F)/厚度(T)/宽度(W)]: t（选择厚度设置选项）
指定矩形的厚度 <0.0000>: 60（将厚度定义为 60）
指定第一个角点或 [倒角(C)/标高(E)/圆角(F)/厚度(T)/宽度(W)]:（单击任取一点）
指定另一个角点或 [面积(A)/尺寸(D)/旋转(R)]:（单击任取一对角点）

完成命令操作，结果如图 3-22 所示。

如果指定标高为 60，就可以在原来的长方体顶面上再绘制一个长方体。命令行提示如下。

命令: _rectang（执行矩形绘制命令）
当前矩形模式：厚度=60.0000
指定第一个角点或 [倒角(C)/标高(E)/圆角(F)/厚度(T)/宽度(W)]: e（选择标高选项）
指定矩形的标高 <0.0000>: 60（将标高定义为 60）
指定第一个角点或 [倒角(C)/标高(E)/圆角(F)/厚度(T)/宽度(W)]:（捕捉长方体一个角点）
指定另一个角点或 [面积(A)/尺寸(D)/旋转(R)]:（单击任取一个对角点）

完成命令操作，结果如图 3-23 所示。

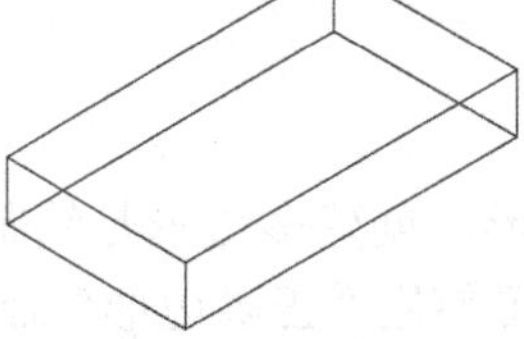

图 3-22 指定厚度绘制矩形

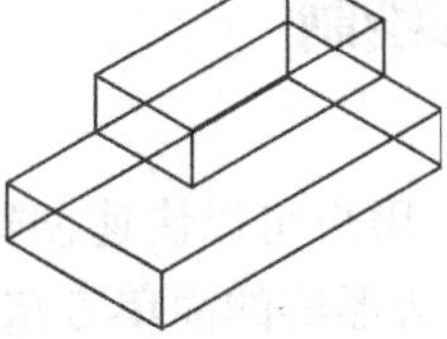

图 3-23 指定标高绘制矩形

6）绘制矩形并指定其“面积(A)/尺寸(D)/旋转(R)”。

指定面积和长度绘制矩形，命令行提示如下。

命令: _rectang（执行矩形绘制命令）
指定第一个角点或 [倒角(C)/标高(E)/圆角(F)/厚度(T)/宽度(W)]:（单击任意拾取一点）
指定另一个角点或 [面积(A)/尺寸(D)/旋转(R)]: a（选择面积选项）
输入以当前单位计算的矩形面积 <100.0000>: 20000（将矩形面积设为 20000）
计算矩形标注时依据 [长度(L)/宽度(W)] <长度>: L（选择长度选项）
输入矩形长度 <10.0000>: 200（将矩形长度设为 200）

按〈Enter〉键完成命令操作，结果如图 3-24a 所示。

指定长、宽尺寸绘制矩形，命令行提示如下。

命令: _rectang（执行矩形绘制命令）
指定第一个角点或 [倒角(C)/标高(E)/圆角(F)/厚度(T)/宽度(W)]:（单击任意一点）
指定另一个角点或 [面积(A)/尺寸(D)/旋转(R)]: d（选择尺寸选项）
指定矩形的长度 <0.0000>:300（将矩形长度设为 300）
指定矩形的宽度 <0.0000>:200（将矩形宽度设为 200）
指定另一个角点或 [面积(A)/尺寸(D)/旋转(R)]:（在适当处单击，确定矩形位置）

按〈Enter〉键完成命令操作，结果如图 3-24b 所示。

使用旋转（R），即按指定的旋转角度创建矩形。

命令: _rectang（执行矩形绘制命令）
指定第一个角点或 [倒角(C)/标高(E)/圆角(F)/厚度(T)/宽度(W)]: （单击任意一点）
指定另一个角点或 [面积(A)/尺寸(D)/旋转(R)]: r（选择旋转选项）
指定旋转角度或 [拾取点(P)] <0>: 45（将矩形旋转角度设为 45）
指定另一个角点或 [面积(A)/尺寸(D)/旋转(R)]:（单击任取一个对角点，确定矩形的大小和位置）

按〈Enter〉键完成命令操作，结果如图 3-24c 所示。

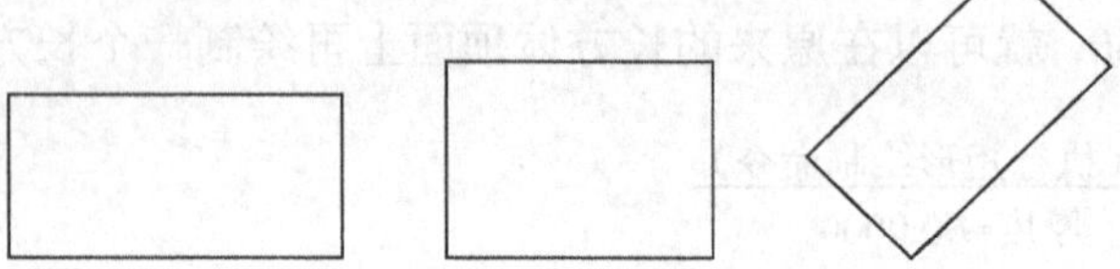

a)　　b)　　c)

图 3-24　绘制矩形

a) 选择“面积”选项绘制矩形　b) 选择“尺寸”选项绘制矩形　c) 选择“旋转”选项绘制矩形

说明：用“矩形”命令所绘制的矩形是一个实体，其四条边是一条多段线，不能单独编辑。要对各条边分别进行编辑，需要用到“分解”命令将其分解后再进行编辑。

3.3.2　正多边形绘制

1．功能

利用该功能，用户可以快速创建矩形和规则多边形。创建多边形是绘制等边三角形、正方形、五边形、六边形等的简单方法。在 AutoCAD 中可使用“正多边形”命令绘制正多边形，其边数最少为 3。

2．命令调用

用户可以采用以下方法之一绘制正多边形。

● 单击功能区“常用”选项卡内的“绘图”面板上的“正多边形”工具按钮。
● 选择“绘图”→“正多边形”命令。
● 在命令行中输入“Polygon”命令，按〈Enter〉键执行命令。

3．操作示例

AutoCAD 系统提供了两种方式来绘制正多边形，一种是通过其“内接于圆（I）”或“外切于圆（C）”来确定，另一种方式为选择“边（E）”选项，指定一条边的起点与终点即可。

1）使用“外切于圆（C）”的方式绘制一个六边形。命令行提示如下。

命令: _polygon 输入边的数目 <4>: 6（将多边形的边数设为 6）
指定正多边形的中心点或 [边(E)]:（单击任意拾取一点，作为正多边形的中心点）
输入选项 [内接于圆(I)/外切于圆(C)] <I>: c（选择使用“外切于圆”的方式绘制多边形）
指定圆的半径: 20（输入圆的半径为 20）

按〈Enter〉键完成命令操作，结果如图 3-25a 所示。

2）使用“边（E）”的方式绘制一个五边形。命令行提示如下。

命令: _polygon 输入边的数目 <6>:5（将多边形的边数设为 5）
指定正多边形的中心点或 [边(E)]: e（选择使用“边”的方式绘制多边形）
指定边的第一个端点:（单击任意一点）
指定边的第二个端点:30（将第二个端点的相对坐标值设为 30）

按〈Enter〉键完成命令操作，结果如图 3-25b 所示。

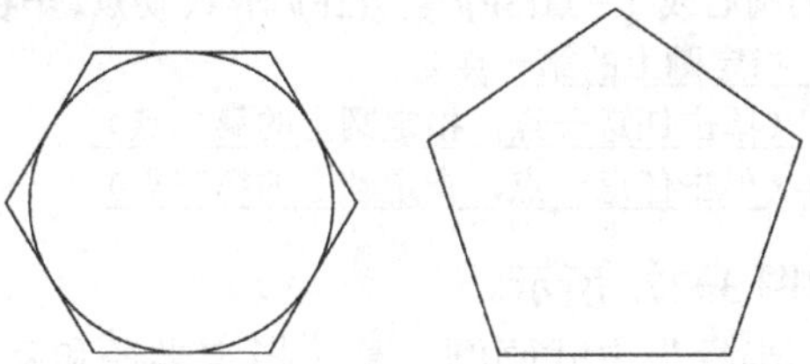

a)　　　b)

图 3-25　正多边形绘制

a) 选择“外切于圆”选项绘制正多边形　b) 选择“边”选项绘制正多边形

3.4　绘制曲线对象

3.4.1　圆形绘制

1．功能

用户可以通过指定圆心、半径、直径、圆周上的点和其他对象上的点的不同组合来创建圆形。AutoCAD 提供了多种方法来创建圆，用户可以单击功能区“常用”选项卡内的“绘图”面板上的“圆形”下拉菜单按钮，将会弹出如图 3-26 所示的 6 种圆形绘制方式。默认方法是指定圆心和半径。

2. 命令调用

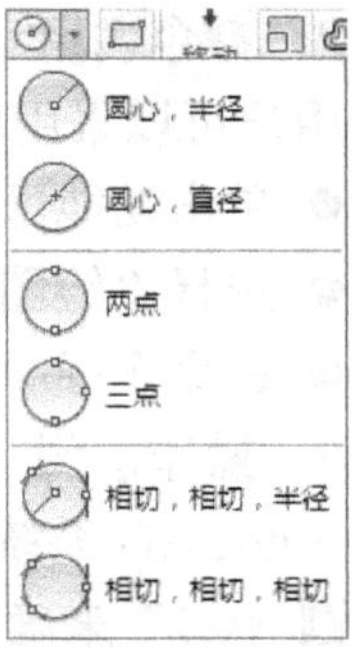

图 3-26 “圆”菜单命令

用户可以采用以下方法之一绘制圆形。

- 单击功能区“常用”选项卡内的“绘图”面板上的“圆形”工具按钮。
- 选择“绘图”→“圆”命令，再从级联子菜单中选一种画圆方式。
- 在命令行中输入“Circle”，按〈Enter〉键执行命令。

3. 操作示例

1）采用“圆心、半径”或“圆心、直径”的方式画圆。命令行提示如下。

命令: _circle 指定圆的圆心或 [三点(3P)/两点(2P)/切点、切点、半径(T)]:（单击任意一点，指定圆心）
指定圆的半径或 [直径(D)] <10.0000>: 20（将圆形半径设为 20，也可通过拖动鼠标确定半径）

完成命令操作，结果如图 3-27a 所示。

2）采用“两点”的方式画圆。命令行提示如下。

命令: _circle 指定圆的圆心或 [三点(3P)/两点(2P)/切点、切点、半径(T)]: _2p 指定圆直径的第一个端点:（单击任意一点，指定第一个端点）
指定圆直径的第二个端点: 20（将圆直径的第二个端点设为 20，也可通过拖动鼠标确定）

完成命令操作，结果如图 3-27b 所示。

3）采用“三点”的方式画圆。命令行提示如下。

命令: _circle 指定圆的圆心或 [三点(3P)/两点(2P)/切点、切点、半径(T)]: _3p 指定圆上的第一个点:（单击任意点取一点，指定圆上的第一点）
指定圆上的第二个点:（单击任意一点，指定圆上的第二点）
指定圆上的第三个点:（单击任意一点，指定圆上的第三点）

完成命令操作，结果如图 3-27c 所示。

4）采用“切点、切点、半径”方式画圆，基于指定半径和两个相切对象绘制圆。命令行提示如下。

命令: _circle 指定圆的圆心或 [三点(3P)/两点(2P)/切点、切点、半径(T)]: _ttr
指定对象与圆的第一个切点:（在现有图形对象上单击任意一点，指定圆上的第一点）
指定对象与圆的第二个切点: （在现有图形对象上单击任意一点，指定圆上的第二点）
指定圆的半径 <19.3375>: 60（将圆半径设为 60，有时会有多个圆符合指定的条件。程序将绘制具有指定半径的圆，其切点与选定点的距离最近）

完成命令操作，结果如图 3-27d 所示。

5）采用“相切、相切、相切”的方式画圆。命令行提示如下。

命令: _circle 指定圆的圆心或 [三点(3P)/两点(2P)/切点、切点、半径(T)]: _3p 指定圆上的第一个点: _tan 到（指定第一个相切实体）
指定圆上的第二个点: _tan 到（指定第二个相切实体）
指定圆上的第三个点: _tan 到（指定第三个相切实体）

完成命令操作，结果如图 3-27e 所示。

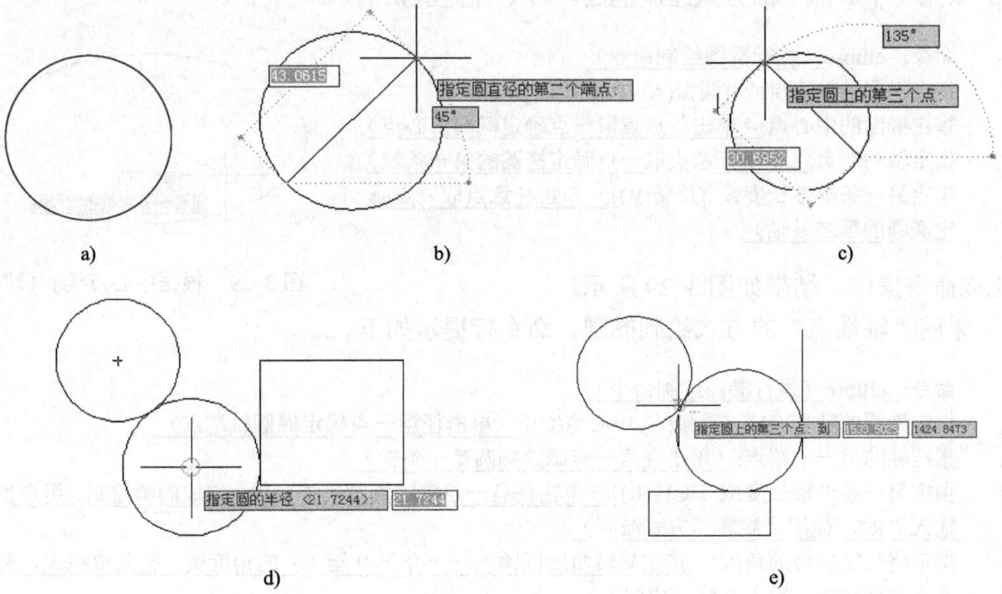

图 3-27 圆形绘制

3.4.2 椭圆绘制

1. 功能

椭圆由定义其长度和宽度的两条轴确定。用户一般需要指定 3 点来绘制椭圆，椭圆上的前两个点确定第一条轴的位置和长度，第三个点确定椭圆的圆心与第二条轴的端点之间的距离。如图 3-28 所示。

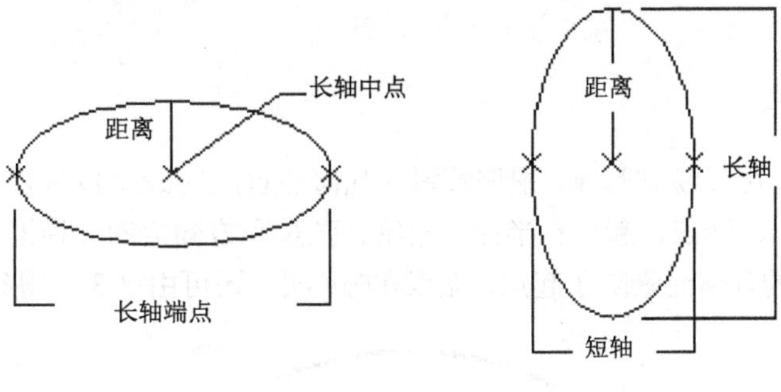

图 3-28 椭圆的定义

2. 命令调用

用户可以采用以下方法之一绘制椭圆形。

- 单击功能区“常用”选项卡内的“绘图”面板上的“椭圆”工具按钮。
- 选择“绘图”→“椭圆”命令。
- 在命令行中输入“Ellipse”，按〈Enter〉键执行命令。

3. 操作示例

1）采用“中心点”的方式绘制椭圆。命令行提示如下。

命令: _ellipse（执行椭圆绘制命令）
指定椭圆的轴端点或 [圆弧(A)/中心点(C)]: _c
指定椭圆的中心点:（单击任意点取一点确定椭圆中心点）
指定轴的端点:（单击任意点取一点确定椭圆的第一条轴）
指定另一条半轴长度或 [旋转(R)]:（单击任意点取一点确定椭圆的第二条轴）

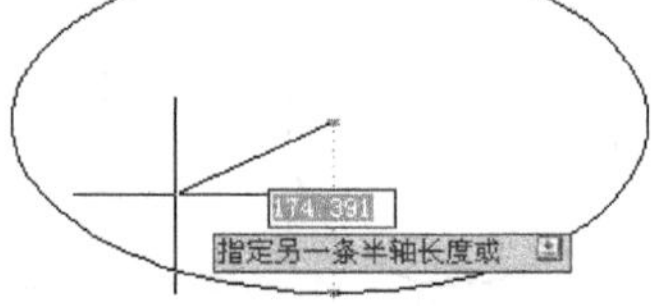

图 3-29　根据中心点绘制椭圆

完成命令操作，结果如图 3-29 所示。

2）采用“轴端点”的方式绘制椭圆。命令行提示如下。

命令: _ellipse（执行椭圆绘制命令）
指定椭圆的轴端点或 [圆弧(A)/中心点(C)]:（单击任意一点确定椭圆轴端点）
指定轴的另一个端点:（单击任意一点确定椭圆第一条轴）
指定另一条半轴长度或 [旋转(R)]:（单击任意一点确定椭圆第二条轴，完成椭圆绘制。用户也可以输入“R”，使用“旋转”方式绘制）
指定绕长轴旋转的角度:（指定旋转角度或输入一个介于 0 至 90 的角度值。输入值越大，椭圆的离心率就越大，输入 0 将生成圆形）

完成命令操作，结果如图 3-30 所示。

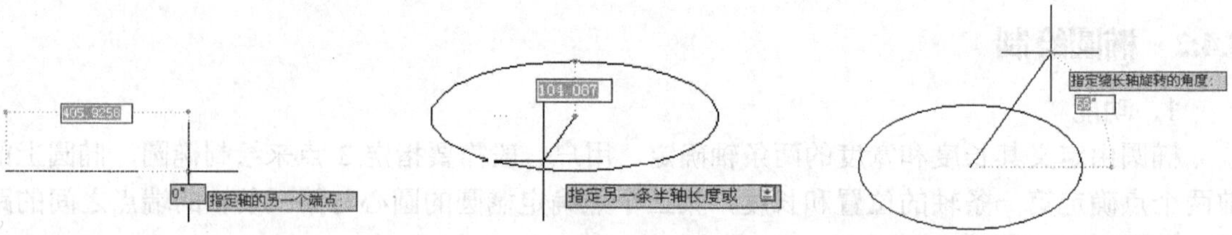

图 3-30　根据轴端点绘制椭圆

3.4.3　圆弧绘制

1. 功能

使用圆弧绘制命令可以绘制圆弧。根据圆弧的几何性质，AutoCAD 提供了多种绘制圆弧的方法，可以通过指定圆心、端点、起点、半径、角度、弦长和方向值的各种组合形式来绘制圆弧。如图 3-31 所示。圆弧的几何元素除了起点、端点和圆心外，还可由这 3 点得到半径、角度和弦长。

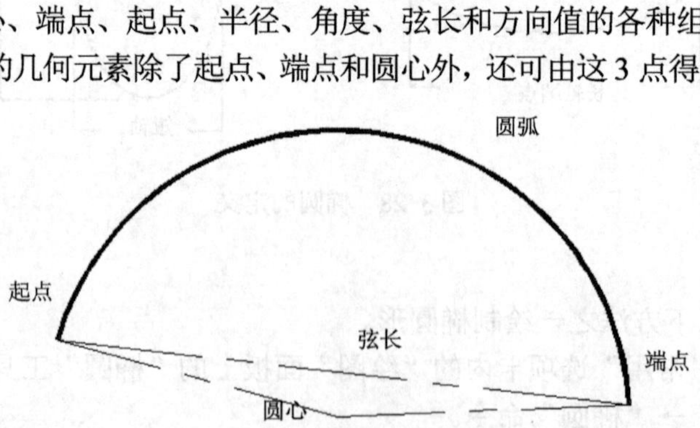

图 3-31　圆弧的几何构成

用户可以使用多种方法创建圆弧，单击功能区“绘图”面板上的“圆弧”下拉菜单按钮，将会弹出如图 3-32 所示的多种圆弧绘制方式。除第一种方法外，其他方法都是从起点到端点逆时针方向绘制圆弧。

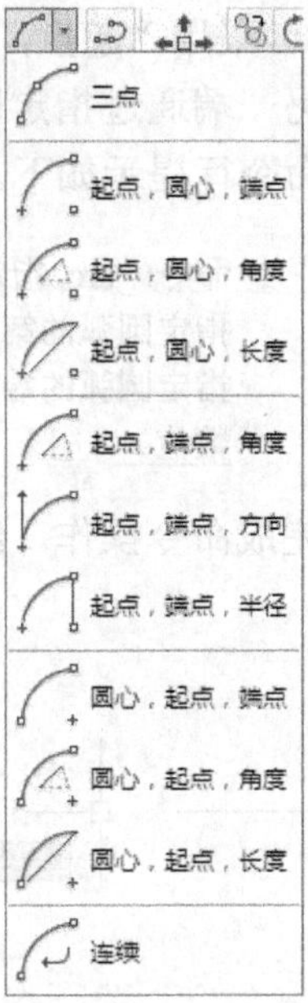

图 3-32 “圆弧”菜单命令

2．命令调用

用户可以采用以下方法之一绘制圆弧。

- 单击功能区“常用”选项卡内的“绘图”面板上的“圆弧”工具按钮。
- 选择“绘图”→“圆弧”命令。
- 在命令行中输入“Arc”，按〈Enter〉键执行命令。

3．操作示例

1）采用“三点”的方式绘制圆弧。命令行提示如下。

命令: _arc 指定圆弧的起点或 [圆心(C)]:（单击任意一点，确定圆弧起点）
指定圆弧的第二个点或 [圆心(C)/端点(E)]:（单击任意一点，确定圆弧上第二点）
指定圆弧的端点:（单击任意一点，确定圆弧端点）

完成命令操作，结果如图 3-33 所示。

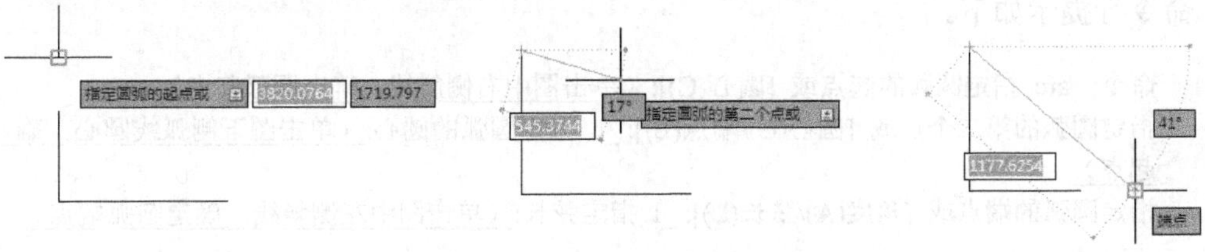

图 3-33 “三点”方式绘制圆弧

2）采用“起点，圆心，端点”的方式绘制圆弧。由起点和圆心之间的距离确定半径，端点由从圆心引出的通过第三点的直线确定。生成的圆弧始终从起点以逆时针方向绘制。命令行提示如下。

命令: _arc 指定圆弧的起点或 [圆心(C)]:（单击任意一点，确定圆弧起点）
指定圆弧的第二个点或 [圆心(C)/端点(E)]: _c 指定圆弧的圆心:（单击一点，确定圆心）
指定圆弧的端点或 [角度(A)/弦长(L)]:（单击任意一点，确定圆弧端点）

完成命令操作，结果如图 3-34 所示。

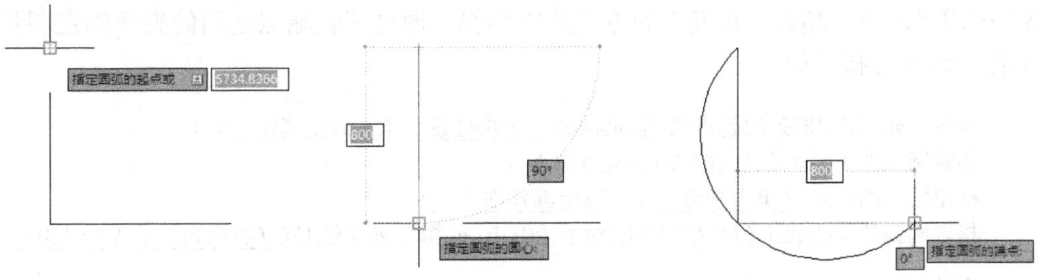

图 3-34 “起点，圆心，端点”方式绘制圆弧

3）采用“起点，圆心，角度”的方式绘制圆弧。由起点和圆心之间的距离确定半径，圆弧的另一端通过指定以圆弧圆心为顶点的夹角确定。生成的圆弧始终从起点以逆时针方向绘制。命令行提示如下。

命令: _arc 指定圆弧的起点或 [圆心(C)]:（单击任意一点，确定圆弧起点）
指定圆弧的第二个点或 [圆心(C)/端点(E)]: _c 指定圆弧的圆心:（单击一点，确定圆心）
指定圆弧的端点或 [角度(A)/弦长(L)]: _a 指定包含角:（单击一点，确定圆弧端点，或输入包含角数值）

完成命令操作，结果如图 3-35 所示。

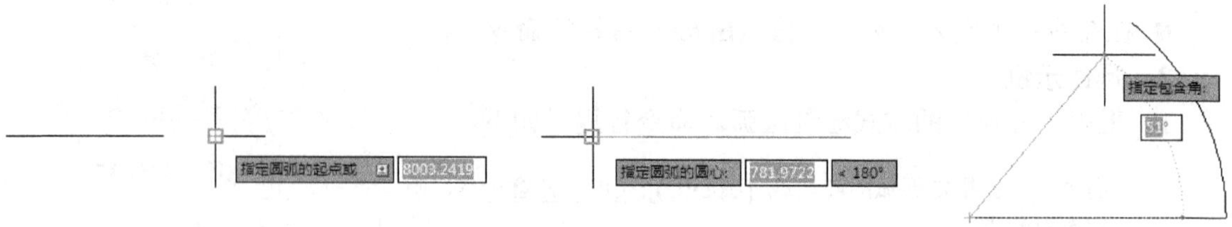

图 3-35 “起点，圆心，角度”方式绘制圆弧

4）采用“起点，圆心，长度”的方式绘制圆弧。由起点和圆心之间的距离确定半径，圆弧的另一端通过指定圆弧起点和端点之间的弦长确定。生成的圆弧始终从起点以逆时针方向绘制。命令行提示如下。

命令: _arc 指定圆弧的起点或 [圆心(C)]:（单击图中右侧斜线，确定圆弧起点）
指定圆弧的第二个点或 [圆心(C)/端点(E)]: _c 指定圆弧的圆心:（单击图下侧弧线圆心，确定圆弧起点）
指定圆弧的端点或 [角度(A)/弦长(L)]: _l 指定弦长:（单击图中左侧斜线，确定圆弧端点）

完成命令操作，结果如图 3-36 所示。

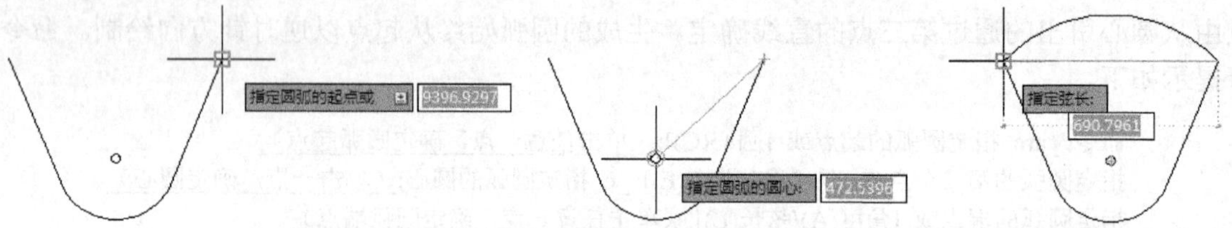

图 3-36 “起点，圆心，长度”方式绘制圆弧

5）采用“起点，端点，角度”的方式绘制圆弧。通过圆弧端点之间的夹角确定圆弧的圆心和半径。命令行提示如下。

命令: _arc 指定圆弧的起点或 [圆心(C)]:（单击任意一点，确定圆弧起点）
指定圆弧的第二个点或 [圆心(C)/端点(E)]: _e
指定圆弧的端点:（单击任意一点，确定圆弧端点）
指定圆弧的圆心或 [角度(A)/方向(D)/半径(R)]: _a 指定包含角:120（将夹角数值设为 120）

完成命令操作，结果如图 3-37 所示。

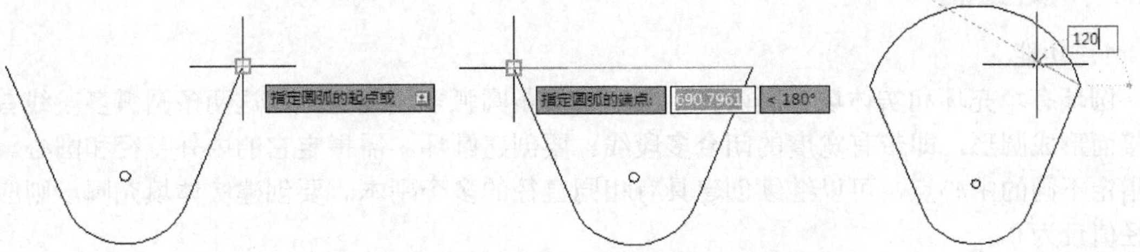

图 3-37 “起点，端点，角度”方式绘制圆弧

6）采用“起点，端点，方向”的方式绘制圆弧。用户可以通过在所需切线上指定一个点或输入角度指定切向。另外，还可以通过更改指定圆弧两个端点的顺序确定用于控制切点的端点。命令行提示如下。

命令: _arc 指定圆弧的起点或 [圆心(C)]:（单击左侧矩形角点，确定圆弧起点）
指定圆弧的第二个点或 [圆心(C)/端点(E)]: _e
指定圆弧的端点:（单击右侧矩形相应角点，确定圆弧端点）
指定圆弧的圆心或 [角度(A)/方向(D)/半径(R)]: _d 指定圆弧的起点切向: 38（将圆弧切向角度设为 38）

完成命令操作，结果如图 3-38 所示。

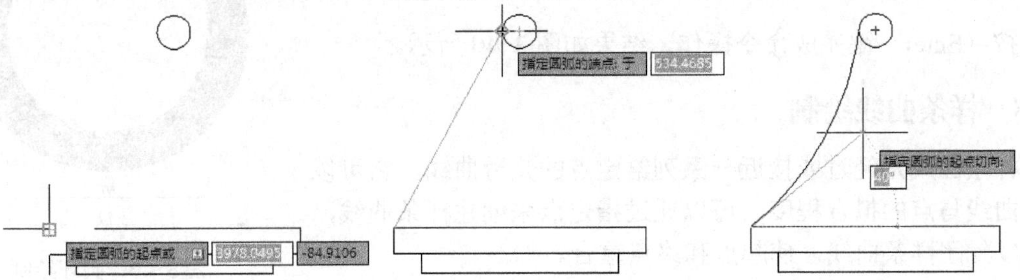

图 3-38 “起点，端点，方向”方式绘制圆弧

7）采用“起点，端点，半径”的方式绘制圆弧。圆弧凸度的方向由指定其端点的顺序确定。用户可以通过输入半径或在所需半径距离上指定一个点来指定半径。命令行提示如下。

命令: _arc 指定圆弧的起点或 [圆心(C)]:（单击左侧矩形角点，确定圆弧起点）
指定圆弧的第二个点或 [圆心(C)/端点(E)]: _e
指定圆弧的端点:（单击右侧矩形相应角点，确定圆弧端点）
指定圆弧的圆心或 [角度(A)/方向(D)/半径(R)]: _r 指定圆弧的半径:（指定适当的圆弧半径）

完成命令操作，结果如图 3-39 所示。

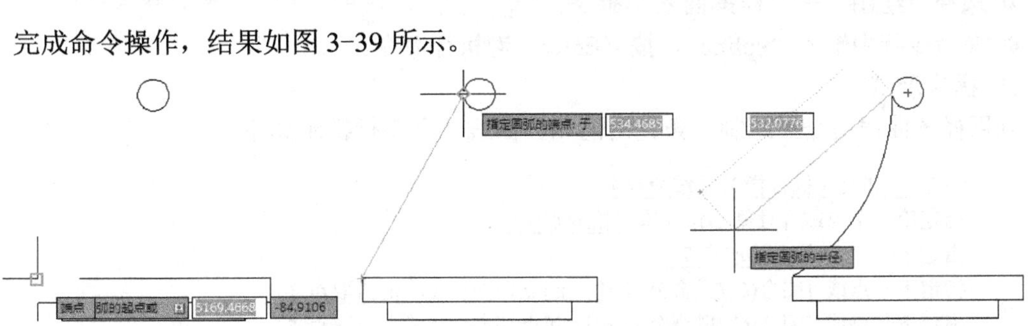

图 3-39 “起点，端点，半径”方式绘制圆弧

3.4.4 圆环绘制

1．功能

圆环有填充环和实体填充圆两种，圆环由两条圆弧多段线组成，这两条圆弧多段线首尾相接而形成圆形，即带有宽度的闭合多段线。要创建圆环，需指定它的内外直径和圆心。通过指定不同的中心点，可以继续创建具有相同直径的多个副本。要创建实体填充圆，则应将内径值设为 0。

2．命令调用

用户可以采用以下方法之一绘制圆环。

- 单击功能区“常用”选项卡内的“绘图”面板上的“圆环”工具按钮◎。
- 选择“绘图”→“圆环”命令。
- 在命令行输入“Donut”，按〈Enter〉键执行命令。

3．操作示例

命令: _donut（执行圆环绘制命令）
指定圆环的内径 <0.5000>: 50（指定圆环的内径）
指定圆环的外径 <1.0000>: 70（指定圆环的外径）
指定圆环的中心点或 <退出>:（指定圆环的中心点）

按〈Enter〉键完成命令操作，结果如图 3-40 所示。

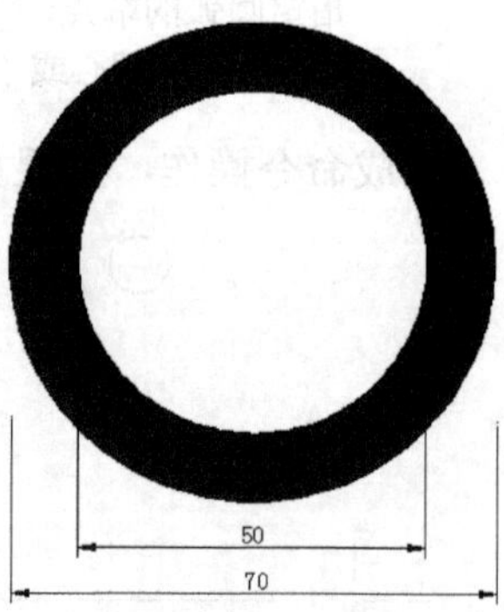

图 3-40 圆环绘制

3.4.5 样条曲线绘制

样条曲线是经过或接近一系列给定点的光滑曲线。它可以控制曲线与点的拟合程度。可以通过指定点来创建样条曲线，也可以封闭样条曲线，使起点和终点重合。

1．功能

用户可以通过指定的一系列拟合点或控制点，在指定的误差范围内绘制 NURBS 曲线。而样条曲线是创建 NURBS 曲面以进行三维建模的一种关键工具。用户可以对开放和闭合的样条曲线进行旋转、放样、扫掠和拉伸来创建曲面对象。

2．命令调用

用户可以采用以下方法之一绘制样条曲线。

- 单击功能区“常用”选项卡内的“绘图”面板上的“样条曲线”工具按钮～。
- 选择“绘图”→“样条曲线”命令。
- 在命令行中输入“spline”，按〈Enter〉键执行命令。

3．操作示例

利用样条曲线命令，绘制一条光滑的闭合曲线。命令行提示如下。

命令: _spline（执行样条曲线命令）
指定第一个点或 [对象(O)]:（单击拾取点 1）
指定下一点:（单击拾取点 2）
指定下一点或 [闭合(C)/拟合公差(F)] <起点切向>:（单击拾取点 3）
指定下一点或 [闭合(C)/拟合公差(F)] <起点切向>:（单击拾取点 4）
指定下一点或 [闭合(C)/拟合公差(F)] <起点切向>:（单击拾取点 5）

指定下一点或 [闭合(C)/拟合公差(F)] <起点切向>:（单击拾取点 6）
指定下一点或 [闭合(C)/拟合公差(F)] <起点切向>:（单击拾取点 7）
指定下一点或 [闭合(C)/拟合公差(F)] <起点切向>:（单击拾取点 8）
指定下一点或 [闭合(C)/拟合公差(F)] <起点切向>:（单击拾取点 9）
指定下一点或 [闭合(C)/拟合公差(F)] <起点切向>: c（选择闭合选项）
指定切向:（单击一点确定切向，完成绘制）

按〈Enter〉键完成命令操作，结果如图 3-41 所示。

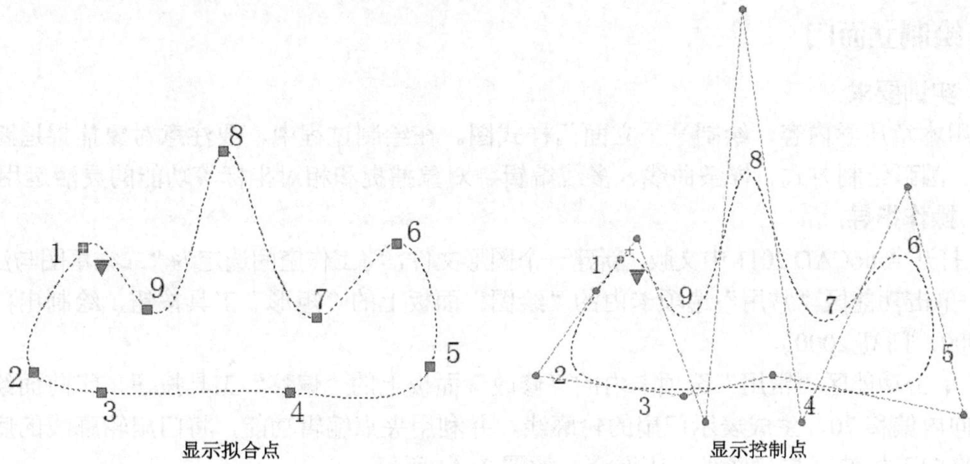

图 3-41　样条曲线绘制

3.5　实训操作

3.5.1　绘制双扇门

1. 实训要求

运用本章所学内容，绘制一个双扇门平面图。在绘制过程中，要注意快捷属性、圆弧绘制方式、动态输入等功能的应用。

2. 操作指导

1）打开 AutoCAD 2011 中文版，新建一个图形文件，将工作空间选定为“二维草图与注释”。

2）选择“绘图”→“多段线”命令，绘制出局部墙体（墙体厚度 240，门洞宽度 1500），并在弹出的“快捷特性”对话框中，将多段线的“全局宽度”设为 20，如图 3-42 所示。

3）选择“绘图”→“直线”命令，绘制两条门扇示意线（长度 750）。

4）选择“绘图”→“圆弧”命令，使用“起点，圆心，角度”方式绘制门扇开启轨迹线。注意指定的角度方向应使弧线在门洞内侧。

5）选择“绘图”→“多段线”命令，绘制墙体折断线。完成绘制后，结果如图 3-43 所示。

6）完成图形绘制，将文件保存至“E:\第 3 章实训”文件夹中，文件名为“双扇门”。此时，用户可以单击“快速访问工具栏”中的“保存”按钮，或单击“应用程序菜单”中的“保存”按钮，也可以使用快捷键〈Ctrl+S〉来保存图形文件。

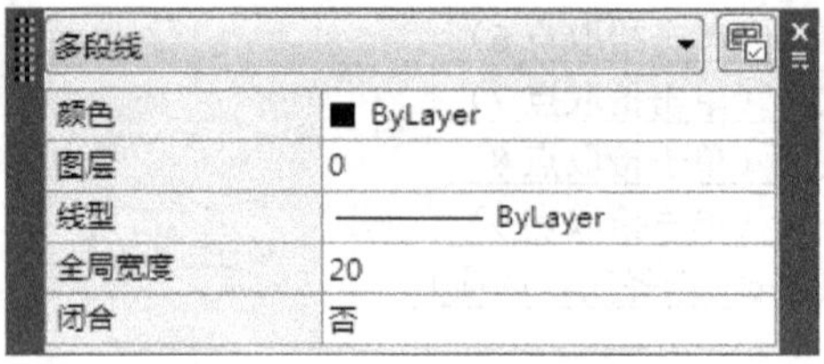

图 3-42　“快捷特性”对话框

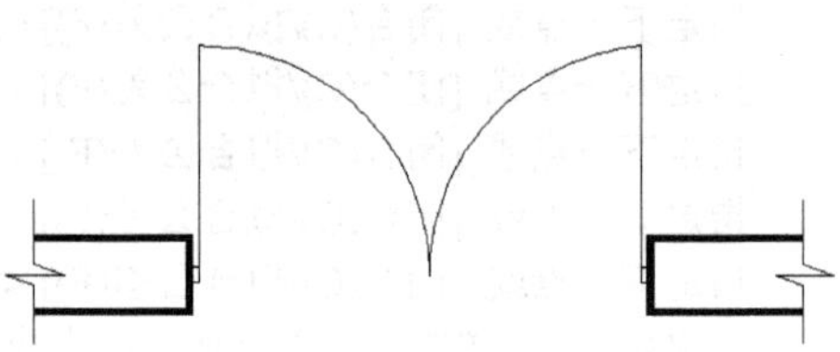

图 3-43　绘制双扇门

3.5.2　绘制立面门

1. 实训要求

运用本章所学内容，绘制一个立面门样式图。在绘制过程中，要注意对象捕捉追踪、动态输入、圆弧绘制方式、样条曲线、多线编辑、对象捕捉和相对坐标等功能的灵活运用。

2. 操作指导

1）打开 AutoCAD 2011 中文版，新建一个图形文件，将工作空间选定为“二维草图与注释”。

2）单击功能区“常用”选项卡内的“绘图”面板上的“矩形”工具按钮，绘制出门框线（门宽 900，门高 2000）。

3）单击功能区“常用”选项卡内的“修改”面板上的“偏移”工具按钮，将前面绘制的门框线向内偏移 70，生成表示门扇的轮廓线，并利用夹点编辑功能，将门扇轮廓线的底边两角点垂直向下拉伸至与门框线底边重合。如图 3-44 所示。

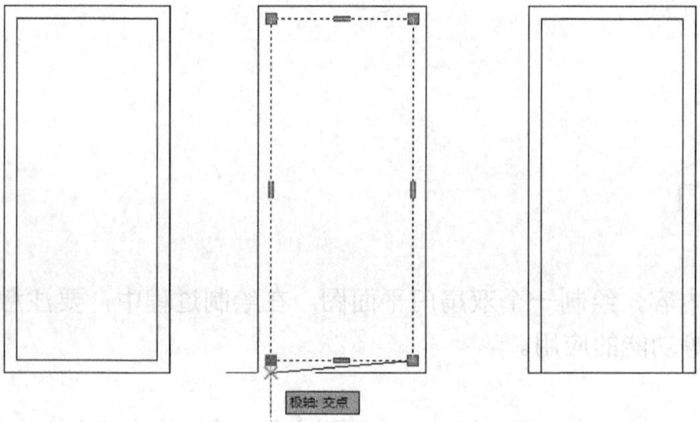

图 3-44　立面门框线绘制

4）单击功能区“常用”选项卡内的“绘图”面板上的“样条曲线”工具按钮，绘制 6 条门扇中的造型曲线，间距分别为 30、60、30、60、30。如图 3-45a 所示。

5）单击功能区“常用”选项卡内的“绘图”面板上的“矩形”和“椭圆”工具按钮，绘制出门锁的示意轮廓线。如图 3-45b 所示。

6）单击功能区“常用”选项卡内的“绘图”面板上的“样条曲线”工具按钮，绘制门锁把手示意轮廓线。如图 3-45c 所示。

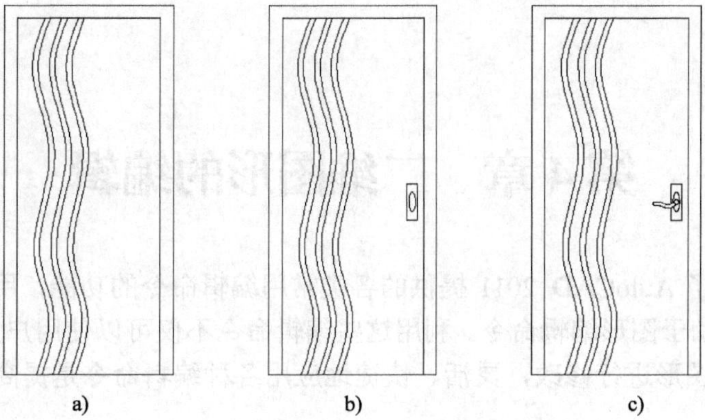

图 3-45　绘制立面门

7）完成立面门的图形绘制，将文件保存至“E:\第 3 章实训”文件夹中，文件名为“立面门”。 用户可以通过单击“快速访问工具栏”中的“保存”按钮，或单击“应用程序菜单”中的“保存”按钮，也可以使用快捷键〈Ctrl+S〉来保存图形文件。

3.6　思考与练习

1．利用本章所学的“矩形”、“圆形”、“直线”、“多段线”、“样条曲线”等工具，绘制如图 3-46 所示的双人床平面图并保存，双人床尺寸为 2000×1500，床头柜尺寸为 420×450。

2．利用本章所学的“矩形”、“直线”、“圆弧”、“多段线”等工具，绘制如图 3-47 所示的厨房水槽平面图并保存，外轮廓尺寸为 960×540。

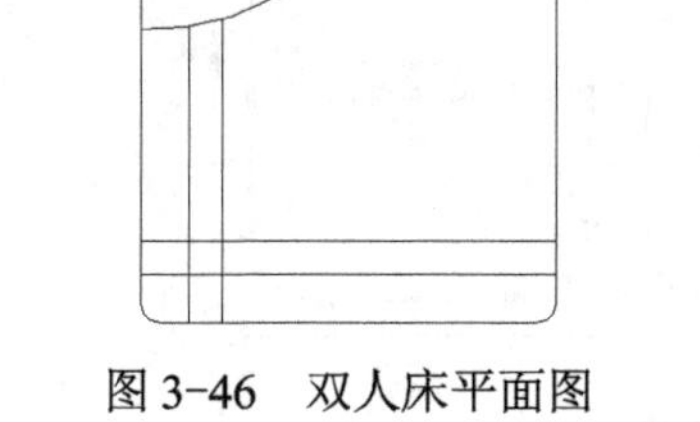

图 3-46　双人床平面图

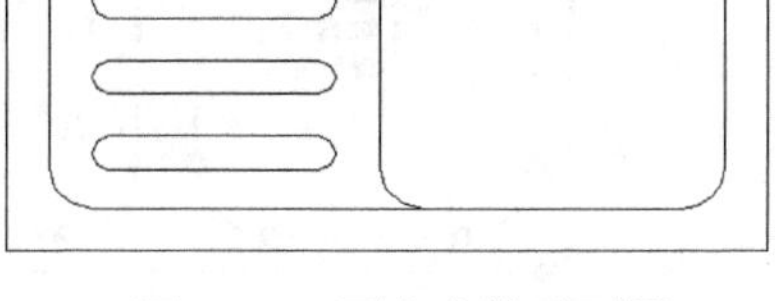

图 3-47　厨房水槽平面图

3．利用本章所学的 “直线”、“圆弧”、“矩形”、“多段线”等工具，绘制如图 3-48 所示的马桶平面示意图并保存。

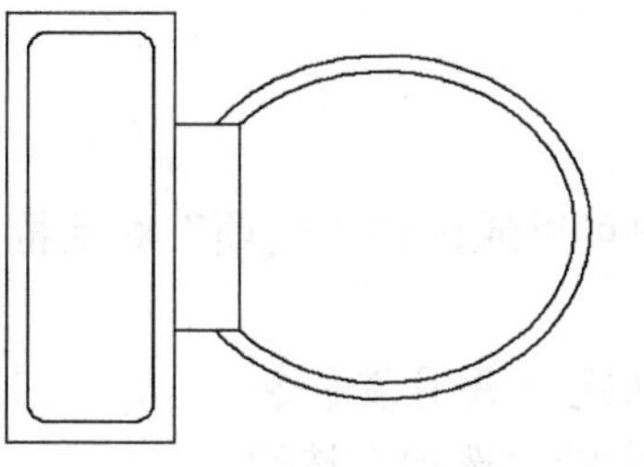

图 3-48　马桶平面示意图

第 4 章　二维图形的编辑

本章详细介绍了 AutoCAD 2011 提供的各类常用编辑命令的功能，用户要绘制较为复杂的图形，就必须借助于图形编辑命令。利用这些编辑命令不仅可以使用户大大加快绘图速度，而且能够方便地对图形进行修改，灵活、快捷地应用各种编辑命令是提高作图效率和绘制复杂图形的关键。

在 AutoCAD 2011 功能区的“修改”面板中和“修改”工具栏中提供了大部分编辑命令，通过使用其中的相应命令，可以帮助用户合理地构造和组织图形，保证绘图的准确性，提高绘图效率。本章将主要介绍夹点编辑、移动、旋转、对齐、复制、偏移、镜像、倒角、圆角、打断对象和复杂图形对象的编辑命令的使用方法。

4.1　夹点编辑

在绘图过程中，当图形对象被选择后，对象的关键点上将会显示出若干个小方框，这些小方框是用来标记被选中对象的夹点，也就是对象上的控制点。夹点是一种集成的编辑模式，提供了一种方便快捷的编辑操作途径，用户可以通过拖动夹点直接而快速地编辑对象。例如，使用夹点可以对对象进行拉伸、移动、旋转、缩放及镜像等操作。如图 4-1 所示。

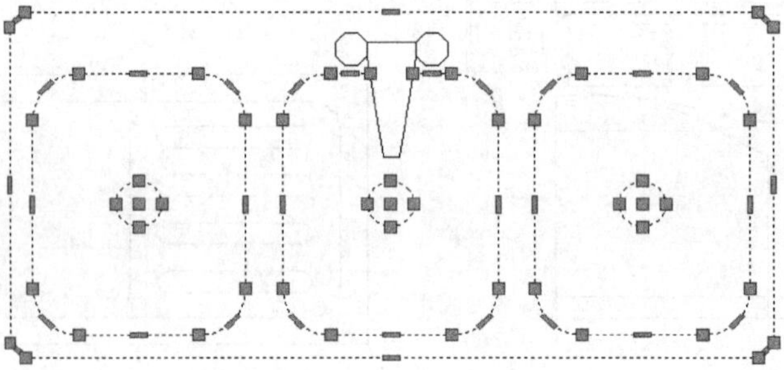

图 4-1　图形夹点

4.1.1　夹点功能的设置

1．显示夹点

（1）功能

在 AutoCAD 2011 中，用户可以通过在“选项”对话框中的设置，选择是否显示夹点。

（2）命令调用

用户可以采用下列操作方法之一调用该命令。

● 单击“应用程序菜单”中的“选项”按钮。

● 选择“工具”→“选项”命令。

● 在未选中对象的状态下，在绘图区域右击，在弹出的快捷菜单中选择“选项”命令。

（3）操作示例

在弹出的“选项”对话框中，选择“选择集”选项卡中的“显示夹点”选项，即可使用夹点功能，如图 4-2 所示。

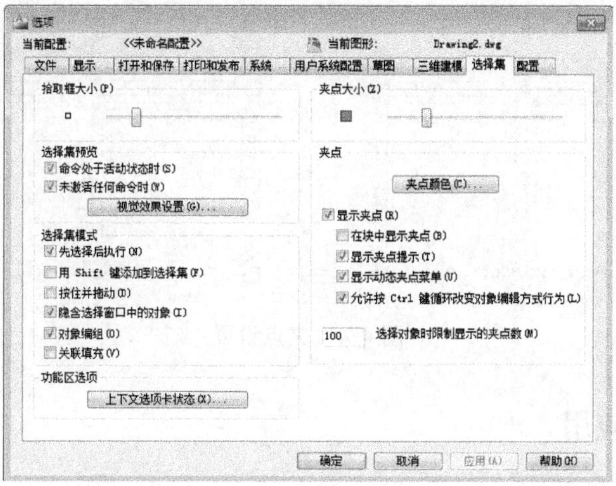

图 4-2　显示夹点

选择显示夹点功能后，当用户选中图形对象，即可显示该图形的夹点。若未选择显示夹点功能，则不会显示夹点。注意：在锁定图层上的对象并不显示夹点，如图 4-3 所示。

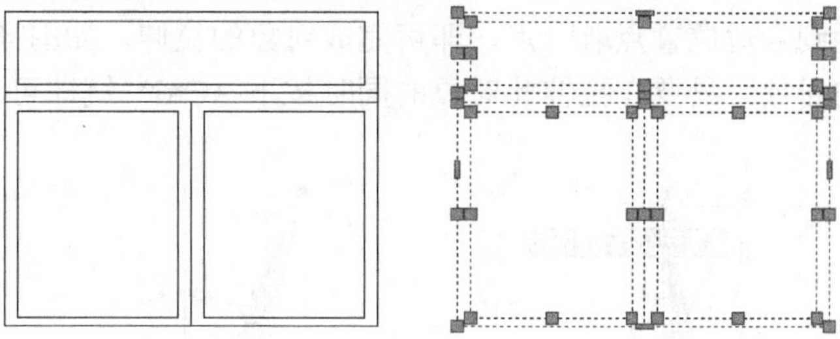

图 4-3　夹点状态

2．夹点设置

（1）功能

用户可以根据个人习惯，在“选择集”选项卡中对夹点进行如下设置。

● 夹点大小：可以控制夹点的显示大小。

● 未选中夹点颜色：可以设置未选中的夹点显示颜色。

● 选中夹点颜色：可以设置选中的夹点显示颜色。

● 悬停夹点颜色：可以设置光标悬停在夹点上时所显示的颜色。

● 在块中显示夹点：用以控制在选中图块后夹点显示的状态。如果选中此选项，则显示该图块内所有对象的全部夹点。

● 显示夹点提示：当光标悬停在对象的夹点上时，显示夹点的特定提示内容。

● 选择对象时限制显示的夹点数：当选择集中的对象包括多于指定数目的夹点时，将不显示夹点。有效值的范围是 1～32767。

（2）操作示例

在“选项”对话框的“选择集”选项卡中调整夹点大小、选中夹点颜色和未选中夹点颜色选项，结果如图 4-4 所示。

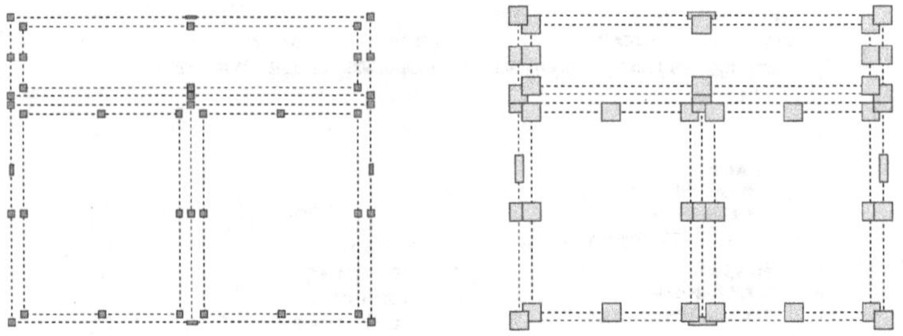

图 4-4　夹点设置

4.1.2　夹点功能的应用

1．夹点拉伸

用户可以通过将选定夹点移动到新的位置来拉伸对象。首先选中要拉伸的图形对象，然后在所显示的夹点中选择一个进行拉伸。应注意的是，当用户选中在文字、块参照、直线中点、圆心和点对象上的夹点时，将移动对象而不是拉伸对象。

当用户选中需要进行拉伸的对象夹点时，该夹点将会亮显，并激活默认夹点模式“拉伸”，此时，只需移动光标到合适位置点取一点，即可完成对象的拉伸，如图 4-5 所示。若需要在拉伸时复制所选定的对象，只要在拉伸此对象的同时按下〈Ctrl〉键即可。

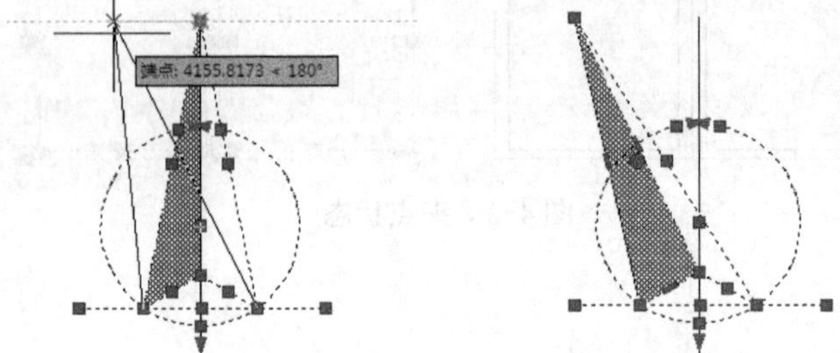

图 4-5　夹点拉伸

2．夹点移动

用户可以通过选定的夹点移动对象。选中的对象被亮显并按指定的下一点位置移动一定的方向和距离。

当用户选中需要移动对象的任一夹点时，该夹点将会亮显，此时，用户可以在命令提示行中输入“Mo”进入移动模式，或右击，在弹出的快捷菜单中选择“移动”命令进入移动模式，还可以按〈Enter〉键在夹点模式之间进行切换，直至显示“移动”夹点模式。此时，用户可利用光标移动或坐标输入将对象进行移动，结果如图 4-6 所示。

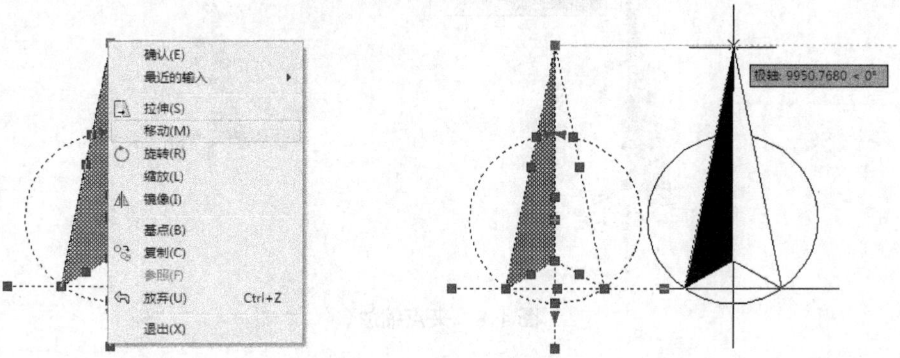

图 4-6　夹点移动

3. 夹点旋转

用户可以通过拖动和指定点位置来绕基点旋转所选定的对象。还可以输入角度值进行旋转。若需要在旋转选定对象时复制该对象，可以在旋转该对象的同时按下〈Ctrl〉键。

在夹点编辑模式下，确定基点后，在命令提示行中输入“Ro”进入旋转模式，或右击，在弹出的快捷菜单中选择“旋转”命令进入移动模式，还可以在选中对象后的默认“夹点拉伸”状态下按〈Enter〉键切换到旋转模式。此时，用户可利用光标移动或输入旋转角度将对象进行旋转，结果如图 4-7 所示。

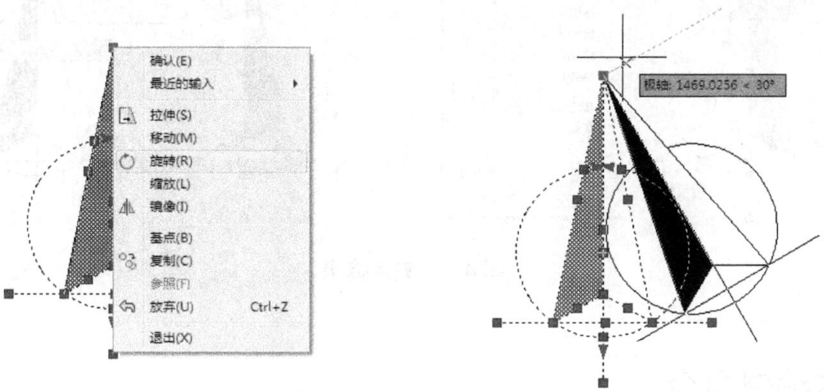

图 4-7　夹点旋转

4. 夹点缩放

用户可以通过夹点功能相对于基点缩放选定的对象。通过从基点夹点向外拖动光标并指定点位置来增大对象尺寸，或通过向内拖动光标减小尺寸。此外，也可以输入比例因子来指定缩放比例，当比例因子大于 1 时将放大对象；当比例因子在 0～1 之间时将缩小对象。

在夹点编辑模式下确定基点后，在命令提示行中输入“Sc”进入缩放模式，或在夹点状态下按〈Enter〉键，也可切换到缩放模式，也可在夹点模式下右击，在出现的快捷菜单中选择“缩放”命令，结果如图 4-8 所示。

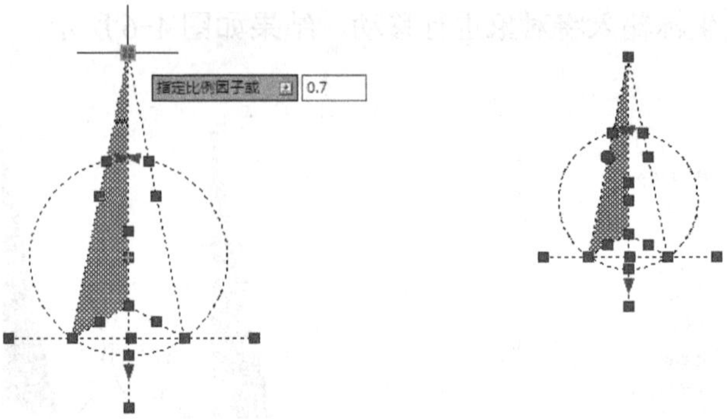

图 4-8　夹点缩放

5．夹点镜像

用户可以沿临时镜像线为选定对象创建镜像。在创建镜像时打开“正交”模式，有助于指定垂直或水平的镜像线。与“镜像”命令的功能类似，镜像操作后将删除原对象。

在夹点编辑模式下确定基点后，在命令提示行中输入“Mi”进入镜像模式，或在夹点状态下按〈Enter〉键切换到镜像模式，也可在夹点模式下右击，在出现的快捷菜单中选择“镜像”命令，结果如图 4-9 所示。

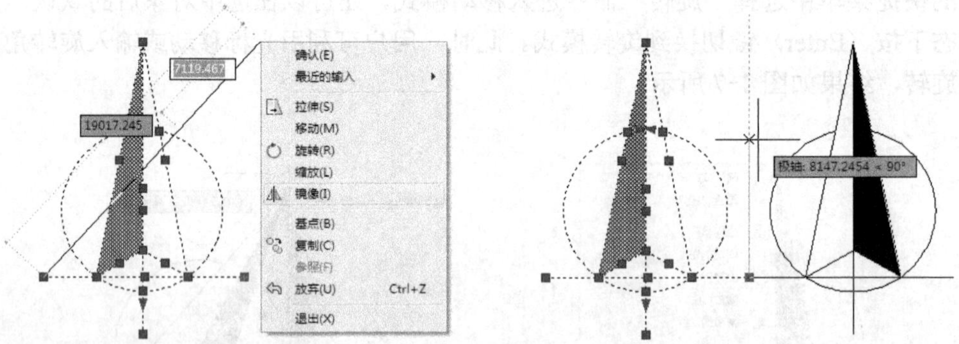

图 4-9　夹点镜像

4.2　基本编辑命令

4.2.1　删除对象

1．功能

使用删除对象功能，用户可以通过多种方法从图形中删除指定的对象并清除显示。

2．命令调用

用户可以使用下述方法之一调用该命令。

- 单击功能区“常用”选项卡内的“修改”面板上的“删除”工具按钮。
- 选择“修改”→“删除”命令。
- 在命令行中输入“Erase”，按〈Enter〉键执行命令。

● 选中要删除的对象后，按〈Delete〉键可快速删除对象。

3．操作示例

执行“删除”命令后，命令行将提示“选择对象”，此时屏幕上的十字光标就变成了一个活动的小方框，即“对象拾取框”。用户可以通过“对象拾取框”选择需要删除的对象。在“选择对象”状态下，若用户输入“?”，命令行将会提示如下一些对象选择方式。

命令: _erase（执行删除对象命令）
选择对象: ?
无效选择
需要点或窗口(W)/上一个(L)/窗交(C)/框(BOX)/全部(ALL)/栏选(F)/圈围(WP)/圈交(CP)/编组(G)/添加(A)/删除(R)/多个(M)/前一个(P)/放弃(U)/自动(AU)/单个(SI)/子对象(SU)/对象(O)

选中所有需删除的对象后，按〈Enter〉键即可完成命令，如图 4-10 所示。

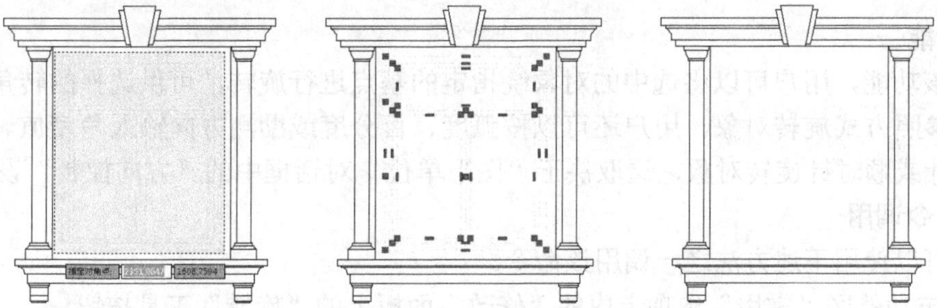

图 4-10　删除对象

4.2.2　移动对象

1．功能

使用移动对象功能，用户可以从原对象以指定的角度和方向将其移动。若辅助使用坐标、栅格捕捉、对象捕捉和其他工具还可以精确移动对象。用户在绘图过程中就不必像手工绘图那样精确计算每个视图在图纸上的位置，若发现某部分图形布图不合理，只需用“移动”工具，就可方便地将它们平移到适当的位置。

2．命令调用

用户可以使用下述方法之一调用该命令。

● 单击功能区“常用”选项卡内的“修改”面板上的“移动”工具按钮。
● 选择“修改”→“移动”命令。
● 选中对象后右击，在弹出的快捷菜单中选择“移动”命令。
● 在命令行中输入“Move”，按〈Enter〉键执行命令。

3．操作示例

利用“移动”命令，将窗子放置在离开墙垛 1200mm 的位置。命令行提示如下。

命令: _move（执行移动对象命令）
选择对象: 指定对角点: 找到 2 个（选择需要移动的对象）
选择对象:（按〈Enter〉键，结束选择）
指定基点或 [位移(D)] <位移>:　指定第二个点或 <使用第一个点作为位移>:（利用光标指定移动

的起点和目标点，或直接输入需移动的距离）

“移动”命令的操作过程如图 4-11 所示。

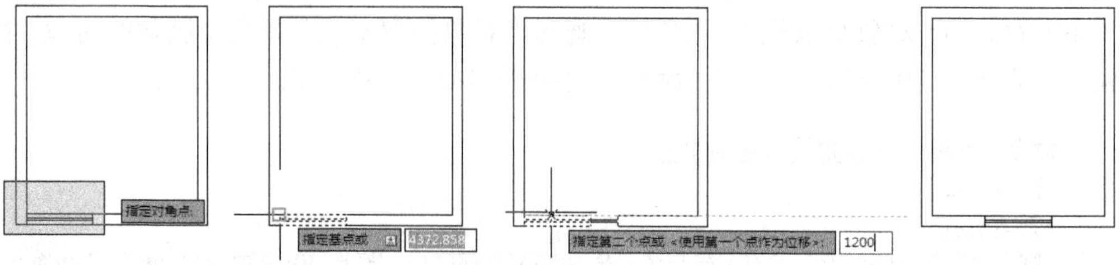

图 4-11　移动对象

4.2.3　旋转对象

1．功能

使用该功能，用户可以将选中的对象绕指定的基点进行旋转，可供选择的转角方式有复制旋转和参照方式旋转对象。用户还可以按弧度、百分度或勘测方向输入角度值。输入正角度值逆时针或顺时针旋转对象，这取决于“图形单位”对话框中的“方向控制”设置。

2．命令调用

用户可以使用下述方法之一调用该命令。

- 单击功能区“常用”选项卡内的“修改”面板上的“旋转”工具按钮。
- 选择“修改”→“旋转”命令。
- 在命令行中输入“Rotate”，按〈Enter〉键执行命令。

3．操作示例

利用“旋转”命令，根据指定角度旋转所选对象。命令行提示如下。

命令: _rotate（执行旋转对象命令）
UCS 当前的正角方向:　ANGDIR=逆时针　ANGBASE=0
选择对象: 指定对角点: 找到 1 个（选择需要旋转的对象）
选择对象: （按〈Enter〉键，结束选择）
指定基点: （捕捉对象的旋转中心）
指定旋转角度，或 [复制(C)/参照(R)] <0>:（输入对象旋转角度或用光标指定）

按〈Enter〉键完成命令操作，结果如图 4-12 所示。

图 4-12　旋转对象

4.2.4 对齐对象

1．功能

使用该功能，用户可以通过移动、旋转或倾斜图形对象来使该对象与另一个对象对齐。

2．命令调用

用户可以使用下述方法之一调用该命令。

- 单击功能区“常用”选项卡内的“修改”面板上的“对齐”工具按钮。
- 选择“修改”→“对齐”命令。
- 在命令行中输入“Align”，按〈Enter〉键执行命令。

3．操作示例

利用“对齐”命令，将图 4-13a 右侧的钢梁断面图与左侧的斜梁进行拼接。命令行提示如下。

命令: _align（执行对齐对象命令）
选择对象: 指定对角点（选择右侧的钢梁断面图）
选择对象:（按〈Enter〉键以完成对象选择，如图 4-13b 所示）
指定第一个源点:（指定点 1，如图 4-13c 所示）
指定第一个目标点:（指定点 2，如图 4-13c 所示）
指定第二个源点:（指定点 3，如图 4-13c 所示）
指定第二个目标点:（指定点 4，如图 4-13c 所示）
指定第三个源点或 <继续>:（按〈Enter〉键）
是否基于对齐点缩放对象？[是(Y)/否(N)] <否>: N（选择不缩放对象，如图 4-13d 所示）

按〈Enter〉键完成命令操作，结果如图 4-13e 所示。

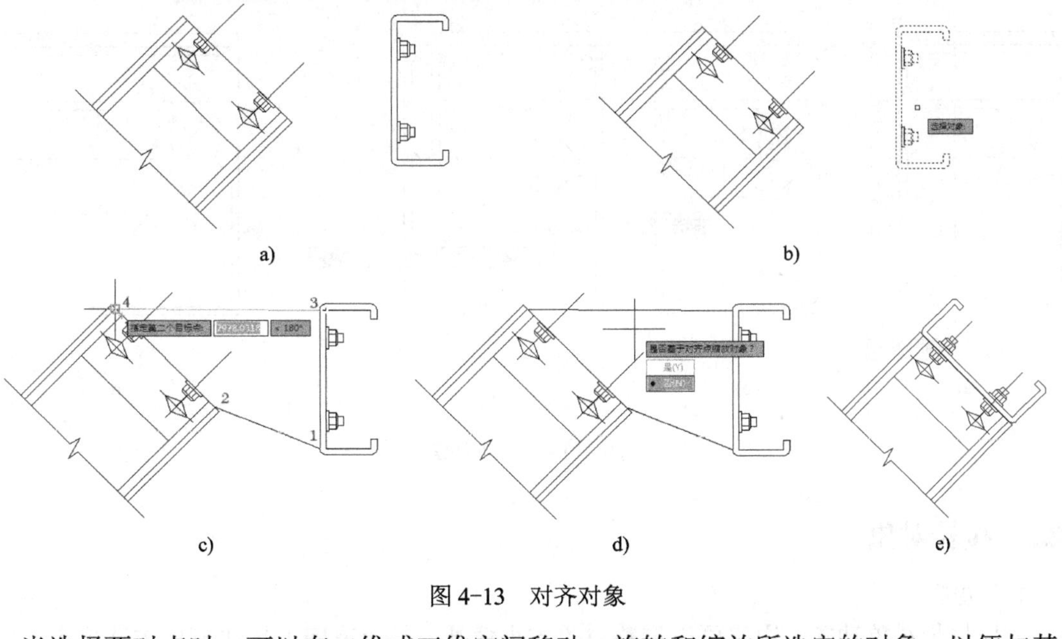

图 4-13　对齐对象

当选择两对点时，可以在二维或三维空间移动、旋转和缩放所选定的对象，以便与其他对象对齐。第一对源点和目标点定义对齐的基点（1，2）。第二对点定义旋转的角度（3，4）。输入第二对点后，系统会给出缩放对象的提示。将以第一目标点和第二目标点（2，4）之间的距离作为缩放对象的参考长度。只有使用两对点对齐对象时才能使用缩放功能。

4.2.5 拉伸对象

1. 功能

使用拉伸对象功能，用户可以通过移动端点、顶点或控制点来拉伸某些图形对象。可拉伸的对象包括圆弧、椭圆弧、直线、多段线线段、射线和样条曲线等。

2. 命令调用

用户可以使用下述方法之一调用该命令。

- 单击功能区“常用”选项卡内的“修改”面板上的“拉伸”工具按钮。
- 选择“修改”→“拉伸”命令。
- 在命令行中输入“Stretch”，按〈Enter〉键执行命令。

3. 操作示例

利用“拉伸”命令将宽度为1200的单人床拉伸为宽度为1800的双人床，命令行提示如下。

命令: _stretch（执行拉伸命令）
以交叉窗口或交叉多边形选择要拉伸的对象...
选择对象: 指定对角点: 找到 13 个（选择对象，如图 4-14a 所示）
选择对象: （按〈Enter〉键，完成选择）
指定基点或 [位移(D)] <位移>:（指定要拉伸的起点，如图 4-14b 所示）
指定第二个点或 <使用第一个点作为位移>: 600（可利用动态输入功能指定要拉伸到的终点，如图 4-14c 所示）

完成对象的拉伸操作，结果如图 4-14d 所示。

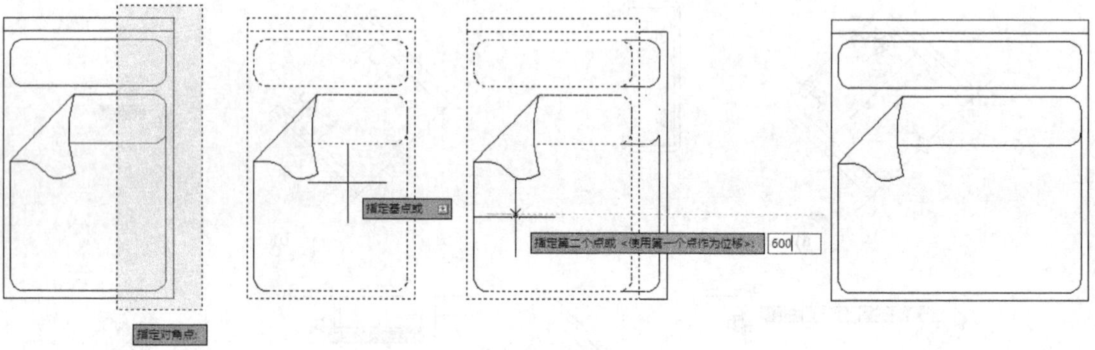

a) b) c) d)

图 4-14 拉伸对象

4.2.6 拉长对象

1. 功能

使用拉长对象功能，用户可以调整对象大小使其在一个方向上按比例增大或缩小。可用于改变圆弧的夹角，或改变非闭合对象的长度，包括直线、圆弧、非闭合多段线、椭圆弧和非闭合样条曲线等。

2. 命令调用

用户可以使用下述方法之一调用该命令。

- 单击功能区“常用”选项卡内的“修改”面板上的“拉长”工具按钮。
- 选择“修改”→“拉长”命令。
- 在命令行输入“Lengthen”，按〈Enter〉键执行命令。

用户可以使用以下 4 种方式执行拉长命令：动态拖动对象的端点；按总长度或角度的百分比指定新的长度或角度；指定从端点开始测量的增量长度或角度；指定对象的总绝对长度或包含角。

3. 操作示例

利用“百分数”的方式将已有的圆弧进行长度调整。命令行提示如下。

命令: _lengthen（执行拉长命令）
选择对象或 [增量(DE)/百分数(P)/全部(T)/动态(DY)]:（单击圆弧线）
当前长度: 95.3697，包含角: 180
选择对象或 [增量(DE)/百分数(P)/全部(T)/动态(DY)]: P（输入 P，选择“百分数”方式，如图 4-15a 所示）
输入长度百分数 <50.0000>: 50（输入长度百分数为 50%，如图 4-15b 所示）
选择要修改的对象或 [放弃(U)]:（在圆弧左端单击，如图 4-15c 所示。命令执行后，结果如图 4-15d 所示）
选择要修改的对象或 [放弃(U)]:（命令执行后，程序将继续提示“选择要修改的对象或”，如图 4-15e 所示，用户可根据需要选择继续拉长圆弧）

完成命令操作，结果如图 4-15f 所示。

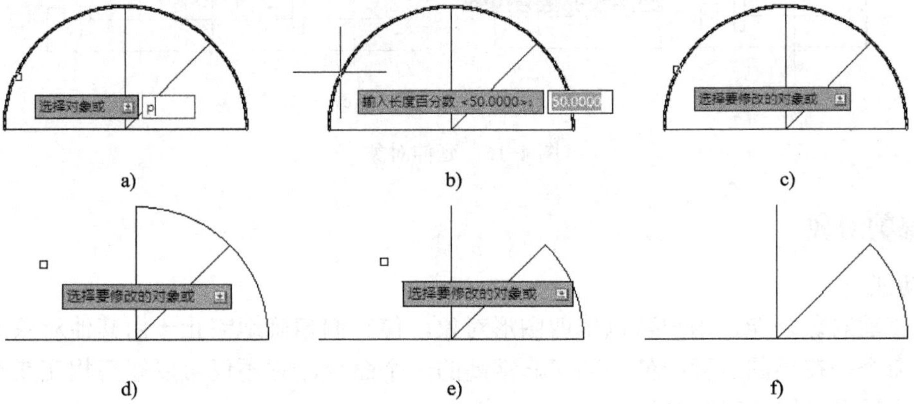

图 4-15　拉长对象

4.2.7　延伸对象

1. 功能

使用延伸对象功能，用户可以延伸图形对象，使选择的图形对象能够精确地延伸至由其他对象定义的边界处。

2. 命令调用

用户可以使用下述方法之一调用该命令。

● 单击功能区“常用”选项卡内的“修改”面板上的“延伸”工具按钮。
● 选择“修改”→“延伸”命令。
● 在命令行输入“Extend”，按〈Enter〉键执行命令。

3．操作示例

利用“延伸”命令，完善楼梯平面示意图的绘制。命令行提示如下。

命令: _extend（执行延伸命令）
当前设置:投影=UCS，边=无
选择边界的边...
选择对象或 <全部选择>: 指定对角点: 找到 1 个（选择边界对象，如图 4-16a 所示）
选择对象:（按〈Enter〉键，完成边界的选择，如图 4-16b 所示）
选择要延伸的对象，或按住 Shift 键选择要修剪的对象，或
[栏选(F)/窗交(C)/投影(P)/边(E)/放弃(U)]: C （利用窗交模式选取所要延伸的全部楼梯踏步示意线，如图 4-16c 所示）
选择要延伸的对象，或按住 Shift 键选择要修剪的对象，或
[栏选(F)/窗交(C)/投影(P)/边(E)/放弃(U)]:（按〈Enter〉键完成命令操作）

按〈Enter〉键完成命令操作，结果如图 4-16d 所示。

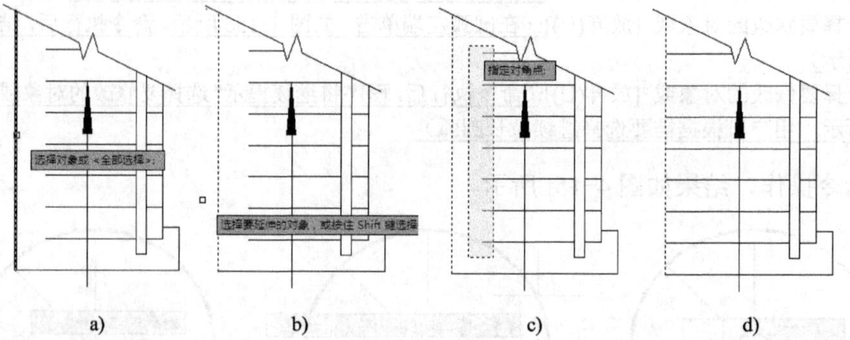

图 4-16 延伸对象

4.2.8 修剪对象

1．功能

使用修剪对象功能，用户可以修剪图形对象，使它们精确地终止于由其他对象定义的边界。修剪命令是在绘图过程中使用频率非常高的一个命令，它不仅可以修剪相交或不相交的二维对象，还可以修剪三维对象。

选择的剪切边或边界边无需与修剪对象相交。用户可以将对象修剪或延伸至投影边或延长线的交点，即对象延长后相交的地方。在执行修剪命令时，如果未指定边界并在“选择对象”提示下按〈Enter〉键，显示的所有对象都将成为可能边界。

2．命令调用

用户可以使用下述方法之一调用该命令。

● 单击功能区“常用”选项卡内的“修改”面板上的“修剪”工具按钮。
● 选择“修改”→“修剪”命令。
● 在命令行输入“Trim”，按〈Enter〉键执行命令。

3. 操作示例

利用“修剪”命令，将已绘制的如图 4-17a 所示的标准层楼梯平面图修改为底层楼梯平面图。命令行提示如下。

命令: _trim（执行修剪命令）
当前设置:投影=UCS，边=无
选择剪切边...
选择对象或 <全部选择>: 指定对角点: 找到 23 个（选取要修剪的对象）
选择对象:（按〈Enter〉键完成选择，如图 4-17b 所示）
选择要修剪的对象，或按住 Shift 键选择要延伸的对象，或
[栏选(F)/窗交(C)/投影(P)/边(E)/删除(R)/放弃(U)]:（分别拾取需修剪的部分）
选择要修剪的对象，或按住 Shift 键选择要延伸的对象，或
[栏选(F)/窗交(C)/投影(P)/边(E)/删除(R)/放弃(U)]:（分别拾取需修剪的部分，如图 4-17c 所示）
选择要修剪的对象，或按住 Shift 键选择要延伸的对象，或[栏选(F)/窗交(C)/投影(P)/边(E)/删除(R)/放弃(U)]:

按〈Enter〉键完成命令操作，结果如图 4-17d 所示。

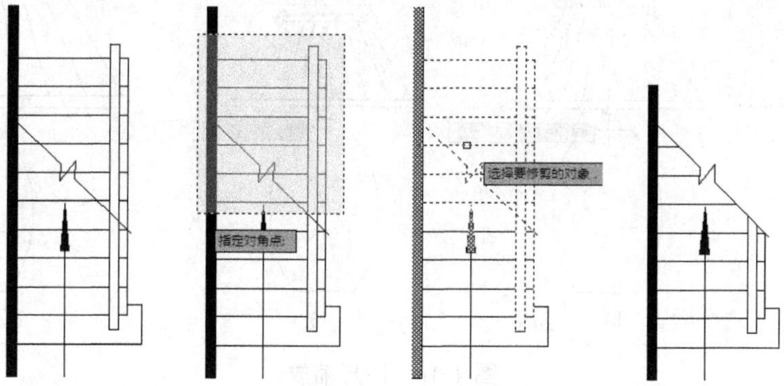

a)　　b)　　c)　　d)

图 4-17　修剪对象

完成修剪操作后，可能会有修剪后残留下的一些线条，用户可以使用删除对象命令进行清理。

说明：在实际的绘图过程中，选择边界常用窗口或交叉窗口方式。所选择的修剪对象既可以作为剪切边，也可以是被修剪的对象。若要同时对多个复杂的图形对象进行修剪时，使用不同的选择方法有助于选择当前的剪切边和修剪对象。

4.2.9　缩放对象

1. 功能

使用缩放对象功能，用户可以调整图形对象的大小，使其按指定的比例增大或缩小。无论是放大还是缩小选定对象，缩放后对象的比例仍将保持不变。使用对象缩放功能，需要指定基点和比例因子。基点将作为缩放操作的中心，并保持静止。指定的基点表示选定对象的大小发生改变时位置保持不变的点。比例因子大于 1 时将放大对象，比例因子介于 0 和 1 之间时将缩小对象。另外，用户还可以通过拖动光标使对象放大或缩小。

2. 命令调用

用户可以采用下列操作方法之一调用该命令。

- 单击功能区“常用”选项卡内的“修改”面板上的“缩放”工具按钮。
- 选择“修改”→“缩放”命令。
- 在命令行中输入“Scale”，按〈Enter〉键执行命令。

3. 操作示例

利用“缩放”命令，将台灯示意图的灯罩部分调整至适当大小。命令行提示如下。

命令: _scale（执行缩放命令）
选择对象: 指定对角点: 找到 12 个（选择缩放的图形对象，如图 4-18a 所示）
选择对象:（按〈Enter〉键完成选择）
指定基点:（利用捕捉功能指定台灯杆中点作为缩放基点，如图 4-18b 所示）
指定比例因子或 [复制(C)/参照(R)] <1.000>:1.5（指定缩放比例，如图 4-18c 所示）

按〈Enter〉键完成命令操作，结果如图 4-18d 所示。

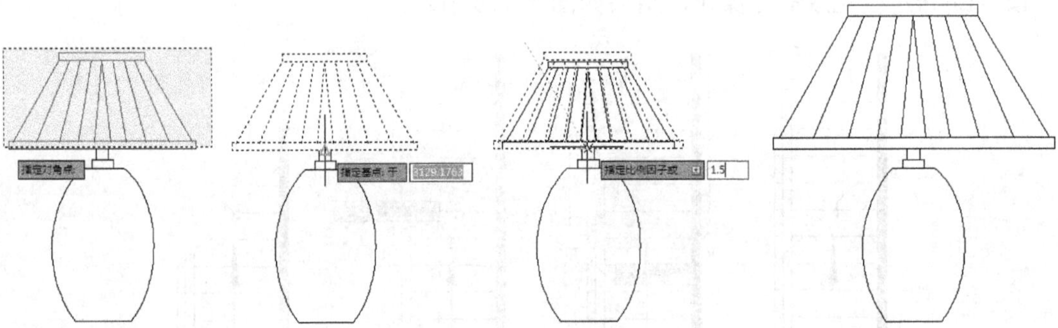

图 4-18　图形缩放

4.2.10　复制对象

1. 功能

使用复制对象功能，用户可以从原对象以指定的角度和方向为其创建副本。若使用坐标、栅格捕捉、对象捕捉和其他工具还可以精确复制对象。

默认情况下，复制命令可自动重复执行。要退出该命令，需按〈Enter〉键。用户可以使用系统变量 COPYMODE 来控制是否自动重复复制命令。变量值为 0 时，设置自动重复的 复制命令；变量值为 1 时，设置创建单个副本的复制命令。

2. 命令调用

用户可以采用下列操作方法之一调用该命令。

- 单击功能区“常用”选项卡内的“修改”面板上的“复制”工具按钮。
- 选择“修改”→“复制”命令。
- 在命令行中输入“Copy”，按〈Enter〉键执行命令。

3. 操作示例

在绘制较为复杂的图形时，可利用复制功能提高绘图效率。利用“复制”命令，完善椅子扶手的绘制，命令行提示如下。

命令: _copy（执行复制命令）
选择对象: 指定对角点: 找到 4 个（选择已绘制好的左侧扶手图形，如图 4-19a 所示）
选择对象:（按〈Enter〉键完成选择）
当前设置: 复制模式 = 多个
指定基点或 [位移(D)/模式(O)] <位移>: 指定第二个点或 <使用第一个点作为位移>:（单击指定基点位置，如图 4-19b 所示）
指定第二个点或 [退出(E)/放弃(U)] <退出>:（单击指定目标点位置，也可直接输入距离数据进行复制，如图 4-19c 所示）

按〈Enter〉键完成命令操作，结果如图 4-19d 所示。

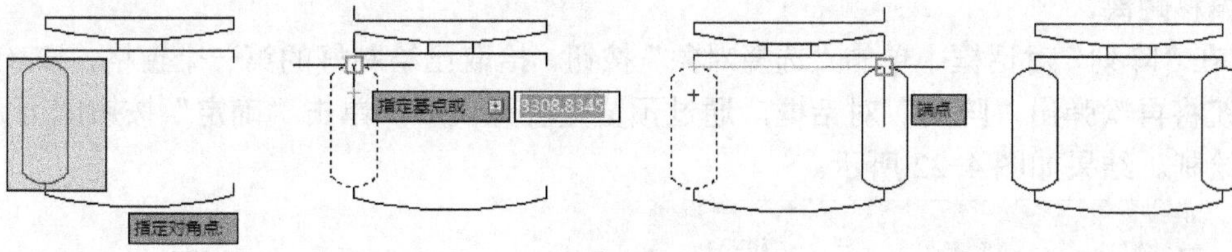

a) b) c) d)

图 4-19 复制对象

说明：在输入相对坐标复制对象时，无需像通常情况下那样包含“@”标记，因为相对坐标是假设的。要按指定距离复制对象，还可以在“正交”模式和极轴追踪打开的同时使用动态输入模式，此法可较快速、精确地确定目标点。

4.2.11 阵列对象

1．功能

使用该功能，用户可以创建按指定方式排列的多个对象副本。系统提供了“矩形阵列”和“环形阵列”两种方式。在创建矩形阵列时，通过指定行、列的数量以及它们之间的距离，可以控制阵列中的副本数量。创建环形阵列是通过围绕圆心复制所选定的对象，用户可以控制阵列中副本的数量以及是否旋转副本。

2．命令调用

用户可以采用下列操作方法之一调用该命令。

- 单击功能区“常用”选项卡内的“修改”面板上的“阵列”工具按钮。
- 选择“修改”→“阵列”命令。
- 在命令行输入“Array”，按〈Enter〉键执行命令。

3．操作示例

（1）利用矩形阵列功能，完善欧式窗的窗扇绘制

1）首先利用前面所学的基本绘图命令绘制欧式窗的轮廓线，欧式窗的宽度为 1200mm，高度为 1500mm。如图 4-20a 所示。

2）利用“矩形”命令，绘制一个尺寸为 460mm×280mm 的窗格。此时，用户可以根据确定的窗格布局为其定位，建议辅助使用“对象捕捉”和“对象捕捉追踪”功能以方便窗格的位置确定。如图 4-20b 所示。

a)　　　　　　　　b)

图 4-20　欧式窗轮廓

3）执行“阵列”命令，在程序弹出的“阵列”对话框中作如图 4-21 所示的设置。需注意的是，在设置“行偏移”和“列偏移”时，用户可输入偏移距离的数据，也可以在图中直接拾取偏移距离。

4）在“阵列”对话框中单击“选择对象”按钮，拾取已绘制好的第一个窗格，按〈Enter〉键，系统将再次弹出“阵列”对话框，通过预览查看无误后，单击“确定”按钮即可完成欧式窗的绘制。结果如图 4-22 所示。

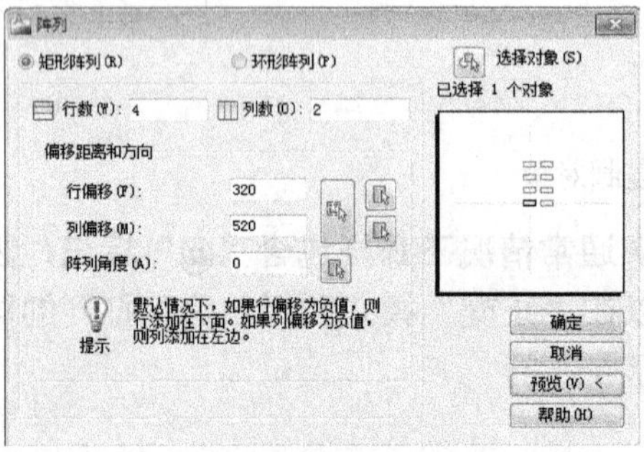

图 4-21　矩形阵列设置

图 4-22　欧式窗绘制

说明：行偏移、列偏移以及阵列角度也可以用鼠标在图形中直接拾取。还应注意若偏移的距离为负值，则图形对象将向其他象限进行阵列。

（2）利用环形阵列功能，完善餐桌的绘制

1）首先利用前面所学的基本绘图命令绘制一个圆桌和一把餐椅。圆桌半径为 600mm，餐椅尺寸为 400mm×300mm。如图 4-23a 所示。

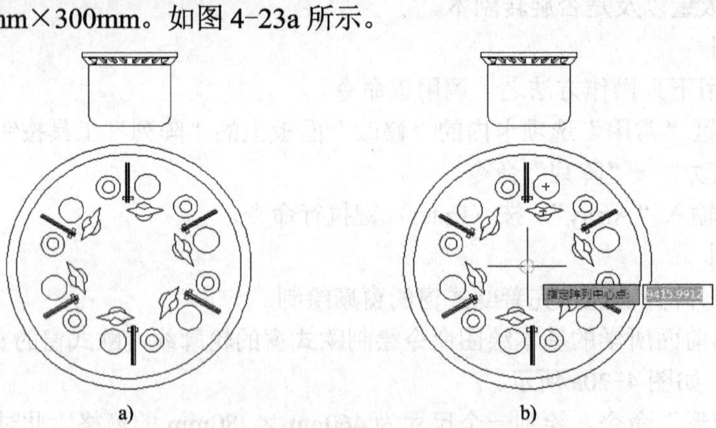

a)　　　　　　　　b)

图 4-23　餐桌轮廓

a) 绘制一个圆桌和一把餐椅　b) 捕捉圆桌的圆心

2）执行“阵列”命令，在程序弹出的“阵列”对话框中，选择“环形阵列”，注意环形阵列的“中心点”应捕捉圆桌的圆心，如图 4-23b 所示。并对环形阵列参数作如图 4-24 所示的设置。

3）在“阵列”对话框中单击“选择对象”按钮，拾取已绘制好的第一把餐椅，按〈Enter〉键，系统将再次弹出“阵列”对话框，通过预览查看无误后，单击“确定”按钮即可完成餐桌的绘制。结果如图 4-25 所示。

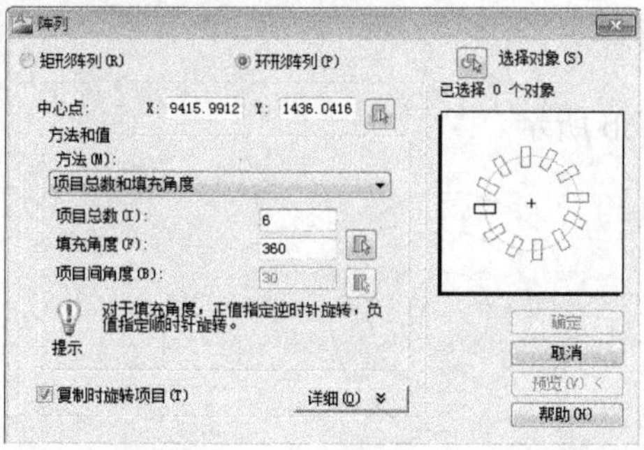

图 4-24 “环形阵列”设置

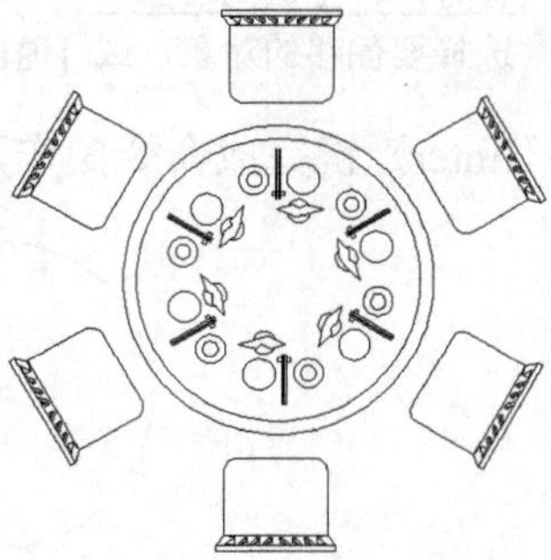

图 4-25 餐桌绘制

创建环形阵列时，阵列按逆时针或顺时针方向绘制，这取决于设置填充角度时输入的是正值还是负值。用户可以在“阵列”对话框显示之前或之后，选择指定用于构造阵列的对象。要在“阵列”对话框显示之后选择对象，需单击“选择对象”按钮。“阵列”对话框将暂时关闭，完成选择对象后，按〈Enter〉键。“阵列”对话框将重新显示，并且选定对象将显示在“选择对象”按钮下面。

4.2.12 偏移对象

1. 功能

使用偏移对象功能，用户可以创建与所选对象造型平行的新对象。在使用偏移功能时，可采用指定距离进行偏移，或通过指定点来进行偏移。使用该命令可以偏移直线、圆弧、圆、椭圆和椭圆弧、二维多段线、构造线、射线、样条曲线等图形对象。该功能常用于创建同心圆、平行线和平行曲线等。

2. 命令调用

用户可以采用下列操作方法之一调用该命令。

- 单击功能区“常用”选项卡内的“修改”面板上的“偏移”工具按钮。
- 选择“修改”→“偏移”命令。
- 在命令行中输入“Offset”，按〈Enter〉键执行命令。

3. 操作示例

利用“偏移”命令，完成同心圆的绘制。命令行提示如下。

命令: _circle 指定圆的圆心或 [三点(3P)/两点(2P)/切点、切点、半径(T)]:（单击任意一点指定圆心位置）
指定圆的半径或 [直径(D)]: 30（利用动态输入功能确定圆的半径为 30）
命令: _offset（执行偏移命令）

当前设置：删除源=否　图层=源　OFFSETGAPTYPE=0
指定偏移距离或 [通过(T)/删除(E)/图层(L)] <1.0000>:　10（输入要偏移的距离为 10）
选择要偏移的对象，或 [退出(E)/放弃(U)] <退出>:（单击要偏移的源对象）
指定要偏移的那一侧上的点，或 [退出(E)/多个(M)/放弃(U)] <退出>:（在源对象内部单击，确定偏移方向，生成同心圆）
选择要偏移的对象，或 [退出(E)/放弃(U)] <退出>:（单击刚生成的圆形作为源对象）
指定要偏移的那一侧上的点，或 [退出(E)/多个(M)/放弃(U)] <退出>:（在源对象内部单击，确定偏移方向，生成同心圆）
选择要偏移的对象，或 [退出(E)/放弃(U)] <退出>:

按〈Enter〉键完成命令操作，结果如图 4-26b 所示。

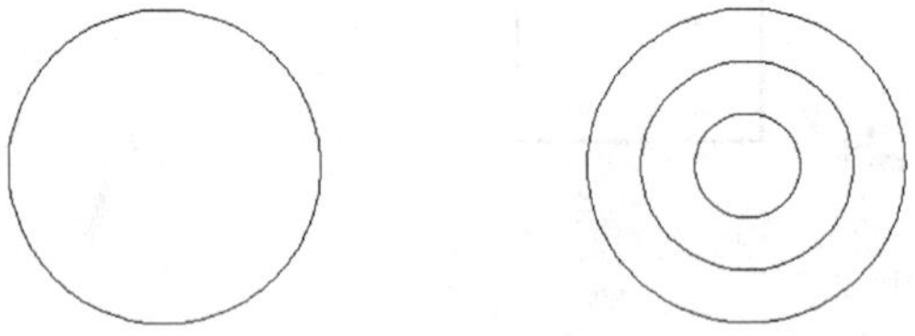

a)　　　　b)

图 4-26　偏移对象

说明：使用偏移命令时必须先启动命令，然后选择要编辑的对象，在启动该命令时已选择的对象将自动取消选择状态。在偏移圆、圆弧或图块时，用户可以创建更大或更小的相似图形，这取决于偏移方向。

4.2.13　镜像对象

1．功能

使用镜像对象功能，用户可以生成绕指定轴翻转对象创建对称的镜像图形。在绘图工作中，经常会遇到一些对称图形，利用 AutoCAD 提供的镜像功能，对创建对称的图形对象非常有用，因为可以快速地绘制半个对象，然后将其镜像，而不必绘制整个对象。

2．命令调用

用户可以采用下列操作方法之一调用该命令。

- 单击功能区“常用”选项卡内的“修改”面板上的“镜像”工具按钮。
- 选择“修改”→“镜像”命令。
- 在命令行中输入“Mirror”，按〈Enter〉键执行命令。

3．操作示例

利用“镜像”命令，完成双扇门立面图的绘制。

1）利用前面所学的直线、多段线、矩形、圆形、圆弧、椭圆等绘图命令，绘制出双扇门的左半部，尺寸为 900×2100。如图 4-27a 所示。

2）执行“镜像”命令，命令行提示如下。

命令: _mirror（执行镜像命令）
选择对象: 指定对角点: 找到 75 个（选择要镜像的对象）
选择对象:（按〈Enter〉键，结束对象选择）

指定镜像线的第一点:（单击对称轴第一点）
指定镜像线的第二点:（单击对称轴第二点）
是否删除源对象？[是(Y)/否(N)] <N>: n（不删除原对象，按〈Enter〉键确定）

完成命令操作，结果如图 4-27b 所示。

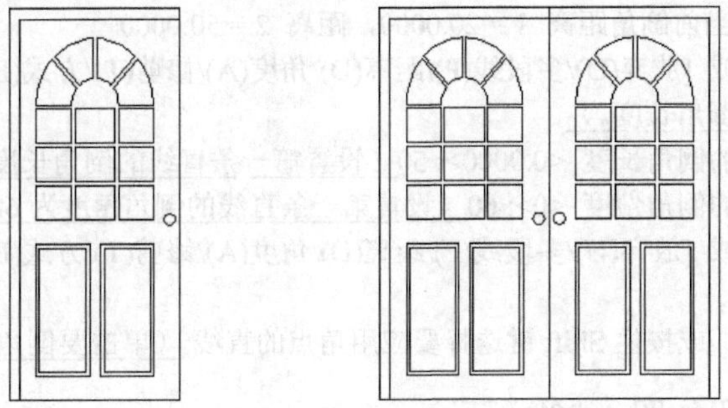

a)　　　　b)

图 4-27　镜像对象

说明：如果在进行镜像操作的选择集中包括文字对象，则文字对象的镜像效果取决于系统变量 MIRRTEXT，如果该变量取值为 1（缺省值），则文字也镜像显示；而如果取值为 0，则镜像后的文字仍保持原方向。

4.2.14　倒角

1．功能

使用倒角功能，用户可以将两个非平行的对象进行倒角连接，使它们以平角或倒角相接。通常用于表示角点上的倒角边。可以使用倒角命令的对象有：直线、多段线、射线、构造线、三维实体等。

2．命令调用

用户可以采用下列操作方法之一调用该命令。

- 单击功能区“常用”选项卡内的“修改”面板上的“倒角”工具按钮。
- 选择“修改”→“倒角”命令。
- 在命令行中输入“Chamfer”，按〈Enter〉键执行命令。

3．操作示例

利用“倒角”命令，完成对矩形的倒角。用户可使用两种方法来创建倒角，一种是指定倒角两边的距离，另一种是指定一边的倒角长度和倒角角度。命令行提示如下。

命令: _chamfer（执行倒角命令）
(“修剪”模式) 当前倒角距离 1 = 0.0000，距离 2 = 0.0000
选择第一条直线或 [放弃(U)/多段线(P)/距离(D)/角度(A)/修剪(T)/方式(E)/多个(M)]:　d（选择“距离”选项，更改倒角长度）
指定第一个倒角距离 <0.0000>: 20（设置第一条边倒角为 20）
指定第二个倒角距离 <10.0000>: 50（设置第二条边倒角为 50）
选择第一条直线或 [放弃(U)/多段线(P)/距离(D)/角度(A)/修剪(T)/方式(E)/多个(M)]:（单击要倒角的第一条边。）

选择第二条直线，或按住 Shift 键选择要应用角点的直线:（单击要倒角的第二条边。）

完成命令操作，结果如图 4-28a 所示。

命令:（按〈Enter〉键重复倒角命令）
CHAMFER
（“修剪”模式）当前倒角距离 1 = 20.0000，距离 2 = 50.0000
选择第一条直线或 [放弃(U)/多段线(P)/距离(D)/角度(A)/修剪(T)/方式(E)/多个(M)]: a（选择“角度”选项，更改倒角长度。）
指定第一条直线的倒角长度 <0.0000>: 50（设置第一条直线的倒角长度为 50。）
指定第一条直线的倒角角度 <0>: 60（设置第一条直线的倒角角度为 60。）
选择第一条直线或 [放弃(U)/多段线(P)/距离(D)/角度(A)/修剪(T)/方式(E)/多个(M)]:（单击要倒角的第一条边。）
选择第二条直线，或按住 Shift 键选择要应用角点的直线:（单击要倒角的第二条边。）

完成命令操作，结果如图 4-28b 所示。

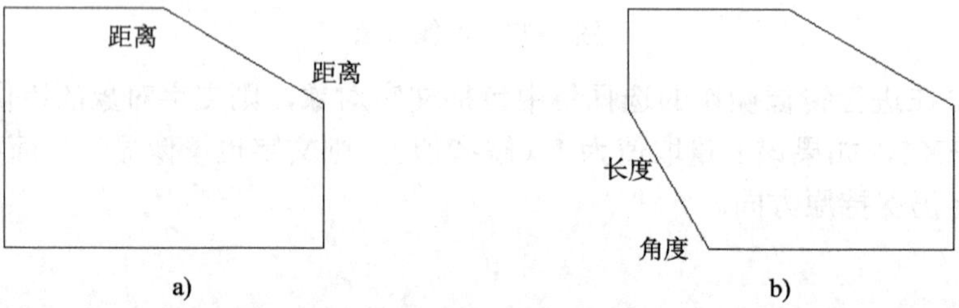

图 4-28 创建倒角

a) 选择“距离”选项创建倒角 b) 选择“角度”选项创建倒角

倒角距离是每个对象与倒角线相接或与其他对象相交而进行修剪或延伸的长度。如果两个倒角距离都为 0，则倒角操作将修剪或延伸这两个对象直至它们相交，但不创建倒角线。缺省情况下，对象在倒角时被修剪。对整条多段线进行倒角时，每个交点都将被倒角。对整条多段线倒角时，只对那些长度足够适合倒角距离的线段进行倒角。

4.2.15 圆角

1．功能

使用圆角功能，用户可以通过一个指定半径的圆弧来光滑地连接两个对象。可以进行圆角处理的对象包括直线、多段线的直线段、样条曲线、圆、圆弧和椭圆等。

2．命令调用

用户可以采用下列操作方法之一调用该命令。

- 单击功能区“常用”选项卡内的“修改”面板上的“圆角”工具按钮。
- 选择“修改”→“圆角”命令。
- 在命令行中输入“Fillet”，按〈Enter〉键执行命令。

3．操作示例

利用“圆角”命令，完成双人沙发的绘制。

1）首先利用直线和矩形命令绘制如图 4-29a 所示的双人沙发基本轮廓。

2）执行“圆角”命令，为双人沙发轮廓添加圆角。命令行提示如下。

命令: _fillet（执行圆角命令）
当前设置: 模式 = 修剪，半径 = 0.0000
选择第一个对象或 [放弃(U)/多段线(P)/半径(R)/修剪(T)/多个(M)]: r（选择“半径”选项）
指定圆角半径 <0.0000>: 80（将半径设为 80）
选择第一个对象或 [放弃(U)/多段线(P)/半径(R)/修剪(T)/多个(M)]: m（选择“多个”选项）
选择第一个对象或 [放弃(U)/多段线(P)/半径(R)/修剪(T)/多个(M)]:（单击第一个圆角对象）
选择第二个对象，或按住 Shift 键选择要应用角点的对象:（单击第二个圆角对象）
选择第一个对象或 [放弃(U)/多段线(P)/半径(R)/修剪(T)/多个(M)]:（单击第一个圆角对象）
选择第二个对象，或按住 Shift 键选择要应用角点的对象:（单击第二个圆角对象）
选择第一个对象或 [放弃(U)/多段线(P)/半径(R)/修剪(T)/多个(M)]:（单击第一个圆角对象）
选择第二个对象，或按住 Shift 键选择要应用角点的对象:（单击第二个圆角对象）
……（重复上述步骤，依次完成对双人沙发的圆角处理）

用鼠标依次点取需进行圆角处理的对象，完成命令操作，结果如图 4-29b 所示。

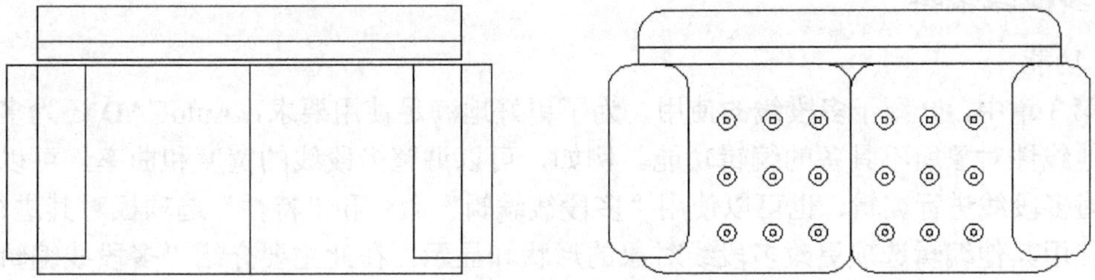

a)　　　　b)

图 4-29　创建圆角

a) 绘制沙发基本轮廓　b) 创建圆角结果

说明：默认情况下“圆角”为“修剪”模式。用户可以使用“修剪”选项指定是否修剪选定的对象、将对象延伸到创建的圆弧端点，或不做修改。

4.2.16　打断

1. 功能

使用该功能，用户可以在对象上的两个指定点之间创建间隔，可以将一个对象打断为两个对象。根据设置不同，对象之间既可以具有间隔，也可以没有间隔。若要打断对象而不创建间隔，则可以在相同的位置指定两个打断点，完成此操作的最快方法是在提示输入第二点时输入@0,0。

2. 命令调用

用户可以采用下列操作方法之一调用该命令。

- 单击功能区“常用”选项卡内的“修改”面板上的“打断”工具按钮。
- 选择“修改”→“打断”命令。
- 在命令行中输入“Break”，按〈Enter〉键执行命令。

3. 操作示例

利用“打断”命令，用户可以在大多数几何对象上创建打断，但不包括以下对象：块、标注、多线和面域。若打断对象是圆形，程序将按逆时针方向删除圆上第一个打断点到第二个打断点之间的部分，如图 4-30 所示。

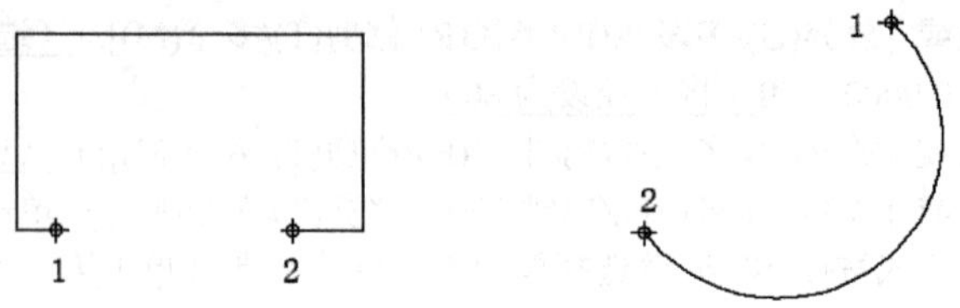

图 4-30　对象打断

4.3　多段线与多线的编辑

4.3.1　多段线编辑

1．功能

在第 3 章中，介绍了多段线的使用，为了更好地满足使用要求，AutoCAD 还为多段线提供了其他线性对象所不具备的编辑功能。例如，可以调整多段线的宽度和曲率，可以使用夹点功能对多段线进行编辑，也可以使用“多段线编辑”命令和“特性”选项板对其进行编辑，还可以使用其他编辑选项更改多段线对象的形状和显示。在此主要介绍“多段线编辑”命令的使用。

2．命令调用

用户可以采用下列操作方法之一调用该命令。

- 单击功能区“常用”选项卡内的“修改”面板上的“多段线编辑”工具按钮。
- 选择“修改”→“对象”→“多段线”命令。
- 选中多段线对象，右击并在弹出的快捷菜单中选择“编辑多段线”命令。
- 在命令行中输入“Pedit”，按〈Enter〉键执行命令。

3．操作示例

当执行“编辑多段线”命令时，在绘图区域会弹出一个快捷菜单，其中列出了编辑多段线的多个选项，如图 4-31 所示。

该快捷菜单中的各选项说明如下。

- “闭合（打开）”：将多段线自动闭合（打开）。
- “合并”：合并连续的直线、样条曲线、圆弧或多段线。
- “宽度”：指定整个多段线新的统一宽度。
- “编辑顶点”：编辑多段线的顶点，且提供了多个顶点编辑的选项，如图 4-32 所示。
- “拟合”：将多段线创建为一系列的圆弧且合并每对顶点。
- “样条曲线”：将多段线创建为样条曲线的近似线。
- “非曲线化”：删除由拟合多段线或样条曲线插入的其他顶点，并将多段线拉直。
- “线型生成”：生成经过多段线顶点的连续图案的线型。
- “反转”：反转多段线顶点的顺序。
- “放弃”：返回“编辑多段线”的起始处，放弃修改内容。

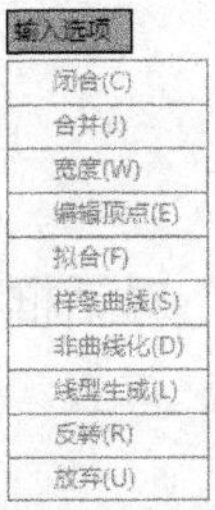

图 4-31 “编辑多段线”快捷菜单

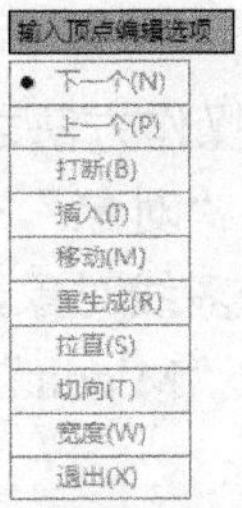

图 4-32 “编辑顶点”快捷菜单

另外，还可以利用“特性”选项板或“快捷特性”对话框，对多段线的某些参数进行编辑。如要绘制一条箭线，用户就可以方便地利用此功能来完成。

1）利用“多段线”命令，绘制一条有 4 个顶点的带圆弧多段线。如图 4-33a 所示。

2）选中多段线并在“特性”选项板中，将其“全局宽度”设为 10。如图 4-33b 所示。

3）在“特性”选项板中，选择顶点“3”，将其“起始线段宽度”设为 30，“终止线段宽度”设为 0，完成箭线的绘制，结果如图 4-33c 所示。

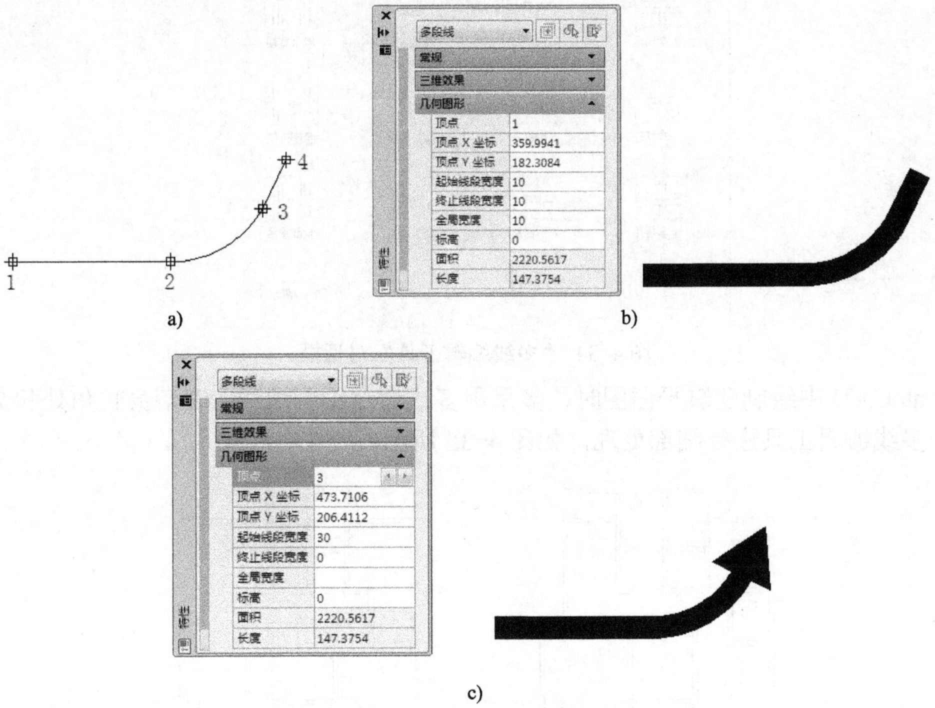

图 4-33 多段线编辑

4.3.2 多线编辑

1. 功能

多线对象由 1～16 条平行线组成，这些平行线称为元素。用户可以使用通用编辑命令、多线编辑命令和多线样式对多线进行修改。在此，主要介绍“多线编辑”命令的使用。

“多线编辑”命令中可用的特殊多线编辑功能包括以下各项：添加或删除顶点、控制角点结合的可见性、控制与其他多线的相交样式、打开或闭合多线对象中的间隔。

2. 命令调用

用户可以采用下列操作方法之一调用该命令。

- 选择“修改”→“对象”→“多线”命令。
- 在绘图区域双击多线对象，即可弹出“多线编辑工具”对话框。
- 在命令行中输入“Mledit”，按〈Enter〉键执行命令。

3. 操作示例

当用户执行“多线编辑”命令时，系统将会弹出“多线编辑工具”对话框，并以四列显示样例图像。第一列的按钮用以控制相互交叉的多线对象；第二列的按钮用以控制 T 形相交的多线对象；第三列的按钮用以控制多线的角点和顶点；第四列的按钮用以控制多线的打断，如图 4-34 所示。

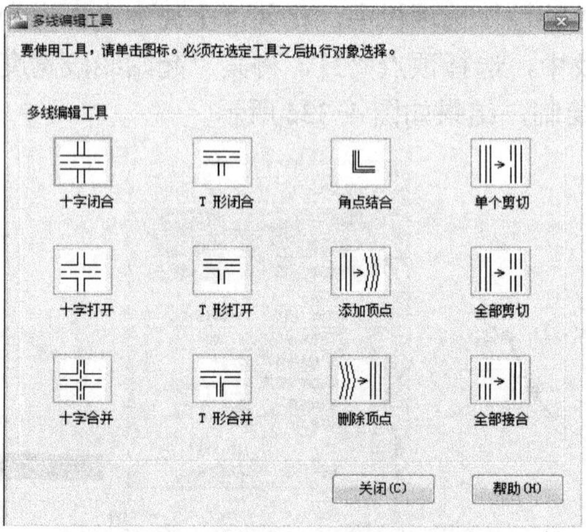

图 4-34 “多线编辑工具”对话框

在 AutoCAD 中绘制建筑平面图时，多采用多线命令绘制墙线，在墙身转角处和交叉处，必须使用多线编辑工具进行细部处理，如图 4-35 所示。

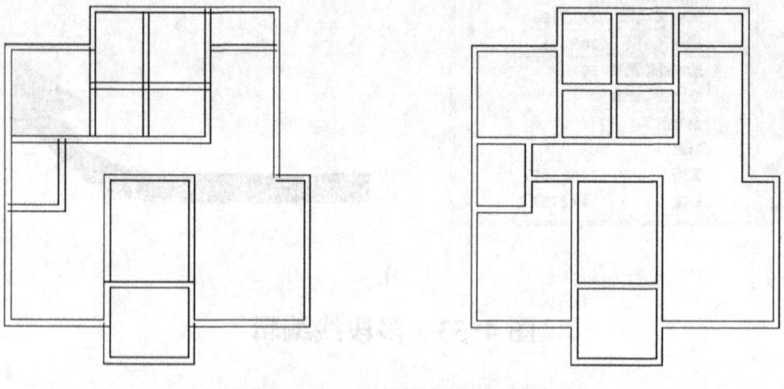

图 4-35 多线编辑应用

4.4 编辑对象特性

1. 功能

在 AutoCAD 中，绘制的每个对象都具有相应的特性。某些特性是基本特性，适用于大多数对象，例如图层、颜色、线型和打印样式。有些特性是特定于某个对象的特性，例如，圆的特性包括半径和面积，直线的特性包括长度和角度等。用户可以通过以下方式在图形中显示和更改任何图形对象的当前特性。

● 通过“快捷特性”选项板查看和更改对象的选定特性的设置。
● 通过“特性”选项板查看和更改对象的所有特性的设置。
● 通过查看和更改“图层”工具栏上的“图层”控件以及“特性”工具栏上的“颜色”、“线型”、“线宽”和“打印样式”控件中的设置。
● 在“快捷特性”选项板中列出了每种对象类型或一组对象最常用的特性。用户可以单击“快速访问工具栏”右侧的下拉箭头，选择“更多命令”选项，调出“自定义用户界面”编辑器，用户可以在此为任意类型的图形对象自定义快捷特性。如图 4-36 所示。

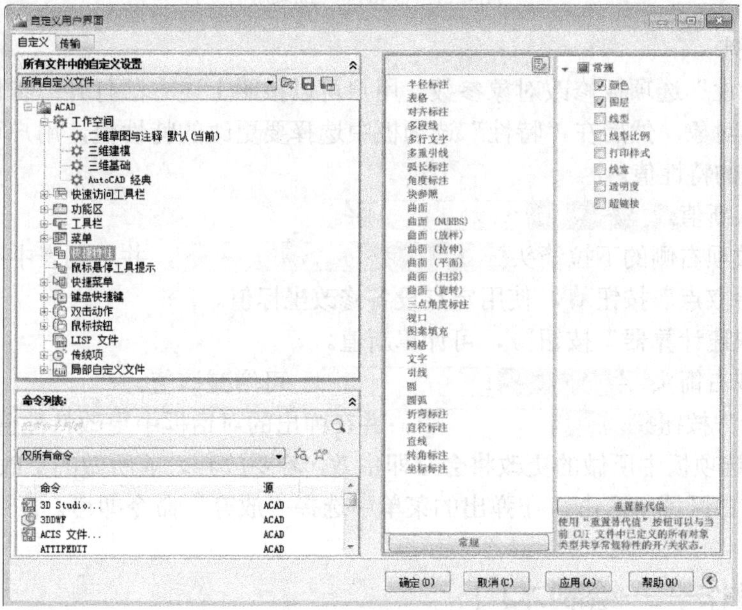

图 4-36 “自定义用户界面”对话框

“特性”选项板列出了选定对象或一组对象的特性。当选择多个对象时，仅显示所有选定对象的公共特性，而在未选定任何对象时，仅显示常规特性的当前设置。

用户可以修改任何能够通过指定新的数据值进行修改的特性。将 DBLCLKEDIT 系统变量设置为“开”（默认设置）时，用户可以通过在大部分图形对象上双击，打开“特性”选项板。但对于图块、属性、图案填充、渐变填充、文字、多线以及外部参照等对象，双击时不能打开“特性”选项板，而是显示特定于该对象的对话框。如图 4-37 所示分别为无选择对象时的“特性”选项板和选中圆弧对象时的“特性”选项板。

2．命令调用

用户可以采用下列操作方法之一调用该命令。

● 选择“工具”→“选项板”→“特性”命令。
● 在绘图区域双击图形对象，即可弹出“特性”对话框。
● 在命令行中输入“Properties”，按〈Enter〉键执行命令。

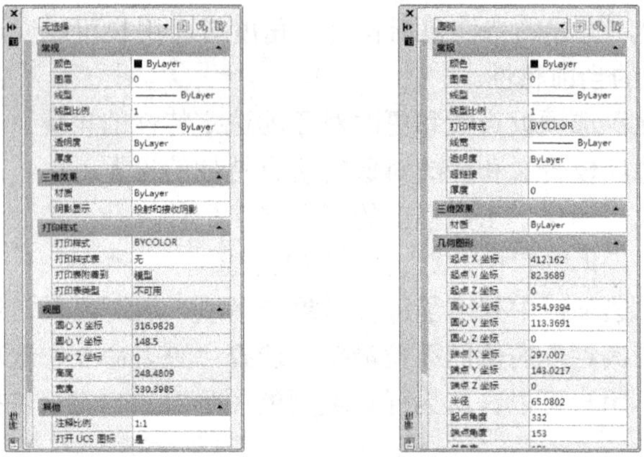

图 4-37 “特性”选项板

3．操作示例

要使用“特性”选项板修改对象参数，用户可以按照上述方法打开“特性”选项板并选中要修改的图形对象，然后在“特性”选项板中选择要更改的特性值，用户可以使用以下方法之一更改对象的特性值。

- 直接输入新值 半径 65.0802。
- 单击修改项右侧的下拉箭头 图层 0，并从列表中选择一个值。
- 单击“拾取点”按钮，使用定点设备修改坐标值。
- 单击“快速计算器”按钮，可计算新值。
- 单击左或右箭头 顶点 1，可增减该值。
- 单击“...”按钮 超链接，并在弹出的对话框中更改特性值。

在“特性”选项板中所做的更改将会立即生效，若要放弃之前所做的更改，则可以在“特性”选项板的空白区域中右击，在弹出的菜单中选择“放弃”命令即可。

4.5 实训操作——绘制木门

1．实训要求

根据本章所学内容，绘制一个欧式门廊示意图。在绘制过程中，要注意对象捕捉追踪、对象捕捉、动态输入、偏移、圆角、修剪、阵列和镜像等功能的灵活运用。

2．操作指导

1）打开 AutoCAD 2011 中文版，新建一个图形文件，将工作空间选定为“二维草图与注释”。

2）单击功能区“常用”选项卡内的 “绘图”面板上的“直线”工具按钮，绘制出门廊的对称中心线。

3）单击功能区“常用”选项卡内的“绘图”面板上的“多段线”工具按钮，绘制门廊底座示意线。具体样式和尺寸如图 4-38 所示。

4）单击功能区“常用”选项卡内的“绘图”面板上的“矩形”工具按钮，绘制门廊柱子底座的 8 个矩形，尺寸由下而上分别是 450×60、450×30、420×15、420×30、390×15、420×30、390×15、390×30。柱子底座离开门廊边缘 200。并用圆角命令对柱子底座进行处理。如图 4-39 所示。

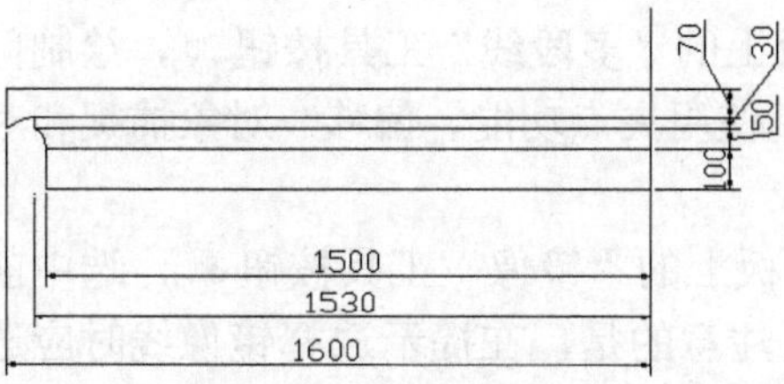

图 4-38　绘制门廊底座

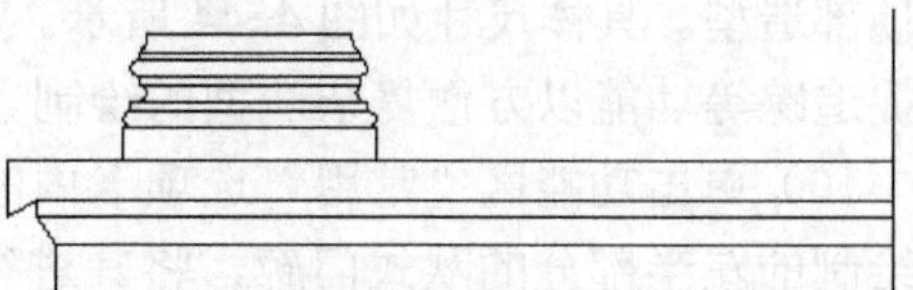
图 4-39　绘制柱子底座

5）单击功能区“常用”选项卡内的“绘图”面板上的“矩形”工具按钮，绘制柱身及装饰线条，柱身尺寸 360×2600。装饰线条上下两端用“圆角”命令进行处理。结果如图 4-40 所示。

6）单击功能区“常用”选项卡内的“绘图”面板上的“多段线”工具按钮，绘制柱顶装饰线条，总高度为 190。如图 4-41 所示。为保证柱顶弧线对称和提高绘图效率，用户可绘制一半柱顶弧线，然后利用“镜像”命令生成另一半装饰弧线。

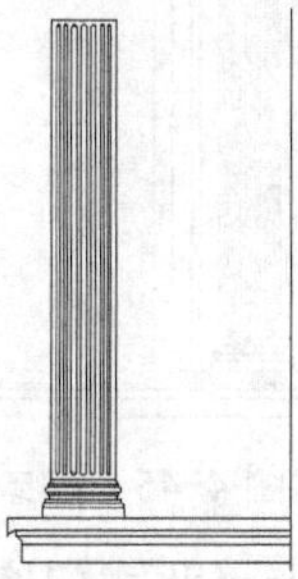
图 4-40　绘制门廊柱子

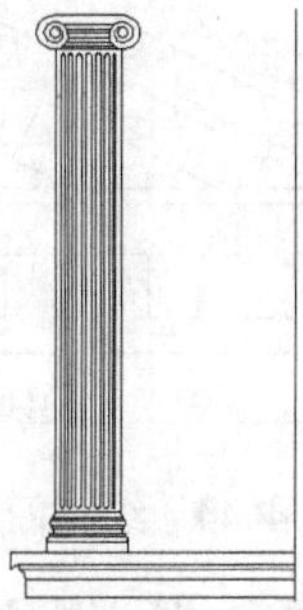
图 4-41　绘制柱顶装饰线

7）单击功能区“常用”选项卡内的“绘图”面板上的“多段线”工具按钮，绘制门廊的门洞弧线及门洞顶部的装饰线条，用户可以辅助使用夹点功能、偏移和对象捕捉等功能以方便复杂造型的绘制。如图 4-42 所示。

8）单击功能区“常用”选项卡内的“绘图”面板上的“矩形”工具按钮和“多段线”工具按钮，绘制门廊柱顶压梁的装饰线条。柱顶部分的 6 个矩形尺寸由下而上分别是 390×30、390×30、420×30、390×15、390×30、420×50，并用“圆角”命令对这 6 个矩形进行处理。压梁部分的 3 个矩形尺寸由下而上分别为 1300×360、1400×200、1500×100，压梁内的装饰线条可根据比例进行绘制。结果如图 4-43 所示。

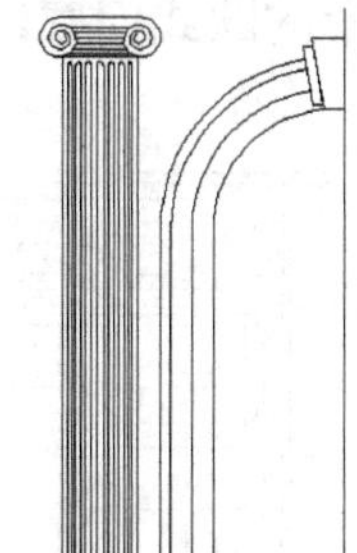
图 4-42　绘制门廊柱子

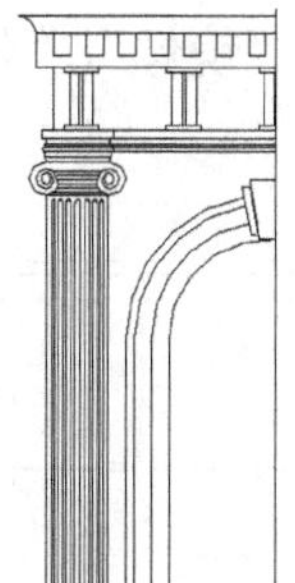
图 4-43　绘制柱顶装饰线

9）单击功能区“常用”选项卡内的“绘图”面板上的“多段线”工具按钮，绘制门廊的顶部造型。具体尺寸如图 4-44 所示。用户可以辅助使用夹点功能、偏移、对象捕捉和对象捕捉追踪等功能以方便复杂造型的绘制。

10）单击功能区“常用”选项卡内的“修改”面板上的“镜像”工具按钮，选中前面所绘制的左半部分的欧式门廊，将其进行镜像。需要注意的是，在提示选择镜像线时应选择前面所绘制的“对称中心线”。完成欧式门廊的绘制，结果如图 4-45 所示。

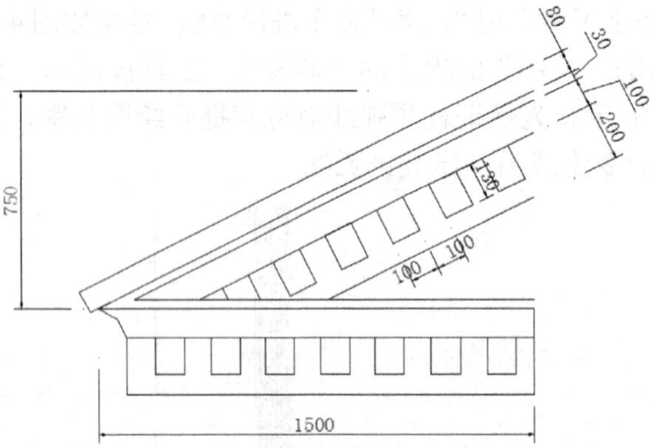

图 4-44　绘制门廊顶部造型

图 4-45　欧式门廊示意图

11）将文件保存至“E:\第 4 章实训”文件夹中，文件名为“欧式门廊”。在绘图过程中，应每隔几分钟保存一次图形，以防发生意外而导致所绘图形丢失。

4.6　思考与练习

1. 利用本章所学的“直线”、“多段线”、“矩形”、“圆弧”、“圆角”、“阵列”、“修剪”等工具，绘制如图 4-46 所示的转角沙发，其总尺寸为 2400×1600。

2. 利用本章所学的“直线”、“圆弧”、“多段线”、“矩形”、“夹点编辑”、“倒角”、“圆角”等工具，绘制如图 4-47 所示的立面门，其总宽度为 1800，总高度为 2400。

3. 利用本章所学的“直线”、“圆弧”、“多段线”、“矩形”、“样条曲线”、“夹点编辑”、“倒角”、“圆角”、“镜像”、“偏移”等工具，绘制如图 4-48 所示的欧式门廊，其总宽度为 3000，总高度为 3600。

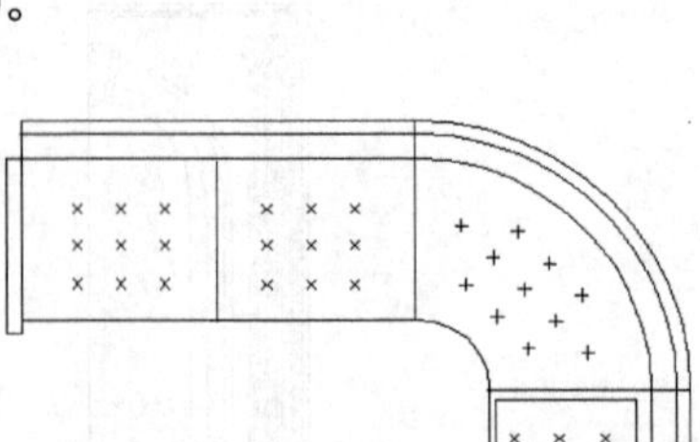
图 4-46　转角沙发

图 4-47　立面门

图 4-48　欧式门廊

第5章　创建文字和表格

在绘制工程图的过程中，文字标注不仅对图形起到注释和说明的作用，图中的一些无法直接用图形表达清楚的内容，也可以采取文字和表格说明的形式来表达，例如设计说明、图例说明、技术要求、材料做法明细表等都需要通过文字标注或表格的形式来表达。

本章将详细介绍在绘制工程图的过程中，如何使用 AutoCAD 2011 提供的文字和表格等工具为图形进行标注。通过学习，应熟练掌握各种文字标注和编辑的基本方法，以及表格的创建和编辑方法。

5.1　文字标注

5.1.1　文字标注基本知识

图纸上所需标注的文字、数字或符号等，均应笔画清晰、字体端正、排列整齐，标点符号应清楚正确。文字的字高，应从如下系列中选用：3.5、5、7、10、14、20。

在 AutoCAD 2011 中，用户可以使用单行文字和多行文字命令创建文字。还可以使用更改文字比例和对正方式、查找和替换文字以及检查拼写错误等多种方法自定义文字外观。

5.1.2　文字标注样式

1．功能

图形中的所有文字都具有与之相关联的文字样式，当前的文字样式将会决定所输入文字的字体、字号、倾斜角度、方向和其他文字特征。在 AutoCAD 中新建一个图形文件后，系统将自动建立一个默认的文字样式“标准（Standard）”，并且该样式会被默认引用。在工程图绘制过程中，仅有一个“标准（Standard）”样式是不够的，如果需要使用其他文字样式来创建文字，用户可以使用文字样式命令来创建或修改其他文字样式并将其他文字样式置于当前。

2．命令调用

用户可采用下列操作方法之一调用该命令。

- 单击功能区“常用”选项卡内的“注释”面板上的“文字样式”工具按钮。
- 选择“格式”→“文字样式”命令。
- 在命令行中输入“Style”，并按〈Enter〉键执行命令。

3．操作示例

执行“文字样式”命令，系统将会弹出“文字样式”对话框，如图 5-1 所示。

除了默认的 STANDARD 文字样式外，用户还必须创建其他所需的文字样式。文字样式的名称最长可达 255 个字符，名称中可包含字母、数字和特殊字符，如美元符号（$）、下画线（_）和连字符（-）。如果不输入文字样式名，将自动把文字样式命名为“样式 n”，其中

n是从1开始的数字。

（1）新建文字样式

在“文字样式”对话框中，单击 新建(N)... 按钮，弹出“新建文字样式”对话框，样式名默认为“样式1”，用户可以更改为所需要的名称，如“建筑”。如图5-2所示。

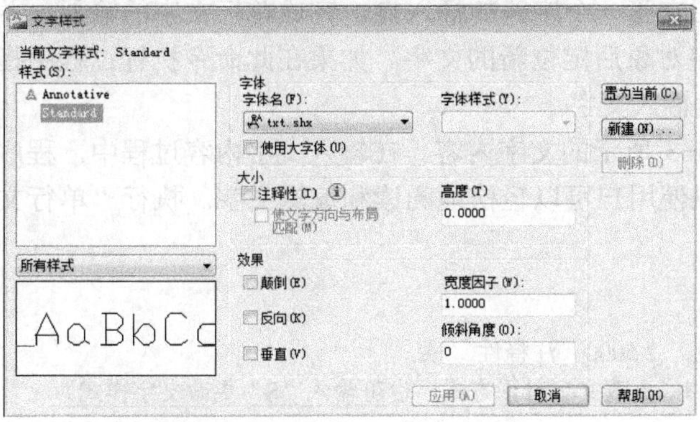

图5-1 “文字样式”对话框

图5-2 “新建文字样式”对话框

（2）指定文字样式

在多个样式中可以使用同一种字体。用户可以通过修改文字样式设置，来创建一个以不同的方式使用标准字体的样式集。用户可以通过从“文字样式”对话框的列表中选择字体样式，将字体指定给文字样式。

在输入文字时，程序将使用当前文字样式。如果要使用其他文字样式来创建文字，可以将其他文字样式置于当前。用户也可以修改当前文字样式的设置，如字体、字号、倾斜角度、方向和其他文字特征。

（3）替换文字样式

如果图形中使用的某种字体在当前的系统中不可获取，则该字体将自动被另一种字体替换。程序通过替换字体来处理当前系统不支持的字体。

如果将固定高度指定为文字样式的一部分，则在创建单行文字时将不提示输入“高度”。如果文字样式中的高度设置为0，每次创建单行文字时都会提示用户输入高度。

某些样式设置对多行文字和单行文字对象的影响不同。例如，修改“颠倒”和“反向”选项对多行文字对象无影响。修改“宽度因子”和“倾斜角度”对单行文字无影响。

5.1.3 单行文字标注

1．功能

使用单行文字可以创建一行或多行文字，通过按〈Enter〉键结束每一行文字。每行文字都是独立的对象，用户可以重新定位、调整格式或进行其他修改。

创建单行文字时，用户首先要指定文字样式并设置对齐方式。用于单行文字的文字样式与用于多行文字的文字样式相同。创建文字时，通过在“输入样式名”提示下输入样式名来指定现有样式。对齐则是决定字符的哪一部分与插入点对齐。

2．命令调用

用户可采用下列操作方法之一调用该命令。

● 单击功能区“常用”选项卡内的“注释”面板上的“单行文字”工具按钮A 单行文字。
● 选择“绘图”→“文字”→“单行文字”命令。
● 在命令行中输入“Text”或“Dtext”，并按〈Enter〉键执行命令。

3．操作示例

执行“单行文字”标注命令，先要指定第一个字符的插入点，完成首行文字的输入，并按〈Enter〉键，程序将在最后创建的文字对象后定位新的文字。如果在此命令执行过程中指定了另一个点，光标将移到该点上，继续输入文字。

利用“单行文字”工具，标注如图 5-3 所示的文字内容。在输入文字内容过程中，程序将以适当的大小在水平方向显示文字，以便用户可以轻松地阅读和编辑文字。执行“单行文字”标注命令，命令行提示如下。

命令: _dtext（单行文字命令）
当前文字样式: “建筑” 文字高度: 2.5000 注释性: 否
指定文字的起点或 [对正(J)/样式(S)]: J（更改文字对正方式，也可输入“S”更改文字样式）
输入选项
[对齐(A)/布满(F)/居中(C)/中间(M)/右对齐(R)/左上(TL)/中上(TC)/右上(TR)/左中(ML)/正中(MC)/右中(MR)/左下(BL)/中下(BC)/右下(BR)]: ml（选择左中对齐方式）
指定文字的左中点:（单击文字标注的起点）
指定高度 <2.5000>:5 （根据需要指定字高）
指定文字的旋转角度 <0>:（根据需要指定文字的旋转角度）

AutoCAD 2011及天正建筑8.2

图 5-3 单行文字标注

图 5-4 “对正样式”快捷菜单

用户在修改文字的“对正”方式时，除了在命令提示行有对正样式的提示以外，AutoCAD 2011 还提供了如图 5-4 所示的“对正样式”快捷菜单，用户可以在功能区“注释”面板上的“文字”工具中选择使用，以更好地提高工作效率。

完成以上设置后，按〈Enter〉键，进入文字输入状态，输入所需标注的文字内容。此时，用户还可以在窗口其他地方单击，以继续文字的标注，直至完成所有的标注内容后，再按〈Enter〉键完成标注工作。

5.1.4 多行文字标注

1．功能

在进行图形的文字标注时，对于较长、较为复杂的内容，可以创建多行文字。通过输入或导入文字来创建多行文字对象，利用“在位文字编辑器”可集中地完成文字的输入和编辑。多行文字对象可以包含一个或多个文字段落，可作为单一对象进行处理。

输入文字之前，用户应指定文字边框的对角点。文字边框用于定义多行文字对象中段落的宽度。多行文字是由任意数目的文字行或段落组成的，将会自动布满指定的宽度，还可以沿垂直方向无限延伸。多行文字对象的长度取决于文字量，而不是边框的长度。多行文字对象和输入的文本文件最大为 256KB。

无论行数为多少，单个编辑任务中创建的每个段落集将构成单个对象，用户可以对多行文字对象进行移动、旋转、删除、复制、镜像或缩放操作，还可以利用夹点功能移动或旋转多行文字对象。

“多行文字”功能区的上下文选项卡及“在位文字编辑器”将显示顶部带有标尺的边界框。如果功能区未处于活动状态，则还将显示“文字格式”工具栏。该编辑器是透明的，因此用户在创建文字时可看到文字是否与其他对象重叠。操作过程中若要关闭透明度，可选择“选项”菜单上的“不透明背景”命令。也可以将已完成的多行文字对象的背景设置为不透明，并设置其颜色。另外，用户也可以在多行文字中插入字段。字段是设置为显示可能会修改的数据的文字。当字段更新时，将会显示最新的字段值。

2. 命令调用

用户可采用下列操作方法之一调用该命令。

- 单击功能区“常用”选项卡内的“注释”面板上的“多行文字”工具按钮A 多行文字。
- 选择“绘图”→“文字”→“多行文字”命令。
- 在命令行中输入“Mtext”，并按〈Enter〉键执行命令。

3. 操作示例

（1）创建多行文字

通过以上三种方式执行命令后，单击文本框的两个对角点，系统将会弹出“在位文字编辑器”，其中包含文字格式工具栏、段落对话框、工具栏菜单和编辑器设置等内容。另外，在绘图区域也会出现一个文字编辑窗口，如图 5-5 所示。

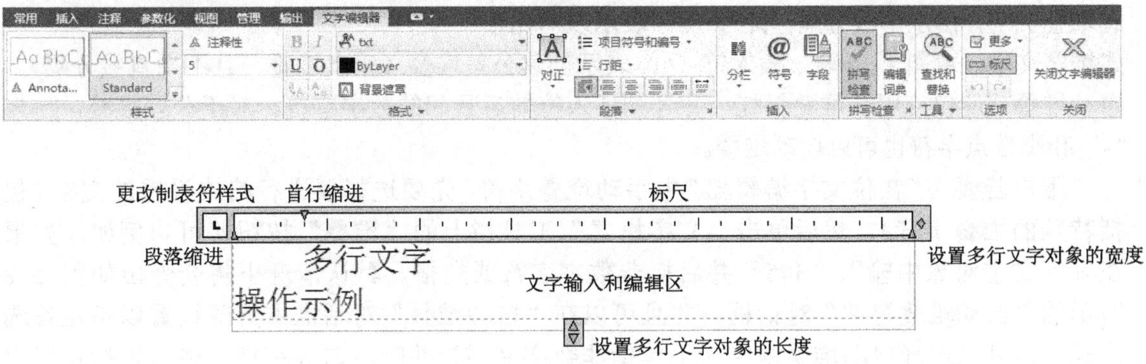

图 5-5　在位文字编辑器

利用“多行文字”工具，完成如图 5-6 所示的某工程设计说明的部分标注。

命令行提示如下。

命令: _mtext <u>（多行文字命令）</u>
当前文字样式: "Standard" 文字高度: 3.5 注释性: 否
指定第一角点:<u>（单击文本框的第一角点）</u>
指定对角点或 [高度(H)/对正(J)/行距(L)/旋转(R)/样式(S)/宽度(W)/栏(C)]:<u>（可输入选项字母，以更改设置，也可直接单击文本框的第二角点）</u>

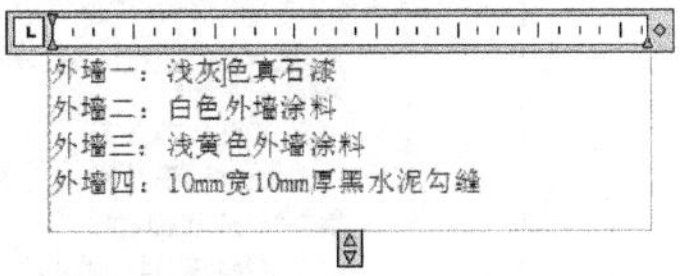

图 5-6　多行文字标注

完成以上设置后，按〈Enter〉键，进入文字输入状态，完成文字内容的输入。

用户可以利用文字窗口提供的“首行缩进”、“段落缩进”工具来调整文字段落格式。例如要对每个段落均采取首行缩进，可以拖动标尺上方的缩进滑块；要对每个段落的其他行缩进，则可以拖动标尺下方的缩进滑块。

如果用户需要使用其他文字样式而不是默认值，则可以在“文字编辑器”的“样式”面板中，根据需要选择不同的“文字样式”。另外，在多行文字对象中，用户还可以通过将多种格式（如下画线、上画线、粗体、倾斜、宽度因子和不同的字体）应用到单个字符来替代当前的文字样式。

（2）插入特殊符号

用户如果需要在文字内容中加入一些特殊符号，可以单击“文字编辑器”中的“插入”面板上的“符号”工具按钮@，也可以在文字编辑区右击，并在弹出的快捷菜单中选择“符号”命令，程序将会弹出如图5-7所示的“符号”菜单，选择所需使用的符号即可。

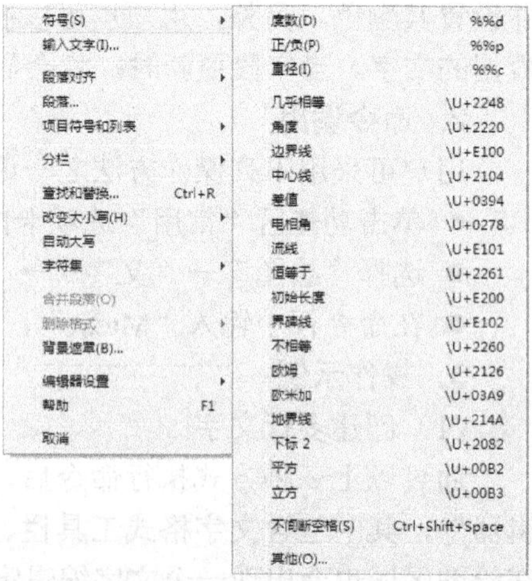

图 5-7 “符号”菜单

（3）使用堆叠文字

绘制工程图时，经常会遇到需要标注表示分数或公差的字符。在 AutoCAD 2011 中，用户可以使用堆叠文字进行标注，它是指应用于多行文字对象和多重引线中的字符的分数和公差格式。

在 AutoCAD 2011 中，用户可以使用特殊字符用以指示如何堆叠选定的文字：斜杠（/）表示以垂直方式堆叠文字，由水平线分隔；井号（#）表示以对角形式堆叠文字，由斜线分隔；插入符（^）表示创建公差堆叠（垂直堆叠，且不用直线分隔）。自动堆叠功能仅应用于堆叠斜杠、井号和插入符前后紧邻的数字字符。对于公差堆叠，“+”、“-”和小数点字符也可以自动堆叠。

用户若要在“在位文字编辑器”中手动堆叠字符，先要选择要进行格式设置的文字（包括特殊的堆叠字符），然后单击“文字格式”工具栏上的“堆叠”按钮即可。例如，如果在多行文字对象中输入“3#5”并后接非数字字符或空格，默认情况下将会弹出如图 5-8 所示的“自动堆叠特性”对话框，并且可以在“自动堆叠”对话框中更改设置以指定首选格式，如可以选择自动堆叠数字（不包括非数字文字）并删除前导空格，也可以指定用斜杠字符创建斜分数还是水平分数。完成设置并单击“确定”按钮或〈Enter〉键即可创建堆叠文字，如图 5-9 所示。

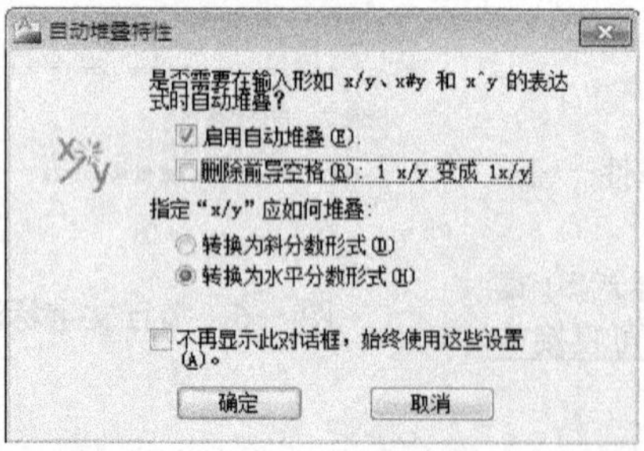

图 5-8 “自动堆叠特性”对话框

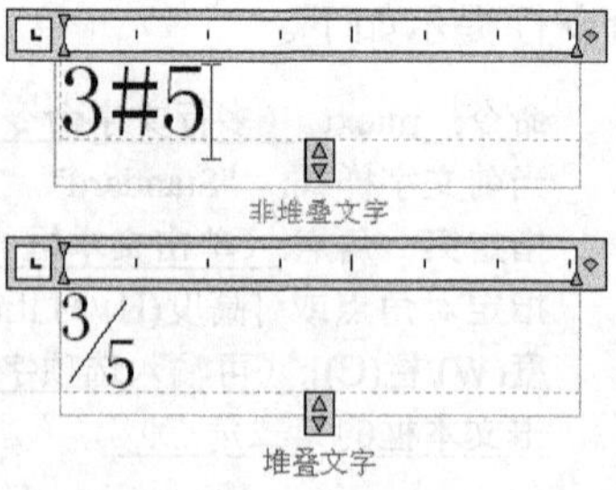

图 5-9 创建堆叠文字

对于已经创建的堆叠文字对象，用户还可以通过“堆叠特性”功能进行修改。首先在“在位文字编辑器”中选中堆叠文字并右击，在弹出的快捷菜单中选择“堆叠特性”命令或直接双击堆叠文字，即可弹出如图 5-10 所示的“堆叠特性”对话框。在该对话框中，用户可以编辑堆叠文字的内容，还可以修改堆叠样式、位置和大小等选项。

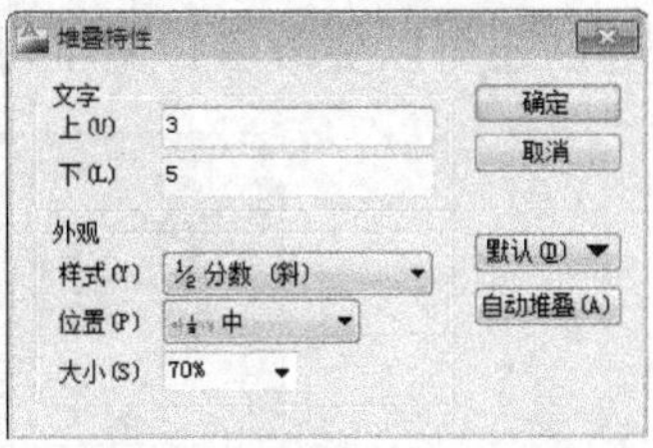

图 5-10 “堆叠特性”对话框

5.1.5 文字标注编辑

文字标注编辑包括修改文字内容、修改文字格式和特性。无论是利用“单行文字”还是“多行文字”创建的文字对象，都可以像其他对象一样进行编辑。既可以对文字对象使用移动、旋转、删除和复制等功能，也可以在“特性”选项板中修改文字特性。

1. 功能

用户可以采用“修改”面板中的常用编辑命令对文字对象进行复制、删除、移动和缩放等修改，可以采用对象特性功能来修改文字对象的内容、文字样式、位置、方向、大小、对正和其他特性，如果只需要修改文字的内容而无需修改文字对象的格式或特性时，只需使用“DDEDIT”命令即可。

2. 命令调用

用户可采用下列操作方法之一调用该命令。

- 选择“修改”→“对象”→“文字”→“编辑”命令。
- 直接在文字对象上双击。
- 在命令行中输入“Ddedit”，并按〈Enter〉键执行命令。
- 选择文字对象后，右击，在弹出的快捷菜单中选择“特性”命令进行修改。
- 选择文字对象，在弹出的“快捷特性”窗口中进行修改。如图 5-11 所示。

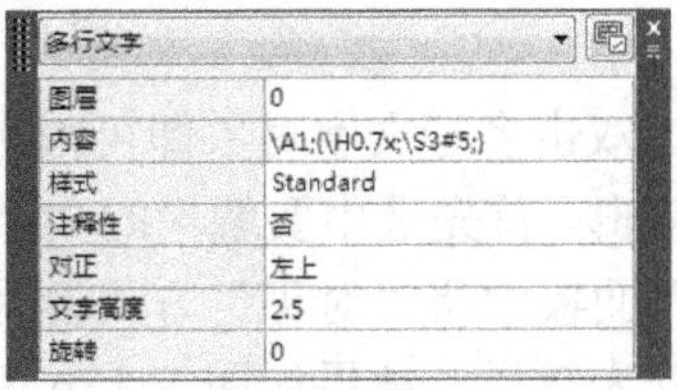

图 5-11 文字对象的“快捷特性”窗口

3. 操作示例

用户可以使用“特性”选项板、在位文字编辑器和夹点功能来修改多行文字对象的位置和内容。另外，还可以使用夹点功能移动多行文字或调整列高和列宽。

（1）使用“特性”选项板编辑文字

选择文字对象后，右击，在弹出的快捷菜单中选择“特性”命令，程序将会弹出“特性”选项板。用户可以在此对选定文字对象进行修改。当选中的文字对象是单行文字时，可供编辑的项目有内容、样式、注释性、对正、高度、旋转、宽度因子、倾斜和文字对齐坐标等，若选中的是多行文字时，可供编辑的项目与单行文字不同的有方向、行距比例、行间距、行距样式、背景遮罩、定义的宽度、定义高度和分栏。

例如在编辑单行文字时，将文字的宽度因子改为 0.6，倾斜角度改为 45，结果如图 5-12a 所示。在编辑多行文字时，将行距比例设为 1.2，并将背景遮罩设为青色，结果如图 5-12b 所示。

（2）使用“在位文字编辑器”编辑文字

使用“在位文字编辑器”可以修改多行文字对象中的单个格式，例如粗体、颜色和下画线等，还可以更改多行文字对象的段落格式。

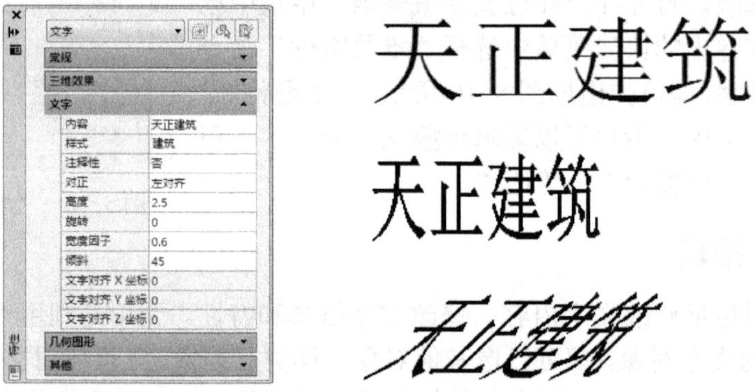

a)

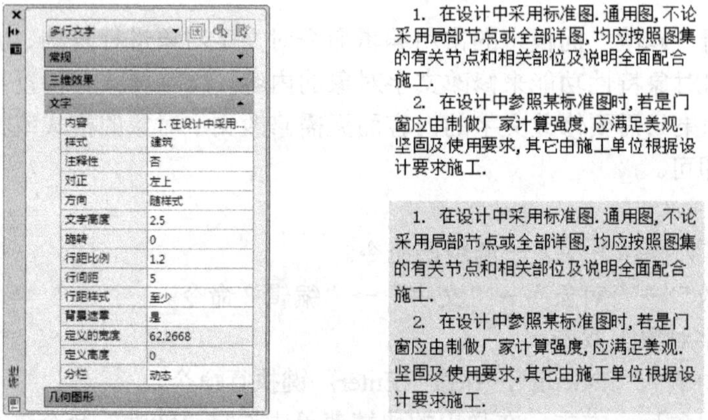

b)

图 5-12　文字对象特性编辑

双击多行文字对象即可弹出“在位文字编辑器”。例如要对如图 5-13a 所示的多行文字进行编辑，首先选中要编辑的文字内容，单击“格式”面板上的“下画线”工具按钮U，在“段落”面板中将“对正”方式设为“左中 ML”，单击“插入”面板上的“分栏”工具按钮将其分为 2 栏，结果如图 5-13b 所示。

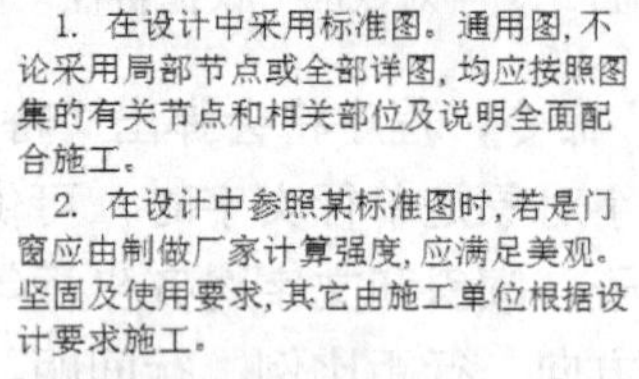

a)

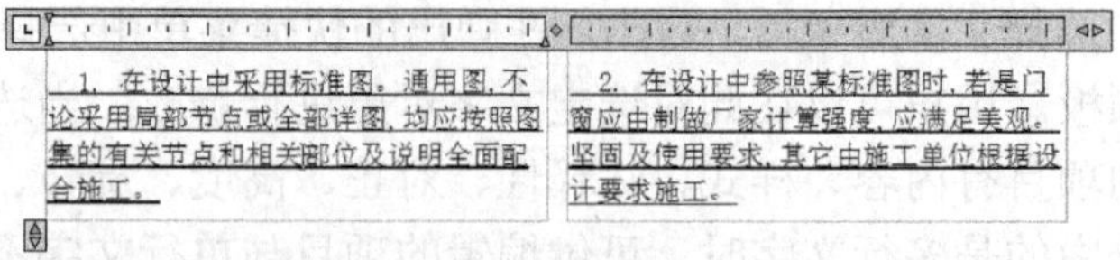

b)

图 5-13　多行文字在位编辑

（3）使用夹点功能编辑文字

使用夹点功能编辑文字，用户先要在文字对象上单击，以激活夹点模式。单行文字只有 1 个夹点，利用该夹点可以移动单行文字对象。而多行文字具有 3 个夹点，分别是多行文字位置、列宽和列高。如图 5-14 所示。

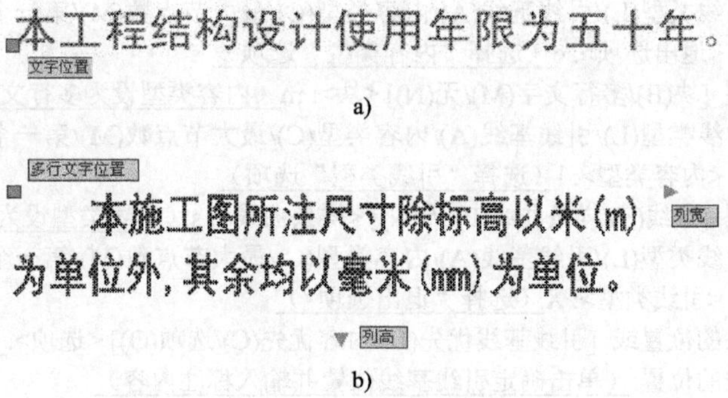

图 5-14　多行文字夹点

5.2　引线标注

在绘制工程图的过程中，经常需要进行一些引出标注，引出线应以细实线绘制，宜采用水平方向的直线、与水平方向成 30°、45°、60°、90°的直线，或经上述角度再折为水平线。文字说明宜注写在水平线的上方，也可注写在水平线的端部。索引详图的引出线，应与水平直径线相连接。

使用 AutoCAD 2011 中提供的“引线”功能，用户可以较为方便地创建或修改引线对象以及向引线对象添加内容，从而大大提高了绘图工作效率。用户可以为多重引线对象添加或删除引线，也可以对多个引线进行“对齐”和“合并”操作，多重引线对象和其他图形对象一样也可以利用夹点功能进行编辑。

5.2.1　创建引线

1．功能

引线对象是一条直线或样条曲线，其中一端带有箭头，另一端带有多行文字对象或块。在某些情况下，有一条短水平线（又称为基线）将文字或块和特征控制框连接到引线上。基线和引线与多行文字对象或块进行关联，因此当重新定位基线时，内容和引线将随其移动。

2．命令调用

用户可采用下列操作方法之一调用该命令。

- 单击功能区“常用”选项卡内的“注释”面板上的“多重引线”工具按钮 多重引线 。
- 选择“标注”→“多重引线”命令。
- 在命令行中输入“Mleader”，并按〈Enter〉键执行命令。

3．操作示例

引线对象通常包含箭头、可选的水平基线、引线或曲线和多行文字对象或块。用户可以从图形中的任意点或部件创建引线并可在绘制时控制其外观，还可以选择先创建箭头或基线，也可以选择先创建引线标注内容。

执行“多重引线”命令，命令行提示如下。

命令: _mleader（多重引线命令）
指定引线箭头的位置或 [引线基线优先(L)/内容优先(C)/选项(O)] <选项>: o（设置选项）

输入选项 [引线类型(L)/引线基线(A)/内容类型(C)/最大节点数(M)/第一个角度(F)/第二个角度(S)/退出选项(X)] <退出选项>: c（选择“内容类型”选项）
选择内容类型 [块(B)/多行文字(M)/无(N)] <块>: m（内容类型设为多行文字）
输入选项 [引线类型(L)/引线基线(A)/内容类型(C)/最大节点数(M)/第一个角度(F)/第二个角度(S)/退出选项(X)] <内容类型>: l（选择“引线类型”选项）
选择引线类型 [直线(S)/样条曲线(P)/无(N)] <样条曲线>: s（引线类型设为直线）
输入选项 [引线类型(L)/引线基线(A)/内容类型(C)/最大节点数(M)/第一个角度(F)/第二个角度(S)/退出选项(X)] <引线类型>: X（选择“退出选项”）
指定引线箭头的位置或 [引线基线优先(L)/内容优先(C)/选项(O)] <选项>:（指定引线箭头位置）
指定引线基线的位置:（单击确定引线基线位置并输入标注内容）

完成命令操作，结果如图 5-15 所示。

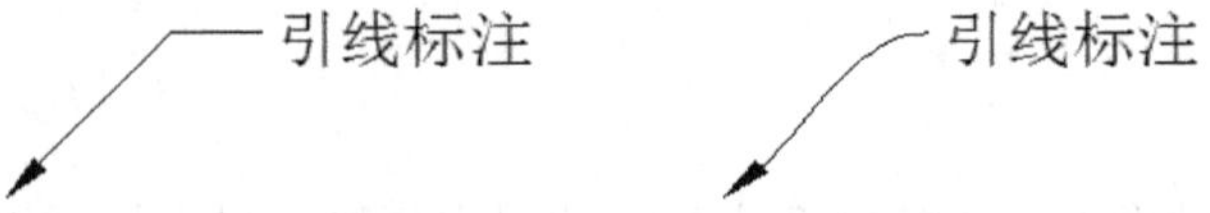

a) b)

图 5-15 创建引线

a) 直线引线 b) 样条曲线引线

5.2.2 添加或删除引线

1．功能

通常情况下，多重引线对象包含一条引线和一条说明。但并不能够完全满足使用要求，有时会遇到利用一条说明指向图形中的多个对象进行标注。使用 “添加引线”和“删除引线”命令，用户可以向已建立的多重引线对象添加引线，或从已建立的多重引线对象中删除引线。

2．命令调用

用户可采用下列操作方法之一调用该命令。

- 单击功能区“常用”选项卡内的“注释”面板上的“添加引线”工具按钮。
- 单击功能区“常用”选项卡内的“注释”面板上的“删除引线”工具按钮。
- 选择“修改”→“对象”→“多重引线”→“添加引线”或“删除引线”命令。
- 在命令行中输入“Mleaderedit”，并按〈Enter〉键执行命令。

3．操作示例

执行“添加引线”命令，可以将引线添加至选定的多重引线对象，根据光标的位置，新引线将添加到被选定的多重引线的左侧或右侧。执行“删除引线”命令，可以从选定的多重引线对象中删除多余的引线，如图 5-16 所示。

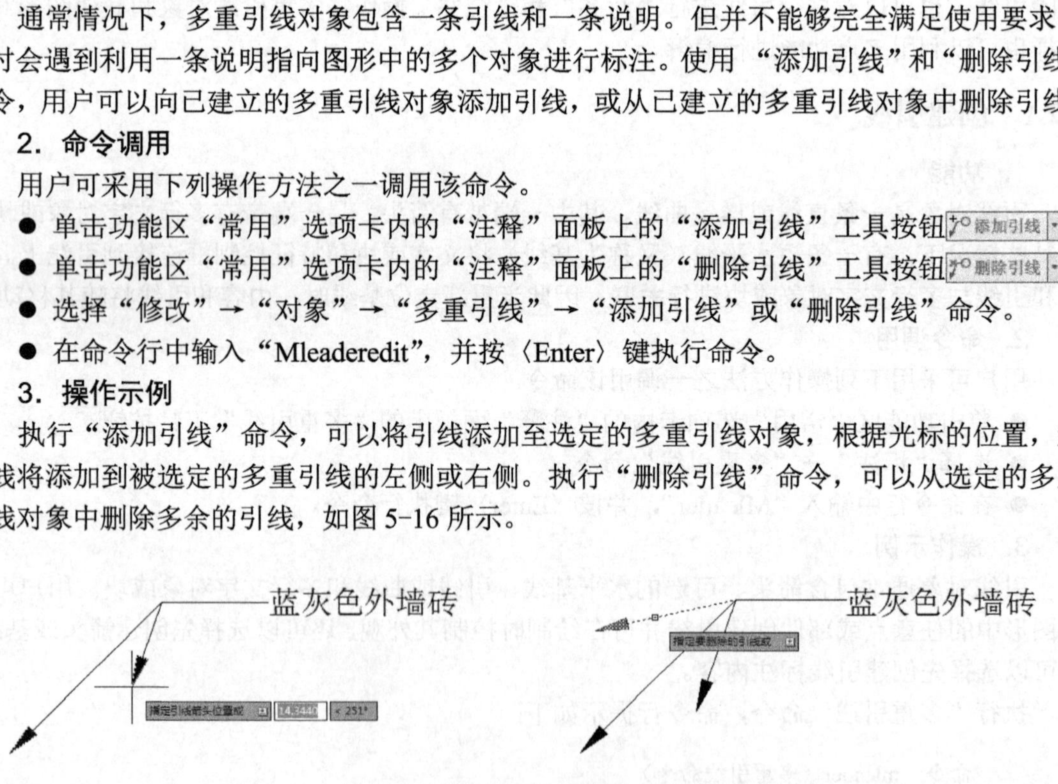

图 5-16 添加或删除引线

5.2.3 对齐或合并引线

1. 功能

对于图形中标注的多个多重引线对象，用户可以利用“对齐”功能重新进行排列，使其构图更加合理。还可以将多个内容类型为块的多重引线对象合并附着到一条基线。

2. 命令调用

用户可采用下列操作方法之一调用该命令。

- 单击功能区“常用”选项卡内的“注释”面板上的“对齐”工具按钮。
- 单击功能区“常用”选项卡内的“注释”面板上的“合并”工具按钮。
- 选择“修改”→“对象”→“多重引线”→“对齐”或“合并”命令。
- 在命令行中输入“Mleaderalign”或“Mleadercollect”，并按〈Enter〉键执行命令。

3. 操作示例

（1）对齐引线

执行“对齐”命令可以将选定的多重引线对象以引出线的尾部为基准对齐并间隔排列。命令行提示如下。

命令: _mleaderalign（执行对齐命令）
选择多重引线: 指定对角点: 找到 3 个
选择多重引线:（选择需要对齐的多个引线）
当前模式: 使用当前间距
选择要对齐到的多重引线或 [选项(O)]:（选择要对齐到的基准引线）
指定方向:（箭头位置不动，调整对齐方向）

完成命令操作，结果如图 5-17 所示。

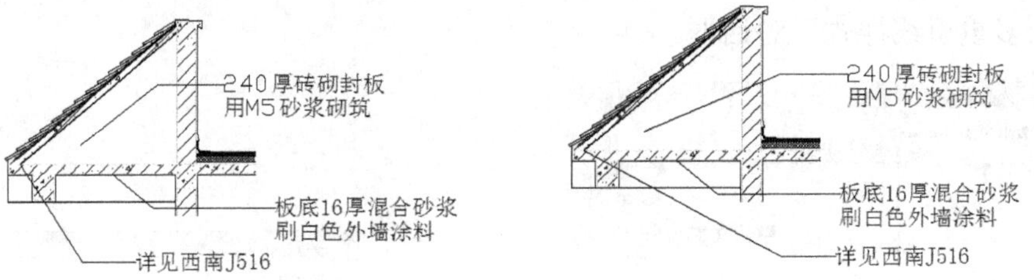

图 5-17 对齐引线

（2）合并引线

执行“合并”命令可以将选定的包含块的多重引线整理到行或列中，并通过单引线显示结果。命令行提示如下：

命令: _mleadercollect（执行合并命令）
选择多重引线: 找到 3 个（选择要合并的引线）
选择多重引线:（按〈Enter〉键完成对象选择）
指定收集的多重引线位置或 [垂直(V)/水平(H)/缠绕(W)] <水平>:（指定合并后的引线位置）

完成命令操作，结果如图 5-18 所示。需要注意的是，多重引线的内容类型必须为“块”时，才可以使用引线合并功能。

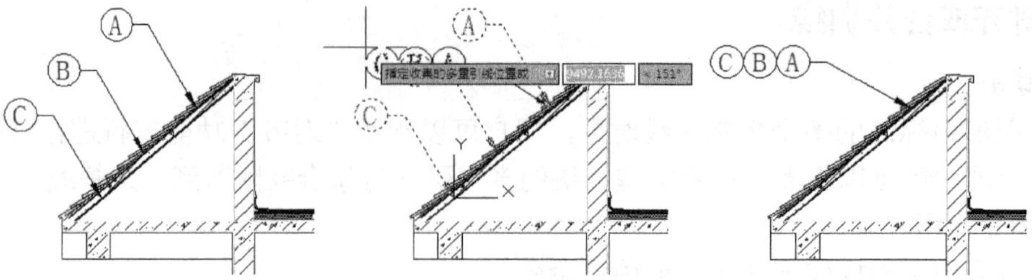

图 5-18　合并引线

5.2.4　多重引线样式

1．功能

使用多重引线样式可以控制引线的外观。在 AutoCAD 2011 中，用户可以使用默认的多重引线样式“STANDARD”，也可以自己创建多重引线样式。多重引线样式可以指定基线、引线、箭头和内容的格式。

2．命令调用

用户可采用下列操作方法之一调用该命令。

- 单击功能区“常用”选项卡内的“注释”面板上的“多重引线样式”工具按钮。
- 选择“格式”→“多重引线样式”命令。
- 在命令行中输入“Mleaderstyle”，并按〈Enter〉键执行命令。

3．操作示例

执行该命令，程序将会弹出“多重引线样式管理器”对话框，用户可以在此选择不同的引线样式或新建样式，如图 5-19 所示。若在此单击“新建”按钮，将会弹出如图 5-20 所示的“创建新多重引线样式”对话框。

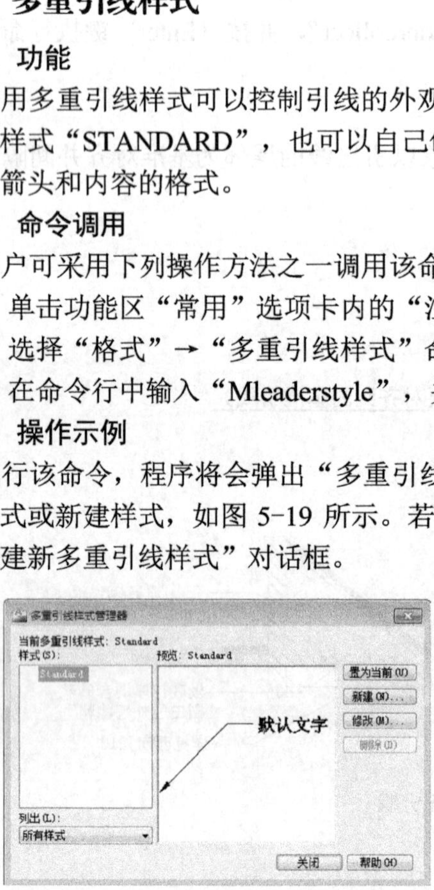

图 5-19　“多重引线样式管理器”对话框

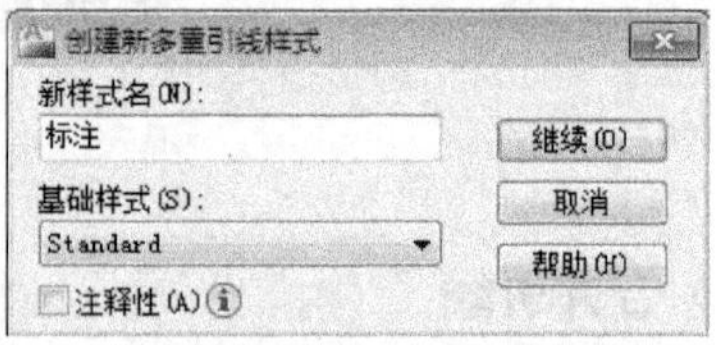

图 5-20　“创建新多重引线样式”对话框

单击“继续”按钮将弹出“修改多重引线样式：标注”对话框。其上包括可供用户进行编辑修改的引线格式、引线结构和内容 3 个选项卡。

在“引线格式”选项卡中，主要列出了常规、箭头和引线打断 3 个方面的内容，如图 5-21 所示。在“引线结构”选项卡中，主要列出了约束、基线设置和比例 3 个方面的内容，如图 5-22 所示。在“内容”选项卡中，主要列出了多重引线类型、文字选项和引线连接 3 个方面的内容，如图 5-23 所示。

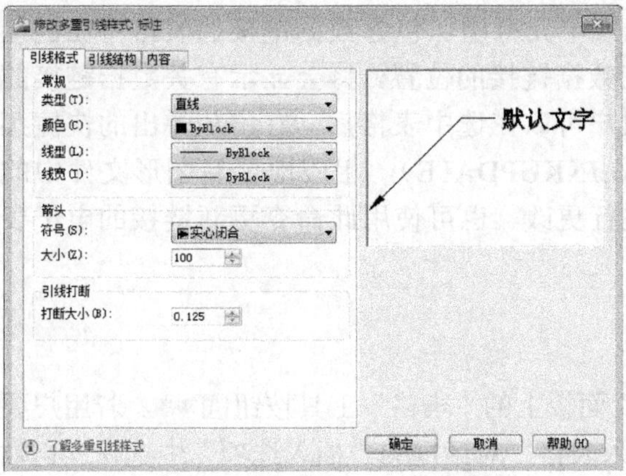

图 5-21 “引线格式”选项卡

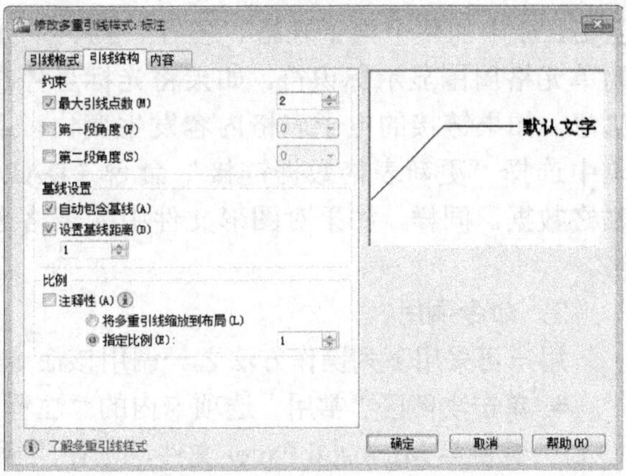

图 5-22 “引线结构”选项卡

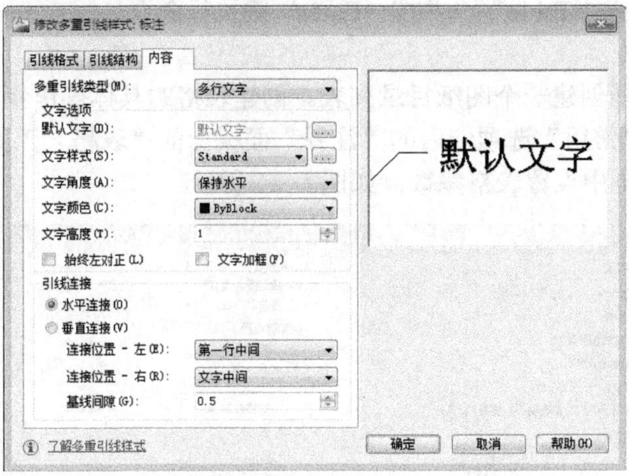

图 5-23 “内容”选项卡

5.3 表格应用

在工程图中表格的应用非常重要，很多设计数据和信息都需要通过表格的形式来表达。例如，在建筑工程施工图中经常要绘制图纸目录表、构造做法表、门窗表、构件统计表等。为了使用户能够在工程图绘制过程中快速、方便地创建和编辑表格，在 AutoCAD 2011 中提供了强大的表格编辑功能。

5.3.1 创建表格

1．功能

表格是在行和列中包含数据的对象。用户可以从空表格或表格样式创建表格对象。表格创建完成后，用户可以单击该表格上的任意网格线以选中该表格，然后可以利用“特性”选项板或夹点功能来修改表格，也可以对表格中的数据进行修改。

在 AutoCAD 2011 中，用户可以将表格链接至 Microsoft Excel 文件中。可以将其链接至 Excel 中的整个电子表格、各行、列、单元或单元范围。包含数据链接的表格将在链接的单元格周围显示标识符。如果将光标悬停在数据链接的位置，将会显示有关数据链接的信息。如果链接的电子表格内容发生变化，用户可以在选中表格后，右击从弹出的快捷菜单中选择“更新表格数据链接”命令（DATALINKUPDATE），相应地更新图形文件中的表格数据。同样，如果对图形文件中的表格进行更改，也可使用此命令更新链接的电子表格。

2．命令调用

用户可采用下列操作方法之一调用该命令。

- 单击功能区“常用”选项卡内的“注释”面板上的“表格”工具按钮 表格。若用户要链接至 Microsoft Excel 文件，则在“插入表格”对话框的“插入选项”中选择“自数据链接”即可。
- 选择“绘图”→“表格”命令。
- 在命令行中输入“Table”，并按〈Enter〉键执行命令。

3．操作示例

（1）利用表格功能创建一个图纸目录列表。创建表格的具体操作步骤如下。

1）单击功能区“常用”选项卡内的“注释”面板上的“表格”工具按钮 表格，在弹出的“插入表格”对话框中设置表格参数，如图 5-24 所示。

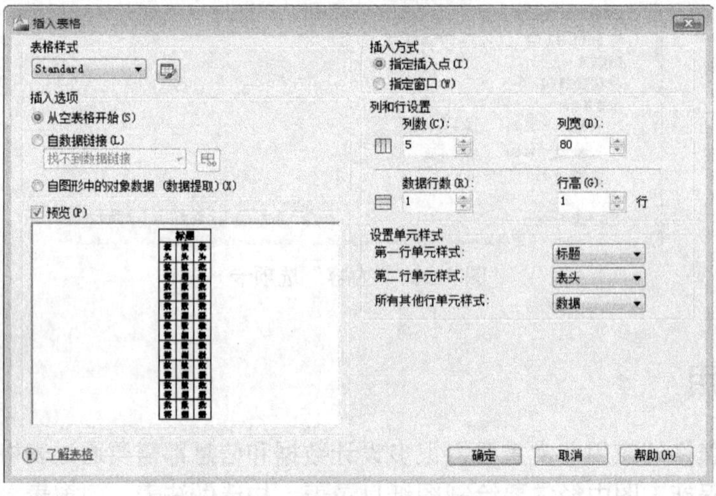

图 5-24　“插入表格”对话框

2）完成设置后，单击〈确定〉按钮，并为表格指定插入位置，将会根据设置来创建表格，程序默认会将第一个单元亮显，并显示“文字格式”工具栏，这时，用户可以输入表头文字“图纸目录”，如图 5-25 所示。

3）如果行高或列宽不合适，用户则可以利用表格的夹点功能，根据表格内容调整单元格的大小，如图 5-26 所示。

4）在表格单元内单击，单元格的边框周边将显示夹点。拖动表格单元上的夹点可以调整单元格的列宽或行高，如图 5-27 所示。

图 5-25　创建表格

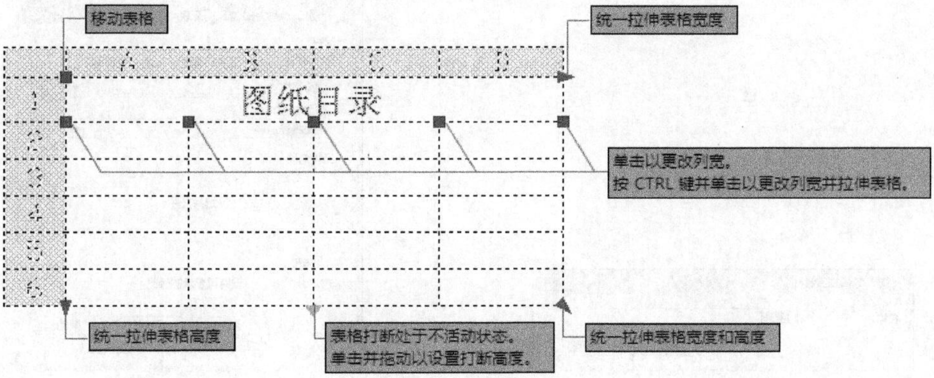

图 5-26　表格夹点

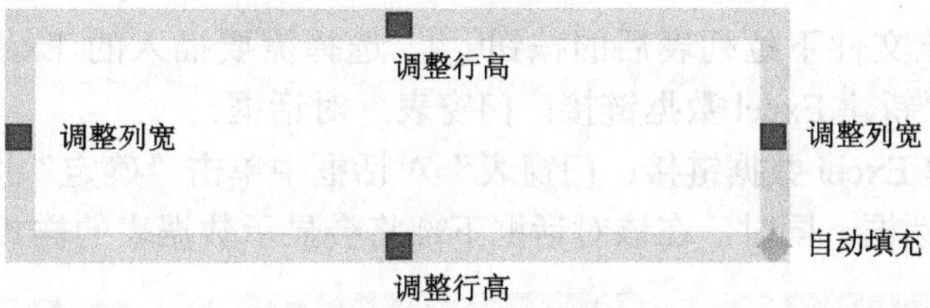

图 5-27　表格单元的夹点编辑

5）依次单击表格中的其他单元格，完成所有单元格的内容输入。注意：当用户选中某一单元格时，其行高会自动加大以适应输入文字的行数，若要将光标移动到下一个单元，可以使用〈Tab〉键，或使用键盘上的方向键进行移动，结果如图 5-28 所示。

（2）利用链接电子表格功能创建工程图中的门窗表。具体的操作步骤如下。

1）单击功能区“常用”选项卡内的“注释”面板上的“表格”工具按钮 表格，在“插入表格”对话框中选择“自数据链接”选项，并在下拉列表中单击“启动数据链接管理器对话框”按钮，系统将会弹出“选择数据链接”对话框，如图 5-29 所示。

	A	B	C	D	E
1	图纸目录				
2	序号	图号	图　名	图幅	备　注
3	1	建施-1	设计说明	A2	
4	2	建施-2	首层平面图	A2	
5	3	建施-3	标准层平面图	A2	
6	4	建施-4	正立面图	A2	
7	5	建施-5	1-1剖面图	A2	

图 5-28　图纸目录

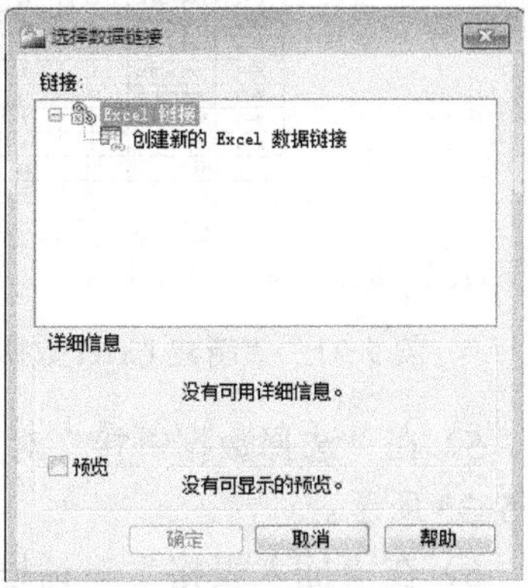

图 5-29　“选择数据链接”对话框

2）在对话框中单击“创建新的 Excel 数据链接”按钮，将会弹出“输入数据链接名称”对话框，如图 5-30a 所示，在输入框中输入“门窗表”，按〈Enter〉键，系统将会弹出“新建 Excel 数据链接：门窗表”对话框，如图 5-30b 所示。

a)

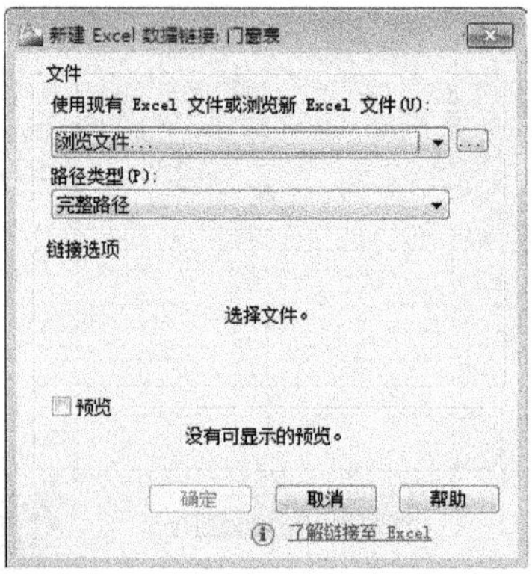

b)

图 5-30 “新建数据链接”对话框

3）单击浏览文件下拉列表后的按钮[...]，选择需要插入的 Excel 文件后，将会弹出如图 5-31 所示的“新建 Excel 数据链接：门窗表”对话框。

4）在“新建 Excel 数据链接：门窗表”对话框中单击“确定”按钮后，将会返回到“选择数据链接”对话框，同时，在该对话框下部将会显示数据表的样式预览，如图 5-32 所示。

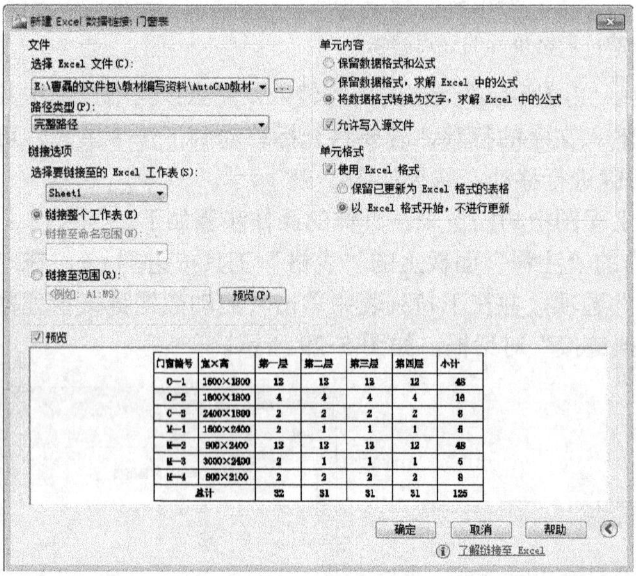

图 5-31 “新建 Excel 数据链接：门窗表”对话框

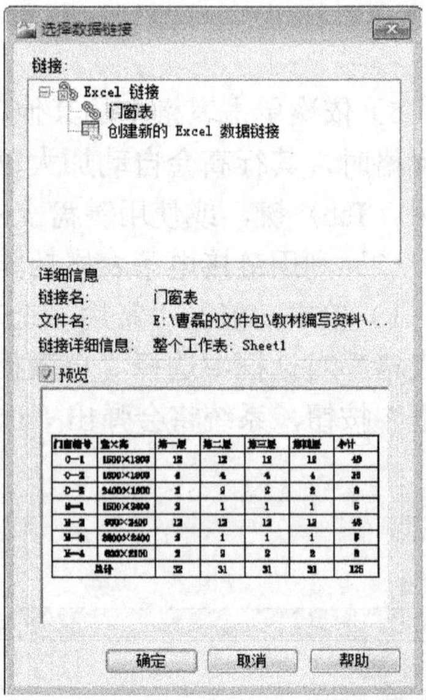

图 5-32 “选择数据链接”对话框

5）在“选择数据链接”对话框单击“确定”按钮，将会返回到“插入表格”对话框，如图 5-33 所示。

6）在“插入表格”对话框中单击“确定”按钮，即可完成 Excel 表格的插入，结果如图 5-34 所示。

7）若在绘制过程中，门窗数量发生变化，需要更改“门窗表”数据时，用户可以在 Excel 表格中修改数据，在图形文件中更新表格数据链接，也可以直接在图形文件中修改数据，再将数据链接写入外部源。

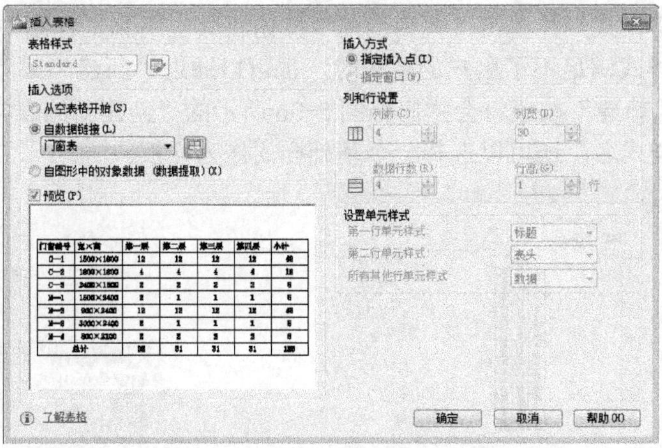

图 5-33 “插入表格”对话框

	A	B	C	D	E	F	G
1	门窗编号	宽×高	第一层	第二层	第三层	第四层	小计
2	C−1	1500×1800	12	12	12	12	48
3	C−2	1800×1800	4	4	4	4	16
4	C−3	2400×1800	2	2	2	2	8
5	M−1	1500×2400	2	1	1	1	5
6	M−2	900×2400	12	12	12	12	48
7	M−3	3000×2400	2	1	1	1	5
8	M−4	800×2100	2	2	2	2	8
9	总计		32	31	31	31	125

图 5-34 门窗表

注意：在默认情况下，数据链接将会被锁定而无法编辑，从而防止对链接的电子表格进行不必要的更改。用户可以锁定单元从而防止更改数据、更改格式，或两者都更改。要解锁数据链接，在功能区的“表格单元”标签中单击“单元格式”面板上的“单元锁定”按钮即可。

5.3.2 表格样式

1. 功能

在 AutoCAD 2011 中，表格的外观由表格样式控制。使用“表格样式”功能，可以指定当前表格样式，以确定所有新创建表格的外观。表格样式包括背景颜色、页边距、边界、文字和其他表格特征的设置。用户可以使用默认表格样式，也可以创建自己的表格样式。表格样式可以在每个类型的行中指定不同的单元样式，用户可以为文字和网格线显示不同的对正方式和外观。

2. 命令调用

用户可采用下列操作方法之一调用该命令。

- 单击功能区“常用”选项卡内的“注释”面板上的“表格样式”工具按钮。
- 选择“格式”→“表格样式”命令。
- 在命令行中输入“Tablestyle”，并按〈Enter〉键执行命令。

3. 操作示例

执行“表格样式”命令，程序将会弹出如图 5-35 所示的“表格样式”对话框。用户可以在此选择已有的表格样式，并单击“置为当前”按钮将其应用到工程图中。

若现有的表格样式满足不了用户的要求时，也可以通过“新建”或“修改”按钮创建新的表格样式。单击“新建”按钮将会弹出如图 5-36 所示的“创建新的表格样式”对话框。用户可以在此输入新样式名，还可以选择一个基础样式作为样板。

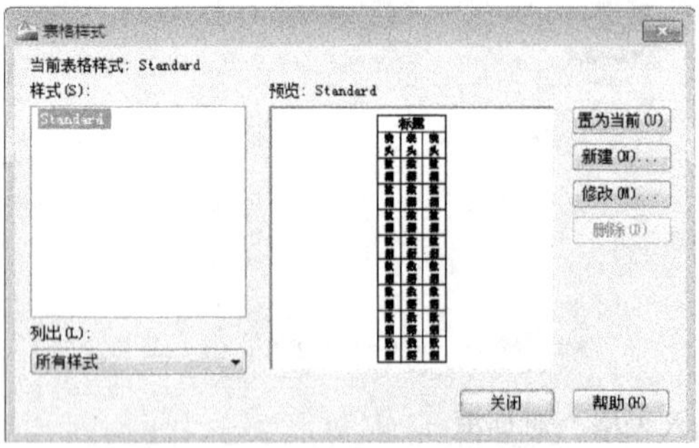

图 5-35 “表格样式”对话框

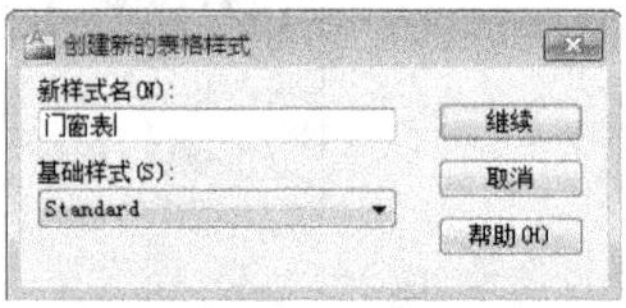

图 5-36 “创建新的表格样式”对话框

当用户确定新样式名后，单击“继续”按钮，程序将会弹出如图 5-37 所示的“新建表格样式”对话框。单击“选择起始表格”按钮，用户可在图形文件中选择一个已有的表格作为起始表格。起始表格是图形中用作设置新表格样式的样例的表格。当选定表格后，用户即可指定要从此表格复制到表格样式的结构和内容。单击“删除表格”按钮，可以将表格从当前指定的表格样式中删除。用户还可以根据需要创建由上而下或由下而上读取的表格，而且表格的列数和行数几乎是无限制的。

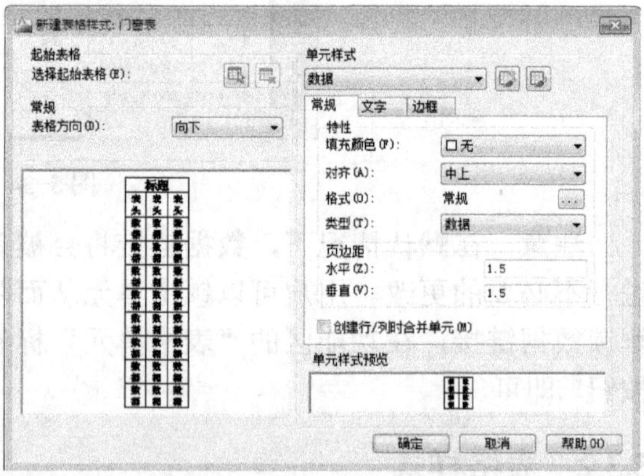

图 5-37 “新建表格样式”对话框

在“单元样式”区域，用户可以选择设置“标题”、“表头”、“数据”等默认项，也可以选择创建或管理新的单元样式，如图 5-38 所示。若将名为“标题”的单元样式指定为表格的第一行单元，将会在新表格的顶部创建标题行。表格单元中的文字外观由当前单元样式中指定的文字样式控制，用户可以使用图形中的任何文字样式或创建新样式，也可以使用设计中心复制其他图形中的表格样式。

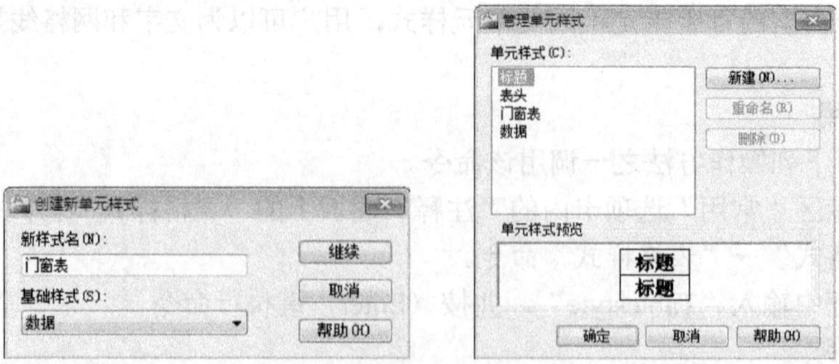

图 5-38 “创建新单元样式”和“管理单元样式”对话框

用户在“新建表格样式”对话框中可以定义表格样式中任意单元样式的数据和格式。也可以覆盖特殊单元的数据和格式。通过“单元样式”选项区可以控制表格中的数据类型以及该数据类型的格式。“单元样式”选项区由常规、文字和边框三部分组成，如图 5-39 所示。用户可以在相应的选项卡中进行设置。

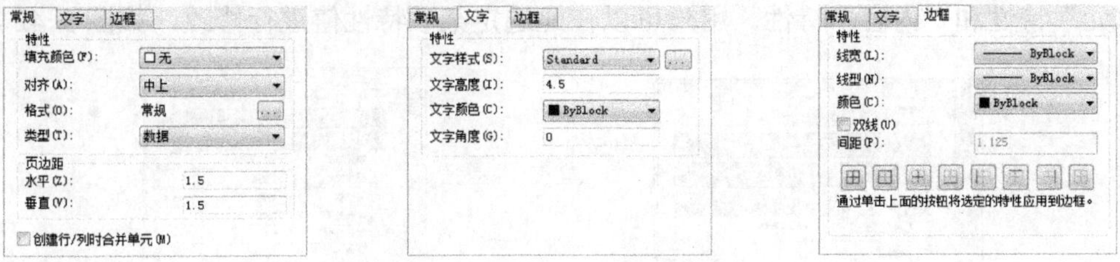

图 5-39 “单元样式”选项区

5.3.3 编辑表格

1．功能

表格创建完成后，用户可以单击该表格上的任意网格线以选中该表格，然后通过使用“特性”选项板或表格夹点功能对该表格进行编辑，也可利用“表格单元”标签中的功能面板来编辑表格。

2．命令调用

用户可采用下列操作方法之一调用该命令。

- 利用表格夹点功能进行编辑。
- 选中表格对象并右击，在弹出的快捷菜单中选择“特性”命令，即可在弹出的“特性”选项板中对表格进行编辑。
- 选中表格单元，在功能区弹出的“表格单元”面板中进行编辑。

3．操作示例

（1）利用夹点功能编辑表格

单击表格的网格线以选中表格，此时在表格的四周、标题行上将显示许多夹点，利用表格的夹点功能可以对其进行编辑。具体操作方法如下所示。

- 可以通过拖动这些夹点来更改表格的高度或宽度。
- 在单元内单击可以选中一个单元。
- 按下〈Shift〉键不放，并在另一个单元内单击则可以同时选中这两个单元以及它们之间的所有单元。
- 在选定单元内单击并拖动到要选择的单元，然后释放鼠标则可以同时选中多个单元。
- 用户还可以使用“自动填充”夹点，在表格内的相邻单元中自动增加数据。如果选定并拖动一个单元，则将以“1”为增量自动填充数字；如果表格内容为字符则将自动复制填充该内容；如果选定并拖动多个单元，则将自动填充等差数列；如果单元内容为日期，则将以“1”为增量自动填充日期。如图 5-40 所示。

	A	B	C	D
1	夹点功能示例			
2	A	A	A	A
3	1	2	3	4
4	1	3	5	7
5	2010/1/1	2010/1/2	2010/1/3	2010/1/4
6	*	*	*	*

图 5-40 夹点自动填充

（2）利用“特性”选项板编辑表格

单击表格的网格线以选中表格，此时在弹出的“特性”选项板中将会列出其“表格”特性和“表格打断”特性，如图 5-41 所示。

若要编辑表格的单元特性，则需要选中表格单元，在弹出的“特性”选项板中将会列出其“单元”特性和“内容”特性。用户可以在此选定某项特性值进行修改，如图 5-42 所示。

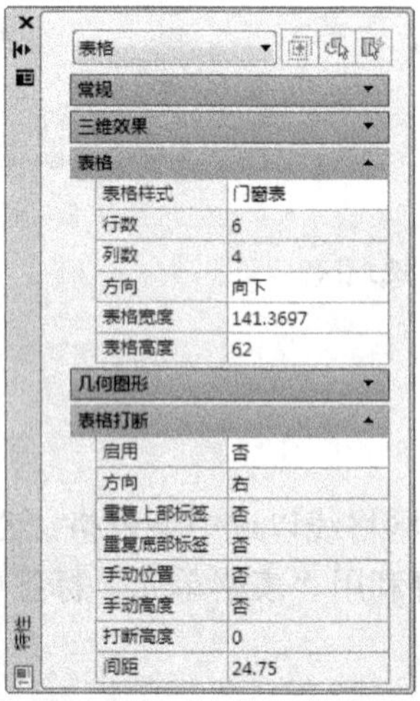

图 5-41　表格“特性”选项板

图 5-42　单元“特性”选项板

（3）利用“表格单元”选项卡编辑表格

选中表格单元后，窗口将会显示如图 5-43 所示的“表格单元”选项卡中的功能面板。在此，用户可以执行以下操作：编辑行和列；合并单元和取消合并单元；改变单元边框的外观；编辑数据格式和对齐；单元锁定和解锁；插入块、字段和公式；创建和编辑单元样式；将表格链接至外部数据。另外，用户也可以在选择表格单元后右击，然后使用快捷菜单上的“选项”命令来插入或删除列和行、合并相邻单元或进行其他修改。

图 5-43　“表格单元”选项卡

5.4　实训操作——绘制图纸目录

1. 实训要求

运用本章所学内容绘制一个图纸目录。在绘制过程中，要注意表格样式、表格单元和文字的设置，并灵活运用夹点功能提高工作效率。

2. 操作指导

1）打开 AutoCAD 2011 中文版，新建一个图形文件，工作空间选为“二维草图与注释”。

2）单击功能区“常用”选项卡内的“注释”面板上的“表格”工具按钮，绘制一个表格，并按如图 5-44 所示进行参数设置。注意，此时需将全部单元样式均设为“数据”。完成设置后，单击“确定”按钮，在绘图区域指定表格的插入位置。

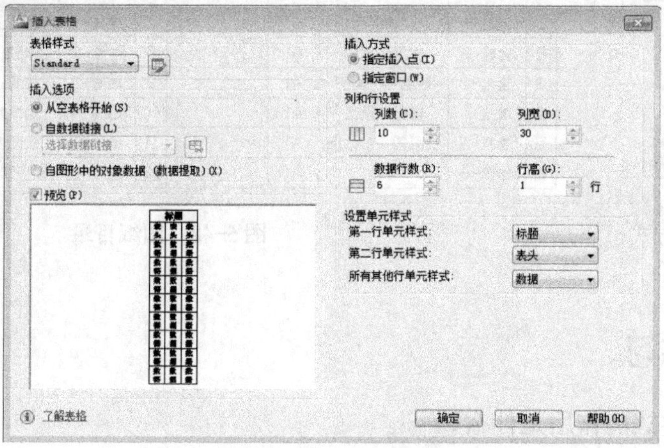

图 5-44　表格参数设置

3）完成表格参数设置后，单击“确定”按钮，在绘图区域的适当位置单击以生成表格，如图 5-45 所示。

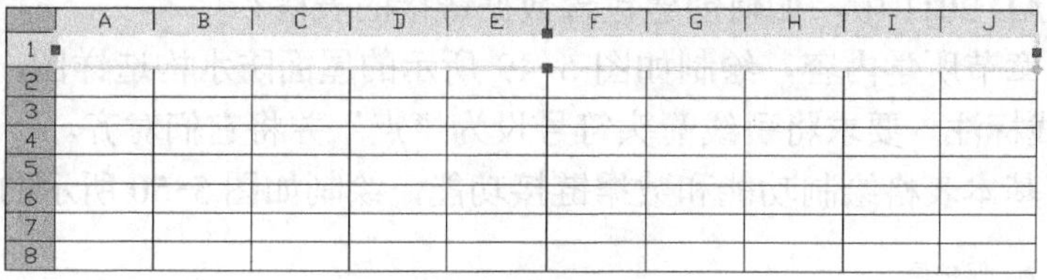

图 5-45　生成表格

4）依次选中相应的表格单元，完成表头文字输入。序号一栏的数字可利用“自动填充”夹点，在表格内的相应单元中自动增加数据。结果如图 5-46 所示。

图 5-46　创建表头内容

5）选中序号单元格，在弹出的“表格单元”选项卡中单击“对齐方式”按钮，选择“正中”方式，如图 5-47 所示。

6）依次选中其他表格单元，完成图纸目录的文字输入，并利用“特性”选项板和表格的夹点功能调整各单元的高度和宽度，完成图纸目录的绘制。结果如图 5-48 所示。

7）单击“保存”按钮，将文件保存至“E:\第 5 章实训”文件夹中，文件名为“图纸目录”。

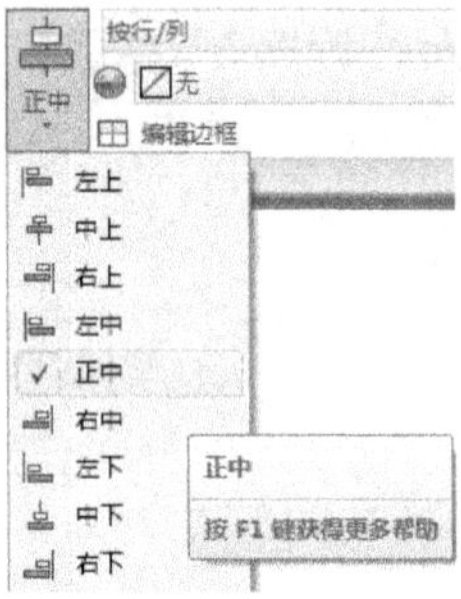

图 5-47　设置对齐方式

图纸目录									
序号	图号	图名	图幅	备注	序号	图号	图名	图幅	备注
1	建施-1	设计说明	A1		7	结施-1	结构说明	A1	
2	建施-2	首层平面图	A1		8	结施-2	基础平面图	A1	
3	建施-3	标准层平面图	A1		9	结施-3	柱配筋图	A1	
4	建施-4	顶层平面图	A1		10	结施-4	梁配筋图	A1	
5	建施-5	立面图、剖面图	A1		11	结施-5	板配筋图	A1	
6	建施-6	详图	A1		12	结施-6	楼梯配筋图	A1	

图 5-48　图纸目录

5.5　思考与练习

1．文字标注样式的作用是什么？

2．单行文字和多行文字对象分别具有哪些夹点，它们的作用是什么？

3．什么时候需要创建堆叠文字？在 AutoCAD 2011 中如何创建堆叠文字？

4．多重引线对象包含哪些组成部分，如何创建多重引线对象？

5．在 AutoCAD 2011 中，表格对象具有哪些夹点，它们的作用是什么？

6．在 AutoCAD 2011 中，如何创建包含数据链接的表格？

7．利用前面章节所学内容，绘制如图 5-49 所示的屋面防水构造详图，并使用“多重引线”功能进行引线标注。要求将引线箭头符号设为“点”并将它们对齐。

8．分别利用基本表格绘制功能和数据链接功能，绘制如图 5-50 所示的门窗表。

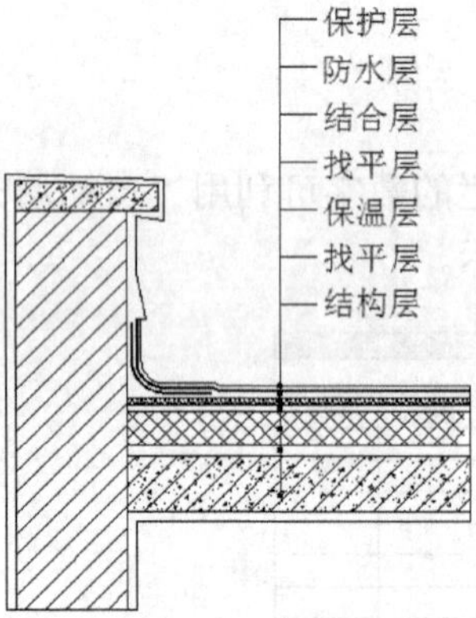

图 5-49　屋面防水构造详图

门窗编号	宽×高	第一层	第二层	第三层	第四层	小计
C—1	1500×1800	10	10	10	10	40
C—2	1800×1800	4	4	4	4	16
C—3	2400×1800	2	2	2	2	8
M—1	1500×2400	4	4	4	4	16
M—2	900×2400	12	12	12	12	48
M—3	3000×2400	2	0	0	0	2
总计		32	32	32	32	128

图 5-50　门窗表

第 6 章 图形尺寸标注

尺寸标注是工程图绘制的一项重要内容，可以精确反映图形对象各部分的大小及其相互关系，是工程图识读的重要依据。在绘图时要求能够完整、准确、清晰地对图形对象进行标注，不能遗漏尺寸。本章主要学习使用 AutoCAD 2011 提供的尺寸标注以及编辑功能为图形进行尺寸标注。

6.1 尺寸标注概述

6.1.1 尺寸标注规则

使用 AutoCAD 2011 绘制工程图，在对绘制的图形进行尺寸标注时应遵循以下规则。

1）物体的实际大小应以图样中所标注的尺寸值为依据，与图形大小及绘图的准确度无关。

2）建筑图中的尺寸一般均以毫米为单位，不需要标注计量单位的名称。如果采用其他单位，则必须注明相应计量单位的名称，如厘米、米等。

3）工程图中的每一个尺寸均应标注在最能清晰反映该构件特征的部位，并且图形对象的每一个尺寸只需标注一次，不可重复。

4）尺寸标注应做到清晰、齐全且没有遗漏。

6.1.2 尺寸标注组成

在建筑工程制图中，一个完整的尺寸标注应具有以下元素：尺寸文字、尺寸线、尺寸起止符号和尺寸界线，有时还需使用尺寸引线。如图 6-1 所示。

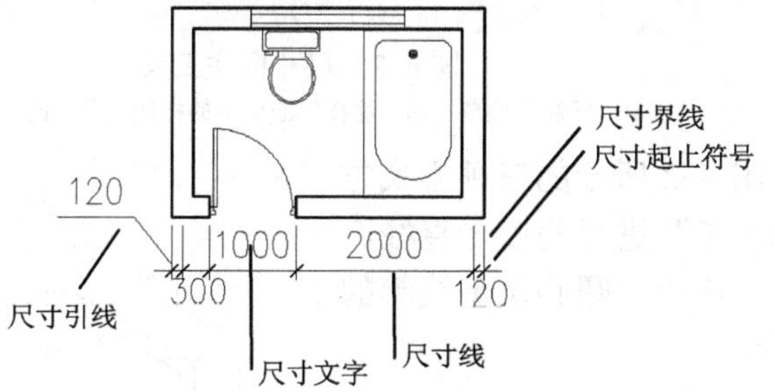

图 6-1　尺寸标注组成

1）尺寸界线应采用细实线绘制，绘制时从部件延伸到尺寸线。一般应与被标注长度垂直，其一端应离开图形轮廓线不小于 2mm，另一端宜超出尺寸线 2～3mm，必要时，图形轮廓线也可作为尺寸界线。

2）尺寸线应采用细实线绘制，应与被标注长度平行，用于指示标注的方向和范围。对于角度标注，尺寸线是一段圆弧。需注意的是，图形本身的任何图线均不得用作尺寸线。

3）尺寸起止符号一般用中粗斜短线绘制，其倾斜方向应与尺寸界线成顺时针 45° 夹角，长度宜为 2～3mm。在 AutoCAD 中一般记为“建筑标记”，即 45° 斜线。

4）尺寸数字应写在尺寸线的中部，水平方向的尺寸标注应从左向右标在尺寸线的上方，垂直方向的尺寸标注应从下向上标在尺寸线的左方，字头朝向应逆时针转 90° 角。图样上的尺寸单位，除标高及总平面图以米为单位外，其他必须以毫米为单位，图上尺寸数字不再注写单位。

5）相互平行的尺寸线，较小的尺寸在内，较大的尺寸在外，两道平行排列的尺寸线之间的距离宜为 7～10mm，并应保持一致。

6.1.3　尺寸标注的类型

AutoCAD 2011 提供了多种标注工具，用以标注图形对象，用户可以根据需要在“标注”菜单或“标注”工具栏中选择相应的标注工具。另外，在“注释”面板中，单击“标注”工具按钮后面的下拉菜单按钮，将会弹出标注工具下拉菜单，此处也列出了多种常用的标注工具。如图 6-2 所示分别为“标注”菜单、“注释”面板中的标注工具和“标注”工具栏。

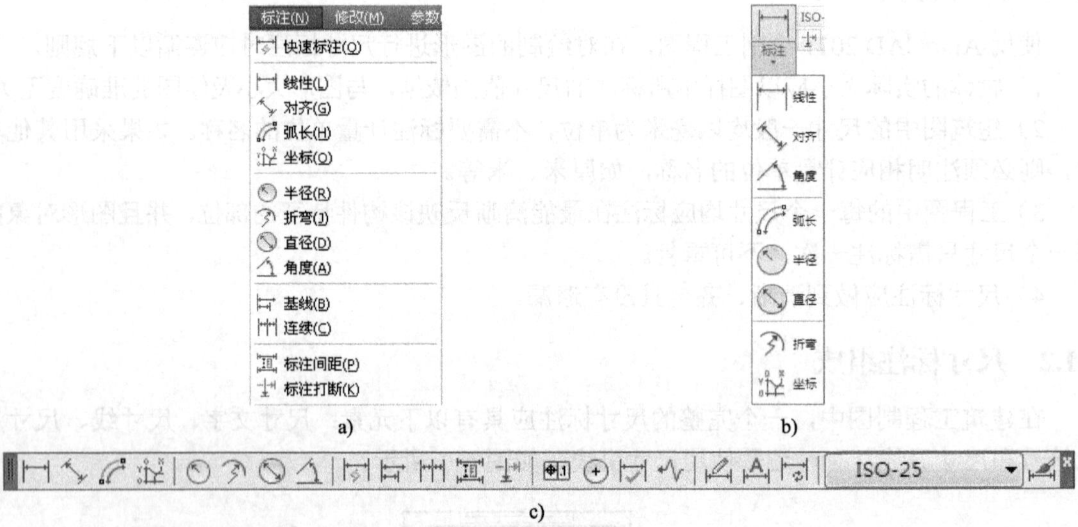

图 6-2　尺寸标注工具

a)“标注”菜单　b)“注释”面板中的标注工具　c)“标注”工具栏

用户可以通过图 6-2 所示的三种方式方便地调用相应的标注工具进行角度、直径、半径、线性、对齐、连续、圆心及基线等的标注，如图 6-3 所示。

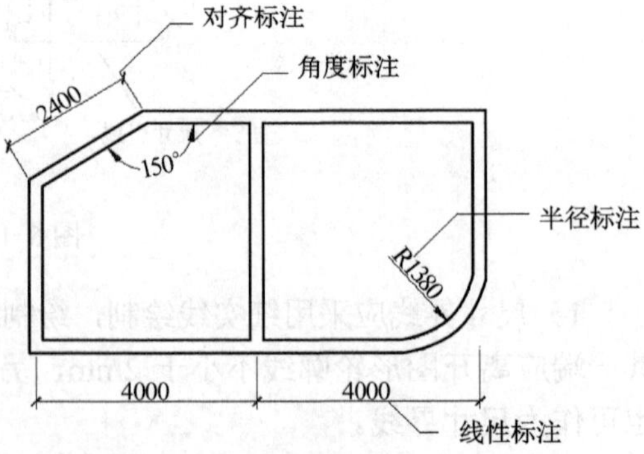

图 6-3　尺寸标注类型

6.1.4　关联标注

标注可以是关联的、无关联的或分解的。关联标注根据所测量的图形对象的变化而进行调整。标注的关联性定义了图形对象与其标注间的关系。图形对象和标注之间有三种关联性。

关联标注：当与其关联的图形对象被修改时，关联标注将自动调整其位置、方向和测量值。布局中的标注可以与模型空间中的对象相关联。此时的系统变量DIMASSOC设置为2。

非关联标注：与其测量的图形一起被选定和修改。无关联标注在其测量的图形对象被修改时不发生改变。此时的系统变量 DIMASSOC 设置为 1。

分解的标注：包含单个对象而不是单个对象的集合。系统变量 DIMASSOC 设置为 0。

在“选项”对话框的“用户系统配置”选项卡中，选择或清除“关联标注”下的“使新标注可关联”即可选择是否使用关联标注，如图 6-4 所示。

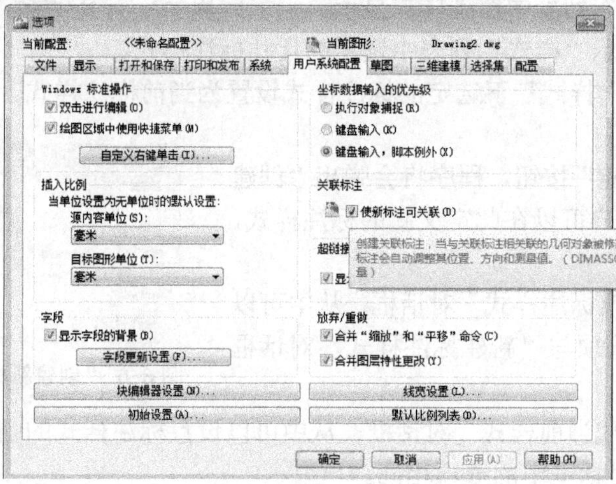

图 6-4 “关联标注”设置

6.2 尺寸标注样式

标注样式是标注设置的命名集合，可用来控制标注的外观，如箭头样式、文字位置和尺寸公差等。用户可以通过更改设置来控制标注的外观。为了便于使用和维护标注标准，可以将这些设置存储在标注样式中。用户可以创建标注样式，以快速指定标注的格式，并确保标注符合行业或项目标准。

6.2.1 尺寸标注管理器

1. 功能

用户通过“标注样式管理器”对话框，可以创建新的标注样式、设置当前标注样式、修改已有标注样式等。

2. 命令调用

用户可采用下列操作方法之一调用如图 6-5 所示的“标注样式管理器”。

- 单击功能区“常用”选项卡内的“注释”面板上的“标注样式”工具按钮。
- 选择“标注”→“标注样式”命令或“格式”→“标注样式”命令。
- 在命令行中输入“Dimstyle”，并按〈Enter〉键执行命令。

3. 操作示例

在“标注样式管理器”对话框中，各区域及按钮的功能如下。

1）当前标注样式：显示当前标注样式的名称。图 6-5 所示的“ISO-25”为当前标注样式并将应用于所创建的标注。

2）样式：列出图形中的标注样式。当前样式被亮显。

3）列出：在“样式”列表中控制样式显示。

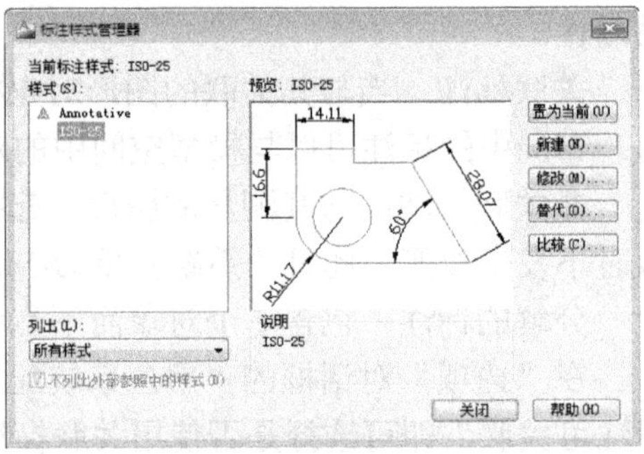

图 6-5　“标注样式管理器”对话框

4）预览和说明：显示“样式”列表中选定的尺寸标注样式。

5）置为当前：将在“样式”下选定的标注样式设置为当前标注样式。当前样式将应用于所创建的标注。

6）新建：单击“新建”按钮，程序将会弹出“创建新标注样式”对话框，用户可以在此定义新的标注样式，如图 6-6 所示。

7）修改：显示“修改标注样式”对话框，从中可以修改标注样式。对话框选项与“新建标注样式”对话框中的选项相同。

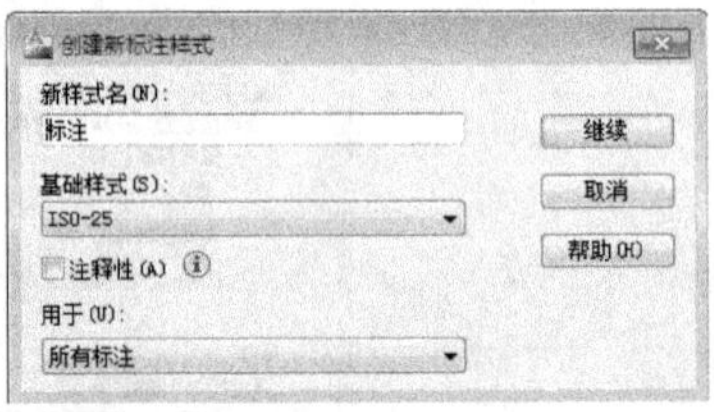

图 6-6　“创建新标注样式”对话框

8）替代：显示“替代当前样式”对话框，从中可以设置标注样式的临时替代。对话框选项与“新建标注样式”对话框中的选项相同。

9）比较：显示“比较标注样式”对话框，从中可以比较两个标注样式或列出一个标注样式的所有特性。

6.2.2　创建标注样式

1. 功能

通过创建新的标注样式，用户可以对尺寸标注的要素进行设置，以满足不同的需求。

2. 命令调用

在“标注样式管理器”对话框中，单击“新建”按钮 新建(N)... ，在弹出的“创建新标注样式”对话框中输入要创建的样式名，在“基础样式”中选择要参照的标注样式，在“用于”下拉列表中选择该样式的应用范围。设置完成后单击“继续”按钮，将会弹出如图 6-7 所示的“新建标注样式”对话框，用户可以在此根据所需样式进行详细的参数设置。

3. 操作示例

（1）“线”选项卡

在“线”选项卡中可进行“尺寸线”和“延伸线”的设置，以控制其线型、线宽、颜色、间距和偏移等参数。

1）对“尺寸线”的特性，用户可以设置其颜色、线型、线宽、超出标记、基线间距等特性。各项详细说明如下。

- 超出标记：当用户已指定箭头样式使用倾斜、建筑标记、积分和无标记时，尺寸线的“超出标记”被激活，这时可以设置超出距离，如图 6-8 所示。

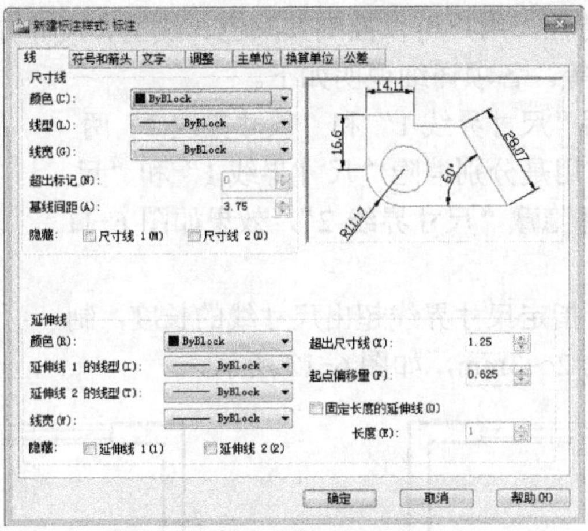

图 6-7 “新建标注样式”对话框

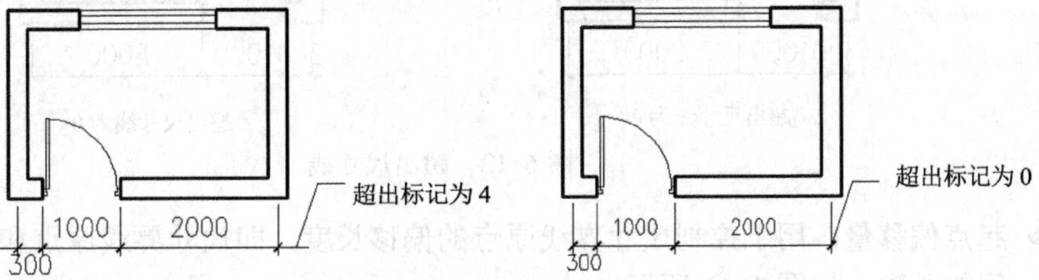

图 6-8 超出标记

● 基线间距：此功能用来控制在使用“基线标注”时，连续尺寸线之间的间距，如图 6-9 所示。

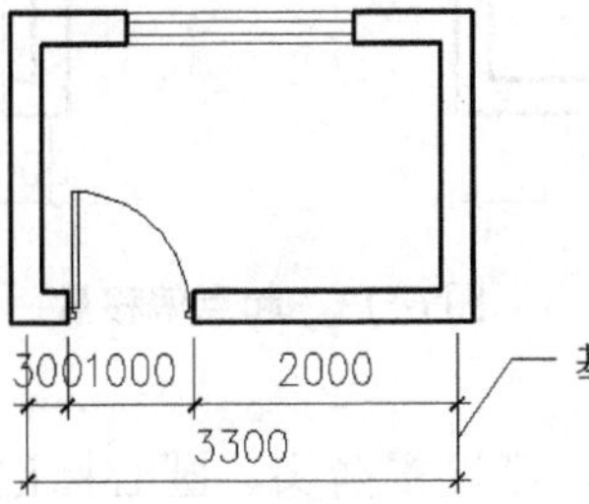

图 6-9 基线间距

● 隐藏：此功能将隐藏尺寸线，选中隐藏“尺寸线 1”和“尺寸线 2”，结果如图 6-10 所示。

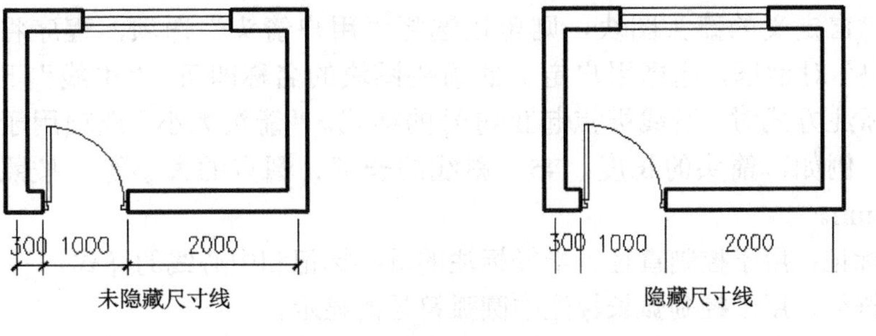

图 6-10 隐藏尺寸线

2）对“延伸线”的特性，用户可以控制其颜色、线型、尺寸界线的线型、线宽、隐藏、超出尺寸线和起点偏移量等。各项详细说明如下。

- 隐藏：该选项包括“尺寸界线 1”和“尺寸界线 2”两个选项按钮，其作用是分别消隐“尺寸界线 1”和“尺寸界线 2”。若选择隐藏“尺寸界线 2”，效果如图 6-11 所示。
- 超出尺寸线：用于指定尺寸界线超出尺寸线的长度，制图标准规定该值为 2～3mm，如图 6-12 所示。

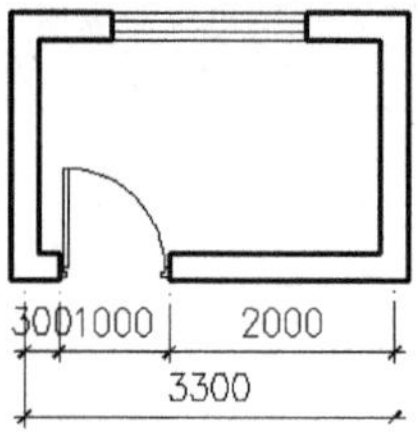

图 6-11　隐藏尺寸界线

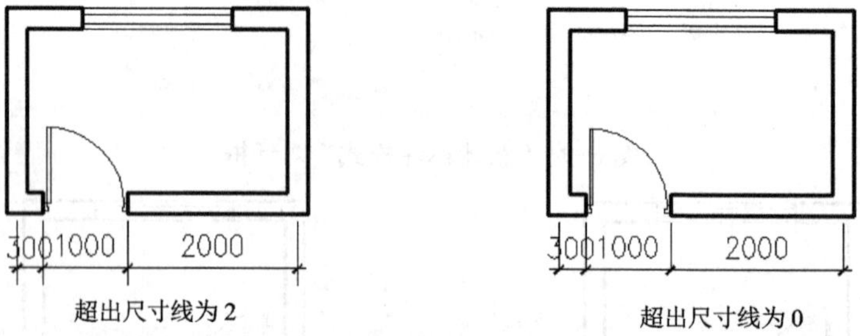

图 6-12　超出尺寸线

- 起点偏移量：用于控制尺寸界线原点的偏移长度，即尺寸界线原点和尺寸界线起点之间的距离，如图 6-13 所示。

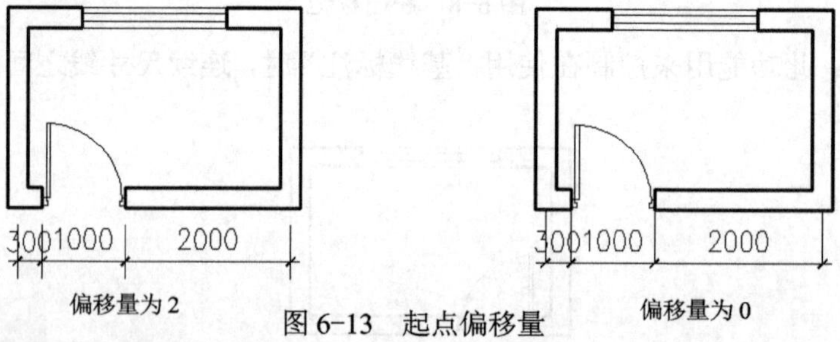

图 6-13　起点偏移量

（2）“符号和箭头”选项卡

在“符号和箭头”选项卡中，可设置箭头、圆心标记、弧长符号、半径折弯标注和线性折弯标注的格式与位置，如图 6-14 所示。

1）箭头：此选项可控制标注箭头的样式。如图 6-15 所示为“箭头类型”的下拉列表。当改变第一个箭头的类型时，第二个箭头将自动改变，同第一个箭头相匹配。若要另外指定用户自定义的箭头图块，则可以选择“用户箭头”选项，程序将会弹出“选择自定义箭头块”对话框，选择用户定义的箭头图块的名称即可。“引线”下拉列表框列出了执行引线标注方式时，引线端点起止符号的样式。“箭头大小”选项用于确定尺寸起止符号的大小。例如，箭头的长度、45° 斜线的长度、圆点的大小等，按照制图标准一般应设为 3～4mm。

2）圆心标记：用于控制直径、半径标注的圆心标记和中心线的样式。

3）弧长符号：用于控制弧长标注中圆弧符号的显示。

4）折断标注：用于设定使用折断标注时的折断间隙大小。

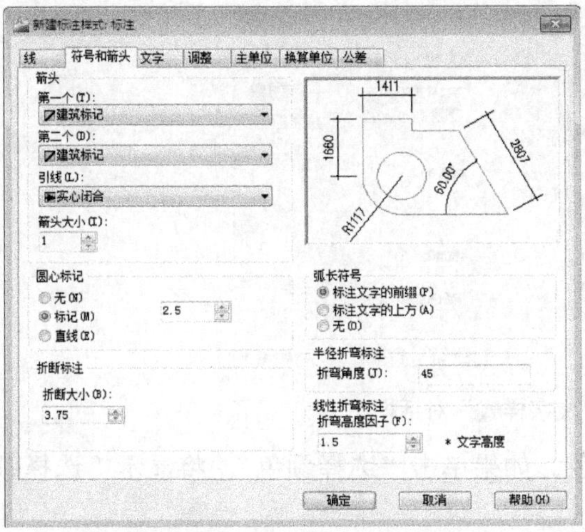

图 6-14 “符号和箭头”选项卡

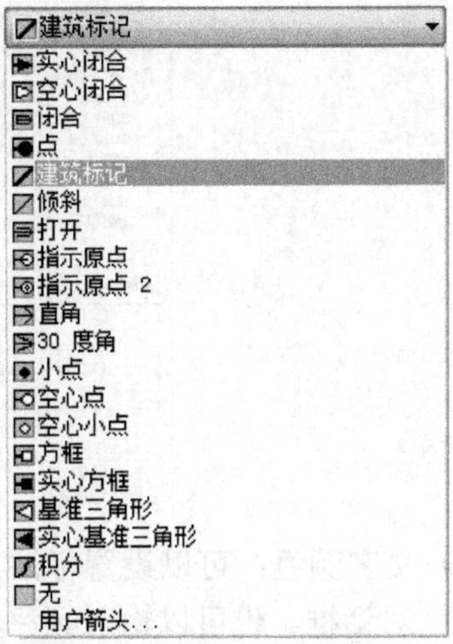

图 6-15 “箭头类型”下拉列表

5）半径折弯标注：此选项用于控制半径折弯（Z 字型）标注的显示。半径折弯标注通常在中心点位于页面外部时创建。折弯角度即是半径标注的尺寸界线和尺寸线的横向直线间的角度。

6）线性折弯标注：用于设定进行线性折弯标注时折弯符号的高度。

（3）“文字”选项卡

在“文字”选项卡中，可以控制标注文字的外观，标注文字、箭头和引线相对于尺寸线和尺寸界线的位置，文字对齐的方式，如图 6-16 所示。

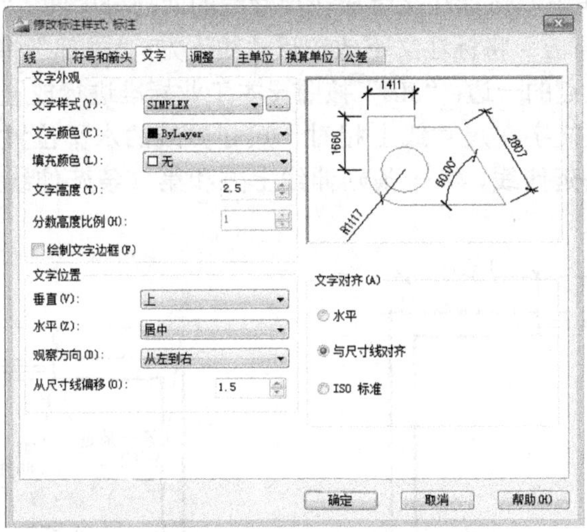

图 6-16 “文字”选项卡

1）在“文字外观”区域，用户可以进行文字样式、文字颜色、填充颜色、文字高度等项的设置。在建筑制图中，习惯上将标注文字高度设为 3～5mm。

- 文字样式：可以从列表中选择当前标注文字的样式。若要创建或修改标注文字样式，请选择列表旁边的 按钮，显示“文字样式”对话框，可定义或修改文字样式。如图 6-17 所示。

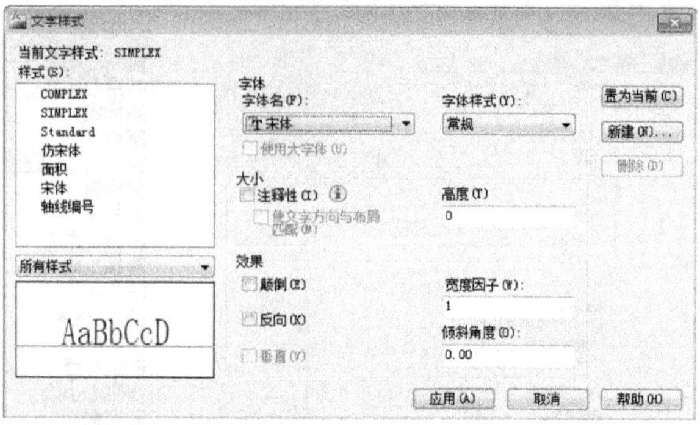

图 6-17 “文字样式”对话框

- 文字颜色：可以设置标注文字的颜色。如果单击“选择颜色”，将显示“选择颜色”对话框。也可以输入颜色名或颜色号。
- 填充颜色：可以设置标注中的文字背景颜色。
- 文字高度：设置当前标注文字的高度。在文本框中输入数值，如果在“文字样式”中将文字高度设置为固定值（即文字样式高度大于 0），则该高度将替代此处设置的文字高度。如果要使用在“文字”选项卡上设置的高度，需确保“文字样式”对话框中文字高度设置为 0。在建筑制图中，习惯上将标注文字高度设为 3～5mm。

2）在“文字位置”区域，用户可以进行垂直、水平、观察方向、从尺寸线偏移等项的设置。用以控制标注文字相对尺寸线的垂直和水平位置以及距离。

- 垂直：该选项可以控制标注文字相对尺寸线的垂直位置。选项有居中、上方、下方、外部和 JIS。“居中”将标注文字放在尺寸线的两部分中间；“上方”将标注文字放在尺寸线上方；“下方”将标注文字放在尺寸线下方；“外部”将标注文字放在尺寸线上远离第一个定义点的一边；“JIS”按照日本工业标准进行放置。如图 6-18 所示。
- 水平：控制标注文字在尺寸线上相对于尺寸界线的水平位置。选项有居中、第一条延伸线、第二条延伸线、第一条延伸线上方和第二条延伸线上方，各选项效果示例如图 6-19 所示。

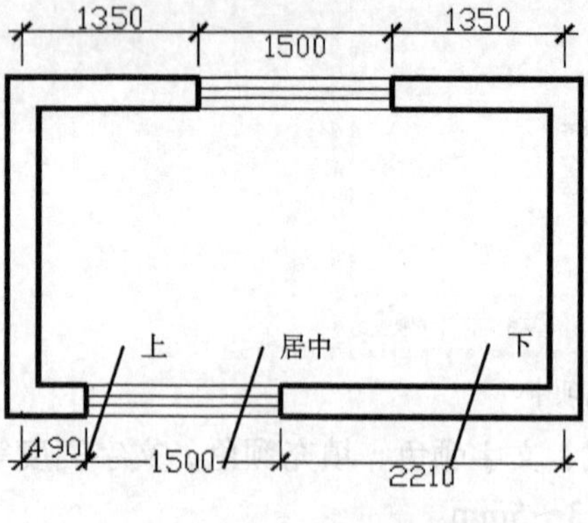

图 6-18 标注文字垂直位置

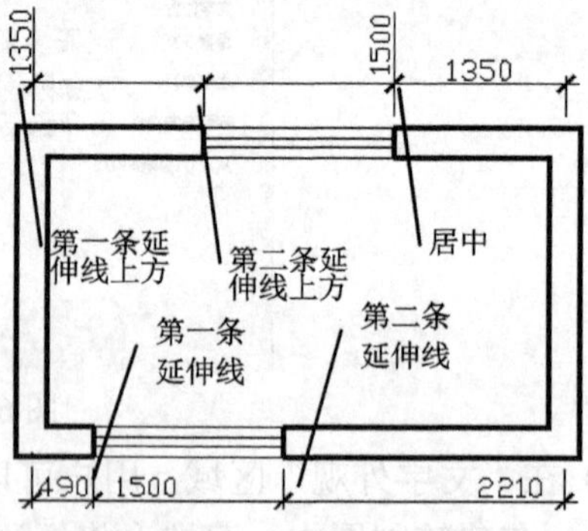

图 6-19 标注文字水平位置

- 从尺寸线偏移：用来确定尺寸文字放在尺寸线上方时，尺寸数字底部与尺寸线之间的间隙，如图 6-20 所示。

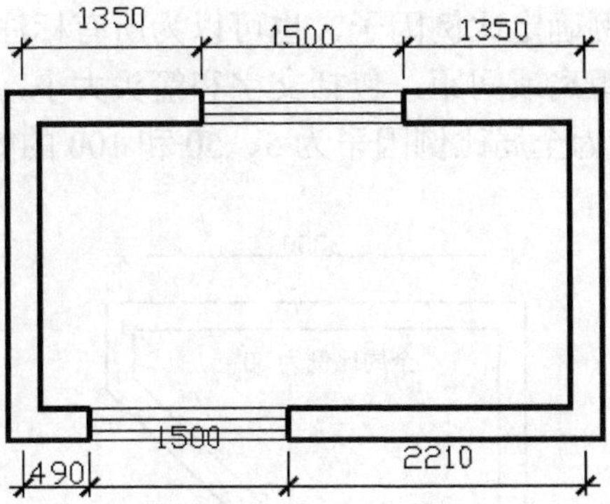

图 6-20　从尺寸线偏移

3）在“文字对齐”区域，用户可以根据需要选择文字与尺寸线是否对齐或保持水平状态。默认对齐方式是水平标注文字。另外还提供了 ISO 标准，当文字在尺寸界线内时，文字与尺寸线对齐；当文字在尺寸界线外时，文字水平排列，如图 6-21 所示。

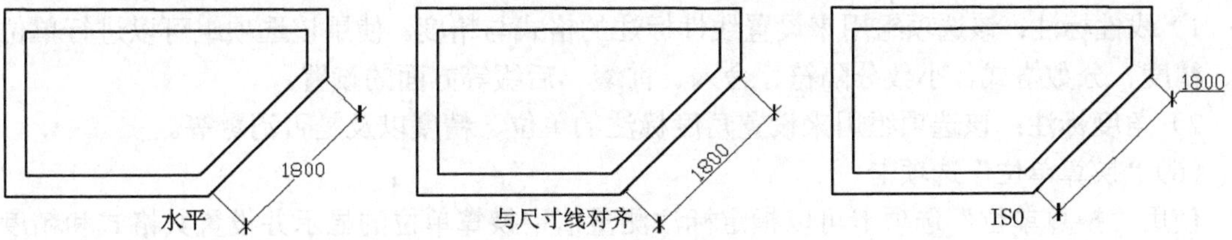

图 6-21　标注文字对齐

（4）“调整”选项卡

在“调整”选项卡中，用户可以控制标注文字、箭头、引线和尺寸线的位置关系，以及设置标注特征比例等，如图 6-22 所示。

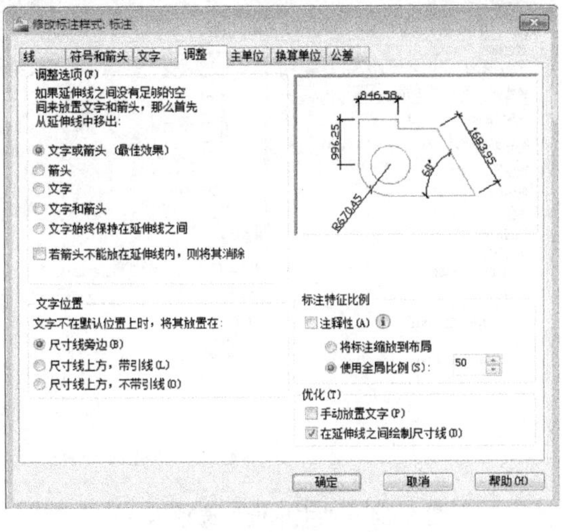

图 6-22 “调整”选项卡

1）调整选项：用来控制基于延伸线之间可用空间的文字和箭头的相对位置关系。如果有足够大的空间，文字和箭头都将放在延伸线内。否则，将按照“调整”选项放置文字和箭头。

2）文字位置：设置标注文字从默认位置（由标注样式定义的位置）移动时标注文字的位置。若用户选定“尺寸线旁边”选项，则当移动标注文字时尺寸线就会随之移动；若选定“尺寸线上方，带引线”选项，则移动文字时尺寸线将不会移动，如果将文字从尺寸线上移开，将创建一条连接文字和尺寸线的引线，当文字非常靠近尺寸线时，将省略引线；若选定“尺寸线上方，不带引线”选项，移动文字时尺寸线不会移动，且远离尺寸线的文字不与带引线的尺寸线相连。

3）标注特性比例：用于设置全局标注比例值或图纸空间比例。用户可以根据当前模型空间视口和图纸空间之间的比例确定比例因子，也可以为所有标注样式设置一个比例，这些设置指定了标注样式的大小、距离或间距，包括文字和箭头大小，该缩放比例并不更改标注的测量值。如图 6-23 所示分别为全局比例因子为 5、50 和 100 的效果。

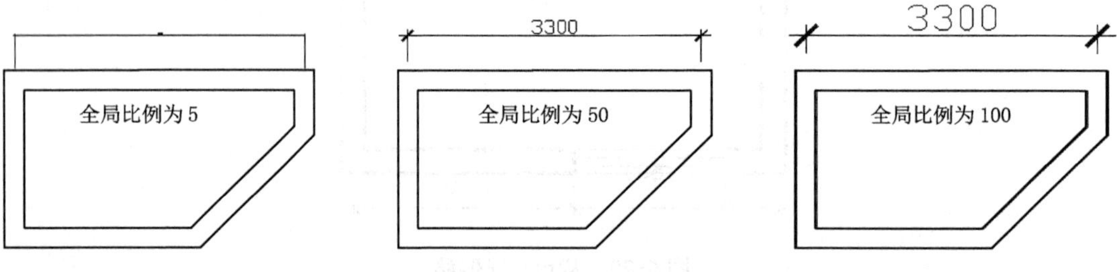

图 6-23　使用全局比例

（5）“主单位”选项卡

“主单位”选项卡可以用来设置主单位的格式与精度，以及给标注文字添加前缀和后缀。其选项设置如图 6-24 所示。

1）线性标注：该选项组用来设置线性标注的格式与精度。使用该选项组可以进行单位格式、精度、分数格式、小数分隔符、舍入、前缀、后缀等方面的设置。

2）角度标注：该选项组用来设置角度标注的单位、精度以及是否消零等。

（6）“换算单位”选项卡

使用“换算单位”选项卡可以指定标注测量值中换算单位的显示并设置其格式和精度，如图 6-25 所示。

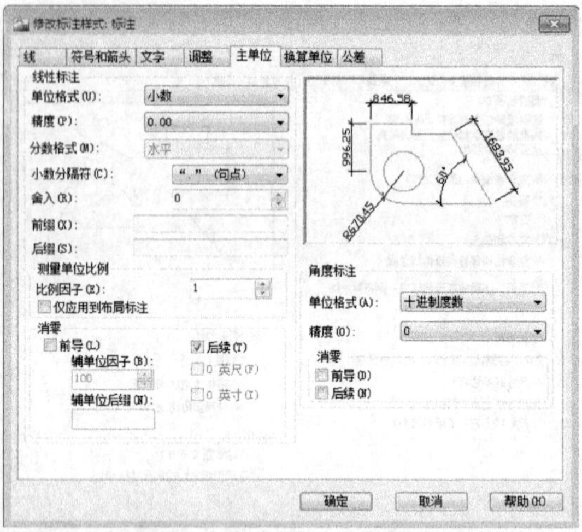

图 6-24　“主单位”选项卡

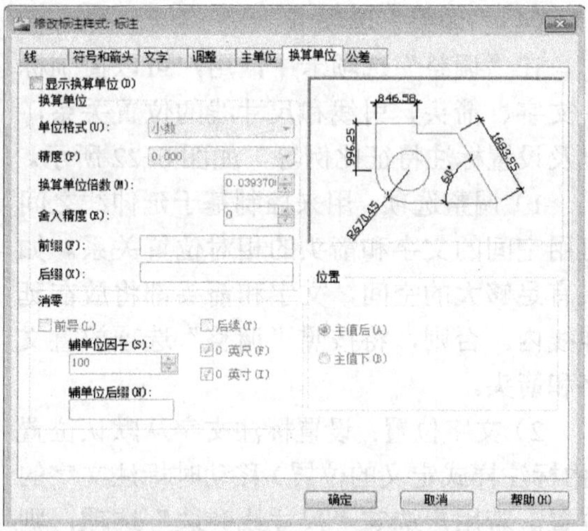

图 6-25　“换算单位”选项卡

换算单位：使用该选项组可以控制显示和设置除角度之外的所有标注类型的当前换算单位格式以及标注文字中换算单位的位置。

（7）“公差”选项卡

使用“公差”选项卡可以控制标注文字中公差的格式及显示，如图 6-26 所示。

公差格式：用户可以在该选项组中设置公差的格式。如在“方式”选项中选择“无”时将不添加公差；选择“对称”选项时将会添加极限偏差的正/负表达式，其中一个偏差量的值应用于标注测量值，标注后面将显示加号或减号，此时应在“上偏差”中输入公差值；选择“极限偏差”时将会添加正/负公差表达式，不同的正公差和负公差值将应用于标注测量值，此时在“上偏差”中输入的公差值前面显示正号（+），在“下偏差”中输入的公差值前面显示负号（−）；选择“极限尺寸”选项将会创建极限标注，在此类标注中，将显示一个最大值和一个最小值，一个在上，另一个在下，其中最大值等于标注值加上在“上偏差”中输入的值。最小值等于标注值减去在“下偏差”中输入的值；选择“基本尺寸”选项将会创建基本标注，这将在整个标注范围周围显示一个框。另外，用户还可设置公差的对齐方式、消零和精度等。

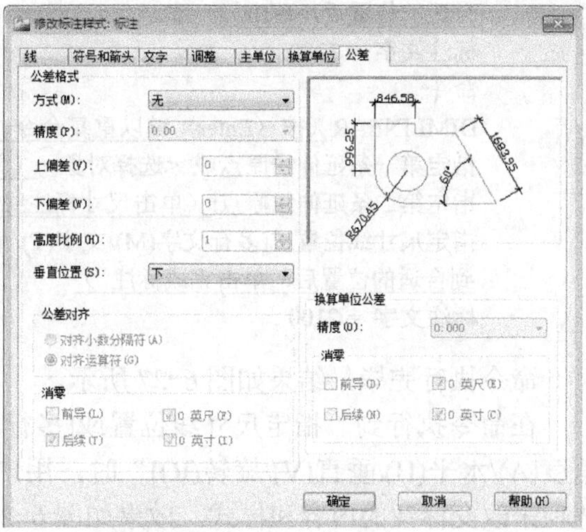

图 6-26 “公差”选项卡

6.3 创建尺寸标注

6.3.1 尺寸标注方式

AutoCAD 2011 提供了多种标注方式，包括线性标注、半径标注、角度标注、坐标标注、弧长标注、对齐标注、连续标注、基线标注和引线标注等。

1. 创建线性标注

（1）功能

线性标注用于测量并标记两点之间的连线在指定方向上的投影距离。线性标注可以水平、垂直或对齐放置。使用对齐标注时，尺寸线将平行于两尺寸界线原点之间的直线。基线标注和连续标注是一系列基于线性标注的连续标注方法。

（2）命令调用

用户可采用下列操作方法之一调用该命令。

- 单击功能区“常用”选项卡内的“注释”面板上的“线性”工具按钮。
- 选择“标注”→“线性”命令。
- 在命令行中输入“Dimlinear”，并按〈Enter〉键执行命令。

（3）操作示例

利用“线性标注”工具为图形对象标注尺寸。命令行提示如下。

命令: _dimlinear（执行线性标注命令）
指定第一条延伸线原点或 <选择对象>:（单击尺寸标注起点）
指定第二条延伸线原点:（单击尺寸标注终点）
指定尺寸线位置或[多行文字(M)/文字(T)/角度(A)/水平(H)/垂直(V)/旋转(R)]:（鼠标拖拽尺寸标注到

合适的位置后，单击）
标注文字 =3300
命令:
DIMLINEAR（按〈Enter〉键以重复命令）
指定第一条延伸线原点或 <选择对象>:（单击尺寸标注起点）
指定第二条延伸线原点:（单击尺寸标注终点）
指定尺寸线位置或[多行文字(M)/文字(T)/角度(A)/水平(H)/垂直(V)/旋转(R)]:（鼠标拖动尺寸标注到合适的位置后，单击完成标注。）
标注文字 =2100

命令执行完毕，结果如图 6-27 所示。

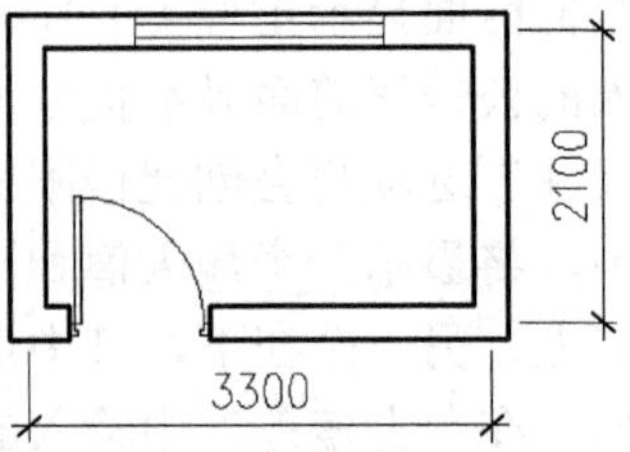

图 6-27 线性标注

在命令执行到“指定尺寸线位置或[多行文字(M)/文字(T)/角度(A)/水平(H)/垂直(V)/旋转(R)]”时，用户可根据需要输入选项来改变标注的内容和样式。效果如图 6-28 所示。

- 多行文字：输入“M”可选择该选项，此时将会弹出“在位文字编辑器”对话框，用户可在此编辑标注值的样式，也可以输入新的数值。
- 文字：输入“T”可选择该选项，此时用户可以输入新的标注内容来替代测量值。
- 角度：输入“A”可选择该选项，此时用户可以修改标注内容的倾斜角度。
- 水平：输入“H”可选择该选项，此时用户只可以创建水平方向的线性标注。
- 垂直：输入“V”可选择该选项，此时用户只可以创建垂直方向的线性标注。
- 旋转：输入“V”可选择该选项，此时用户可以创建旋转线性标注，尺寸线与坐标轴正方向形成一定的倾斜角度。

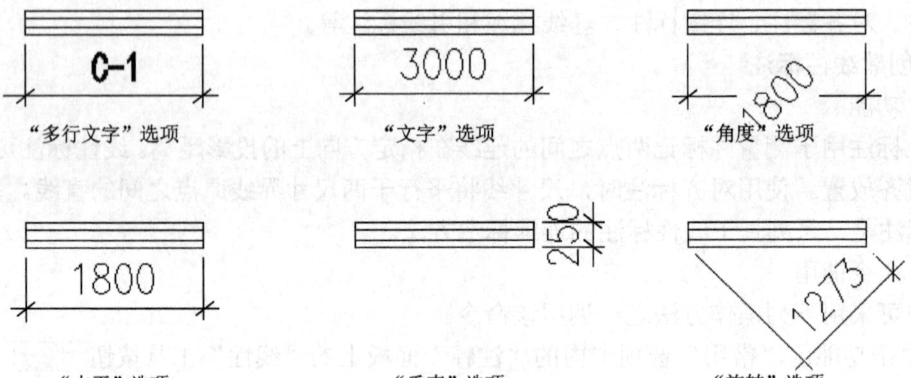

图 6-28 编辑标注内容和样式

2. 创建半径标注

（1）功能

半径标注用来测量并标记圆弧或圆的半径。半径标注生成的尺寸标注文字以 R 引导，以表示半径尺寸。圆形或圆弧的圆心标记可自动绘出。创建直径标注的方法与半径标注基本相同，生成的标注文字以ϕ引导，以表示直径尺寸。

（2）命令调用

用户可采用下列操作方法之一调用该命令。

- 单击功能区“常用”选项卡内的“注释”面板上的“半径”工具按钮。
- 选择“标注”→“半径”命令。
- 在命令行中输入“Dimradius”，并按〈Enter〉键执行命令。

（3）操作示例

利用“半径标注”工具为弧形墙线标注尺寸。命令行提示如下。

命令: _dimradius（执行半径标注命令）
选择圆弧或圆:（单击所要标注半径的圆弧）
标注文字 =900
指定尺寸线位置或 [多行文字(M)/文字(T)/角度(A)]:（指定半径标注的位置）

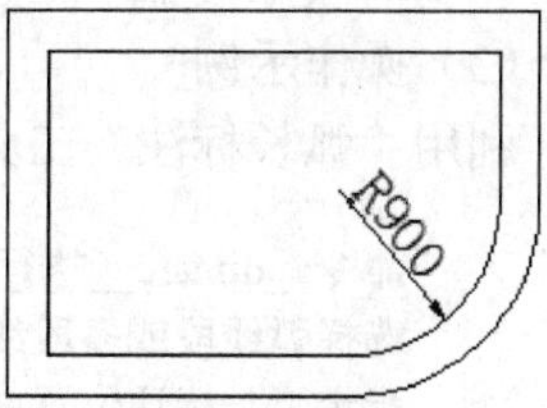

图 6-29　半径标注

命令执行完毕，结果如图 6-29 所示。

3．创建角度标注

（1）功能

角度标注测量并标记两条直线或三个点之间的角度。要测量圆的两条半径之间的角度，可以选择此圆，然后指定角度端点。对于其他对象，需要选择对象并指定标注位置。还可以通过指定角度顶点和端点标注角度。

（2）命令调用

用户可采用下列操作方法之一调用该命令。

- 单击功能区“常用”选项卡内的“注释”面板上的“角度”工具按钮。
- 选择“标注”→“角度”命令。
- 在命令行中输入“Dimangular”，并按〈Enter〉键执行命令。

（3）操作示例

利用“角度标注”工具为图形对象标注角度。命令行提示如下。

命令: _dimangular（执行角度标注命令）
选择圆弧、圆、直线或 <指定顶点>:（选定组成角度的第一条直线）
选择第二条直线:（再选定组成角度的另一条直线）
指定标注弧线位置或 [多行文字(M)/文字(T)/角度(A)/象限点(Q)]:（拖动鼠标，指定标注位置）
标注文字 =135.00

命令执行完毕，结果如图 6-30 所示。

说明：如果选择两条非平行直线，则测量并标记直线之间的角度。如果选择圆弧，则测量并标记圆弧所包含的圆心角。如果选择圆，则以圆心作为角的顶点，测量并标记所选的第一个点和第二个点之间包含的圆心角。选择“指定顶点”项，则需分别指定角点、第一端点和第二端点来测量并标记该角度值。

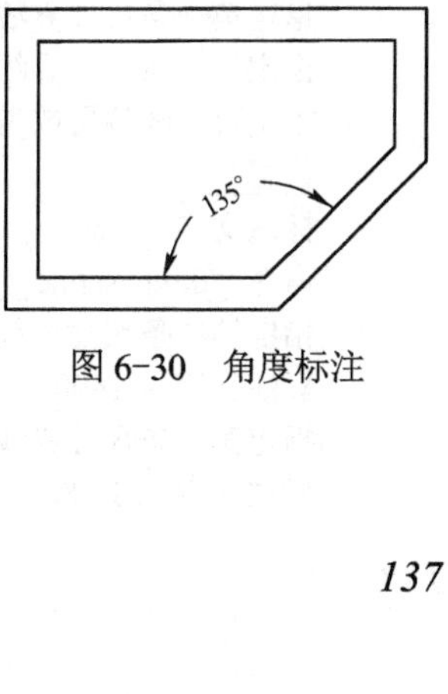

图 6-30　角度标注

4．创建弧长标注

（1）功能

弧长标注用于测量并标记圆弧或多段线弧线段上的距离。为区别它们是线性标注还是角度标注，默认情况下，弧长标注将显示一个圆弧符号，显示在标注文字的上方或前方。

（2）命令调用

用户可采用下列操作方法之一调用该命令。

- 单击功能区“常用”选项卡内的“注释”面板上的“弧长”工具按钮。
- 选择“标注”→“弧长”命令。
- 在命令行中输入“Dimarc”，并按〈Enter〉键执行命令。

（3）操作示例

利用“弧长标注”工具为图形对象标注尺寸。命令行提示如下。

命令: _dimarc（执行弧长标注命令）
选择弧线段或多段线圆弧段:（单击要标注的弧线）
指定弧长标注位置或 [多行文字(M)/文字(T)/角度(A)/部分(P)/引线(L)]:（鼠标指定标注位置）
标注文字 =4147.68

命令执行完毕，结果如图 6-31 所示。

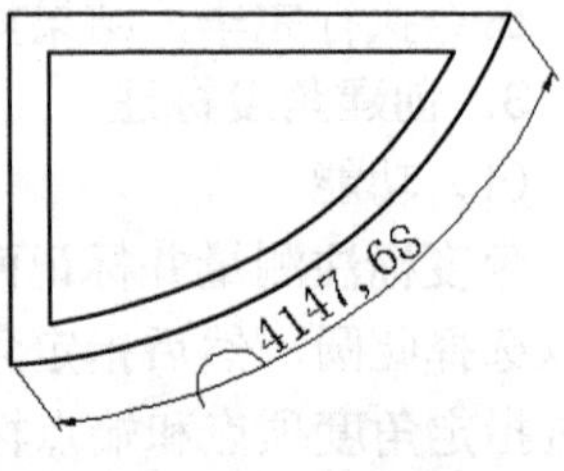

图 6-31　弧长标注

5. 创建基线标注

（1）功能

基线标注用于以前一个标注或选定标注的第一条尺寸界线为基准，自同一基线处测量并标记的多个线性标注。每个新尺寸线会自动偏移一个距离以免重叠。在创建基线标注之前，必须创建线性、对齐或角度标注。该功能可自当前任务最近创建的标注中以增量方式创建基线标注。另外，需要注意的是只有线性、坐标或角度关联尺寸标注才可进行基线标注。

（2）命令调用

用户可采用下列操作方法之一调用该命令。

- 单击“标注”工具栏中的“基线”按钮。
- 选择“标注”→“基线”命令。
- 在命令行中输入“Dimbaseline”，并按〈Enter〉键执行命令。

（3）操作示例

利用“基线标注”工具为图形对象标注尺寸。命令行提示如下。

命令: _dimlinear（先用线性标注标出第一道尺寸）
指定第一条尺寸界线原点或 <选择对象>:（指定第一个标注点）
指定第二条尺寸界线原点:（指定第二个标注点）
指定尺寸线位置或[多行文字(M)/文字(T)/角度(A)/水平(H)/垂直(V)/旋转(R)]:（拖动鼠标，指定标注位置）
标注文字 =150
命令: _dimbaseline（使用基线标注命令，依次完成其他标注内容）
指定第二条尺寸界线原点或 [放弃(U)/选择(S)] <选择>:（指定下一个标注点）
标注文字 =1600
指定第二条尺寸界线原点或 [放弃(U)/选择(S)] <选择>:（指定下一个标注点）
标注文字 =1800

指定第二条尺寸界线原点或 [放弃(U)/选择(S)] <选择>:（指定下一个标注点）
标注文字 =2200
指定第二条尺寸界线原点或 [放弃(U)/选择(S)] <选择>:（按〈Enter〉键完成连续标注）

命令执行完毕，结果如图 6-32 所示。

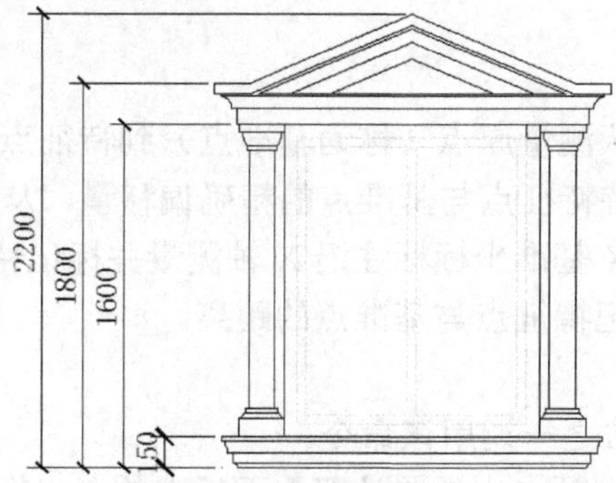

图 6-32　基线标注

6. 创建连续标注

（1）功能

连续标注用于以前一个标注的第二条尺寸界线为基准，连续标注多个线性尺寸。

（2）命令调用

用户可采用下列操作方法之一调用该命令。

- 选择"标注"→"连续"命令。
- 单击"标注"工具栏中的"连续"按钮。
- 在命令行中输入"Dimcontinue"，并按〈Enter〉键执行命令。

（3）操作示例

利用"连续标注"工具为图形对象标注尺寸。命令行提示如下。

命令: _dimlinear（执行线性标注命令）
指定第一条延伸线原点或 <选择对象>:（标注首层基础大放脚高度）
指定第二条延伸线原点:
指定尺寸线位置或[多行文字(M)/文字(T)/角度(A)/水平(H)/垂直(V)/旋转(R)]: （指定标注位置）
标注文字 = 120
命令: _dimcontinue（执行连续标注命令）
指定第二条延伸线原点或 [放弃(U)/选择(S)] <选择>:（指定下一个标注点）
标注文字 = 120
指定第二条延伸线原点或 [放弃(U)/选择(S)] <选择>:（指定下一个标注点）
标注文字 = 120
指定第二条延伸线原点或 [放弃(U)/选择(S)] <选择>:（指定下一个标注点）
标注文字 = 600
指定第二条延伸线原点或 [放弃(U)/选择(S)] <选择>:（按〈Enter〉键完成连续标注）

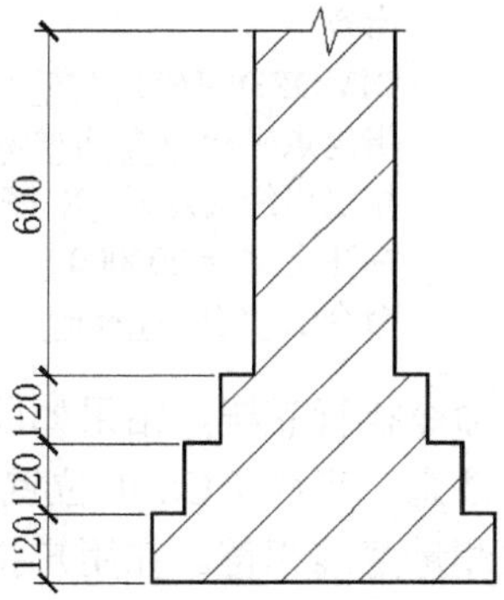

图 6-33　连续标注

命令执行完毕，结果如图 6-33 所示。

该命令的用法与基线标注类似，区别在于该命令是从前一个尺寸的第二条尺寸界线开始标注而不是固定于第一条界线。此外，各个标注的尺寸线将处于同一直线上，而不会自动偏移。

7．创建坐标标注

（1）功能

坐标标注是测量并标记从测量原点（称为基准点）到特征点（例如图形上的一个角点）的垂直距离。这种标注可保持特征点与基准点的精确偏移量，从而避免增大误差。坐标标注由 X 或 Y 值和引线组成。X 基准坐标标注沿 X 轴测量并标记特征点与基准点的距离。Y 基准坐标标注沿 Y 轴测量并标记特征点与基准点的距离。

（2）命令调用

用户可采用下列操作方法之一调用该命令。

- 单击功能区“常用”选项卡内的“注释”面板上的“坐标”工具按钮。
- 选择“标注”→“坐标”命令。
- 在命令行中输入“Dimordinate”，并按〈Enter〉键执行命令。

（3）操作示例

利用“坐标标注”工具为路网进行道路交叉口的坐标标注。命令行提示如下。

命令: _dimordinate（执行坐标标注命令）
指定点坐标:（单击要标注的路口交叉点）
指定引线端点或 [X 基准(X)/Y 基准(Y)/多行文字(M)/文字(T)/角度(A)]:（指定标注位置）
标注文字 = 100000
命令:
DIMORDINATE（按〈Enter〉键，重复坐标标注命令）
指定点坐标:（单击要标注的路口交叉点）
指定引线端点或 [X 基准(X)/Y 基准(Y)/多行文字(M)/文字(T)/角度(A)]:（指定标注位置）
标注文字 = 200000
命令:
DIMORDINATE（按〈Enter〉键，重复坐标标注命令）
指定点坐标:（单击要标注的路口交叉点）
指定引线端点或 [X 基准(X)/Y 基准(Y)/多行文字(M)/文字(T)/角度(A)]:（指定标注位置）
标注文字 = 195000
命令:
DIMORDINATE（按〈Enter〉键，重复坐标标注命令）
指定点坐标:（单击要标注的路口交叉点）
指定引线端点或 [X 基准(X)/Y 基准(Y)/多行文字(M)/文字(T)/角度(A)]:（指定标注位置）
标注文字 = 200000
命令:…（按〈Enter〉键重复命令，依次完成其余路口交叉点的坐标标注）

命令执行完毕，结果如图 6-34 所示。

注意：当前 UCS 的位置和方向确定坐标值。在创建坐标标注之前，通常要设置 UCS 原点与测量基准相符。在用户指定特征位置后，程序将提示指定引线端点。默认情况下，指定的引线端点将自动确定是创建 X 基准坐标标注还是 Y 基准坐标标注。创建坐标标注后，用户还可以使用夹点编辑轻松地重新定位标注引线和文字。标注文字始终与坐标引线对齐。

图 6-34　道路交叉口坐标标注

8. 创建对齐标注

（1）功能

使用对齐标注可以创建与指定位置或对象平行的标注。在对齐标注中，尺寸线平行于尺寸延伸线原点连成的直线。

（2）命令调用

用户可采用下列操作方法之一调用该命令。

- 单击功能区“常用”选项卡内的“注释”面板上的“对齐”工具按钮。
- 选择“标注”→“对齐”命令。
- 在命令行中输入“Dimaligned”，并按〈Enter〉键执行命令。

（3）操作示例

利用“对齐标注”工具为图形对象标注尺寸。命令行提示如下。

命令: _dimaligned（执行对齐标注命令）
指定第一条延伸线原点或 <选择对象>:（单击尺寸标注起点）
指定第二条延伸线原点:（单击尺寸标注终点）
指定尺寸线位置或[多行文字(M)/文字(T)/角度(A)]:（鼠标拖动尺寸标注到合适的位置后，单击确定标注位置）
标注文字 = 1600

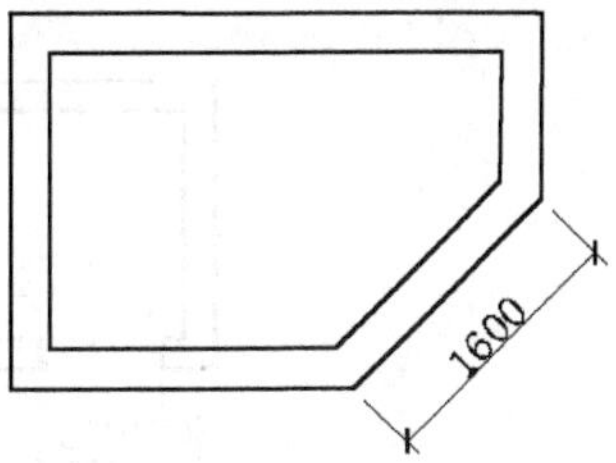

图 6-35　对齐标注

命令执行完毕，结果如图 6-35 所示。

6.3.2　尺寸标注编辑

在完成图形的尺寸标注后，用户可以根据需要对其进行修改。AutoCAD 2011 提供了多种编辑标注的方式，除了可以使用“标注样式管理器”，还可以通过“特性管理器”以及其他编辑命令来修改标注。

在创建标注后，用户可以根据需要修改现有标注文字的位置和方向或者以新的文字内容进行替换。还可以使用夹点功能将标注文字沿尺寸线移动到左、右、中心或尺寸延伸线之内及之外的任意位置。如果向上或向下移动文字，当前文字相对于尺寸线的垂直对齐不会改变。

在创建标注时，当前标注样式将与之相关联，用户可以根据需要为现有标注对象指定其他的标注样式。修改标注样式后，还可以选择是否更新与此标注样式相关联的标注。

1．调整标注间距

（1）功能

调整标注间距命令可以自动调整图形中现有的平行线性标注和角度标注，以使其间距相等或在尺寸线处相互对齐。

（2）命令调用

用户可采用下列操作方法之一调用该命令。

- 单击功能区“注释”选项卡内的“标注”面板上的“调整间距”工具按钮。
- 选择“标注”→“标注间距”命令。
- 在命令行中输入“Dimspace”，并按〈Enter〉键执行命令。

（3）操作示例

利用“标注间距”功能适当调整尺寸线的间距。命令行提示如下。

命令: _DIMSPACE（执行标注间距命令）
选择基准标注:（选取合适的尺寸线作为间距调整的基准）
选择要产生间距的标注:指定对角点: 找到 1 个（选取需调整间距的尺寸线）
选择要产生间距的标注:（按〈Enter〉键完成选择）
输入值或 [自动(A)] <自动>: A（选择选项 A，自动调整间距）

完成命令操作，结果如图 6-36 所示。

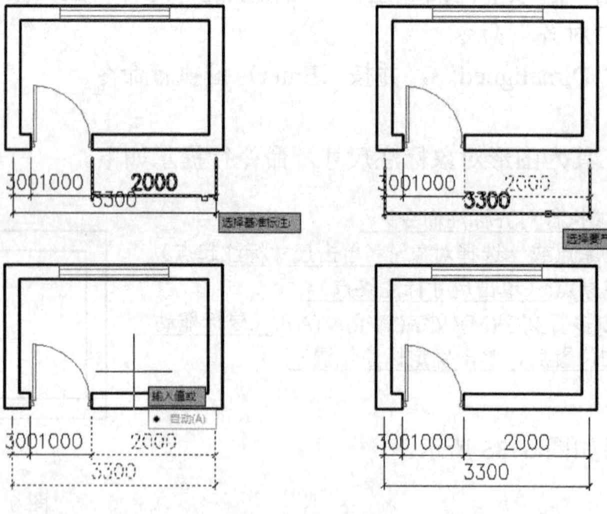

图 6-36　调整标注间距

2．旋转标注文字

（1）功能

使用文字角度功能，用户可以旋转标注文字并重新定位尺寸线。

（2）命令调用

用户可采用下列操作方法之一调用该命令。

- 单击功能区“注释”选项卡内的“标注”面板上的“文字角度”工具按钮。
- 选择“标注”→“对齐文字”→“角度”命令。
- 在命令行中输入“Dimtedit”，并按〈Enter〉键执行命令。

（3）操作示例

利用“文字角度”功能调整尺寸标注文字的角度。命令行提示如下。

命令: _dimtedit（执行角度命令）
选择标注:（选择要进行旋转的尺寸对象）
为标注文字指定新位置或 [左对齐(L)/右对齐(R)/居中(C)/默认(H)/角度(A)]: a（使用角度选项）
指定标注文字的角度: 45（输入要旋转的角度数值）

按〈Enter〉键完成命令操作，结果如图 6-37 所示。

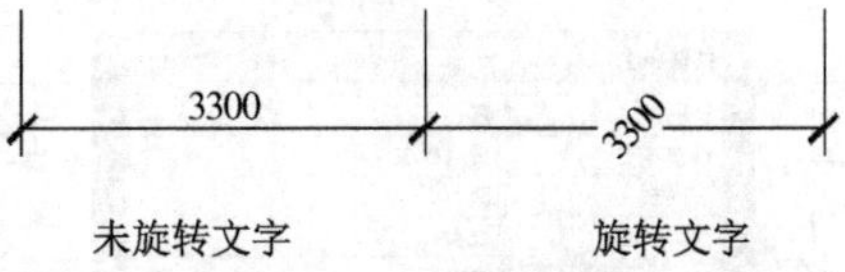

图 6-37　旋转标注文字

3．移动标注文字

（1）功能

使用编辑标注文字工具，可以调整标注文字在尺寸延伸线界内沿尺寸线的相对位置。用户可以根据需要选择使用“左对正”、“右对正”或“居中对正”将标注文字移动到尺寸线的相应位置。

（2）命令调用

用户可采用下列操作方法之一调用该命令。

- 单击功能区“注释”选项卡内的“标注”面板上的“左对正”、“居中对正”或“右对正”工具按钮。
- 选择“标注”→“对齐文字”→“左”、“居中”或“右”命令。
- 在命令行中输入“Dimtedit”，并按〈Enter〉键执行命令。

（3）操作示例

利用该功能调整标注文字的位置。命令行提示如下。

命令: _dimtedit（执行编辑标注文字命令）
选择标注:（选择要进行移动的尺寸对象）
为标注文字指定新位置或 [左对齐(L)/右对齐(R)/居中(C)/默认(H)/角度(A)]: L（使用左对齐）
为标注文字指定新位置或 [左对齐(L)/右对齐(R)/居中(C)/默认(H)/角度(A)]: R（使用右对齐）
为标注文字指定新位置或 [左对齐(L)/右对齐(R)/居中(C)/默认(H)/角度(A)]: C（使用居中对齐）

按〈Enter〉键完成命令操作，结果如图 6-38 所示。

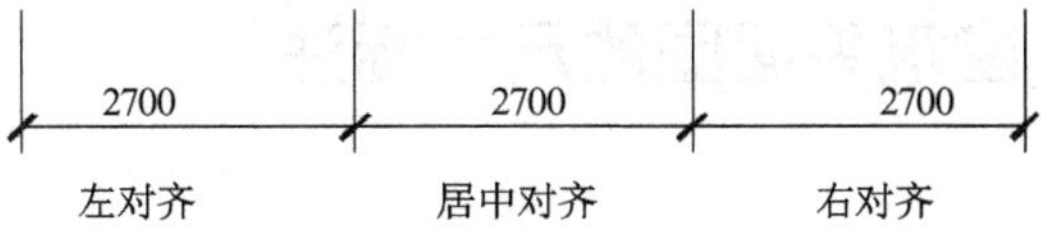

图 6-38　移动标注文字

4. 替换标注文字

（1）功能

在复杂图形的绘图过程中，可能会遇到实测尺寸与实际尺寸不一致的情况，用户可利用AutoCAD 2011 提供的“快捷特性”工具替换标注对象的文字，也可以通过“特性”选项板替换标注对象的文字。

（2）命令调用

选中要编辑的标注对象并右击，在弹出的快捷菜单中选择“快捷特性”或“特性”命令，将弹出“快捷特性”或“特性”面板，用户在“文字替代”栏中输入要替换的标注文字内容即可。

（3）操作示例

利用“快捷特性”工具修改图形对象的标注文字。结果如图 6-39 所示。

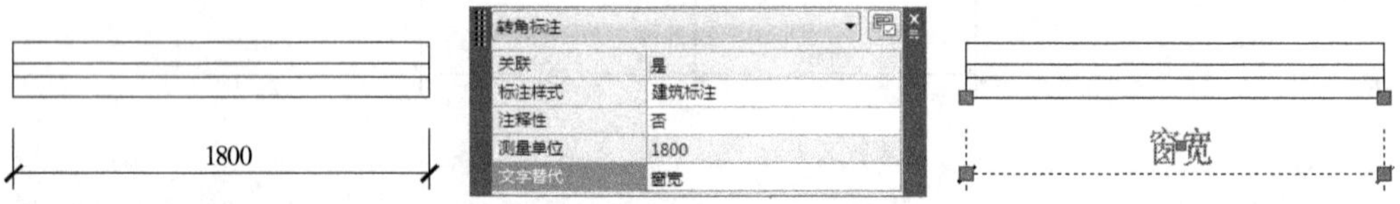

图 6-39　替换标注文字

5. 利用夹点编辑尺寸标注

（1）功能

利用夹点功能可以移动标注文字的位置，用户还可以根据所绘图形移动尺寸标注的位置。

（2）命令调用

选中要编辑的尺寸标注对象，利用鼠标拖拽相应夹点即可。

（3）操作示例

尺寸标注对象有 5 个夹点，用户选中尺寸标注对象的尺寸界线顶端夹点可以调整尺寸界线长度，选中尺寸线两端夹点可以调整尺寸线位置，若选中尺寸标注文字夹点则可以调整标注文字的位置，如图 6-40 所示。

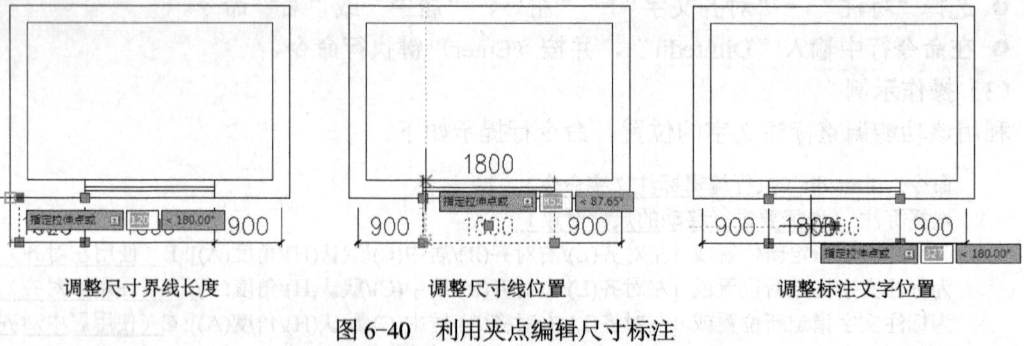

图 6-40　利用夹点编辑尺寸标注

6.4　实训操作——建筑平面图的尺寸标注

1. 实训要求

运用本章所学内容，创建一个名为“尺寸标注”的标注样式。为工程图进行尺寸标注。

在标注过程中，注意灵活运用多种标注方式以及尺寸标注对象的夹点功能。为了能够清晰地反映出设计要求，在建筑图中一般需要标注 3 道尺寸，如门窗尺寸线、轴线尺寸线、总尺寸线。尺寸排列时要注意大尺寸在外、小尺寸在内，各项尺寸一般只需标注一次即可。

2．操作指导

1）打开 AutoCAD 2011 中文版，新建一个图形文件，将工作空间设为“二维草图与注释”。

2）单击功能区“常用”选项卡内的“注释”面板上的“标注样式”工具按钮，在弹出的“标注样式管理器”对话框中单击“新建”按钮，程序将会弹出“创建新标注样式”对话框，创建名为“尺寸标注”的标注样式，单击“继续”按钮进行下一步设置。

3）选择“线”选项卡，要求尺寸线“超出标记”设为 2，“基线间距”3，“超出尺寸线”为 2，“起点偏移量”为 2。

4）选择“符号和箭头”设置面板。将箭头设置为建筑标记，“箭头大小”设为 2，其余采用默认值即可。

5）选择“文字”设置面板。要求“文字高度”为 3.5，文字位置中的“垂直”为“上方”，“水平”为“居中”，“从尺寸线偏移”为 1。其余为默认值即可。

6）选择“调整”设置面板。要求将“标注特征比例”中的“使用全局比例”选项设为 100。

7）运用前面章节所学内容，绘制一个如图 6-41 所示的建筑平面图。绘制时注意图层的使用，要求创建名为轴线、墙体、门窗、标注四个图层。

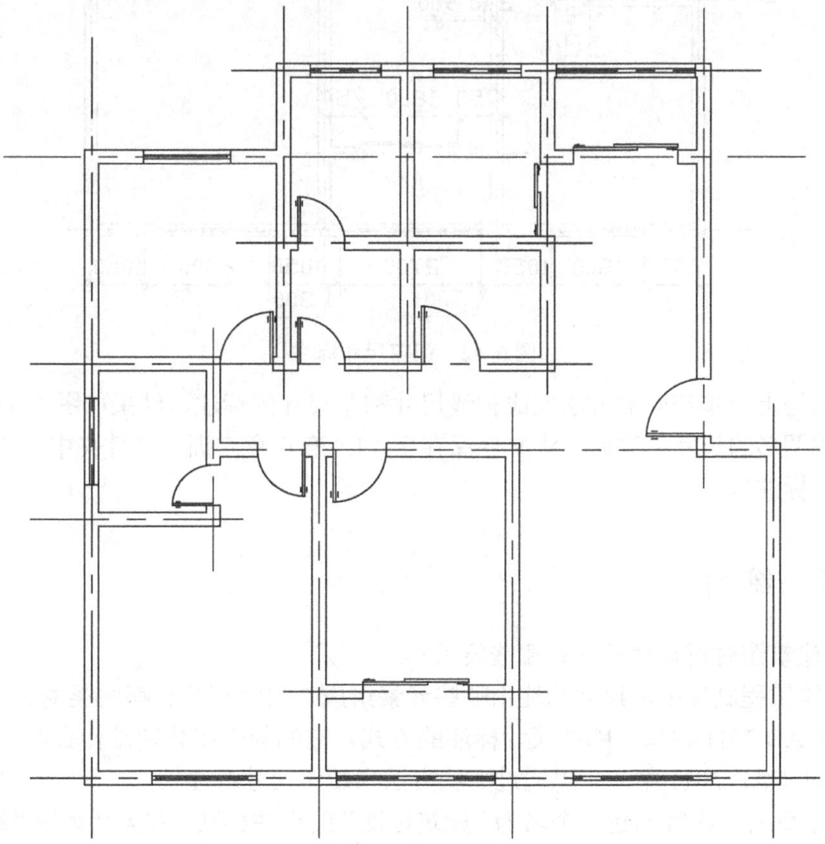

图 6-41　建筑平面图

8）在图层面板中选择“标注”为当前图层，并将前面新建的名为“尺寸标注”的标注样式设置为当前的标注样式。

9）单击“注释”面板上的“线性”标注工具按钮，标注第一道尺寸即门窗尺寸线。注意，使用“线性”标注工具完成一侧的第一个尺寸的标注后，为提高绘图效率，其余尺寸可以使用“连续标注”工具进行标注，如图 6-42 所示。

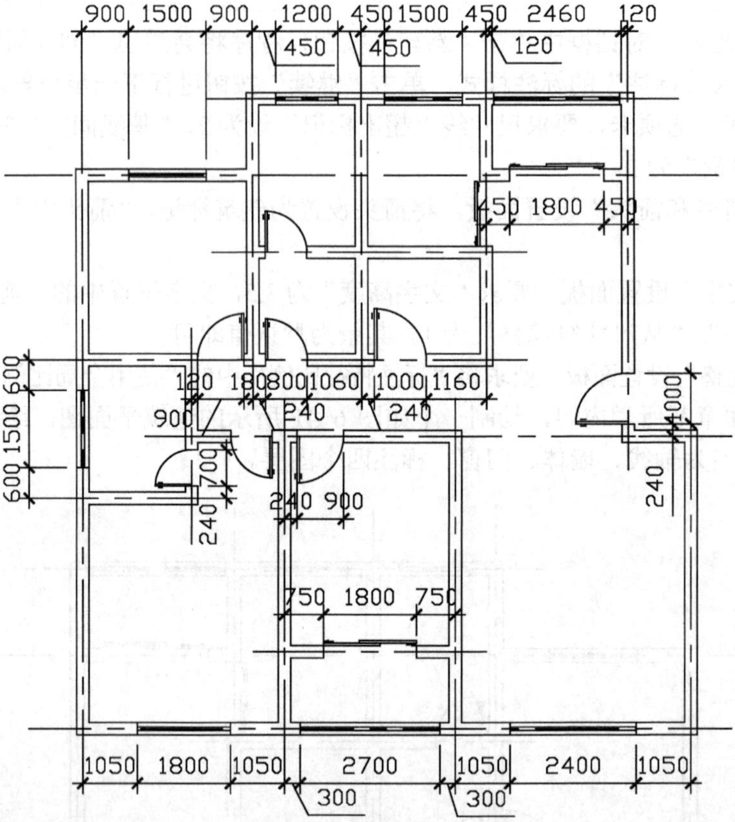

图 6-42 门窗尺寸标注

10）采用与上一步相同的方法完成轴线尺寸和总尺寸的标注，结果如图 6-43 所示。

11）完成图形的尺寸标注后，将文件保存至“E:\第 6 章实训”文件夹中，文件名为“建筑平面图尺寸标注”。

6.5 思考与练习

1．绘制建筑图时对尺寸标注有哪些要求？

2．在建筑工程制图中，尺寸标注由哪些元素组成？尺寸标注有哪些类型？

3．AutoCAD 2011 提供了哪些尺寸标注的方式？它们的作用分别是什么？

4．在 AutoCAD 2011 中，可以通过哪些方法来编辑尺寸标注？

5．利用本章所学内容创建一个名为“建筑标注”的标注样式，并灵活运用“线性”和“连续”标注工具，为如图 6-44 所示的平面图标注尺寸。

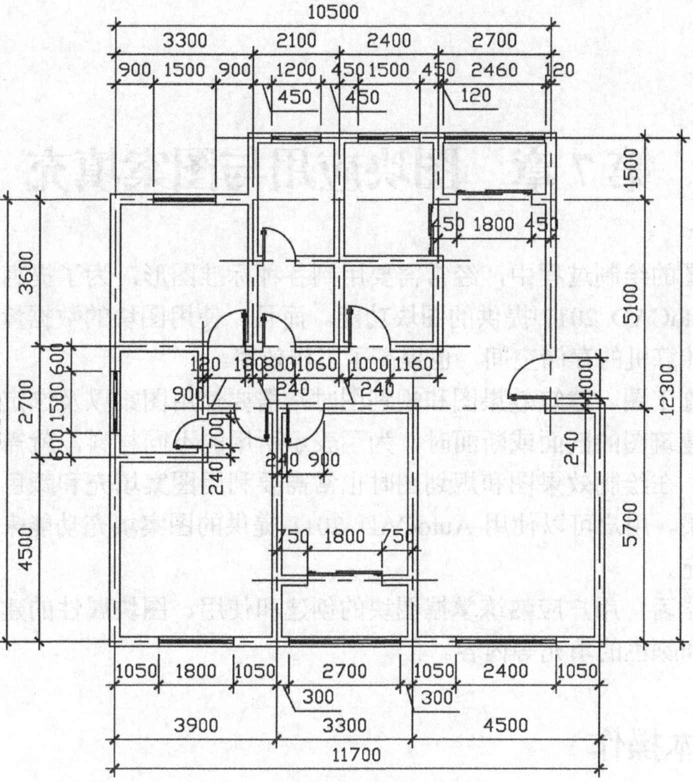

图 6-43 建筑平面图尺寸标注

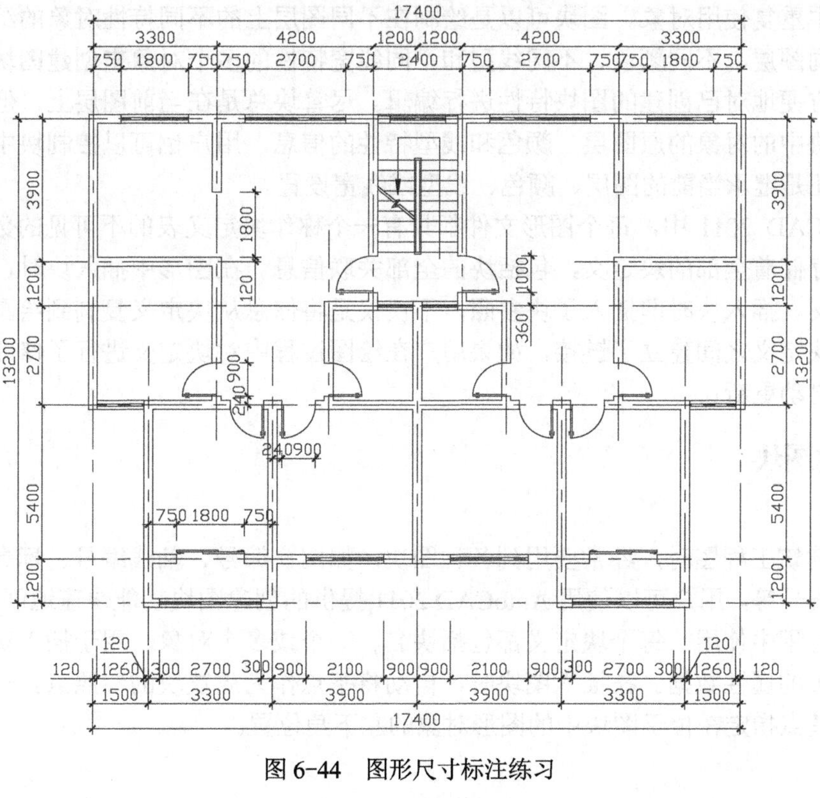

图 6-44 图形尺寸标注练习

第 7 章　图块应用与图案填充

在建筑工程图的绘制过程中，经常需要用到各种标准图形，为了提高绘图工作的效率，用户可以使用 AutoCAD 2011 提供的图块功能。而且，使用图块的数据量要比直接绘图小得多，从而节省了计算机的存储空间，也提高了工作效率。

在绘制建筑施工图、建筑效果图和规划图时常需要使用图案以及选定的颜色来填充指定区域。比如绘制建筑图的剖面或断面时，为了表示所用的不同材料，就需要使用某种图案来填充指定的区域，在绘制效果图和规划图时也常需要利用图案填充和颜色填充来增强图形的可读性及显示效果。用户可以使用 AutoCAD 2011 提供的图案填充功能来完成图形对象的图案填充及颜色填充。

通过本章的学习，用户应熟练掌握图块的创建和使用、图块属性的建立与编辑、动态图块的应用、图案和颜色的填充等内容。

7.1　图块基本操作

图块是由图形中一个或多个对象组合而成的集合。利用图块可以帮助用户在同一图形或不同的图形中重复使用对象。图块可以是绘制在不同图层上的不同特性对象的组合，如用户可以使用不同图层、不同颜色、不同线型和不同线宽特性的多个对象来创建图块，也可以利用图层特性方便地对已创建的图块特性进行编辑。尽管块总是在当前图层上，但块参照保存了包含在该块中的对象的原图层、颜色和线型特性的信息，用户也可以控制块中的对象是保留其原特性还是继承当前的图层、颜色、线型或线宽设置。

在 AutoCAD 2011 中，每个图形文件都具有一个称作块定义表的不可见的数据区域，在块定义表中存储着全部的块定义，包括块的全部关联信息。在图形中插入块时，所参照的就是这些块定义。插入块时即插入了块参照，不仅仅是将信息从块定义复制到绘图区域，而且在块参照与块定义之间建立了链接，如果用户在绘图过程中对块定义进行了修改，则所有的块参照也将自动更新。

7.1.1　创建图块

1．功能

在绘制建筑工程图时，经常要用到各种图块，如门窗编号、轴线编号、标高符号、房间编号和索引符号等。用户可以使用 AutoCAD 2011 提供的创建图块功能快速地创建上述图块，以方便绘图过程中使用。每个块定义都包括块名、一个或多个对象、用于插入块的基点坐标值和所有相关的属性数据。在插入图块时，自动将基点作为放置块的参照点。一般情况下，建议将图块基点指定在位于图块中的图形对象的左下角位置。

2. 命令调用

用户可采用下列操作方法之一调用该命令。

- 单击功能区“常用”选项卡内的“块”面板上的“创建图块”工具按钮。
- 选择“绘图”→“块”→“创建”命令。
- 在命令行中输入“Block”，按〈Enter〉键执行命令。

3. 操作示例

利用创建图块功能创建一个名为“立面窗”的图块。具体操作步骤如下。

1）新建一个图形文件，利用在前面章节中介绍的多段线、直线、矩形等工具，绘制如图 7-1 所示的“立面窗”示意图。

2）单击功能区“常用”选项卡内的“块”面板上的“创建图块”工具按钮，在弹出的“块定义”对话框中的“名称”文本框中输入“立面窗”；单击“拾取点”按钮，定义拾取点为图形的左下角点；单击“选择对象”按钮，选择定义图块的相应图形。另外，用户还可以选择执行块定义之后对原对象选择“保留”或是“转换为块”或是“删除”。最后单击“确定”按钮即完成了图块的创建。如图 7-2 所示。

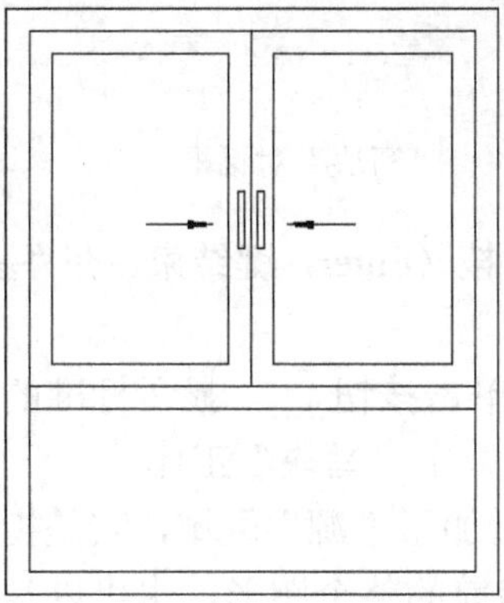

图 7-1　立面窗

图 7-2　“块定义”对话框

7.1.2　创建外部块

1. 功能

使用该命令，用户可以创建图形文件，用于作为图块插入到其他图形中。作为块定义源，单个图形文件容易创建和管理，使用时也更加方便。尤其对于那些在设计中需多次用到的行业标准图形，创建为块形式的图形文件，即外部块，在调用图块时仅需改变其比例和旋转一定的角度即可。

2. 命令调用

在命令行中输入“Wblock”，并按〈Enter〉键执行命令。

3. 操作示例

利用“写块”工具创建一个名为“立面门”的图块。具体操作步骤如下。

1）新建一个图形文件，利用在前面章节中介绍的多段线、圆形、矩形等工具，绘制如图 7-3 所示的“立面门”示意图。

2）在命令行中输入“Wblock”，程序将会弹出“写块”对话框，如图 7-4 所示。在“源”区域中选择“对象”，另外，要在图形中保留用于创建新图形的原对象，请确保未选中“从图形中删除”选项。如果选择了该选项，将从图形中删除原对象。

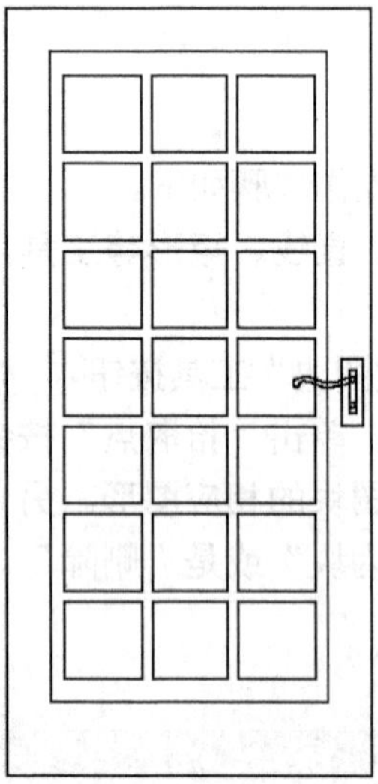

图 7-3　立面门

图 7-4　“写块”对话框

3）单击“选择对象”按钮，选择要创建为块的图形对象，按〈Enter〉键结束。在“基点”区域下，使用坐标输入或拾取点两种方法均可定义基点位置。

4）在“目标”区域，输入新图形的文件名称和路径，或单击按钮 ... ，显示标准的文件选择对话框，将图形保存在指定位置，单击“确定”按钮即完成了“写块”工作。

“写块”对话框与“块定义”对话框有两处不同，一个是增加了“源”区域，它是指作为写块对象的图形来源可以是现有块，从列表中选取，可以是当前的整个图形，也可以是整个图形中的某一部分；另一个增加的是“目标”区域，指定文件的新名称和新位置并指定插入块时所用的测量单位。

7.1.3　插入图块

1．功能

在定义图块后，用户可以方便地在绘图时根据需要多次插入图块。插入图块时，可以指定它的位置、缩放比例和旋转度。插入块的操作将创建一个称作块参照的对象，因为参照了存储在当前图形中的块定义。

2．命令调用

用户可采用下列操作方法之一调用该命令。

- 单击功能区“常用”选项卡内的“块”面板上的“插入块”工具按钮。
- 选择“插入”→“块”命令。
- 在命令行中输入“Insert”，按〈Enter〉键执行命令。

3．操作示例

利用“插入块”工具为建筑立面图插入相应的图块。具体操作步骤如下。

1）新建一个图形文件，利用矩形命令绘制一个尺寸为4200×2800的墙体立面轮廓。

2）利用在7.1.1和7.1.2中介绍的方法创建“立面窗”和“立面门”图块。

3）单击功能区“常用”选项卡内的“块”面板上的“插入块”工具按钮，程序将会弹出“插入”对话框，如图7-5所示。单击“名称”框右侧的下拉箭头按钮，选择名称为“立面窗”的图块，并单击“确定”按钮，在适当位置单击以指定“立面窗”图块的插入位置。

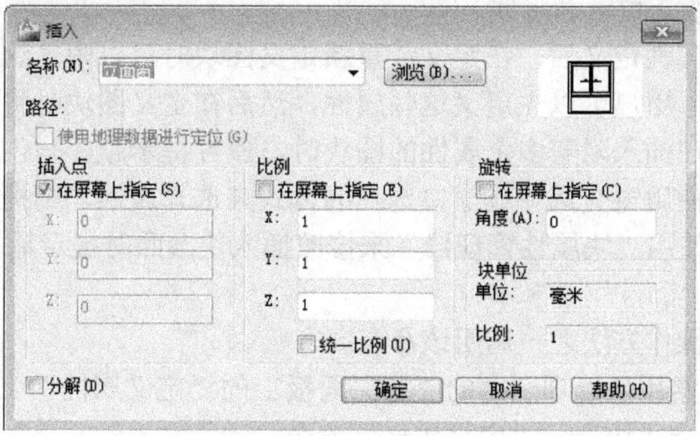

图7-5 “插入”对话框

4）单击功能区“常用”选项卡内的“块”面板上的“插入块”工具按钮，在弹出的“插入”对话框中，单击“名称”框右侧的“浏览”按钮，在弹出的“选择图形文件”对话框中选择名称为“立面门图块”的图形文件，如图7-6所示。单击“确定”按钮后，在适当位置单击以指定“立面门”图块的插入位置。结果如图7-7所示。

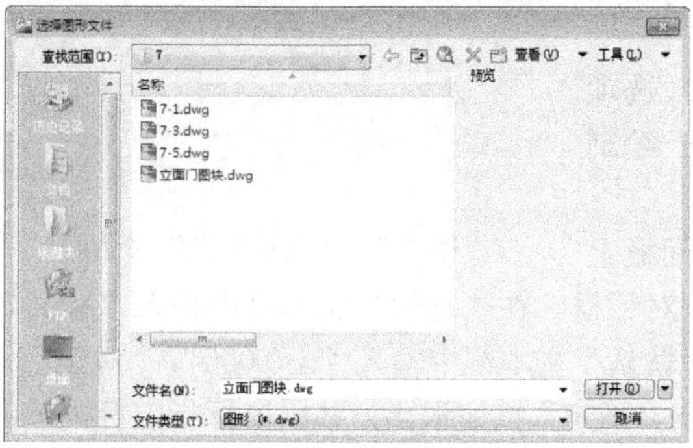

图7-6 “选择图形文件”对话框

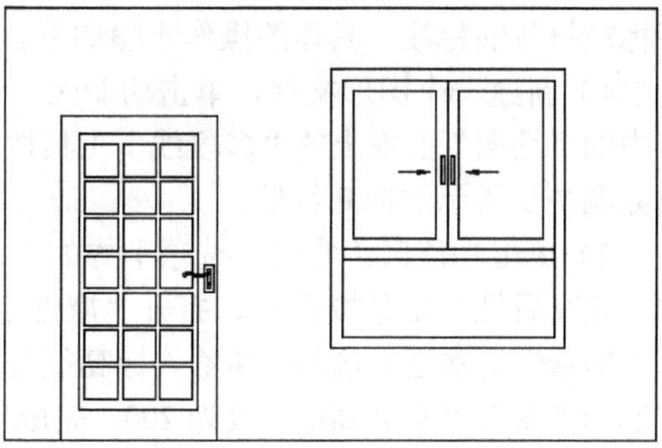

图7-7 插入图块

7.2 图块的属性

7.2.1 定义图块属性

图块的属性是将数据附着到块上的标签或标记，它是一种特殊的文本对象，可包含用户所需要的各种信息。属性图块常用于形式相同，而文字内容需要变化的情况，如建筑图中的轴线符号、门窗编号、标高符号、房间编号等，用户可以将它们创建为带有属性的图块，使用时可根据需要指定文字内容。属性是非图形信息，它是图块的组成部分，当插入图块时，系统将显示或提示输入图块的属性数据。

1．功能

要定义图块属性，首先要创建包含属性特征的属性定义。属性特征包括标记（标识属性的名称）、插入块时显示的提示、值的信息、文字格式、块中的位置和所有可选模式（不可见、常数、验证、预置、锁定位置和多线）。

创建一个或多个属性定义后，在定义或重新定义图块时可以附着这些属性。要为一个图块同时添加多个属性，用户可以先定义这些属性，然后在定义图块时将它们都添加到图块对象的选择集中。通常在插入附着多个属性的图块时，属性提示顺序与创建块时选择属性的顺序相同。但是，如果使用窗交选择或窗口选择的方式来选择属性，则提示顺序与创建属性的顺序相反。用户可以使用“块属性管理器”来修改插入块参照时提示输入属性信息的次序。

2．命令调用

用户可采用下列操作方法之一调用该命令。

- 单击功能区“常用”选项卡内的“块”面板上的“定义属性”工具按钮。
- 选择“绘图”→“块”→“定义属性”命令。
- 在命令行中输入“Attdef”，并按〈Enter〉键执行命令。

执行该命令，AutoCAD 2011 将弹出“属性定义”对话框，如图 7-8 所示。

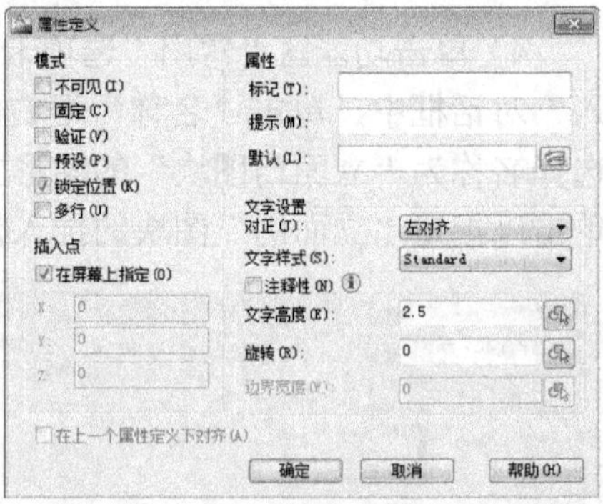

图 7-8　“属性定义”对话框

3．操作示例

使用“定义属性”工具为标高符号添加标高值属性，并使用带有属性定义的标高符号图块为建筑剖面图进行标高符号的标注。具体的操作步骤如下。

1）新建一个图形文件，单击功能区“常用”选项卡内的“绘图”面板上的“多段线”工具按钮。绘制出如图 7-9 所示的标高符号。

2）单击功能区“常用”选项卡内的“块”面板上的“定义属性”工具按钮，打开“属性定义”对话框。在“标记”文本框中输入“标高”，在“提示”文本框中输入“请输入标高值”，在“默认”文本框中输入“±0.000”，“对正”方式选为“左”，“文字高度”设为200。完成后单击“确定”按钮退出，并用鼠标指定标高值的位置，结果如图 7-10 所示。

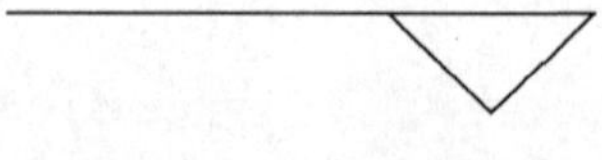

图 7-9　绘制标高符号

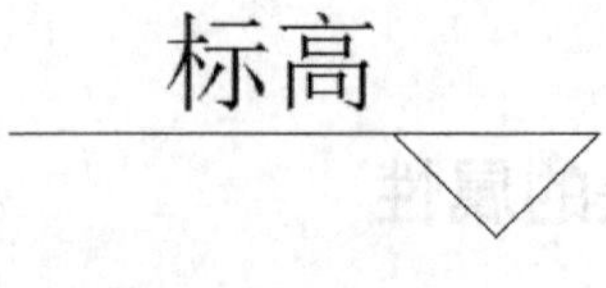

图 7-10　定义图块属性

3）单击功能区“常用”选项卡内的“块”面板上的“创建块”工具按钮，在弹出的“块定义”对话框的“名称”文本框中输入“标高符号”，并拾取标高符号的底部为基点，在选择对象时，将标高符号与其属性全部选中，如图 7-11 所示。

4）块定义设置完成后，单击“确定”按钮，将会弹出“编辑属性”对话框。这时将会显示前面所添加的属性内容，如图 7-12 所示。单击“确定”按钮完成图块属性的定义。

图 7-11　“块定义”对话框

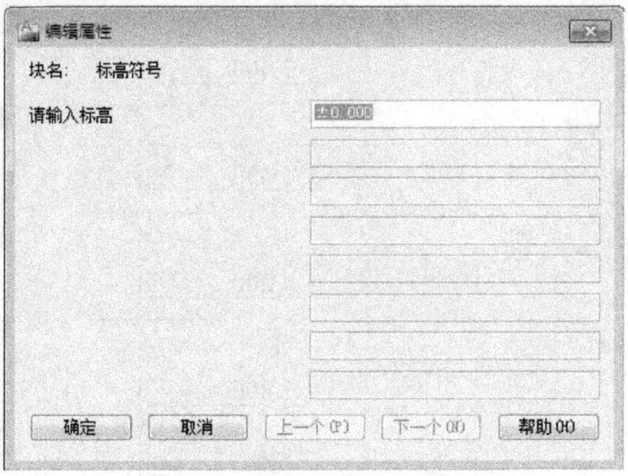

图 7-12　“编辑属性”对话框

5）利用在前面章节中介绍的直线、多段线、矩形等工具，绘制一个楼梯局部剖面图。如图 7-13 所示。

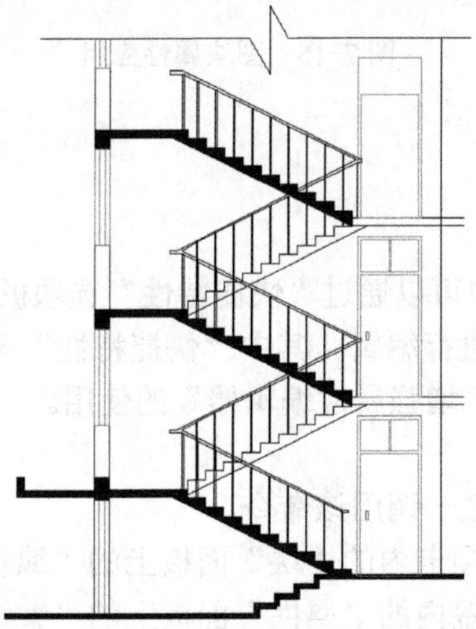

图 7-13　绘制楼梯局部剖面图

6）单击功能区“常用”选项卡内的“块”面板上的“插入块”工具按钮，系统将会弹出“插入”对话框。选择名称为“标高符号”的图块并单击“确定”按钮，在图形的适当位置单击以确定标高符号的插入位置。此时，程序将会提示“请输入标高值”，用户输入需要标注的标高数值即可完成平面图标高的标注，如图 7-14 所示。

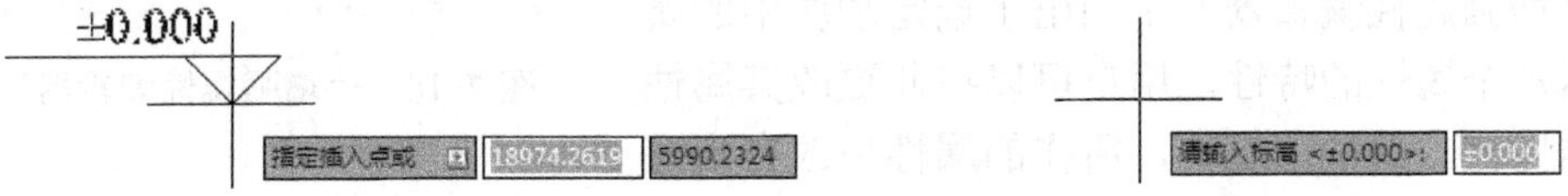

图 7-14　插入标高符号

7）重复上一步操作，依次完成全部标高符号的标注工作。结果如图 7-15 所示。

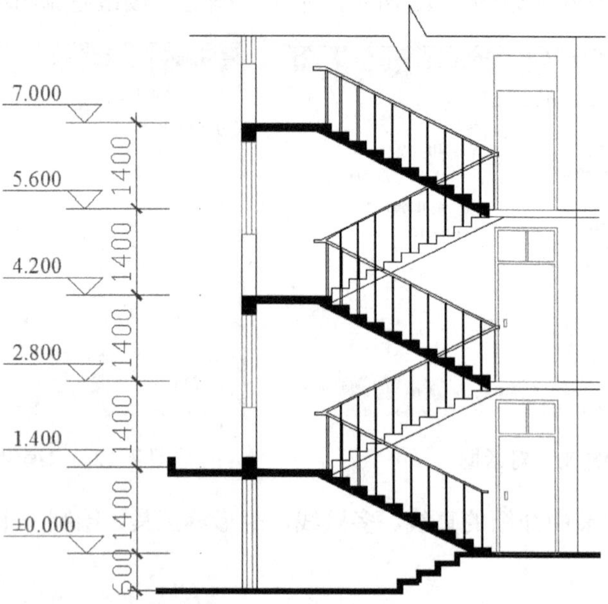

图 7-15　图块属性应用

7.2.2　编辑图块属性

1．功能

在 AutoCAD 2011 中，用户可以通过“快捷特性”选项板、“特性”选项板或“增强属性编辑器”对附着到图块的属性进行编辑。其中“快捷特性”选项板和“特性”选项板的使用与其他对象类似。在此只介绍“增强属性编辑器”的使用。

2．命令调用

用户可采用下列操作方法之一调用该命令。

● 单击功能区“常用”选项卡内的“块”面板上的“编辑属性”工具按钮。

● 单击功能区“插入”标签内的“属性”面板上的“编辑属性”工具按钮。

● 在绘图区域直接双击附着有属性的图块对象。

● 在命令行中输入“Eattedit”，并按〈Enter〉键执行命令。

利用上述方法均可调出“增强属性编辑器”对话框，如图 7-16 所示。

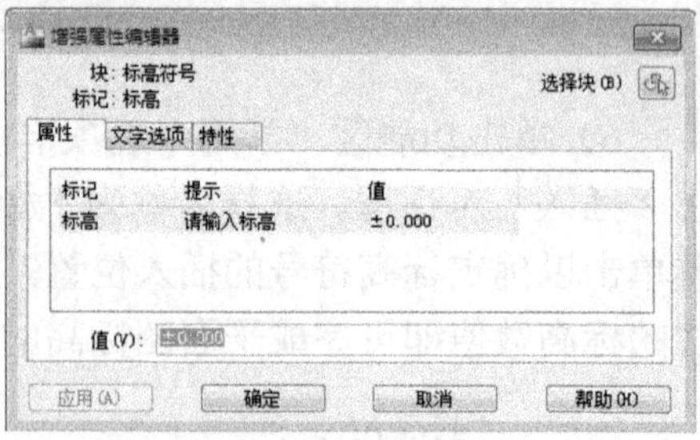

图 7-16　“增强属性编辑器”对话框

3．操作示例

在“增强属性编辑器”中列出了选定图块中的属性并显示每个属性的特性，用户可以在此更改其属性特性和属性值。默认情况下，所作的属性更改在当前图形中应用于现有的所有块参照。更改现有块参照的属性特性不会影响指定给这些图块的值。在“增强属性编辑器”对话框中包含“属性”、“文字选项”和“特性”3 个选项卡。

在“属性”选项卡中，显示了指定给每个属性的标记、提示和值，用户可以根据需要更改选定图块的属性值。如图 7-16 所示。

在“文字选项”选项卡中，可以设置用于定义属性文字在图形中的显示方式的特性。如图 7-17 所示。

在“特性”选项卡中，可以定义属性所在的图层以及属性文字的线宽、线型和颜色。如果图形使用打印样式，还可以使用“特性”选项卡为属性指定打印样式，如图 7-18 所示。

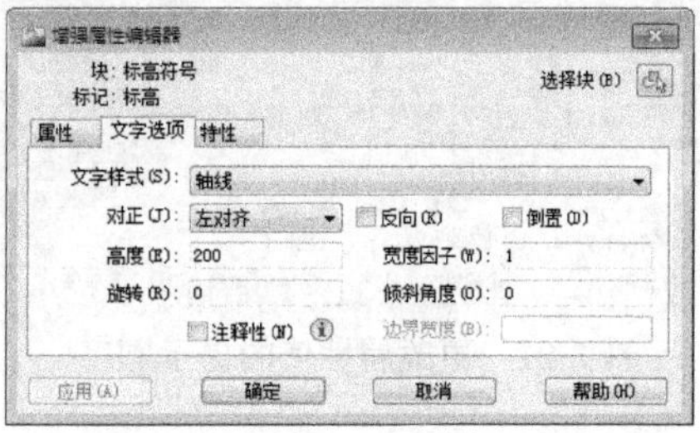

图 7-17　“文字选项”选项卡

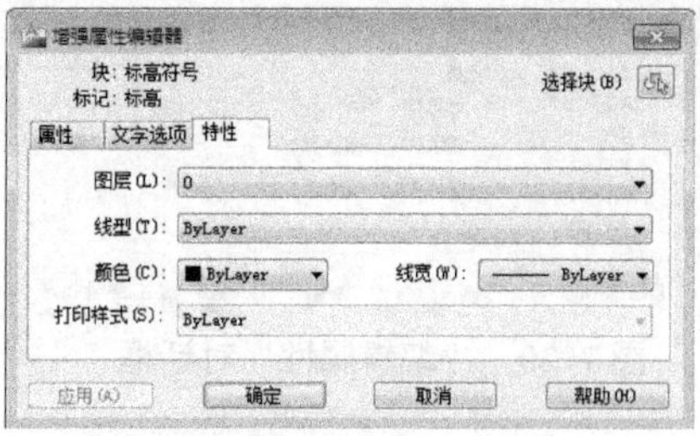

图 7-18　“特性”选项卡

7.2.3 管理图块属性

1．功能

使用该功能，用户可以编辑已经附着到块和插入图形的全部属性的值及其他特性。在定义附着多个属性的图块时，选择属性的顺序决定了在插入图块时提示属性信息的顺序。用户可以使用属性管理器更改属性值的提示顺序，还可以从块定义和当前图形中现有的块参照中删除属性，需要注意的是，不能从块中删除所有属性，必须至少保留一个属性，否则需要重新定义块。使用对块定义所做的更改，可以在当前图形的所有块参照中更新属性。

2．命令调用

用户可采用下列操作方法之一调用该命令。

- 单击功能区“常用”选项卡内的“块”面板上的“管理属性”工具按钮。
- 单击功能区“插入”选项卡内的“属性”面板上的“管理属性”工具按钮 管理 。
- 在命令行中输入“Battman”，并按〈Enter〉键执行命令。

执行该命令，系统将会弹出“块属性管理器”对话框，如图 7-19 所示。

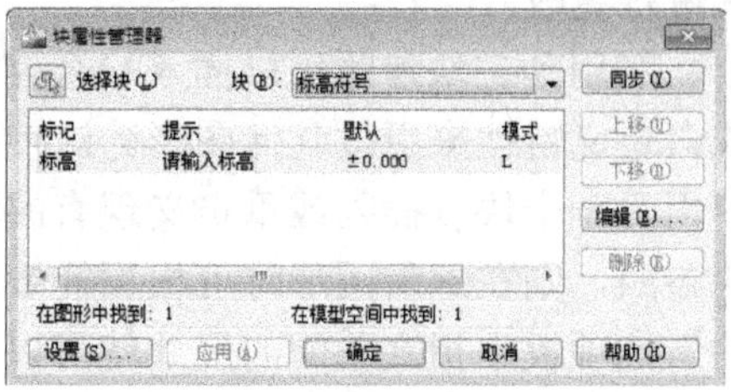

图 7-19　“块属性管理器”对话框

3．操作示例

（1）编辑属性

在“块属性管理器”对话框中，从“块”列表中选择一个块，或者单击“选择块”按钮并在绘图区域中选择一个块进行编辑。在属性列表中双击要编辑的属性，或者选择该属性并单击“编辑”按钮，将会弹出如图 7-20 所示的“编辑属性”对话框。用户可以在此对所需的属性进行修改，然后单击“确定”按钮以完成编辑。

（2）更改属性值的提示顺序

如果用户在“块属性管理器”对话框中选定的图块附着有多个属性，在其属性列表中将会依次列出。若要更改其多个属性的提示顺序，用户可以在属性列表中选定要更改顺序的属性并右击选择“上移（下移）”即可，也可以单击对话框右侧的“上移”或“下移”按钮，以完成更改属性值的提示顺序，如图 7-21 所示。

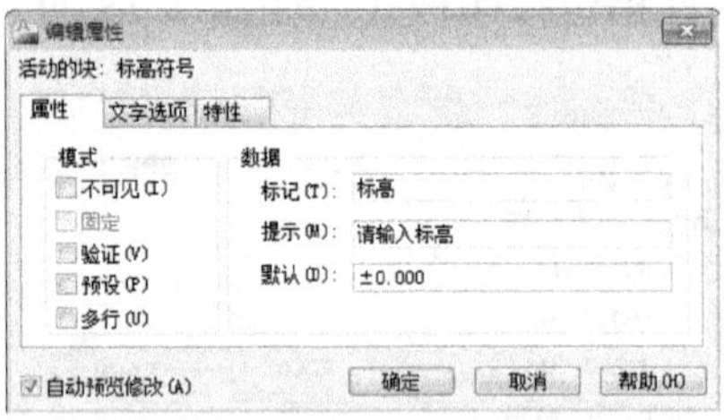

图 7-20 “编辑属性”对话框

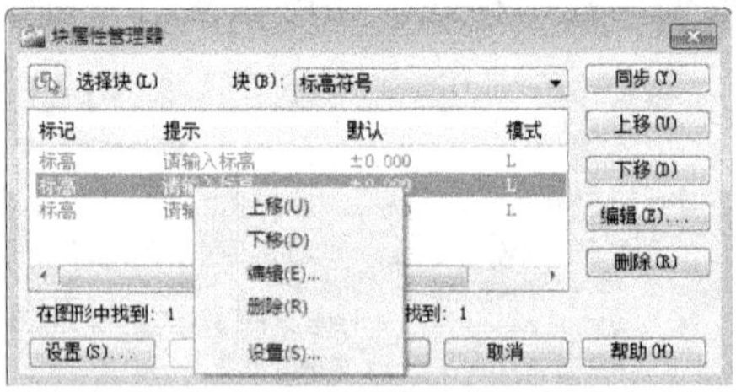

图 7-21 更改属性值的提示顺序

7.3 动态块

动态块参照并非图形的固定部分，它具有灵活性和智能性，用户在图形中进行操作时可以对其进行更改或操作。动态块定义包含规则或参数，用于说明在块参照插入图形时如何更改块参照的外观。用户可以使用约束参数或动作参数编写动态块。不建议在同一个块定义中同时使用约束参数和动作参数。

在进行块定义时，若使用约束参数来创建动态块，可使用户在插入该块后通过使用特性管理器来编辑动态块，约束参数可作为特性进行修改。

在进行块定义时，若为块添加动作和相应参数，用户可以使某一动作与相应的参数关联，参数在图形中表示为夹点。当用户在编辑夹点时，所关联的动作决定了在块参照中将发生变化的部分。如同约束参数一样，动作参数可以具有可编辑的特性，用户可使用特性管理器对其进行更改。

利用动态块参照可以插入一个能够用多种不同方法编辑的块。用户可以通过自定义夹点或自定义特性来更改几何图形。这使得用户可以根据需要方便地调整块参照，而不用创建和使用另一个块以插入或重定义现有的块。例如，在绘制建筑平面图中的门或窗时，使用动态块参照，则在编辑图形时可根据需要更改其大小和方向。用户只需拖动自定义夹点或在“特性”选项板中指定不同的尺寸就可以方便地修改门的大小，还可以修改门的打开角度，也可以使用对齐夹点轻松地将其与图形中的其他几何图形对齐。

7.3.1 使用块编辑器

1. 功能

块编辑器是专门用于创建块定义并添加动态行为的编写区域。块编辑器提供了用于向块定义中添加动态行为的工具。块编辑器包含一个绘图区域，在该区域中，用户可以像在程序的主绘图区域中一样绘制和编辑几何图形。用户可以在 AutoCAD 2011 的主绘图区域或块编辑器中创建图形。在块编辑器中，用户可以定义块、添加几何约束或标注约束、添加动作参数、定义属性、管理可见性状态、测试和保存块定义。

2．命令调用

用户可采用下列操作方法之一调用该命令。

- 单击功能区“常用”选项卡内的“块”面板上的“编辑”工具按钮。
- 选择“工具”→“块编辑器”命令。
- 单击功能区“插入”选项卡内的“块”面板上的“块编辑器”工具按钮。
- 在命令行中输入“Bedit”，并按〈Enter〉键执行命令。

通过上述方法执行该命令，程序将会弹出“编辑块定义”对话框，如图 7-22 所示。

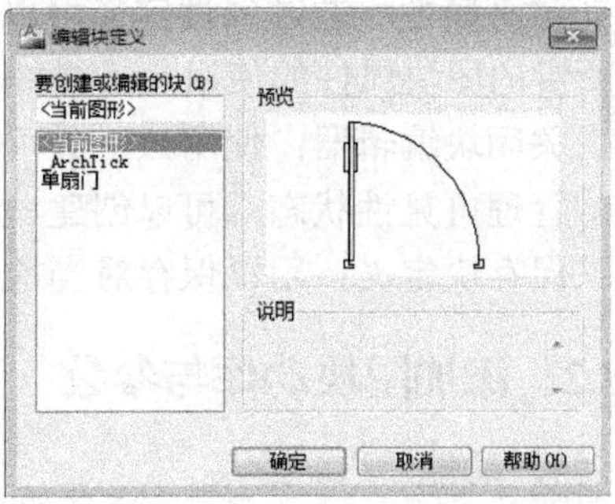

图 7-22 “编辑块定义”对话框

3．操作示例

如果直接在如图 7-22 所示的“编辑块定义”对话框中的“要创建或编辑的块”中输入要创建的图块名称，则将创建一个新的块参照，用户需要在块编辑器中绘制块对象的几何图形。如果用户要使用已经创建的块参照来创建动态块，则可以在“编辑块定义”对话框的列表中选取要编辑的图块。

当用户在“编辑块定义”对话框中选定要创建或编辑的图块后，单击“确定”按钮，程序将会弹出“块编辑器”界面，如图 7-23 所示。

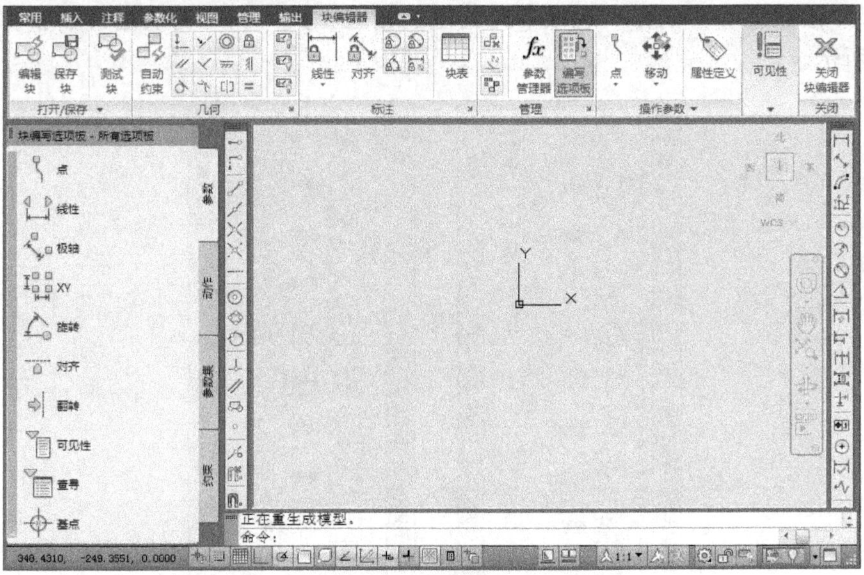

图 7-23 “块编辑器”界面

用户可以使用块编辑器提供的工具来编辑动态行为，也可以将动态行为添加到当前图形中现有的块定义，还可以使用块编辑器创建新的块定义。在功能区选项卡和工具栏中提供了执行以下操作所需的工具。

添加约束：可以为对象添加几何约束和标注约束。几何约束确定二维几何对象之间或对象上的每个点之间的关系。标注约束会使几何对象之间或对象上的点之间保持指定的距离和角度。

添加参数：约束参数包含参数信息，用户可以为块参照显示或编辑参数值，但只能在块编辑器中创建约束参数。

添加动作：动作定义了在图形中操作动态块参照时，该块参照中的几何图形将如何移动或更改。通常情况下，向动态块定义中添加动作后，必须将该动作与参数、参数上的关键点以及几何图形相关联。

定义属性：通过属性定义可以将数据附着到块上的标签或标记。动态块的属性定义与前面所讲的图块属性的使用是一样的。

关闭块编辑器：使用该工具可以关闭块编辑器并返回到绘图界面。

管理可见性状态：可以创建、设置或删除动态块中的可见性状态。

保存块定义：用以保存对当前块定义所做的更改。

7.3.2 添加图块动作与参数

1．功能

用户可以通过使用“块编辑器”添加参数和动作，用以向新创建的或现有的块定义中添加动态行为。要使块成为动态块，至少需添加一个参数。然后添加一个动作并将该动作与参数相关联。

2．命令调用

单击功能区“常用”选项卡内的“块”面板上的“编辑”工具按钮编辑，在“编辑块定义”对话框中选择要创建或编辑的块，程序将弹出“块编辑器”界面，在“块编写选项板”中选择“参数”和“动作”选项卡内列出的相应工具，即可为块定义添加动作和参数，如图 7-24 所示。

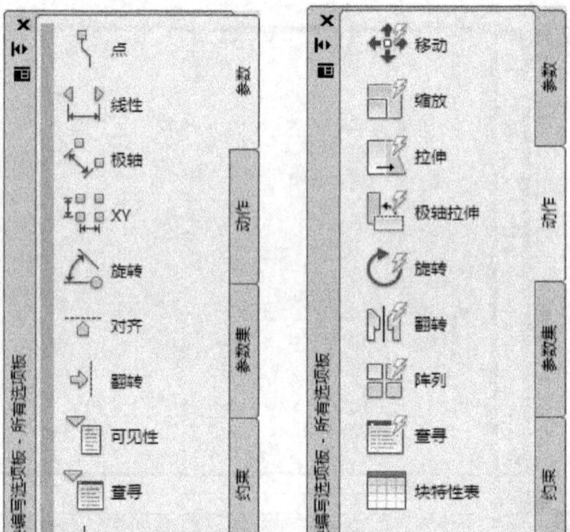

图 7-24　块编写选项板

3．操作示例

(1)“线性”参数和“拉伸”动作的应用

利用块编辑器为“平开门”图块添加“线性”参数和“拉伸”动作，以便在绘制建筑平面图时能够根据需要更改平开门的大小。具体的操作步骤如下。

1）新建一个 AutoCAD 图形文件，将工作空间选定为“二维草图与注释”。

2）利用基本绘图工具，绘制一个宽度为 1000mm 的平开门，如图 7-25 所示。

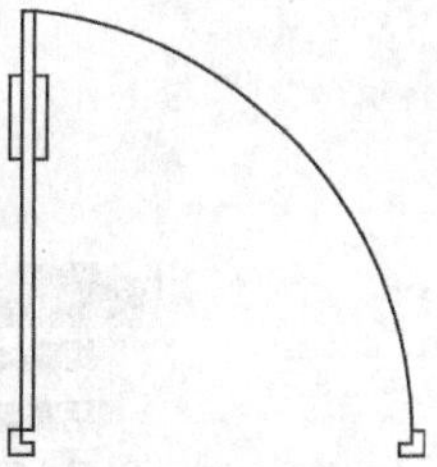

图 7-25　绘制平开门

3）单击功能区“常用”选项卡内的“块”面板上的“编辑”工具按钮 编辑，在弹出的“编辑块定义”对话框中选择“当前图形”或“平开门”图块，单击“确定”按钮，进入“块编辑器”界面，如图 7-26 所示。

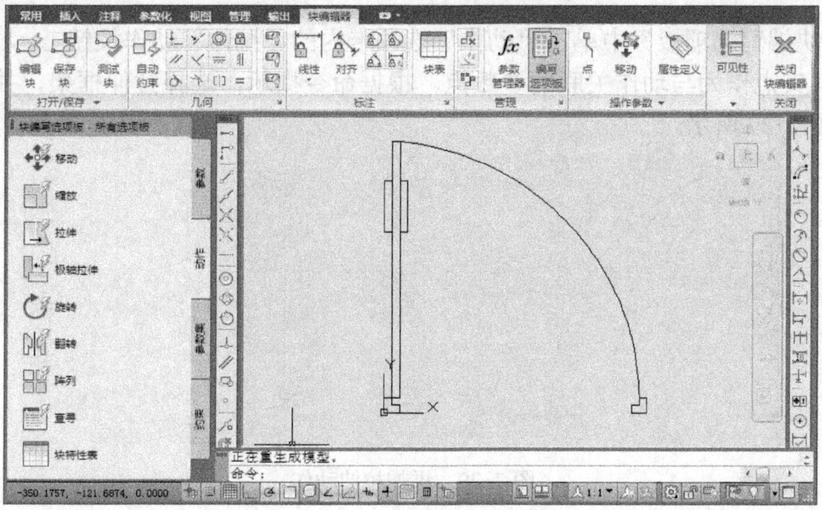

图 7-26　编辑平开门

4）在“块编写选项板”中单击“参数”选项卡内的“线性”参数按钮 线性，然后选择平开门图形宽度的起点和终点，为图块添加线性参数“距离 1”，如图 7-27a 所示。选择“距离 1”参数并右击，将会弹出如图 7-27b 所示的快捷菜单，将该参数的夹点设为 1 个，结果如图 7-27c 所示。

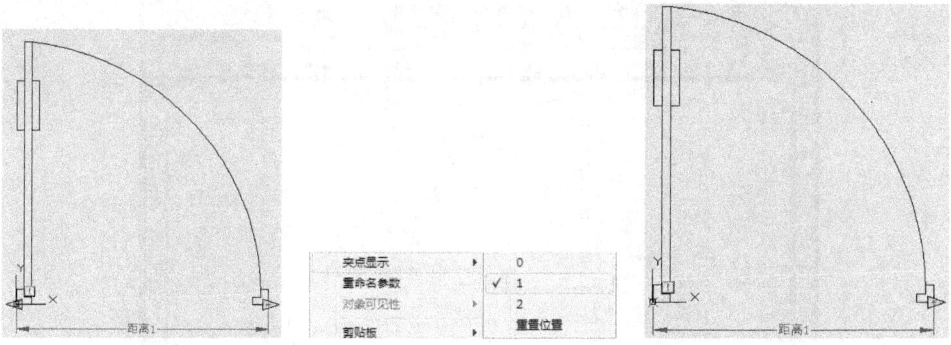

a)　　b)　　c)

图 7-27　添加线性参数

5）选择“距离”参数，右击，在弹出的快捷菜单中选择“特性”选项，并将其“距离类型”设为“增量”，“距离增量”设为 100，“最小距离”设为 600，“最大距离”设为 1500，结果如图 7-28 所示。

值集	
距离类型	增量
距离增量	100.0000
最小距离	600.0000
最大距离	1500.0000

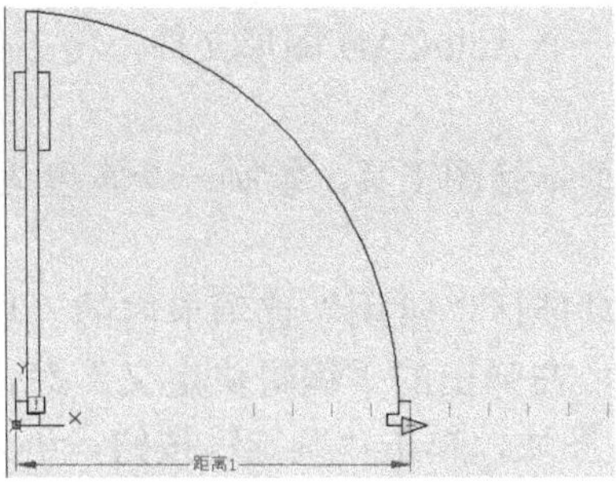

图 7-28　修改“距离 1”特性

6）在“块编写选项板”中单击“动作”选项卡内的“拉伸”动作按钮，再单击“距离”参数和其夹点作为与动作关联的参数点。根据命令提示，选择拉伸框架，并选择要拉伸的对象，如图 7-29 所示。

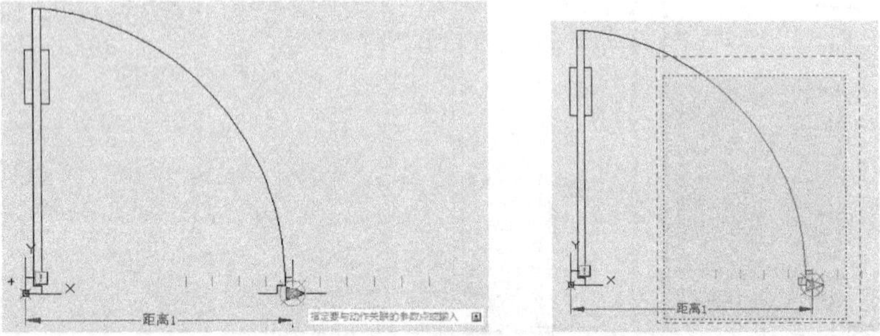

图 7-29　添加拉伸动作

7）单击“块编辑器”选项卡内的“打开/保存”面板上的“测试块”按钮，将会弹出如图 7-30 所示的“测试块”窗口，用户可以在此窗口对前面设置的参数和动作进行测试，完成测试后单击“关闭测试块窗口”按钮，返回到“块编辑器”界面。

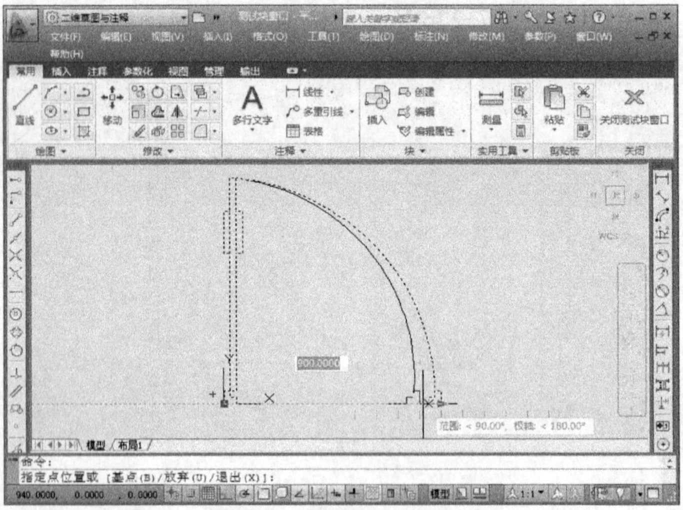

图 7-30　“测试块”窗口

8）单击“块编辑器”选项卡内的“打开/保存”面板上的“保存块”按钮，将前面的参数和动作设置进行保存，单击“关闭块编辑器”按钮，完成参数设置并返回到绘图界面。

9）单击功能区“常用”选项卡内的“块”面板上的“插入块”工具按钮，在图形中插入名为“平开门”的图块，然后用鼠标单击该图形，激活夹点状态，并选择右侧的夹点箭头，即可进行拉伸动作，拉伸的距离增量为 100，效果如图 7-31 所示。

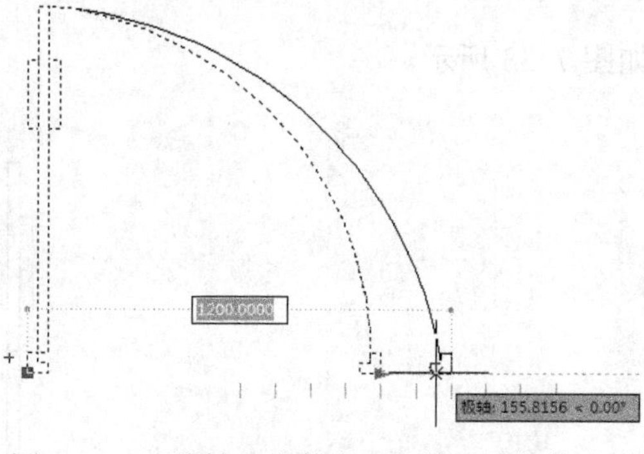

图 7-31　“线性”参数和“拉伸”动作的应用

（2）“翻转”参数和动作的应用

利用块编辑器为“平开门”图块添加“翻转”参数和动作，以便在绘制建筑平面图时能够根据需要更改平开门的开启方向。具体的操作步骤如下。

1）新建一个 AutoCAD 图形文件，将工作空间选定为“二维草图与注释”。

2）利用直线、多段线、圆弧、矩形等工具，绘制一个与前面例子相同的平开门。

3）单击功能区“常用”选项卡内的“块”面板上的“编辑”工具按钮，在弹出的“编辑块定义”对话框中选择“平开门”图块，单击“确定”按钮，进入“块编辑器”界面。

4）在“块编写选项板”中单击“参数”选项卡内的“翻转”参数按钮，根据命令行提示指定翻转投影线，为图块添加翻转参数“翻转状态 1”，命令行提示如下。

命令: _BParameter 翻转（执行添加翻转参数命令）
指定投影线的基点或 [名称(N)/标签(L)/说明(D)/选项板(P)]:（单击指定翻转投影线）
指定投影线的端点:（指定投影线端点）
指定标签位置:（指定翻转参数标签位置）

完成命令操作，结果如图 7-32 所示。

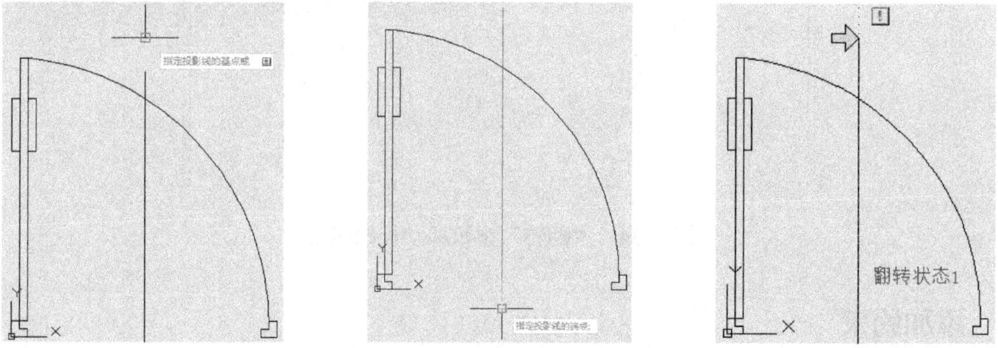

图 7-32　添加翻转参数

5）单击“块编写选项板”中 “动作”选项卡内的“翻转”按钮，单击“翻转状态 1”参数，并根据命令行提示，选择要翻转的对象，命令行提示如下。

命令: _BActionTool 翻转（执行添加翻转动作命令）
选择参数:（单击“翻转状态 1”参数）
指定动作的选择集（选择要执行翻转的图形对象，即平开门图形）
选择对象: 指定对角点: 找到 6 个

完成命令操作，结果如图 7-33 所示。

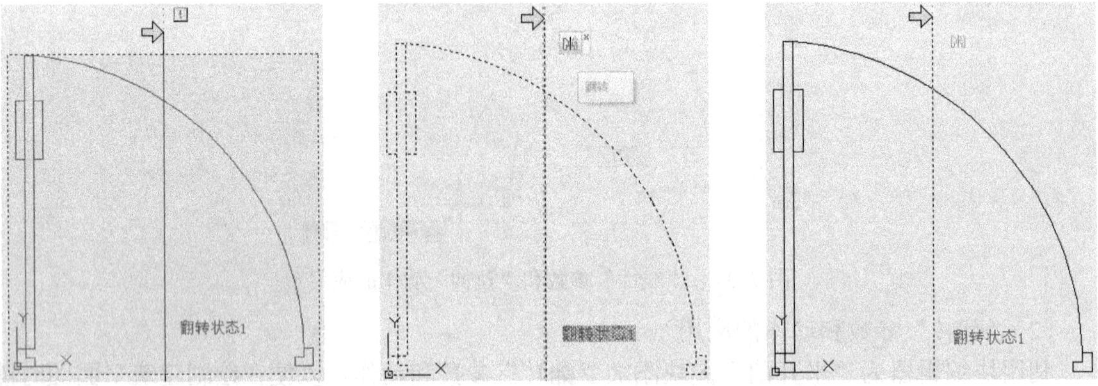

图 7-33　添加翻转动作

6）单击“块编辑器”选项卡内的“打开/保存”面板上的“测试块”按钮，在“测试块”窗口中对前面设置的“翻转”参数和动作进行测试，完成测试后单击“关闭测试块窗口”按钮，返回到“块编辑器”界面，并单击“块编辑器”选项卡内的“打开/保存”面板上的“保存块”按钮，将前面所做的设置进行保存，单击“关闭块编辑器”按钮，完成参数设置并返回到绘图界面。

7）单击功能区“常用”选项卡内的“块”面板上的“插入块”工具按钮，插入名为“平开门”的图块，然后单击该图形，激活夹点状态，此时，单击“翻转夹点”，即可执行翻转动作，效果如图 7-34 所示。

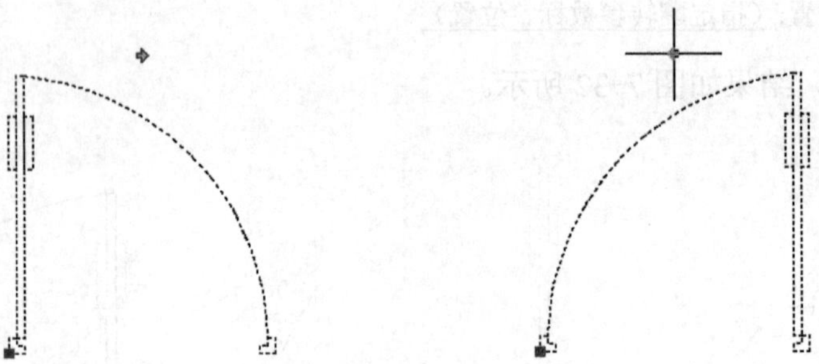

图 7-34　“翻转”参数和动作的应用

7.3.3　添加约束

1．功能

对于参数化图形，用户可以为几何图形添加约束，以确保设计符合特定要求。参数化图形是一项用于具有约束的设计的技术。约束是应用至二维几何图形的关联和限制。有两种常用的约束类型：几何约束可控制对象相对于彼此的关系；标注约束可控制对象的距离、长度、角度和半径值。建议首先在设计中应用几何约束以确定设计的形状，然后应用标注约束以确定对象的大小。

几何约束可定义两个对象之间或对象与坐标系之间的关系。通过几何约束，用户可以保留两个对象之间的平行、垂直、相切或重合点，强制使直线或一对点保持垂直或水平，也可将对象上的点固定至 WCS。

用户可以通过应用标注约束和指定值来控制二维几何对象之间或对象上的点之间的距离或角度。也可以通过变量和方程式约束几何图形。标注约束控制设计对象的大小和比例。它们可以约束以下内容：对象之间或对象上的点之间的距离、对象之间或对象上的点之间的角度、圆弧和圆的大小。如果更改标注约束的值，程序会计算对象上的所有约束，并自动更新受影响的对象。

2. 命令调用

- 单击功能区“块编辑器”选项卡内的“几何”面板或“标注”面板中相应的约束工具，即可为对象添加约束，如图 7-35 所示。

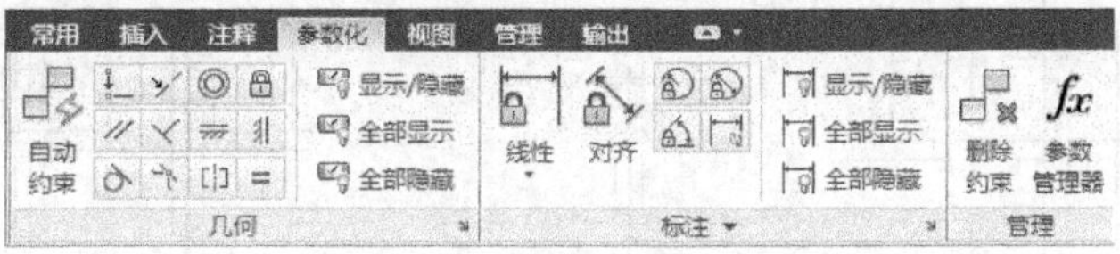

图 7-35　添加约束工具面板

- 在“块编写选项板”中切换到“约束”面板，选择相应的约束工具，即可为对象添加约束，如图 7-36 所示。
- 选择“参数”→“几何约束”或“标注约束”命令。如图 7-37 所示。

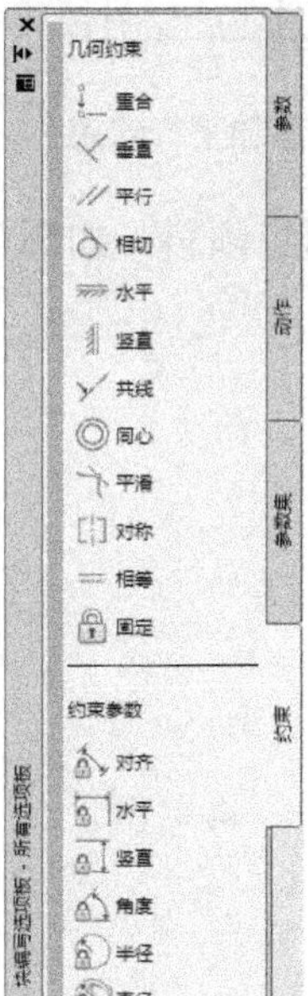

图 7-36　“约束”块编写选项板

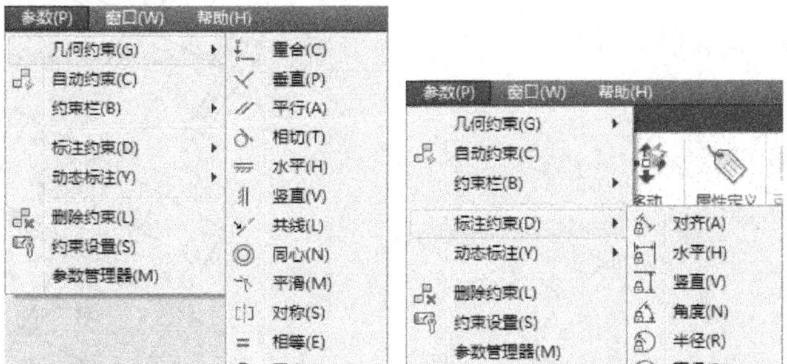

图 7-37　“几何约束”和“标注约束”菜单

3. 操作示例

（1）添加几何约束

在绘制钢结构施工图时，为提高工作效率，可以利用前面的知识将常用的基本零件创建为图块，然后在绘图过程中直接使用即可，同时可利用“几何约束”方便地控制多个零件之间的相对关系。如可以添加重合、垂直、平行、相切、水平、竖直、共线、同心、平滑、对称、相等、固定等几何约束。

1）新建一个 AutoCAD 图形文件，将工作空间选定为“二维草图与注释”。

2）利用直线、多段线、圆形、矩形等绘图工具，绘制一个钢柱的柱脚节点详图和一个柱脚螺栓详图，并分别创建为图块。如图 7-38 所示。

3）将地脚螺栓复制到柱脚详图对应的螺栓孔位置，单击功能区“参数化”选项卡内的“几何”面板上的“平行”工具按钮，根据命令行提示分别选择柱脚的中线和柱脚螺栓的中线，为它们添加平行约束，此时在添加约束的对象附近将会出现平行约束标签，如图 7-39 所示。

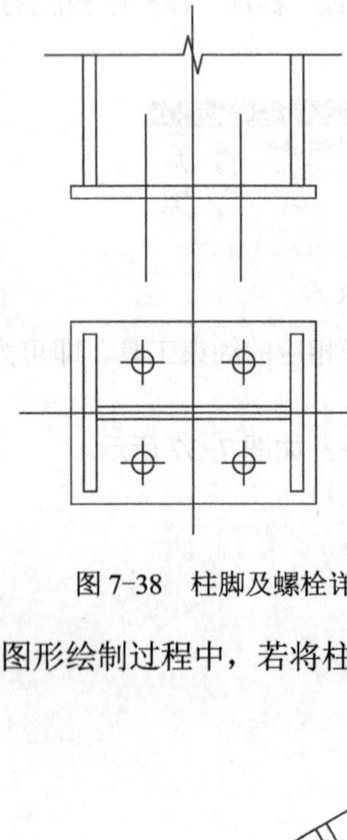

图 7-38　柱脚及螺栓详图

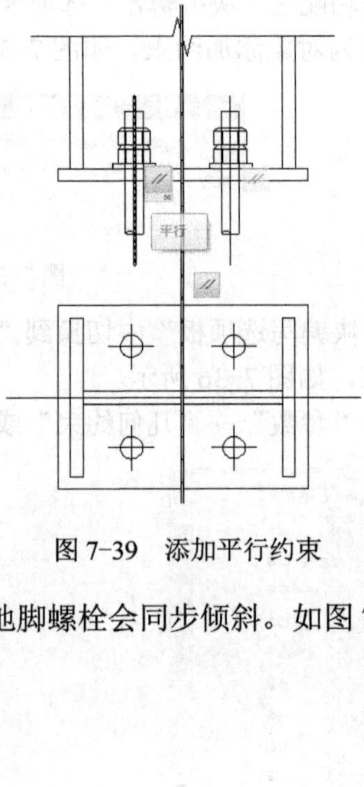

图 7-39　添加平行约束

4）在图形绘制过程中，若将柱脚倾斜 30°，则地脚螺栓会同步倾斜。如图 7-40 所示。

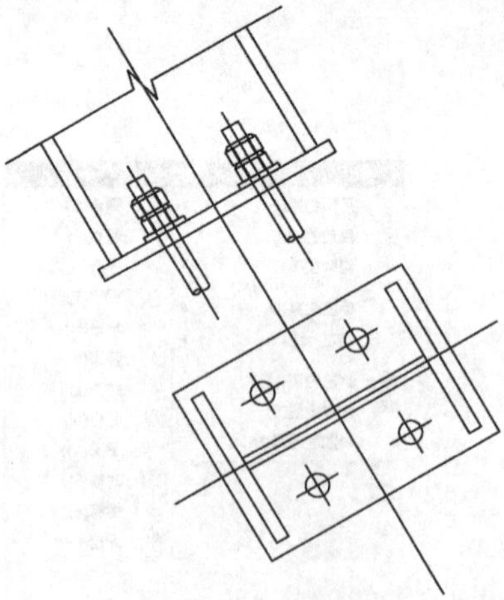

图 7-40　平行约束应用

（2）添加标注约束

在绘制工程图形的过程中，有时需要使某些几何对象之间或对象上的点之间保持指定的距离和角度，此时，用户可以利用标注约束为其添加对齐、水平、竖直、角度、半径、直径等约束。

1）新建一个 AutoCAD 图形文件，将工作空间选定为“二维草图与注释”。

2）利用多段线绘图工具，绘制一个梯形。如图 7-41 所示。

3）单击功能区“参数化”选项卡内的“标注”面板上的“线性”工具按钮，根据命令行提示分别选取梯形高度的两个标注点，并指定尺寸线的位置，结果如图 7-42 所示。

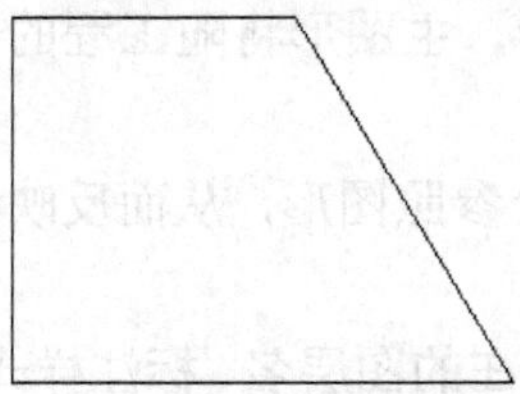

图 7-41　绘制基本图形

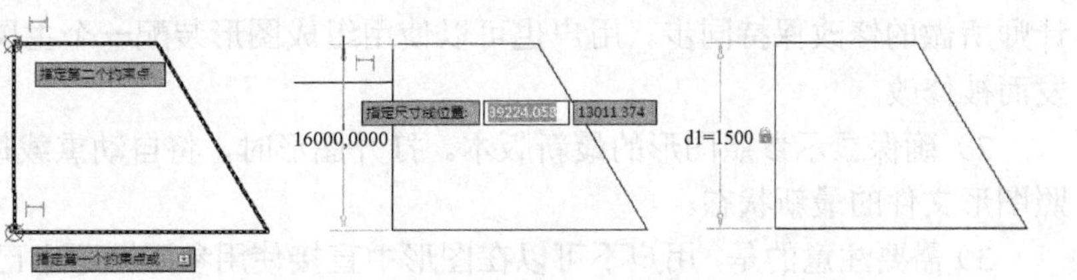

图 7-42　添加线性标注约束

4）重复上一步骤，为梯形底边添加“线性”标注约束，在命令行提示“标注文字”时，输入“d2 = d1 + 500”，用以控制梯形底边长度始终比高度大 500。

5）单击功能区“参数化”标签内的“标注”面板上的“角度”工具按钮，根据命令行提示分别选取梯形中锐角的两条边，并指定夹角为 60°。完成以上约束的添加，在图形中将自动显示所添加约束的标签。结果如图 7-43 所示。

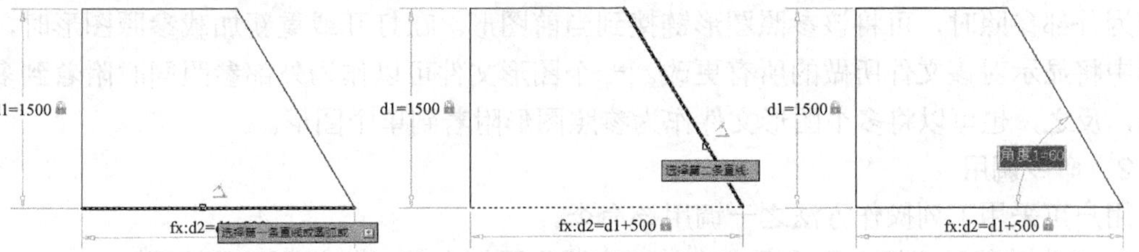

图 7-43　添加角度标注约束

6）完成上述步骤后，若再对图形进行任一调整时，相应的约束则会同步更新。如用户更改梯形高度的线性约束标注为 800，或更改角度约束标注为 45°，则图形会同步更新，如果用户直接利用夹点来修改梯形的形状，则会受到标注约束的限制。效果如图 7-44 所示。

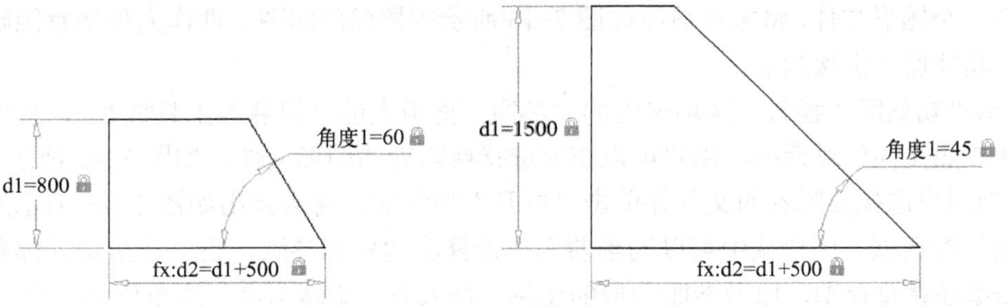

图 7-44　水平约束应用

7.4 外部参照

在 AutoCAD 2011 中，用户可以将整个图形作为参照图形附着到当前图形中。通过外部参照，参照图形中所做的更改将反映在当前图形中，可以直观地反映出现状图形相比参照图形中所做的修改。附着的外部参照链接至另一图形，并不是插入到当前图形当中，因此，使用外部参照可以生成图形而不会显著增加图形文件的大小。

在实际的工程图设计与绘制过程中，使用参照图形的作用主要体现在以下几个方面。

1）通过在图形中参照其他用户的图形，从而可以协调用户之间的工作，也可以与其他设计师所做的修改保持同步。用户也可以使用组成图形装配一个主图形，主图形将随工程的开发而被修改。

2）确保显示参照图形的最新版本。打开图形时，将自动重载每个参照图形，从而反映参照图形文件的最新状态。

3）需要注意的是，用户不可以在图形中直接使用参照图形中已存在的图层名、标注样式、文字样式和其他命名元素。

4）当工程图设计和绘制完成并准备归档时，可以将附着的参照图形和当前图形永久合并（绑定）到一起。

7.4.1 外部参照附着

1．功能

通过外部参照附着，用户可以将图形文件插入到当前图形中作为外部参照。将图形文件附着为外部参照时，可将该参照图形链接到当前图形。在打开或重新加载参照图形时，当前图形中将显示对该文件所做的所有更改。一个图形文件可以作为外部参照同时附着到多个图形中，反之，也可以将多个图形文件作为参照图形附着到单个图形。

2．命令调用

用户可采用下列操作方法之一调用该命令。

- 单击功能区“插入”选项卡内的“参照”面板上的“附着”工具按钮。
- 选择“插入”→“DWG 参照”命令。
- 单击“参照”工具栏中“附着外部参照”工具按钮。
- 在命令行中输入“Xattach”，并按〈Enter〉键执行命令。

3．操作示例

新建一个图形文件，将本章前面如图 7-13 所示的楼梯剖面图文件作为外部参照附着到该图形中。具体操作步骤如下。

1）单击功能区“插入”选项卡内的“参照”面板上的“附着”工具按钮，程序将会弹出“选择参照文件”对话框，用户可以在此选择要附着的图形文件，如图 7-45 所示。

2）当用户选择要附着的文件并单击“打开”按钮后，将会弹出如图 7-46 所示的“附着外部参照”对话框。用户从中可以为当前图形选择新的外部参照，还可以指定外部参照的类型是附着型还是覆盖型，以及参照图形的比例、插入点、旋转角度、块单位等内容。

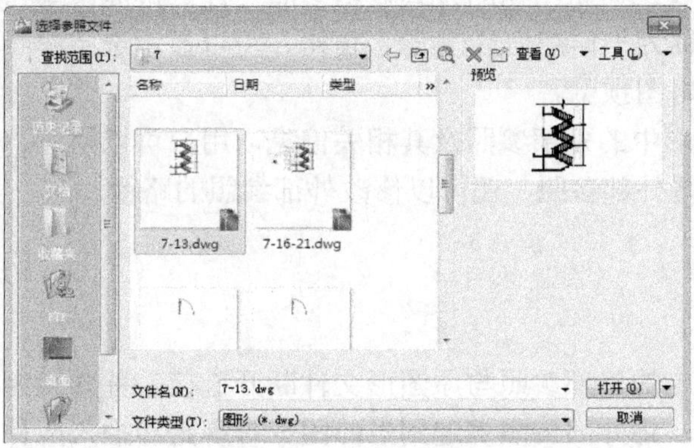

图 7-45 “选择参照文件”对话框

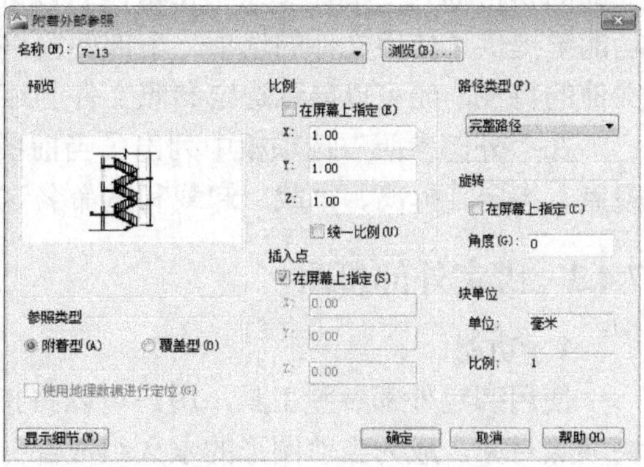

图 7-46 “附着外部参照”对话框

3）完成设置并单击“确定”按钮，即可完成外部参照的附着，此时，在功能区将会弹出“外部参照”选项卡，用户可以使用其中的“编辑”、“剪裁”和“选项”面板调整和剪裁外部参照，如图 7-47 所示。

注意，只有选中图形中的外部参照对象，才会显示“外部参照”选项卡。

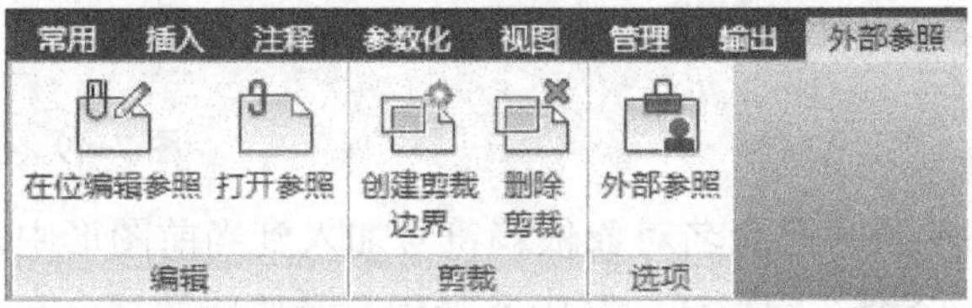

图 7-47 “外部参照”选项卡

7.4.2 外部参照选项板

1. 功能

使用外部参照选项板，用户可以对图形中引用的外部参照进行组织、显示和管理。注意，只有 DWG、DWF、DWFx、PDF 和光栅图像文件可以从“外部参照”选项板中直接打开。

2. 命令调用

用户可采用下列操作方法之一调用该命令。

- 单击功能区“外部参照”选项卡中的“外部参照”按钮。
- 选择“插入”→“外部参照”命令。
- 单击“参照”工具栏中的“外部参照”工具按钮。
- 在命令行中输入“Externalreferences”，调出“外部参照”选项板进行操作。

3. 操作示例

通过上述方法均可以调出“外部参照”选项板，如图 7-48 所示。

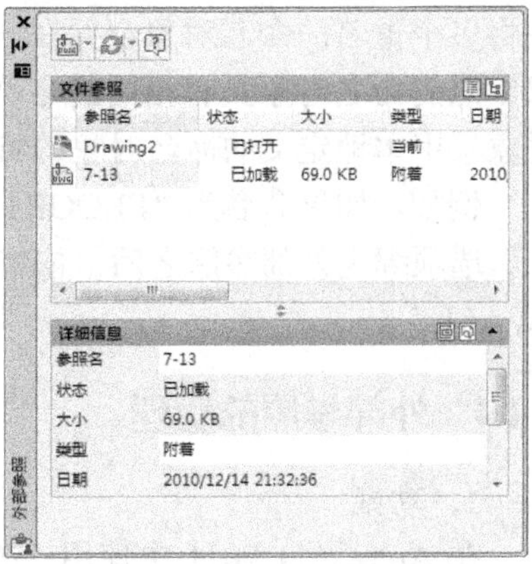

图 7-48 “外部参照”选项板

“外部参照”选项板包含若干按钮，分为两个窗格。

上部的窗格称为“文件参照”窗格，它以列表或树状结构的方式显示参照文件。快捷菜单和功能键提供了使用文件的选项。下部的窗格称为“详细信息/预览”窗格，可以显示选定参照文件的特性，还可以显示选定参照文件的缩略图预览。

在“外部参照”选项板中列出了当前图形中的外部参照及其相关信息，用户可以附着、覆盖、绑定、拆离、重载、卸载和重命名这些外部参照，还可以修改外部参照的路径。

7.4.3 绑定外部参照

1. 功能

使用绑定外部参照工具，用户可以将指定的外部参照与原图形文件断开链接，并转换为块参照对象，成为当前图形的永久组成部分。将外部参照绑定到当前图形有绑定和插入两种方法，在插入外部参照时，绑定方式改变外部参照的定义表名称，而插入方式则不改变定义表名称。要绑定一个嵌套的外部参照，必须选择上一级外部参照。

2. 命令调用

在“外部参照”选项板中的“文件参照”列表中选择一个或多个参照，并右击，在弹出的快捷菜单中选择“绑定”命令。

3. 操作示例

执行该命令，程序将会弹出“绑定外部参照”对话框，如图 7-49 所示。

图 7-49 “绑定外部参照”对话框

（1）“绑定”选项

在绑定时，将外部参照的已命名对象依赖符号加入到当前图形中。具体方式是保留其前缀，但将“|”符号变为“n”的形式，其中 n 是由 0 开始的数字。在命名对象的名称出现重复时可以改变 n 的取值，以确保命名对象名称的唯一性。

例如，如果命名为“FLOOR1”的外部参照包含命名为“WALL”的图层，则绑定外部参照之后，依赖外部参照的图层“FLOOR1 | WALL”将成为命名为 “FLOOR1 0 WALL”的内部定义图层。如果已存在同名的本地命名对象，“n”中的数字将自动增加。

（2）“插入”选项

选择此方式绑定外部参照时，将从外部参照的已命名对象的名称中消除外部参照名称，并将多个重名的命名对象合并在一起。对于插入的图形，如果内部命名对象与绑定的依赖外部参照的命名对象具有相同的名称，符号表中不会增加新的名称，依赖外部参照的绑定命名对象采用本地定义的命名对象的特性。

例如，如果命名为“FLOOR1”的外部参照包含命名为“WALL”的图层，则在使用“插入”选项绑定外部参照之后，依赖外部参照的图层“FLOOR1 | WALL”将成为内部定义图层“WALL”。

7.4.4 外部参照的管理

1. 功能

在 AutoCAD 2011 中使用“外部参照”选项板可以实现对当前图形中的外部参照进行管理的功能。在“外部参照”选项板中提供了卸载、重载、拆离等管理工具。

2．命令调用

在“外部参照”选项板中的“文件参照”列表中选择一个或多个参照，并右击，在弹出的快捷菜单中选择相应的选项即可，如图 7-50 所示。

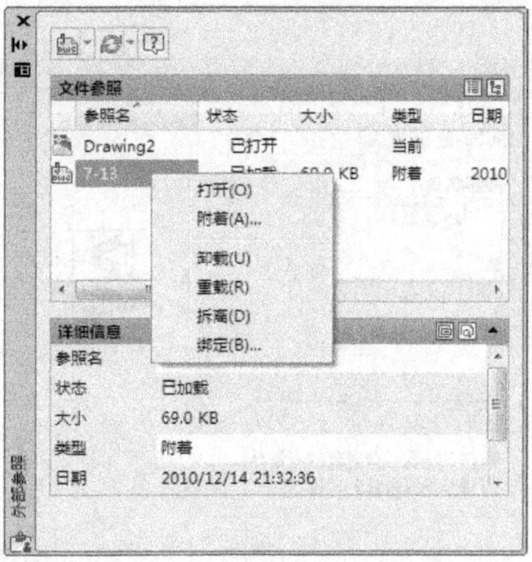

图 7-50　管理外部参照

3．操作示例

（1）卸载

从当前图形中卸载外部参照后，图形的打开速度将大大提高。卸载与拆离的作用不同，使用卸载命令并不删除外部参照的定义，而仅仅是取消外部参照的图形显示。

（2）重载

在打开图形时，所有外部参照（DWG 参照）将自动更新。用户还可以随时更新外部参照，以确保图形中显示最新版本。在网络环境中，无论何时修改和保存外部参照图形，其他用户都可以通过在打开的图形中重载外部参照立即访问所做的修改。

（3）拆离

要从图形中彻底删除外部参照（DWG 参照），需要拆离它们而不是删除。删除外部参照不会删除与其关联的图层定义，而使用“拆离”选项将删除外部参照和所有关联信息。使用该命令只能拆离直接附加或覆盖到当前图形中的外部参照，而不能拆离嵌套的外部参照。

7.4.5　外部参照的编辑

1．功能

用户可以通过直接打开参照图形对其进行编辑，或从当前图形内部的适当位置编辑外部参照。编辑外部参照最简单、最直接的方法是在单独的窗口中打开参照的图形文件。这样，用户可以访问该参照图形中的所有对象。

2．命令调用

用户可采用下列操作方法之一调用该命令。

- 在“外部参照”选项卡内的“文件参照”列表中选择一个或多个参照，并右击，在弹出的快捷菜单中选择“打开”命令即可。
- 单击功能区“插入”选项卡内的“参照”面板上的“编辑参照”工具按钮。
- 在命令行中输入“Refedit”，并按〈Enter〉键执行命令。

3．操作示例

在“外部参照”选项板中选择并“打开”要进行编辑的外部参照后，将在新窗口中打开选定的图形参照，用户可以从中编辑图形、保存图形和关闭图形。用户还可以使用“在位参照编辑器”来修改当前图形中的外部参照，或者重定义当前图形中的块定义。具体的操作步骤如下。

1）单击功能区“插入”选项卡内的“参照”面板上的“编辑参照”工具按钮，程序将会提示选择参照对象，选取要进行编辑的参照对象后，程序将会弹出“参照编辑”对话框，它包含“标识参照”和“设置”两个选项卡，如图 7-51 所示。

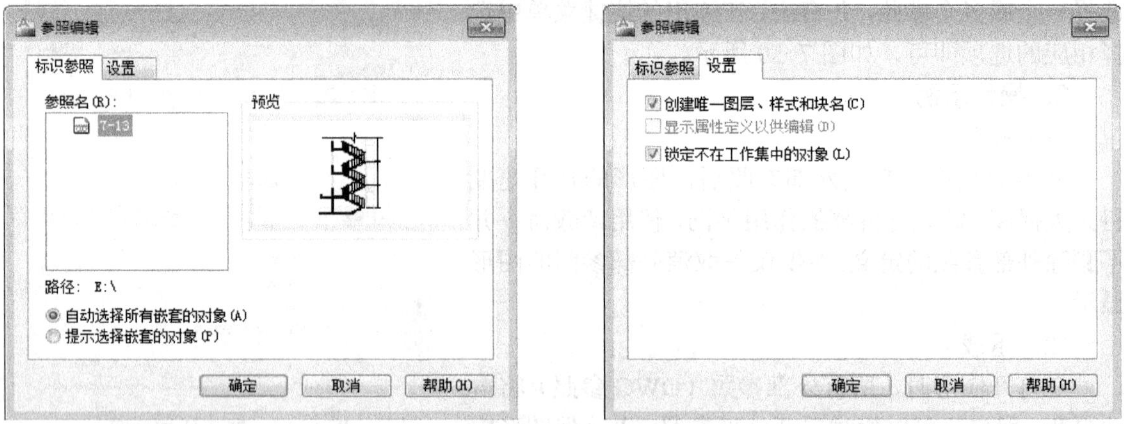

图 7-51 “参照编辑”对话框

2）在参照中选择要编辑的对象，并按〈Enter〉键，选定的对象将成为工作集，默认情况下，其他的所有对象都将锁定和淡入。

3）完成参照对象的编辑后，单击功能区“常用”选项卡内的“编辑参照”面板上的“保存修改”工具按钮。工作集中的对象将保存到参照，外部参照或块将被更新。

7.5 图案填充

7.5.1 基本概念

通过图案填充功能，用户可以使用预定义的填充图案填充指定区域、使用当前线型定义简单的线条图案，也可以创建更为复杂的填充图案。用户还可以使用颜色填充指定区域或创建渐变色填充。渐变色填充是在一种颜色的不同灰度之间或在两种颜色之间平滑过渡的双色渐变填充，可用于增强图形的演示效果。

在 AutoCAD 2011 中，当用户执行图案填充命令时，在功能区将会显示“图案填充创建”上下文选项卡，如图 7-52 所示。

图 7-52 图案填充创建

如果功能区处于关闭状态，则将显示“图案填充和渐变色”对话框，如图 7-53 所示。如果在命令行中输入“hatch”，则将显示命令行选项。

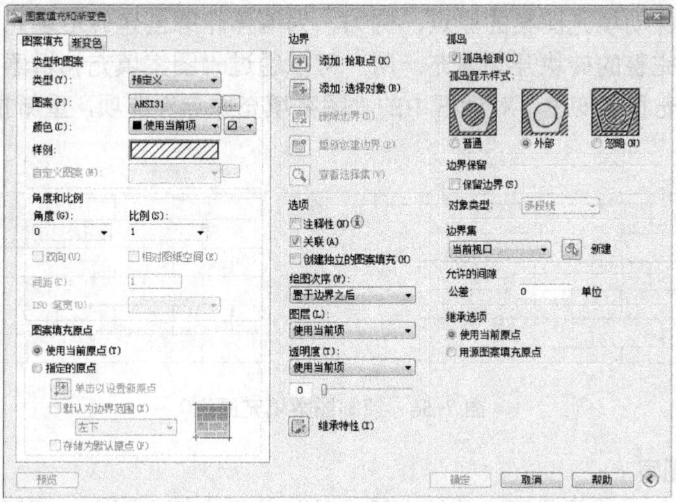

图 7-53 “图案填充和渐变色”对话框

1. 定义图案填充边界

在 AutoCAD 2011 中，用户可以使用以下多种方法之一指定图案填充的边界。

- 指定图形对象封闭区域内部的一点。
- 选择封闭区域的图形对象。
- 将填充图案从工具选项板或设计中心拖动到封闭区域。
- 在命令行中输入“hatch”执行图案填充命令，并根据命令行提示选择“绘图边界(W)”选项，并创建填充边界。

通过以上方法均可指定图案填充的边界，如图 7-54 所示。

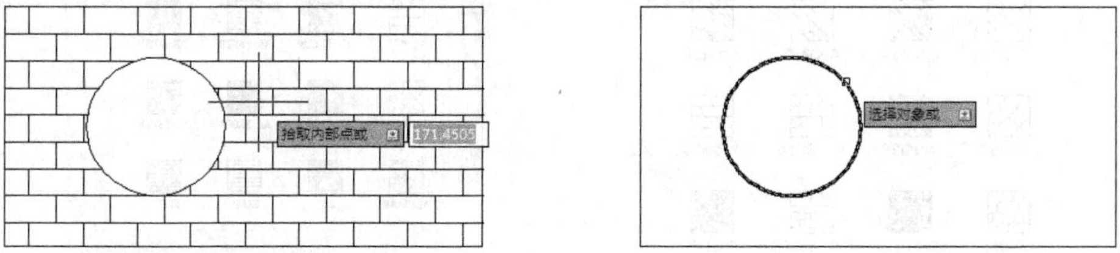

指定封闭图形内部点定义边界　　　　选择封闭图形对象定义边界

图 7-54 指定图案填充边界

2. 添加填充图案和实体填充

用户可以使用多种方法向图形中添加填充图案。可以通过“图案填充编辑器”中的“图案”选项卡、“图案填充和渐变色”对话框进行填充，还可以从工具选项板拖动图案进行填充。如图 7-55 所示为“图案填充”工具选项板。

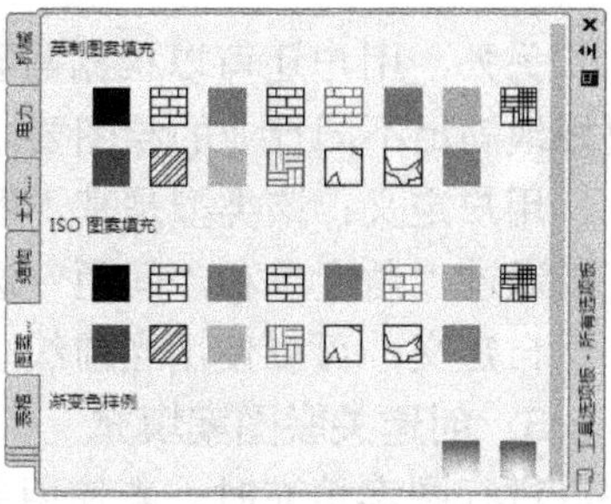

图 7-55 “图案填充”工具选项板

3. 控制图案填充原点

每个填充图案都会与原点对齐，如果用户更改原点将会移动图案。默认情况下，填充图案与用户坐标系的原点对齐，但有时需要移动填充图案的原点，例如，为墙体轮廓创建砖形填充图案时，若要在填充区域的左下角以完整的砖块开始填充，用户可以通过“图案填充编辑器”中的“原点”选项卡或在“图案填充和渐变色”对话框中的“图案填充原点”选项，重新指定图案填充原点。如图 7-56 所示。

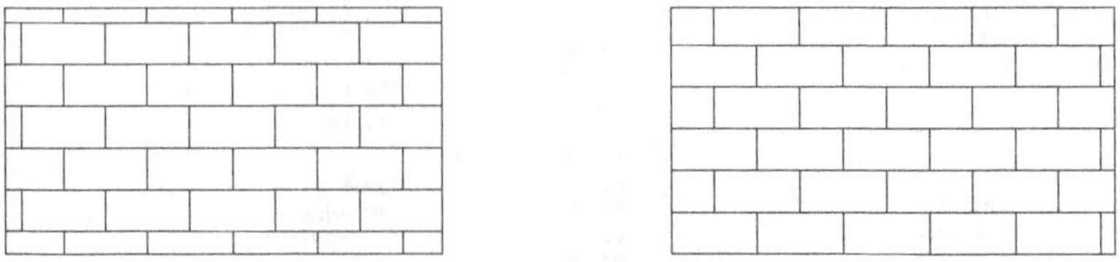

图 7-56　控制图案填充原点

4．选择填充图案

在 AutoCAD 2011 中提供了实体填充及多种行业标准填充图案，可用于区分对象的部件或表示对象的材质。在“预定义”图案填充类型中，提供了 83 种填充图案，其中 ANSI 图案 8 种、ISO 图案 14 种、其他预定义图案 61 种。

用户可以在“图案填充编辑器”中的“图案”选项卡选择填充图案，也可以在“图案填充和渐变色”对话框中，选择“预定义”选项后，系统将在“图案”和“样例”下拉列表框中分别给出预定义填充图案的名称和相应的图案。用户也可通过单击“图案”列表框右侧的 按钮，在弹出的“填充图案选项板”对话框中查看预定义图案。如图 7-57 所示。

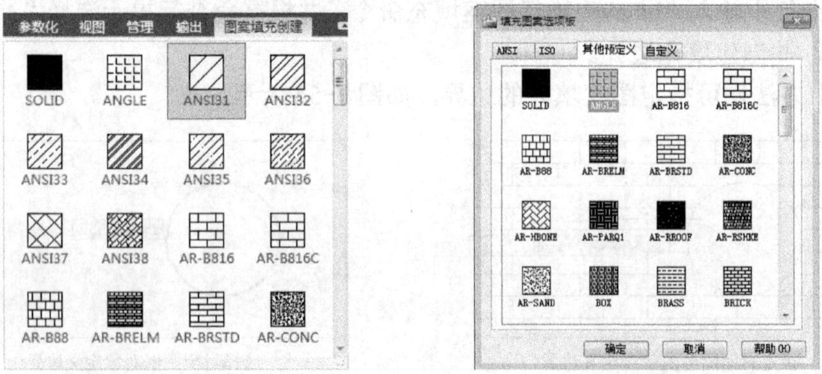

“图案填充创建”选项卡　　“填充图案选项板”对话框

图 7-57　选择填充图案

另外，用户还可以根据需要选择“用户定义”和“自定义”两种类型的填充图案，以便更好地满足不同行业的绘图要求。

用户定义：该类型是基于图形的当前线型创建的直线填充图案。选择“用户定义”，用户可以通过“角度”和“间距”选项来控制用户定义图案中的角度和直线间距。

自定义：可以使用当前线型来定义自己的填充图案，或创建更复杂的填充图案。

5．创建关联图案填充

进行图案填充时，若使用关联选项将会使填充图案随边界的更改自动更新，图案填充的关联性在默认情况下处于打开状态，此时，为封闭区域创建的图案填充是关联的。用户也可以创建非关联图案填充。分别为图形添加关联填充和非关联填充，在更改填充轮廓后的效果如图 7-58 所示。

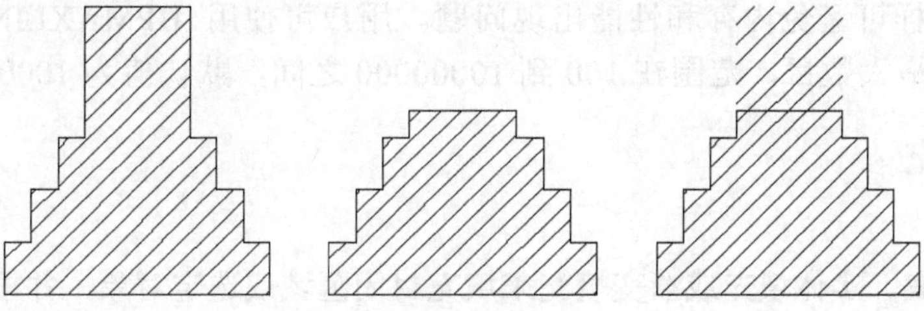

a）　　　　　　　　b）　　　　　　　　c）

图 7-58　图案填充的关联性

a）原图案填充　b）关联填充　c）非关联填充

6. 指定图案填充的绘制次序

指定图案填充对象的绘图次序，可以控制该对象是显示在图案填充边界之后或之前，还是显示在所有其他对象之后或之前。默认情况下，在创建图案填充时，将其绘制在图案填充边界的后面，这样比较容易查看和选择图案填充边界。用户可以根据需要更改图案填充的绘制次序。如图 7-59 所示在“图案填充”选项卡中的“绘图次序”有不指定、后置、前置、置于边界之后和置于边界之前 5 种选项。

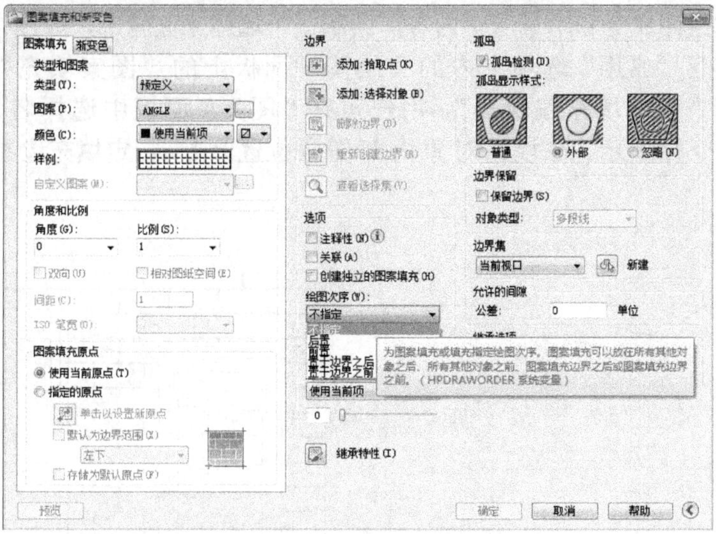

图 7-59　图案填充的绘图次序

用户可使用该功能为图形对象添加较为复杂的图案填充。例如，在绘制景观规划图时为绿地轮廓添加绿色填充图案，并为绿地内的道路添加“GRAVEL”图案填充和灰色填充，此时需分别将表示道路的灰色填充和表示绿地的绿色填充“绘图次序”设为“后置”，才可以正确显示出填充区域的边界线和区域内的道路效果。如图 7-60 所示。

图 7-60　图案填充次序

7. 控制填充图案的比例

用户可根据需要为填充图案设置适当的比例，比例值默认为 1，用户可以在“图案填充编辑器”中的“特性”选项卡或“图案填充和渐变色”对话框中进行设置。

为防止不慎创建大量图案填充线，在单个图案填充操作中创建的图案填充线的最大数目是受限的，这样可避免内存和性能出现问题。用户可使用 HPMAXLINES 系统变量更改图案填充线的最大数目，范围在 100 到 10000000 之间，默认值为 1000000。

7.5.2 图案填充

1．功能

使用填充图案、实体填充或渐变填充来填充封闭区域或选定对象，并根据需要设置填充的图案、样式、比例等参数。

2．命令调用

用户可采用下列操作方法之一调用该命令。

- 单击功能区“常用”选项卡内的“绘图”面板上的“图案填充”工具按钮。
- 选择“绘图”→“图案填充”命令。
- 在命令行中输入“Bhatch”，按〈Enter〉键执行命令。

3．操作示例

利用图案填充功能为图形对象填充材料符号。具体操作步骤如下。

1）新建一个 AutoCAD 图形文件，将工作空间选定为“二维草图与注释”。

2）利用基本绘图命令和本章所学内容，绘制一个墙体立面轮廓，如图 7-61 所示。

3）单击功能区“常用”选项卡内的“绘图”面板上的“图案填充”工具按钮，功能区将会显示“图案填充编辑器”，用户可在“图案”面板中选择名为“AR-B816C”的图案，根据命令行提示，在填充对象内部任意位置单击，指定填充边界，结果如图 7-62 所示。

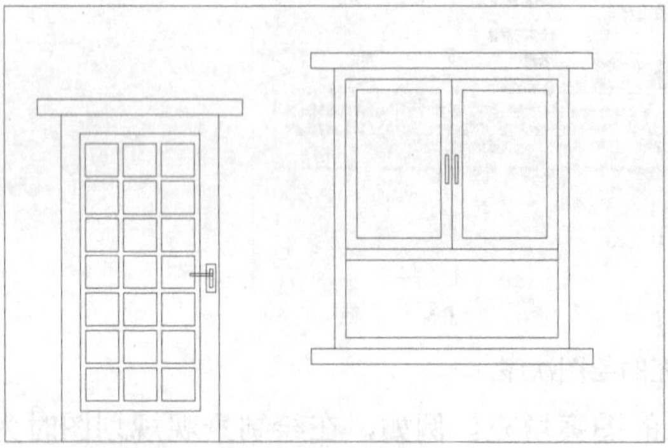

图 7-61　墙体立面轮廓

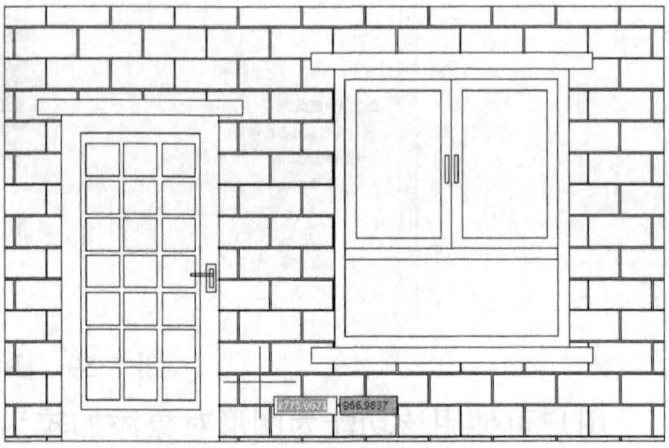

图 7-62　墙体材料填充

4）用户可以根据需要对图案填充样式进行修改，当单击已填充图案时，在功能区也会显示“图案填充编辑器”，此时可在“特性”面板中将比例设为 0.5，还可以在“原点”面板中单击“设定原点”按钮或“左下”按钮，将原点设在墙体轮廓的左下角。结果如图 7-63 所示。

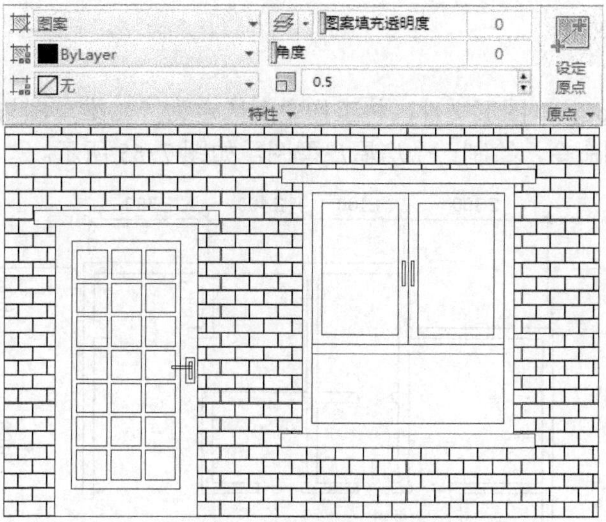

图 7-63　修改图案填充样式

5）单击功能区“常用”选项卡内的“绘图”面板上的“图案填充”工具按钮，在“图案填充编辑器”的“特性”面板中单击“图案填充类型”按钮，将图案填充类型设为“实体”，为窗台和雨篷填充 135 号色，为门窗框及分隔条填充 35 号色，为墙体填充 13 号色并将其“绘图次序”设为“后置”。

6）单击功能区“常用”选项卡内的“绘图”面板上的“渐变色”工具按钮，在“图案填充编辑器”的“特性”面板中将“颜色 1”设为 141 号色，“颜色 2”设为 255 号色，“透明度”设为 60，角度设为 240，并为门窗玻璃指定渐变色填充。完成以上设置，结果如图 7-64 所示。

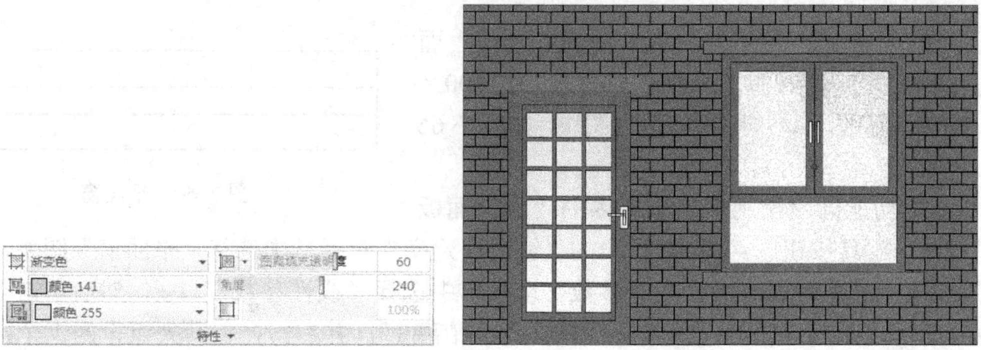

图 7-64　“实体”及“渐变色”填充

7.6　实训操作

7.6.1　建筑平面图中的图块应用

1. 实训要求

在绘制建筑施工图的过程中，需要插入很多不同尺寸的门、窗图样，并进行大量的符号标注工作，如标高符号、轴线符号、索引符号等。此时，用户可以利用定义属性的图块以及动态图块来提高作图效率。

2. 操作指导

1）新建一个 AutoCAD 图形文件，将工作空间选定为“二维草图与注释”。

2）利用基本绘图命令，绘制一个房屋户型图，如图 7-65 所示。

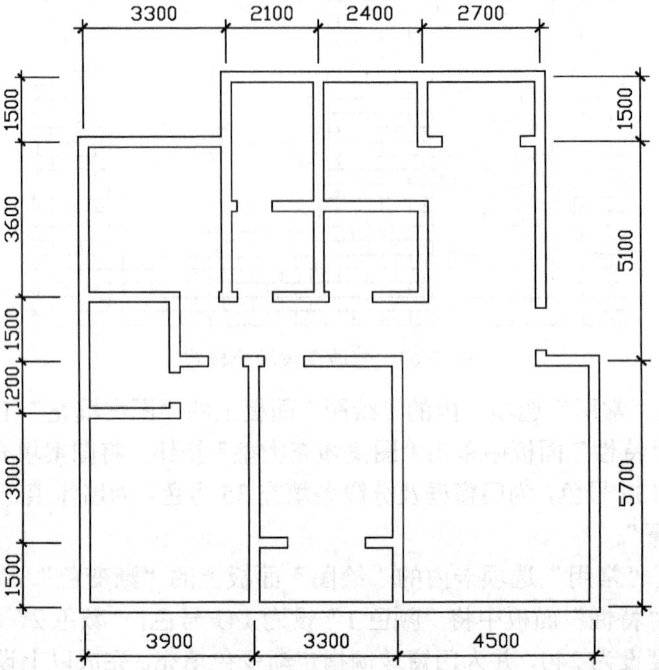

图 7-65 房屋户型图

3）单击功能区“常用”选项卡内的“绘图”面板上的“矩形”工具按钮，绘制一个尺寸为 1000×240 的“平面窗”图样，并将其创建为图块，如图 7-66 所示。

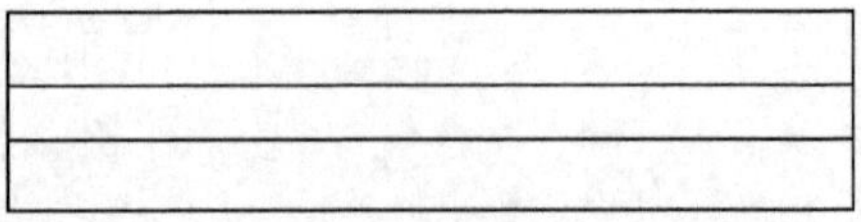

图 7-66 平面窗

4）单击功能区“常用”选项卡内的“块”面板上的“编辑”工具按钮，在弹出的“编辑块定义”对话框中选择“平面窗”图块，单击“确定”按钮，进入编辑界面。在“参数”选项卡中选择“线性参数”，然后单击“平面窗”宽度的起点和终点，为图块添加线性参数“距离 1”，并右击，将其夹点设为 1 个，结果如图 7-67 所示。

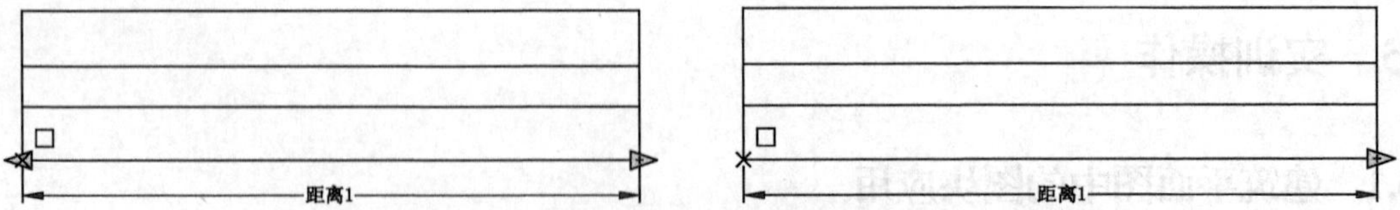

图 7-67 添加线性参数

5）选择“距离 1”参数，右击，在弹出的快捷菜单中选择“特性”命令，并将其“距离类型”设为“增量”，“距离增量”设为 100，最小距离设为 600，最大距离设为 3600，结果如

图 7-68 所示。

值集	
距离类型	增量
距离增量	100
最小距离	600
最大距离	3600

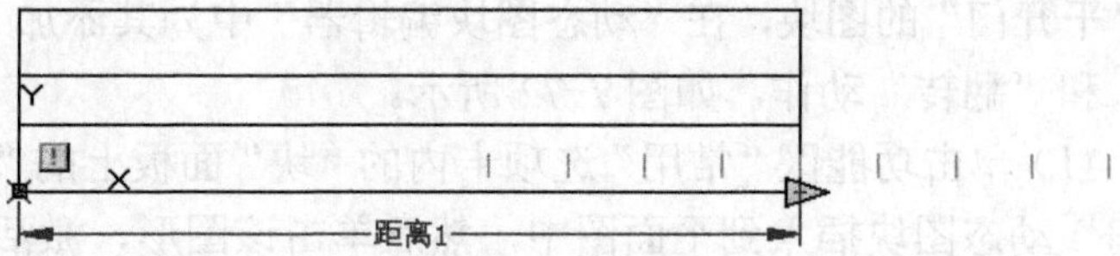

图 7-68 修改“距离 1”特性

6）在“块编写选项板”中选择“动作”选项卡内的“拉伸”按钮，单击“距离 1”参数和其夹点作为与动作关联的参数点。根据命令提示，选择拉伸框架，并选择要拉伸的对象，如图 7-69 所示。

7）单击“块编辑器”选项卡内的“打开/保存”面板上的“保存块”按钮，对前面所做的参数设置进行保存，单击“关闭块编辑器”按钮，完成参数设置并返回到绘图界面。

8）单击功能区“常用”选项卡内的“块”面板上的“插入块”工具按钮，在图形中插入名为“平面窗”的图块，然后用鼠标单击该图形，激活夹点状态，并选择右侧的夹点箭头，即可进行相应的拉伸动作。效果如图 7-70 所示。

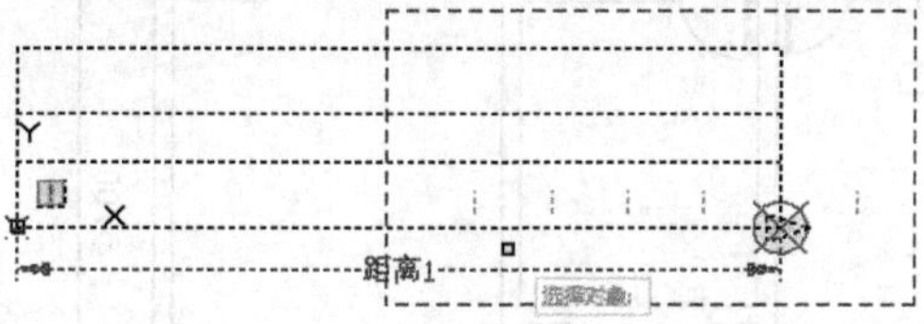

图 7-69 添加“拉伸”动作

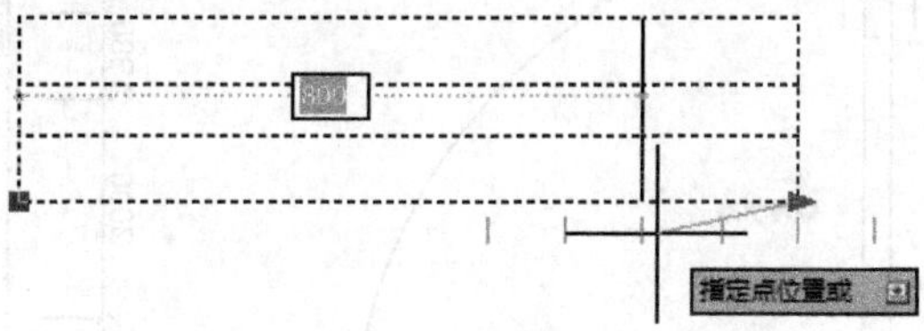

图 7-70 插入动态图块

9）重复上一步骤，直至完成建筑平面图中所有平面窗的绘制，注意将窗宽调整到适合窗洞口的尺寸。结果如图 7-71 所示。

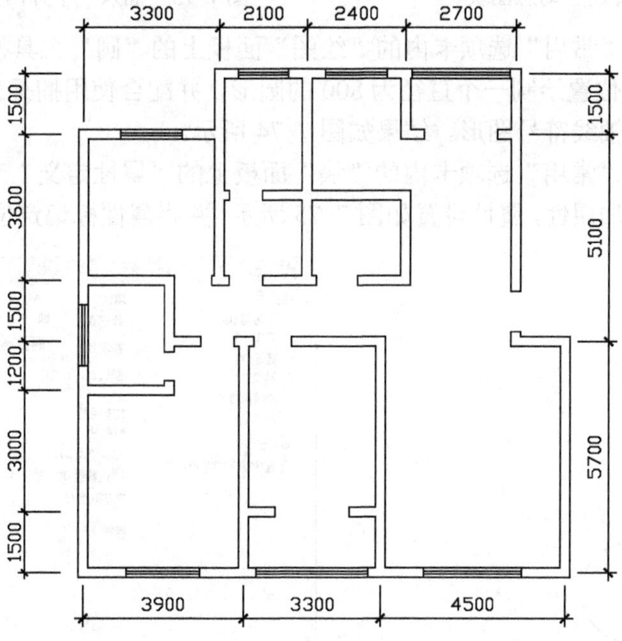

图 7-71 插入“平面窗”图块

10）根据本章前面所讲内容绘制一个“平开门”的基本图形，尺寸为1000，并创建为名为“平开门”的图块，在“动态图块编辑器”中为其添加“线性”和“翻转”参数，以及“拉伸”和“翻转”动作，如图7-72所示。

11）单击功能区“常用”选项卡内的“块”面板上的“插入块”工具按钮，将创建的“平开门”动态图块插入到平面图中，然后单击该图形，激活夹点状态，利用图块的动态夹点适当调整平开门的大小和开启方向。结果如图7-73所示。

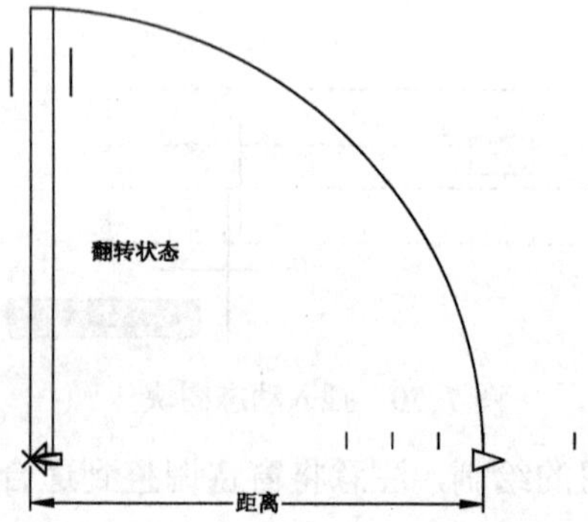

图7-72　创建“平开门”动态图块

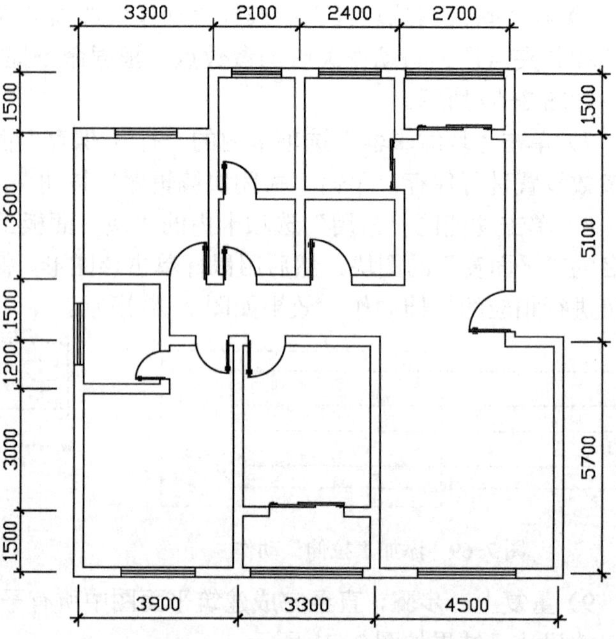

图7-73　插入“平开门”图块

12）单击功能区“常用”选项卡内的“绘图”面板上的“圆”工具按钮和“多段线”工具按钮，在适当位置绘制一个直径为800的圆形，并配合使用捕捉工具 象限点(Q)，绘制一条直线，完成定位轴线符号图形。结果如图7-74所示。

13）单击功能区“常用”选项卡内的“块”面板上的“属性定义”工具按钮，为所绘制的定位轴线符号添加属性，属性设置如图7-75所示。并将属性标记定位在圆形的中心位置。

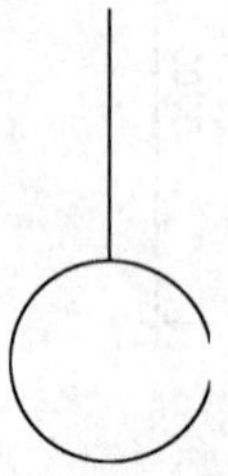

图7-74　定位轴线符号

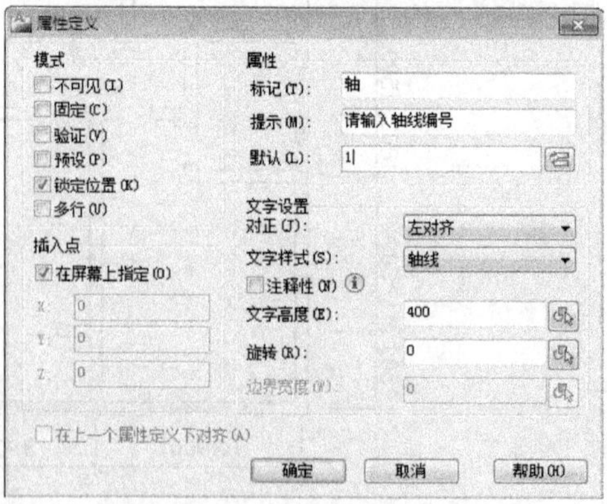

图7-75　“属性定义”对话框

14）单击功能区“常用”选项卡内的“块”面板上的“创建块”工具按钮，在弹出的“块定义”对话框中，输入“轴线符号”作为图块名称，拾取直线段端点作为基点，并在选择对象时，将定位轴线符号与其属性全部选中，如图 7-76 所示。完成块定义设置，单击“确定”按钮，在弹出的“编辑属性”对话框中的“请输入轴线编号”文本框中输入“1”完成图块属性的设置。如图 7-77 所示。

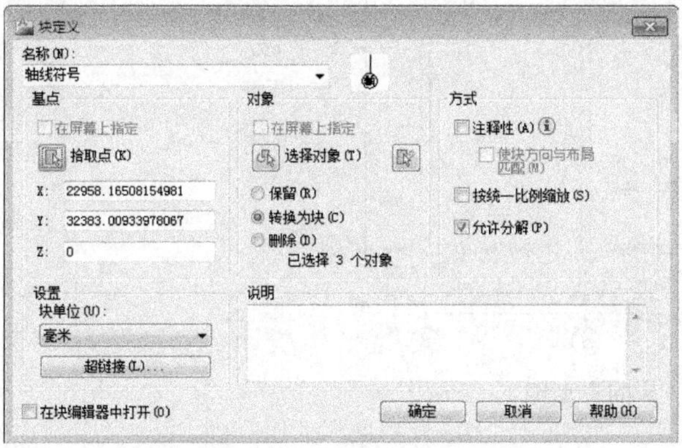

图 7-76 “块定义”对话框

图 7-77 “编辑属性”对话框

15）单击功能区“常用”选项卡内的“块”面板上的 “插入块”工具按钮，在弹出的“插入”对话框中，选择已创建的“轴线符号”图块，并单击“确定”按钮，即可在图形中插入该图块。在插入图块时，根据命令行提示，先单击其插入点，当用户在适当位置单击指定插入点后，将会出现动态提示“请输入轴线编号”，用户可以在动态提示窗口中输入轴线编号，以完成轴线符号图块的插入。如图 7-78 所示。

16）重复上一步骤，完成平面图中全部轴线符号的标注。需要注意的是，在标注竖向轴线符号时，应将图块旋转 270°，这时，轴线编号也会随着旋转，用户可双击轴线编号，在弹出的“增强属性编辑器”的“文字选项”选项卡中，将“旋转”设为“0”。如图 7-79 所示。

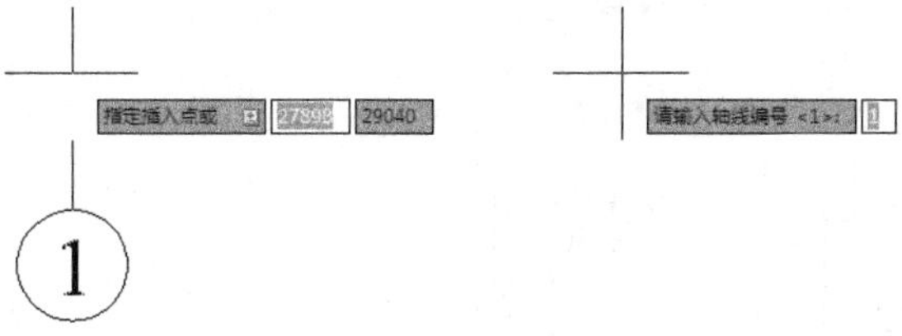

图 7-78 插入图块

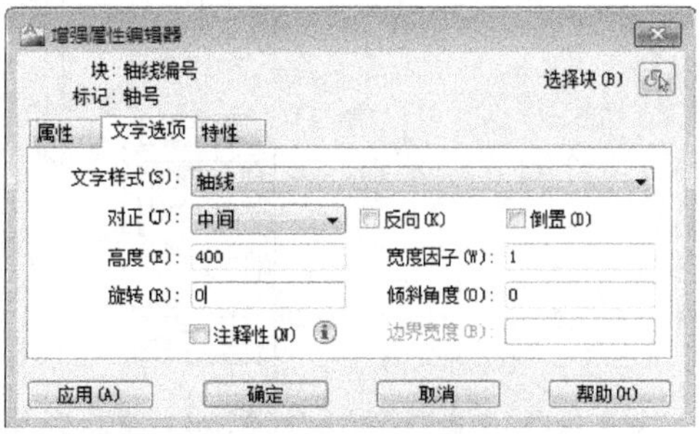

图 7-79 “增强属性编辑器”对话框

17）完成轴线符号的标注，结果如图 7-80 所示。将文件保存至“E:\第 7 章实训”文件夹中，文件名为“建筑平面图中的图块应用”。

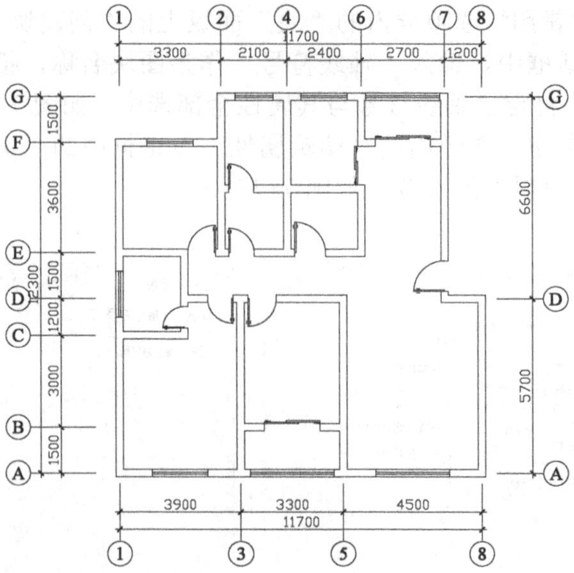

图 7-80　房间户型图

7.6.2　绘制房间平面布置效果图

1．实训要求

利用“图案填充”功能，为前面所绘制的房间户型图添加填充图案和填充颜色，绘制房间平面布置效果图。

2．操作指导

1）打开如图 7-80 所绘制的“房间户型图”图形文件。

2）利用基本绘图工具和编辑工具，绘制“沙发”、“床”、“衣柜”、“电视柜”、“橱柜”、“餐桌”等家具的基本图形，如图 7-81 所示。

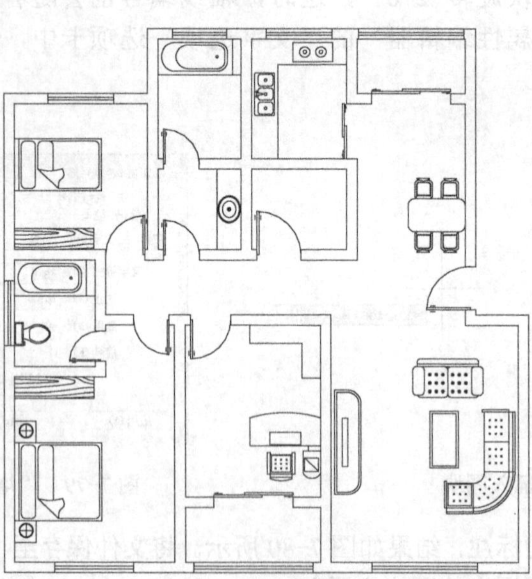

图 7-81　绘制家具

3）单击功能区“常用”选项卡内的“绘图”面板上的“图案填充”工具按钮，在“图案填充编辑器”的“特性”面板中将图案填充类型设为“实体”，单击颜色下拉列表中的“选择颜色”选项，在弹出的“选择颜色”对话框中选择索引颜色“252”，为墙体添加颜色填充。

4）重复执行“图案填充”命令，在“图案填充编辑器”的“特性”面板中将图案填充类型设为“图案”，在“图案”面板选择图案“ANSI37”，为每个房间添加地板分格线图案填充，并在“特性”面板中将“角度”设为45，“比例”设为200。

5）重复执行“图案填充”命令，在“图案填充编辑器”的“特性”面板中将图案填充类型设为“实体”，单击颜色下拉列表中的“选择颜色”选项，在弹出的“选择颜色”对话框中选择真彩色“232,218,150”作为填充颜色，为房间添加地板颜色填充。结果如图7-82示。

6）重复执行“图案填充”命令，在“图案填充编辑器”的“特性”面板中将图案填充类型设为“实体”，并在颜色列表中分别选择适当的颜色为房间户型图的窗和家具等对象进行图案填充。结果如图7-83所示。

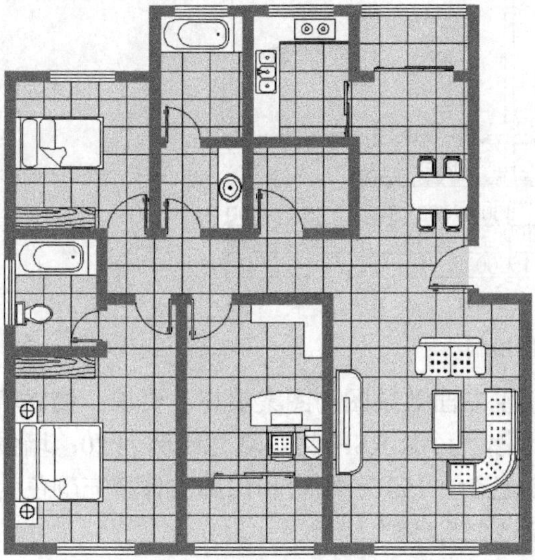

图7-82　墙体与地板颜色填充

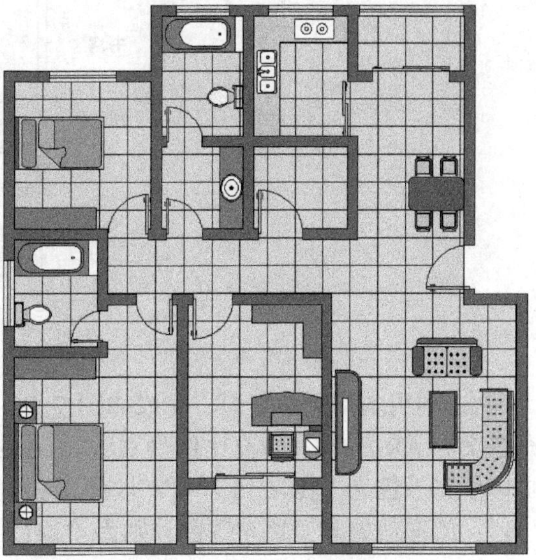

图7-83　房间平面布置效果图

7）完成房间平面布置效果图的绘制，将文件保存至“E:\第7章实训”文件夹中，文件名为“房间平面布置效果图”。

7.7　思考与练习

1．在AutoCAD 2011中如何定义图块的属性？对于附着有多个属性的图块，如何来更改其提示顺序？

2．举例说明动态图块在绘制建筑施工图中的作用。

3．如何为图块添加约束，添加约束的作用是什么？

4．在AutoCAD 2011中提供的图案填充有哪些种类？图案填充中“绘图次序”的作用是什么？

5．根据本章所学内容，完成如图7-84所示的户型图绘制。要求为图中的门、窗创建动态图块，为轴线符号定义属性。

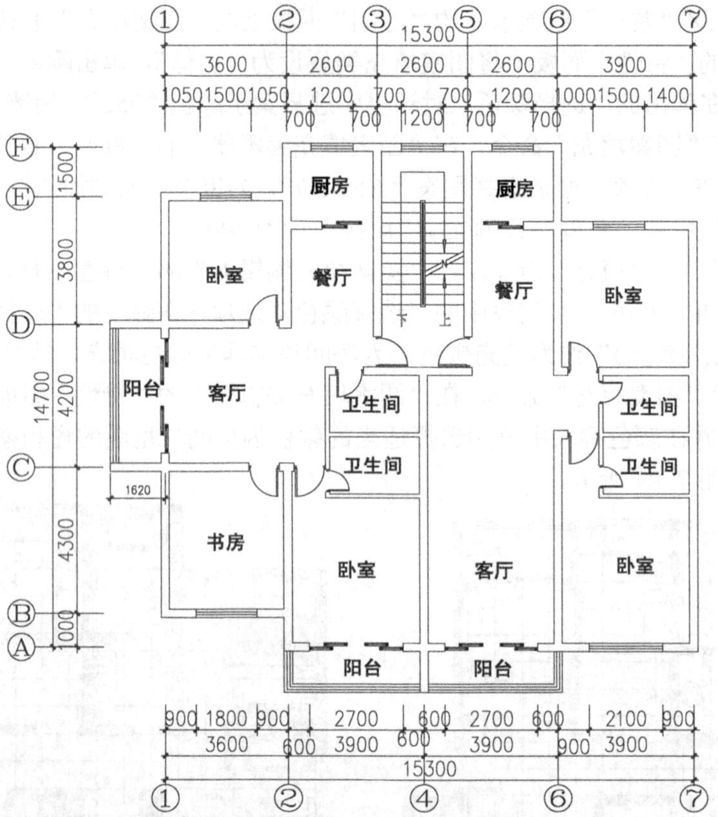

图 7-84　户型图绘制

6. 利用本章所学知识，完成如图 7-85 所示别墅立面效果图的图案填充。要求：墙体填充图案为 AR-B816，填充比例为 0.8；坡屋顶填充图案为 AR-RSHKE，填充比例为 20；墙体实体填充颜色为“184,213,244”，坡屋顶实体填充颜色为“153”，阳台和门廊实体填充颜色为“31”；门窗玻璃渐变填充颜色分别为“141”和“255,255,255”。

图 7-85　图案填充应用练习

第8章　图 形 输 出

AutoCAD 2011 提供了图形输入与输出接口。用户不仅可以将其他应用程序中处理好的数据输入到 AutoCAD 中以显示其图形，还可以将 AutoCAD 图形打印输出，或将 AutoCAD 图形文件信息输出到其他应用程序。

在 AutoCAD 2011 中，用户可以通过图纸集管理器，将整个图纸集轻松发布为图纸图形集，也可以发布为 DWF、DWFx 或 PDF 文件。

8.1　模型空间和图纸空间

8.1.1　模型空间与图纸空间的概念

AutoCAD 的重要功能之一是可在两个环境中完成绘图和设计工作，即模型空间和图纸空间，它们的作用是不同的。模型空间是一个三维空间，主要进行图形绘制和建模，需要注意的是，在 AutoCAD 中绘图的一个重要原则是永远按照 1∶1 的比例以实际尺寸绘制图形。图纸空间（布局）主要用来图纸布局和图形输出工作，用户可以方便地对打印设备、纸张、比例、布局等内容进行设置，并可预览输出效果。图纸空间又称为“布局”，是一种图纸空间环境，它模拟图纸页面，提供直观的打印设置。模型空间中的每个布局视口就类似于包含模型“照片”的相框。每个布局视口包含一个视图，该视图可以根据用户指定的比例和方向显示模型。用户也可以指定在每个布局视口中可见的图层。

8.1.2　模型空间与图纸空间的切换

1．功能

在 AutoCAD 中，用户可以方便地控制如何在模型空间与一个或多个布局之间进行切换。

AutoCAD 的经典界面提供了模型选项卡以及一个或多个布局选项卡。用于在两个界面之间进行切换的控件已被作为项目包含在“模型”选项卡、“布局”选项卡和状态栏的“模型 / 布局”按钮的快捷菜单上。

2．操作示例

1）在 AutoCAD 2011 的工作界面中，用户可以在绘图区域底部的“布局和模型”选项卡上访问和切换不同的空间，如图 8-1 所示。

2）可以在“布局和模型”选项卡上右击，并在弹出的快捷菜单中选择“隐藏布局和模型选项卡”命令，如图 8-2 所示。设置为隐藏后，程序将会在状态栏中出现“模型”和“布局”按钮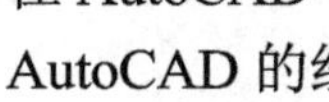

，在这些按钮上悬停鼠标并右击，还可以在弹出的快捷菜单中选择“显示布局和模型选项卡”命令。

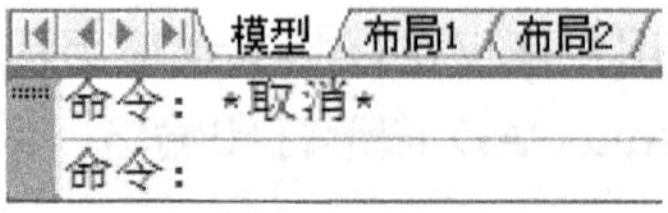

图 8-1　布局和模型选项卡

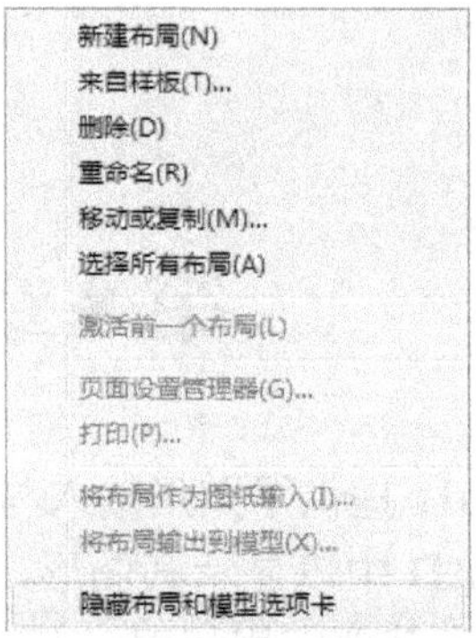

图 8-2　布局和模型选项卡快捷菜单

3）在 AutoCAD 2011 中提供了“快速查看布局”和“快速查看图形”功能按钮。用户可以在程序界面下面的状态栏中右击，在弹出的快捷菜单中选择相应命令，如图 8-3 所示。单击“快速查看布局”按钮，程序将会弹出如图 8-4 所示的快速查看窗口。用户可以在该窗口中快速查看模型空间和多个布局的情况，并可以方便地进行空间切换。

图 8-3　状态栏快捷菜单

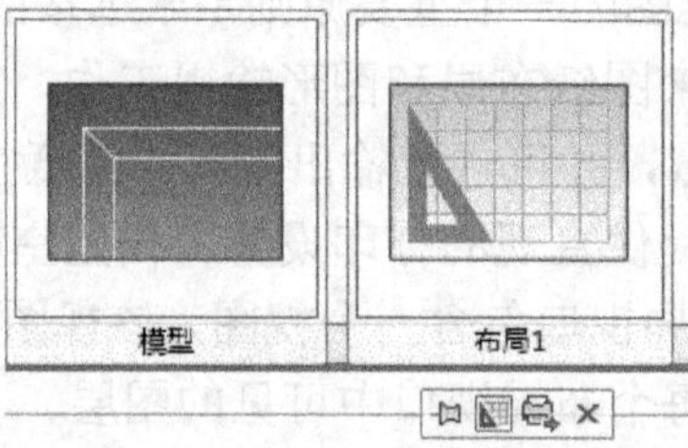

图 8-4　快速查看窗口

8.2　创建布局

1．功能

布局是图纸空间环境，它模拟图纸页面，提供直观的打印设置。用户可以在图形中创建多个布局以显示不同的视图，每个布局可包含不同的打印比例和图纸尺寸。布局显示的图形与图纸页面上打印出来的图形完全一致。

在“模型”选项卡中完成图形绘制后，可以通过单击“布局”选项卡开始创建要打印的布局。首次单击“布局”选项卡时，页面上将显示单一视口，其中的虚线用来表示图纸中当前配置的图纸尺寸和绘图仪的可打印区域。如图 8-5 所示。

创建了布局之后，就可以为布局进行页面设置，其中包括打印设备设置和其他影响图形输出的外观和格式的设置。页面设置中指定的各种设置和布局一起存储在图形文件中，用户可以随时修改页面设置中的信息。

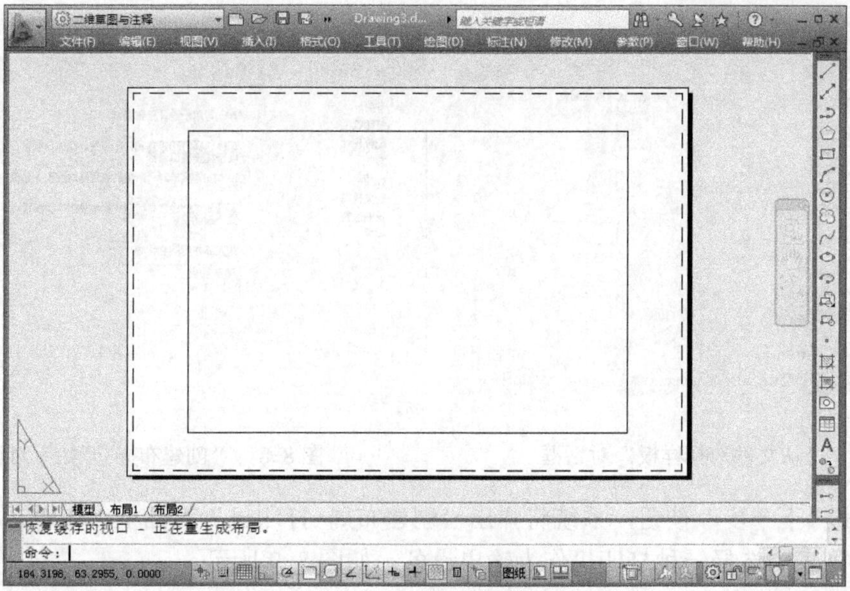

图 8-5　布局选项板窗口

2. 命令调用

用户可采用下列操作方法之一调用该命令。

- 选择“插入”→“布局”→“新建布局”命令。
- 选择“插入”→“布局”→“来自样板的布局”或“创建布局向导”命令。
- 在“模型和布局”选项卡中右击，在弹出的快捷菜单中选择“新建布局”或“来自样板”命令。
- 在命令行中输入“Layout”，并按〈Enter〉键执行命令。

3. 操作示例

用户可以选择使用“新建布局”、“来自样板的布局”和“创建布局向导”三种方式创建新的布局，也可以在命令行输入“Layout”命令以模板方式创建新布局。

（1）新建布局

当用户选择使用“新建布局”方式时，将会出现如图 8-6 所示的动态提示窗口，根据提示输入新布局名称即可新建一个布局。

图 8-6　“新建布局”动态提示窗

（2）来自样板的布局

当用户选择使用“来自样板的布局”方式时，将会弹出如图 8-7 所示的“从文件选择样板”对话框，选择合适的样板文件后即可新建一个布局。

（3）创建布局向导

1）选择“插入”→“布局”→“创建布局向导”命令，系统将弹出“创建布局－开始”对话框。左侧一列项目是创建中要进行的 8 个步骤，前面标有三角符号的是当前步骤。在“创建布局－开始”对话框中的“输入新布局的名称”文本框中输入为“建筑制图”。如图 8-8 所示。

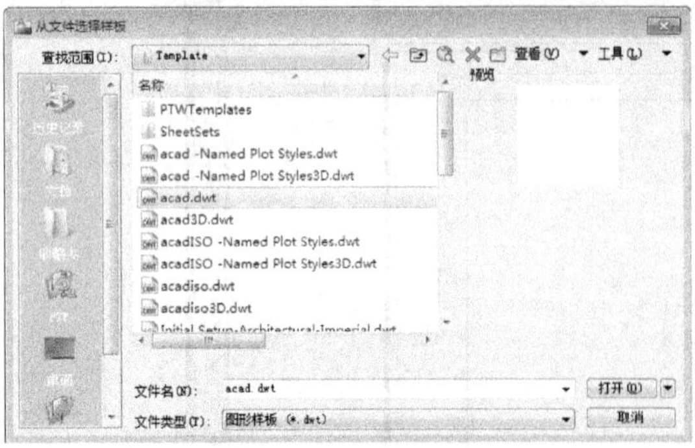

图 8-7 “从文件选择样板”对话框

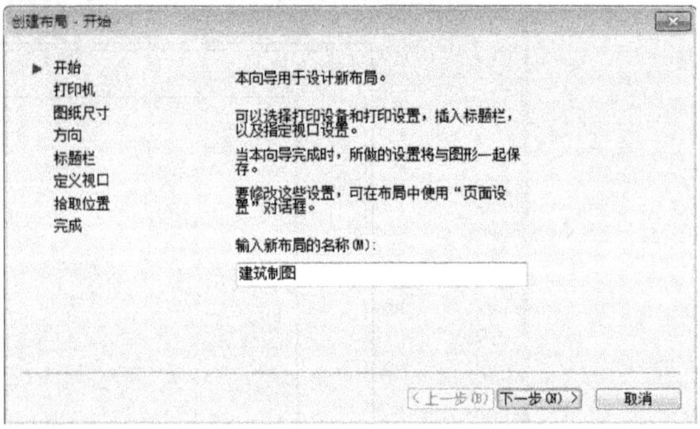

图 8-8 “创建布局-开始”对话框

2）单击“下一步”按钮，系统将弹出“创建布局-打印机”对话框。该对话框用于选择打印机，从列表中选择一种打印机作为输出设备。如图 8-9 所示。

3）单击“下一步”按钮，系统将会弹出“创建布局-图纸尺寸”对话框，它可以用于选择打印图纸的大小并选择所用的单位。在下拉列表栏中列出了多种规格的图纸，它由选择的打印设备决定，用户可以从中选择一种格式，也可以使用绘图仪配置编辑器添加自定义图纸尺寸。“图形单位”选项区用于控制图形单位，可以选择使用毫米、英寸或像素。选中“毫米”单选框，即以毫米为单位，再选中纸张大小为“A4”。结果如图 8-10 所示。

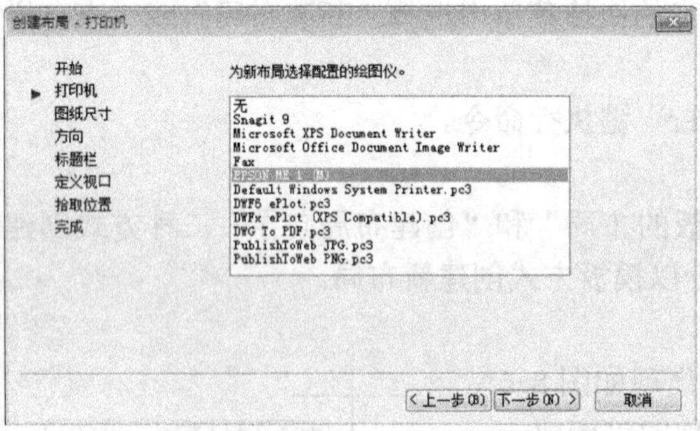

图 8-9 “创建布局-打印机”对话框

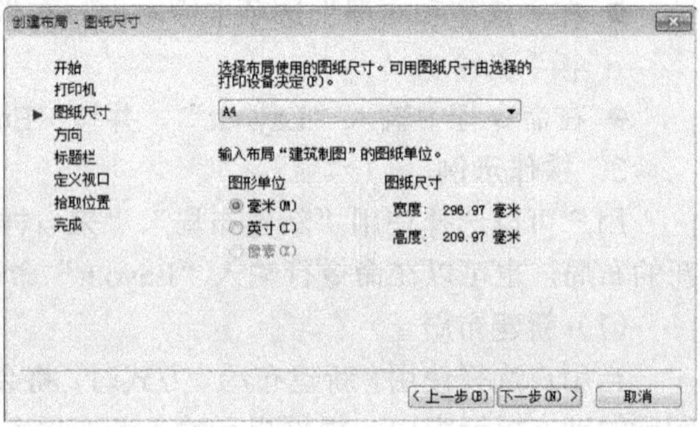

图 8-10 “创建布局-图纸尺寸”对话框

4）单击“下一步”按钮，系统将会弹出“创建布局-方向”对话框，可以用于设置打印的方向。如图 8-11 所示。

5）完成打印方向设置后，单击“下一步”按钮，程序将会弹出“创建布局-标题栏”对话框，该对话框用于选择图纸的边框和标题栏的样式，对话框左侧的列表框中列出了当前可用的样式，用户可以从中选择一种，在对话框右侧的预览框中则显示出了所选样式的预览图像，在对话框下部的类型选项区中，用户还可以指定所选择的标题栏图形文件是作为块还是作为外部参照插入到当前图形中。如图 8-12 所示。

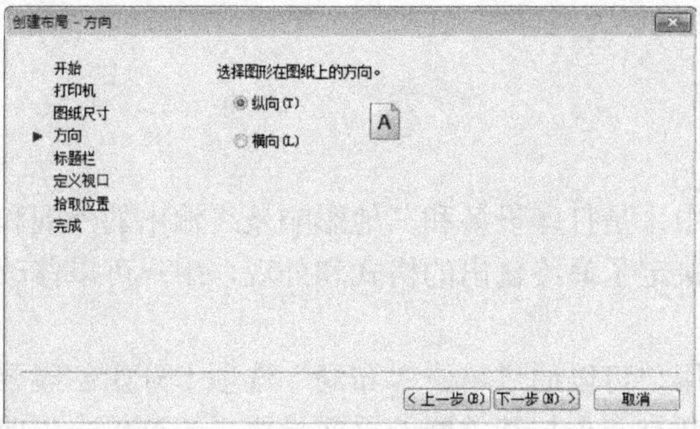

图 8-11 “创建布局-方向”对话框

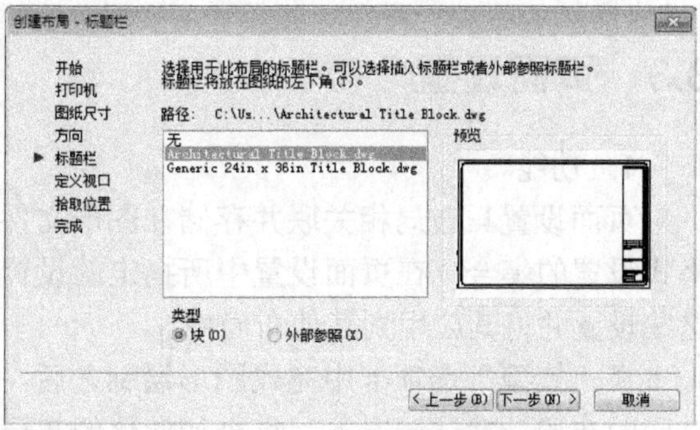

图 8-12 “创建布局-标题栏”对话框

6）完成以上设置，单击“下一步”按钮，系统将会弹出“创建布局-定义视口”对话框，用户可在该对话框中指定新创建的布局默认视口设置和比例等。其中“视口设置”选项区用于设置当前布局定义视口数。“视口比例”下拉列表框用于设置视口的比例。如图 8-13 所示。

7）完成以上设置，单击“下一步”按钮，程序将会弹出“创建布局-拾取位置”对话框，它用于指定视口的大小和位置。单击“选择位置”按钮，系统将会暂时关闭该对话框，返回到图形窗口，用户可从中指定视口的大小和位置。如图 8-14 所示。

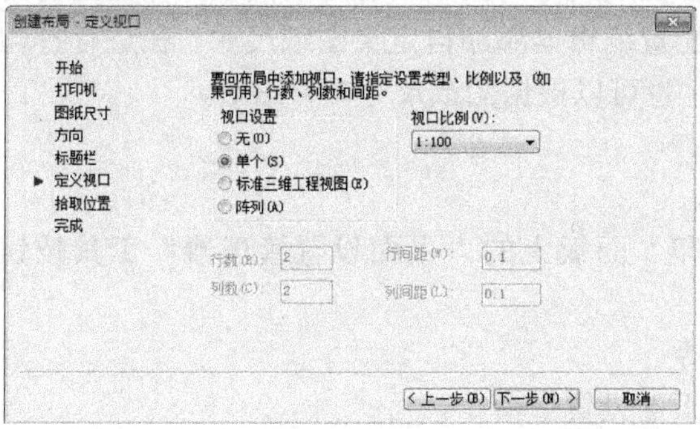

图 8-13 “创建布局-定义视口”对话框

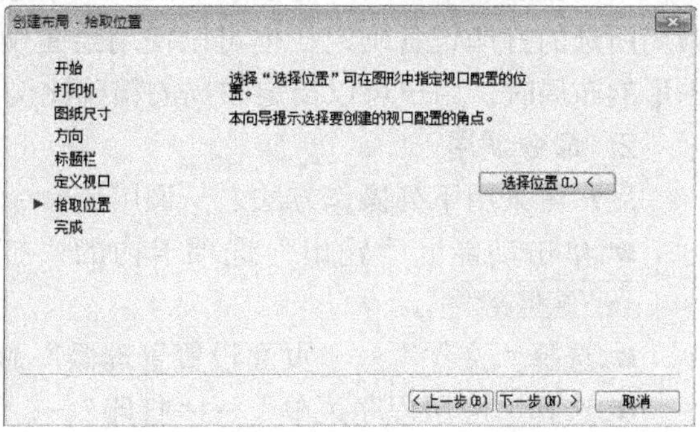

图 8-14 “创建布局-拾取位置”对话框

8）选择了适当的视口大小和位置后，单击“下一步”按钮，将会弹出“创建布局-完成”对话框，如图 8-15 所示。完成设置后，单击“完成”按钮即可返回绘图窗口。

图 8-15 “创建布局-完成”对话框

8.3 页面设置

1. 功能

页面设置与布局相关联并存储在图形文件中，是打印设备和其他影响最终输出的外观和格式设置的集合。在页面设置中所指定的设置决定了最终输出的格式和外观，用户可以修改这些设置并将其应用到其他布局中。

在“模型”选项卡中完成图形绘制之后，用户可以通过单击“布局”选项卡开始创建要打印的布局。默认情况下，每个初始化的布局都有一个与其关联的页面设置。通过单击先前未使用布局的选项卡来激活该布局。初始化布局完成后，用户可对布局进行绘制、发布以及将布局作为图纸添加到图纸集中。也可以将某个布局中保存的命名页面设置应用到另一个布局中，此操作将创建与第一个页面设置具有相同设置的新的页面设置。

如果希望每次创建新的图形布局时都显示页面设置管理器，可以在“选项”对话框的“显示”选项卡中选择“新建布局时显示页面设置管理器”选项。如果不需要为每个新布局都自动创建视口，可以在“选项”对话框的“显示”选项卡中清除“在新布局中创建视口”选项。

在“页面设置”对话框中选择的打印机或绘图仪决定了布局的可打印区域。此区域通过布局中的虚线表示。用户可以从标准列表中选择图纸尺寸，列表中可用的图纸尺寸由当前为布局所选的打印设备确定，也可以使用绘图仪配置编辑器添加自定义图纸尺寸。在进行打印图形的布局时，用户可以指定布局的精确比例，也可以根据图纸尺寸调整图形。

2. 命令调用

用户可采用下列操作方法之一调用该命令。

- 单击功能区“输出”选项卡内的“打印”面板上的“页面设置管理器”工具按钮 

。
- 选择“文件”→“页面设置管理器”命令。
- 选择“应用程序菜单”→“打印”→“页面设置”命令。
- 在“模型”选项卡右击，在弹出的快捷菜单中选择“页面设置管理器”命令。
- 在命令行中输入“Pagesetup”，并按〈Enter〉键执行命令。

通过上述操作均可打开“页面设置管理器”对话框。如图 8-16 所示。

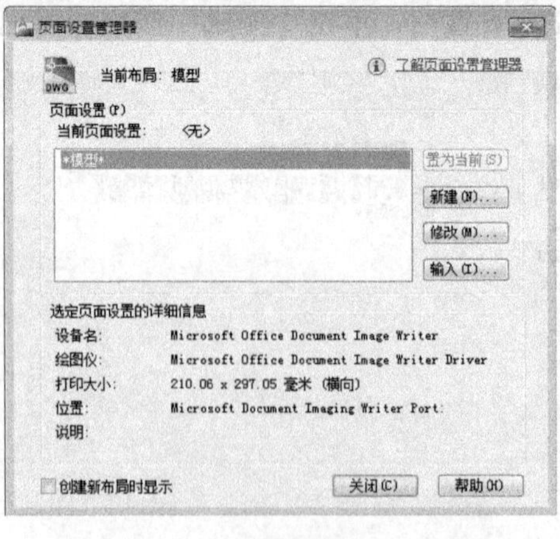

图 8-16 “页面设置管理器”对话框

3. 操作示例

1）在“页面设置管理器”对话框中，单击“新建”按钮，程序将会弹出“新建页面设置”对话框，用户可以命名一个新的页面设置名称。如图 8-17 所示。

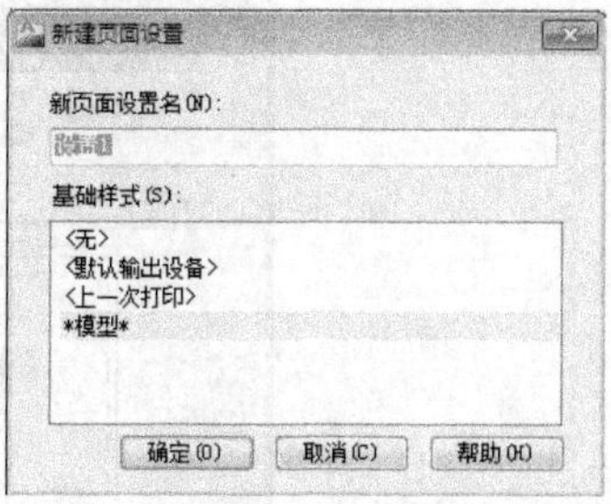

图 8-17 “新建页面设置”对话框

2）单击“确定”按钮，程序将会弹出“页面设置”对话框，在此对话框中，用户可以指定布局设置和打印设备设置并预览布局的结果。具体设置要求如下。

- 打印机绘图仪：用户必须在“页面设置”对话框中选择打印设备以便打印布局。选择的打印机或绘图仪决定了布局的可打印区域，此可打印区域通过布局中的虚线表示。
- 图纸尺寸：用户可以从标准列表中选择图纸尺寸，也可以使用绘图仪配置编辑器添加自定义图纸尺寸。列表中可用的图纸尺寸由当前为布局所选的打印设备确定。
- 打印区域：用户可以指定打印区域，以确定打印内容。“打印区域”中的“显示”选项将打印图形中显示的所有对象；“范围”选项将打印图形中的所有可见对象；“视图”选项将打印用户保存的视图；“窗口”选项用于定义要打印的区域。
- 打印偏移：用户可以指定打印区域相对于可打印区域的左下角（原点）或图纸边界的偏移距离。
- 打印比例：打印图形布局时，用户可以指定布局的精确比例，也可以根据图纸尺寸调整图像。要为布局指定不同的比例，则可以在“页面设置”对话框或“打印”对话框中为布局设置打印比例。
- 图形方向：用户可以使用“横向”和“纵向”设置图形在图纸上的打印方向。在使用“横向”设置时，图纸的长边是水平的，使用“纵向”选项时，图纸的短边是水平的。修改图纸方向的效果就像是在图形下面旋转图纸。在横向或纵向的方向上，用户还可以选择“上下颠倒打印”，用以控制首先打印图形顶部还是图形底部。

以上设置选项如图 8-18“页面设置”对话框所示。

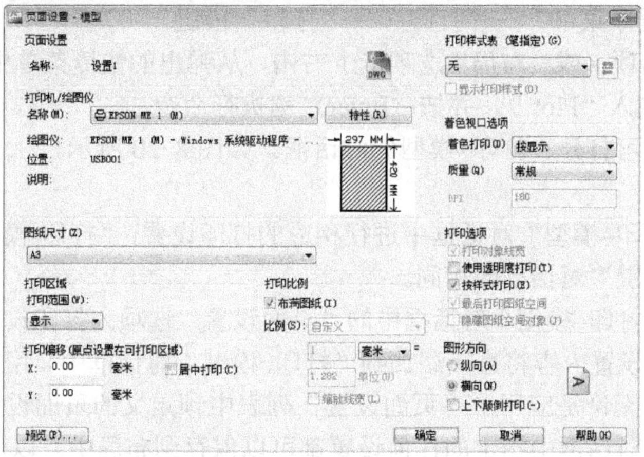

图 8-18 “页面设置”对话框

3）在“页面设置”对话框中完成设置，单击“预览”按钮或切换到布局窗口中，即可预览页面设置的效果，如图 8-19 所示。

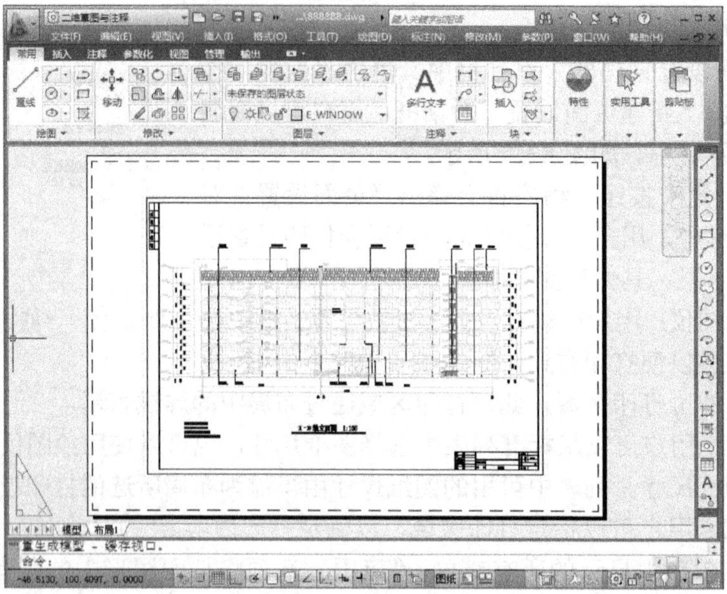

图 8-19　布局窗口预览

8.4　打印图形

1．功能

绘制图形后，用户可以使用多种方法进行输出。可以将图形打印在图纸上，也可以创建成文件以供其他应用程序使用。以上两种情况都需要进行打印设置。

2．命令调用

用户可采用下列操作方法之一调用该命令。

- 单击功能区“输出”选项卡内的“打印”面板上的“打印”工具按钮。
- 选择“应用程序菜单”→“打印”→“打印”按钮。
- 在“模型”选项卡或“布局”选项卡上右击，从弹出的快捷菜单中选择“打印”命令。
- 在命令行中输入“Plot”，并按〈Enter〉键执行命令。

通过上述操作均可打开“打印–模型”对话框。如图 8-20 所示。

3．操作示例

用户可以在“打印–模型”对话框中进行相应的打印设置，“打印-模型”对话框中的设置选项大多与“页面设置”对话框的相同。

用户可以使用“打印–模型”对话框中的“页面设置”选项为打印设置指定已定义的页面设置，此时，该页面设置内容将直接添加到“打印-模型”对话框中。用户也可以单独定义设置然后再进行输出。无论是应用了“页面设置”列表中预定义的页面设置，还是单独定义了设置，“打印–模型”对话框中指定的任何设置都可以保存到布局中，以供下次打印时使用。

在此对话框中，包括“页面设置”、“打印机/绘图仪”、“图纸尺寸”、“打印份数”、“打印区域”、“打印比例”、“打印偏移”、“打印样式”、“着色视口选项”、“打印选项”、“图形方向”等设置内容。用户根据需要完成设置后，可选择预览查看设置效果，也可以单击“确定”

按钮直接进行图形打印。

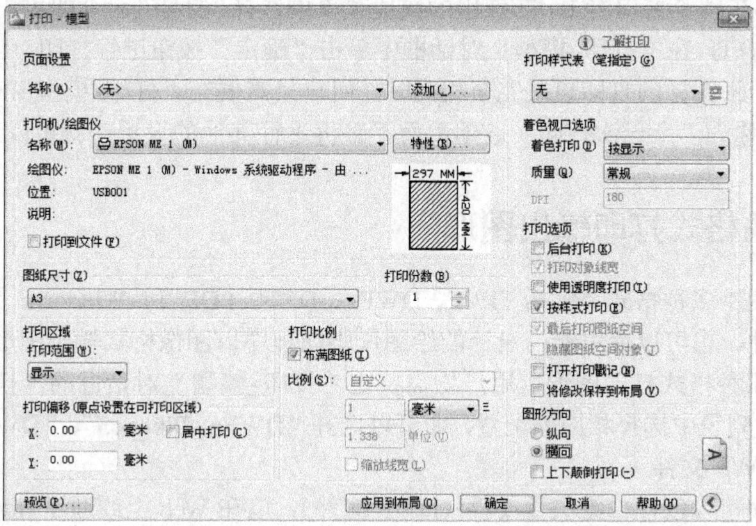

图 8-20 “打印-模型”对话框

1）打开需要打印的图形文件

打开需要打印的图形文件并执行“打印”命令，弹出“打印–模型”对话框。在“打印–模型”对话框的“页面设置”下拉列表中，选择要应用的页面设置选项。用户也可以直接在“打印–模型”对话框中直接进行打印设置。

2）打印预览

选择预设好的页面设置或进行打印设置后，单击“打印-模型”对话框左下角的“预览”按钮，对图形进行打印预览，如图 8-21 所示。

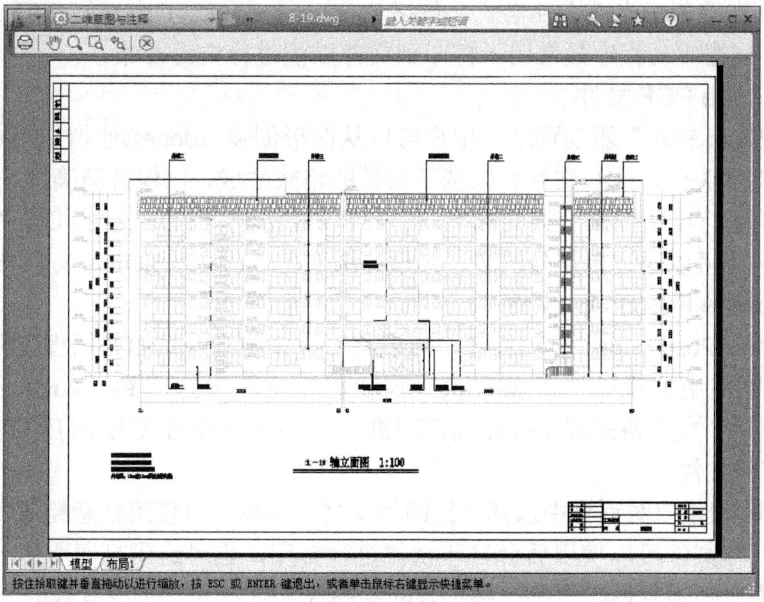

图 8-21 模型空间预览窗口

3）打印出图

完成设置，在预览窗口右击，在弹出的快捷菜单中选择“打印”命令即可。也可以按〈Esc〉键，退出预览窗口，在“打印–模型”对话框中单击“确定”按钮进行打印。当需要打印的下一张图样和上一张图样的打印设置完全相同时，用户只需要在“打印–模型”对话框中，选择“页面设置”名称为“上一次打印”选项，而不必再进行其他的设置，就可以直接打印图形。

8.5　以其他格式打印输出图形

用户可以使用多种格式（包括 DWF、DWFx、DXF、PDF 和 Windows 图元文件）输出或打印图形文件。也可以使用专门设计的绘图仪驱动程序以图像格式输出图形。

无论是以哪种格式打印图形，用户均需要在“打印–模型”对话框的“打印机/绘图仪”区域的“名称”列表中选择相应的配置，如可以选择“DWF6 ePlot.pc3”、“DWG to PDF.pc3”。

1．打印 DWF 文件

使用该程序可以创建二维矢量文件（DWF 文件），以在 Web 上或通过 Internet 发布图形。任何人都可以使用“Autodesk® Design Review”打开、查看和打印 DWF 文件。通过 DWF 文件查看器，也可以在“Microsoft® Internet Explorer”中查看 DWF 文件。DWF 文件支持实时平移和缩放，还可以控制图层和命名视图的显示。

2．打印 DWFx 文件

可以创建 DWFx 文件（DWF 和 XPS）以在 Web 上或通过 Internet 发布图形。

3．以 DXB 文件格式打印

使用 DXB 非系统文件驱动程序可以支持二进制图形交换（DXB）文件格式。这通常用于将三维图形“展平”为二维图形。

4．以光栅文件格式打印

Auto CAD 支持若干光栅文件格式，包括 Windows BMP、CALS、TIFF、PNG、TGA、PCX 和 JPEG。光栅驱动程序最常用于打印到文件以便进行桌面发布。

5．打印 Adobe PDF 文件

使用“DWG to PDF”驱动程序，用户可以从图形创建 Adobe®便携文档格式（PDF）文件。与 DWF6 文件类似，PDF 文件将以基于矢量的格式生成，以保持精确性。Adobe®便携文档格式(PDF)是进行电子信息交换的标准。用户可以轻松分发 PDF 文件，以在“Adobe Reader”中查看和打印。还可以通过指定分辨率、矢量、渐变色、颜色等来自定义 PDF 输出。

6．打印 Adobe PostScript 文件

使用“Adobe PostScript”驱动程序，可以将 DWG 与许多页面布局程序和存档工具一起使用。用户可以使用非系统“PostScript”驱动程序将图形打印到“PostScript”打印机和 PostScript 文件。PS 文件格式用于打印到打印机，而 EPS 文件格式用于打印到文件。

7．创建打印文件

当在“打印–模型”对话框中选择“打印到文件”选项，可使用任意绘图仪配置创建打印文件，并且该打印文件可以使用后台打印软件进行打印，也可送到打印服务公司进行打印。使用此功能，用户必须为输出设备使用正确的绘图仪配置，才能生成有效的 PLT 文件。

8.6 实训操作

1. 实训要求

根据本章所学内容，对图形文件进行页面设置并输出为 Adobe PDF 文件。

2. 操作指导

1）打开 AutoCAD 2011 中文版，将在第 7 章实训操作环节中所绘制的“房间平面布置效果图”图形文件打开。

2）单击功能区“输出”选项卡内的“打印”面板上的“页面设置管理器”工具按钮，新建一个页面设置，并命名为“图形输出”。

3）在“打印机/绘图仪”区域中的“名称”下拉列表中选择“DWG to PDF.pc3”选项，并在“页面设置”对话框中进行相应的设置。如图 8-22 所示。

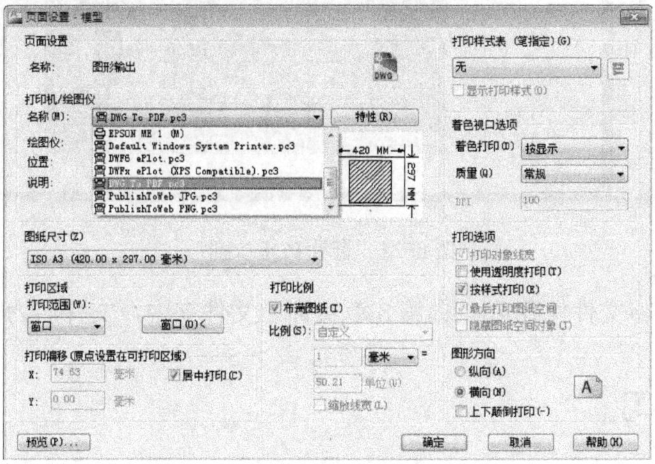

图 8-22 “页面设置-模型”对话框

4）单击功能区“输出”选项卡内的“打印”面板上的“打印”工具按钮，在“页面设置”区域选择名为“图形输出”的选项，并单击“确定”按钮，程序将会弹出“浏览打印文件”对话框，在此可以确定要输出的 PDF 文件的存放位置和文件名称。如图 8-23 所示。

图 8-23 “浏览打印文件”对话框

5）完成以上步骤，即可将“房间平面布置效果图”图形文件输出为 PDF 格式的文件。用户可以方便地通过“Adobe Reader”程序对文件进行查看和打印，如图 8-24 所示。

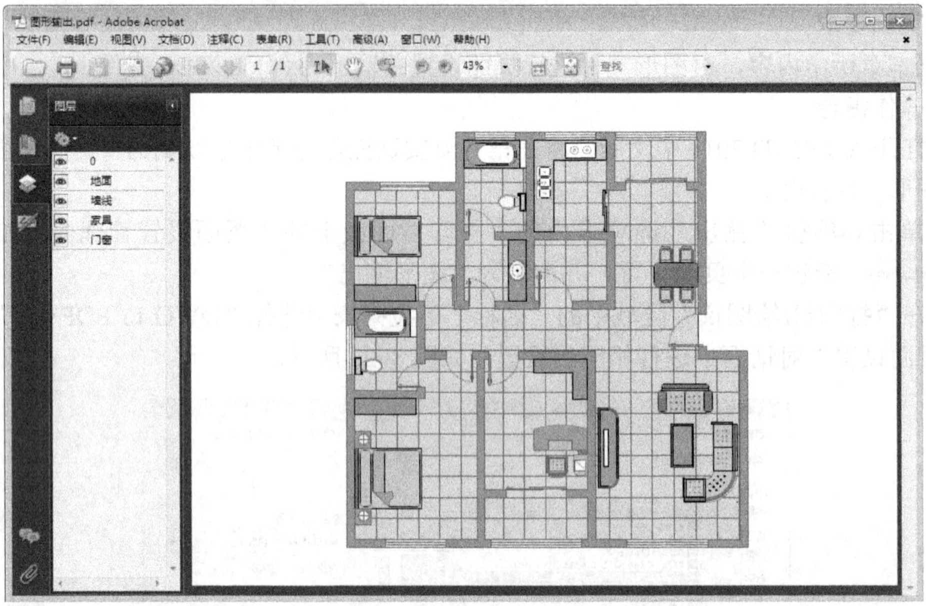

图 8-24　查看 PDF 文件

6）完成操作并将文件保存至“E:\第 8 章实训”文件夹中，文件名为“图形输出”。

8.7　思考与练习

1．什么是“模型空间”和“图纸空间”？它们的作用是什么？
2．可以通过哪几种方式创建新的布局？
3．如何才能在每次创建新的布局时自动显示页面设置管理器？
4．确定打印区域有几种方式，它们的区别是什么？
5．AutoCAD 2011 支持哪些图形输出格式？

第9章 三维图形的绘制

在建筑图的设计过程中，三维图形的应用越来越广泛。在 AutoCAD 2011 中，用户可以利用实体建模、曲面建模和网格建模三种方式来创建三维图形，同时还增强了三维图形的渲染功能。

渲染是基于三维场景来创建二维图像。它使用已设置的光源、已应用的材质和环境设置（例如背景和雾化），为场景的几何图形着色。与线框图像和着色图像相比，使用渲染的图像更容易表达三维图形的真实效果，它可以使用户创建一个真实照片级质量的演示图像。模型的真实感渲染往往可以为设计团队或客户提供比打印图形更加清晰的概念设计视觉效果。总而言之，渲染是一个非常有效的交流想法与显示图形真实效果的工具。

使用三维建模有很多的优点：

① 可以从任何有利的角度查看模型。

② 可以自动生成可靠的标准或辅助二维视图。

③ 可以方便地创建模型对象的截面和二维图形。

④ 能够消除隐藏线并进行真实感着色。

⑤ 可以检查干涉和执行工程分析。

⑥ 能够添加光源和创建真实渲染。

⑦ 能够方便地浏览模型。

⑧ 可以使用模型方便地创建动画。

⑨ 可以提取加工数据等。

9.1 三维绘图环境设置

9.1.1 三维坐标系

在三维绘图环境中，AutoCAD 采用三维坐标系来确定点的位置，三维坐标系包括三维笛卡儿坐标系、柱坐标系和球面坐标系。

1. 三维笛卡儿坐标系

三维笛卡儿坐标系通过使用三个坐标值（X、Y、Z）来指定点的精确位置，它与平面笛卡儿坐标系（X、Y）相似，只是增加了 Z 坐标轴。与平面坐标一样，三维坐标也有世界坐标系和用户坐标系两种形式。

输入绝对坐标的方式为“X，Y，Z”，输入相对坐标的方式为“@X，Y，Z”。

在三维坐标中，Z 轴的正轴方向是根据右手定则来确定的。右手定则也决定三维空间中任意坐标轴的正方向。要标注 X、Y、Z 轴的正轴方向，可将右手背对屏幕放置，拇指即指向 X 轴的正方向。要确定坐标轴的正旋转方向，用右手的大拇指指向坐标轴的正方向，弯曲手指，那么手指所指的方向就是坐标轴的正旋转方向，如图 9-1 所示。

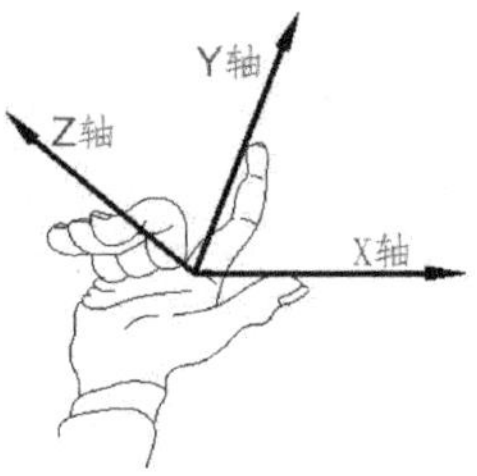

图 9-1　右手定则

2．柱坐标系

柱坐标系输入相当于三维空间中的二维极坐标输入。它在垂直于 XY 平面的轴上指定另一个坐标。柱坐标通过定义某点在 XY 平面中与用户坐标系（UCS）原点的距离，在 XY 平面中与 X 轴所成的角度以及 Z 值来定位该点。柱坐标的输入格式可采用“XY 平面距离 ＜XY 平面角度，Z 坐标（绝对坐标）”、“@ XY 平面距离 ＜XY 平面角度，Z 坐标（相对坐标）”两种方式。例如，“@ 10 ＜ 30，20”表示沿 X 轴距离上一点 10 个单位、与 X 轴正方向成 30° 夹角、在 Z 轴正方向移动 20 个单位的位置。如图 9-2 所示。

3．球面坐标系

球面坐标系与平面极坐标系类似。在确定某点时，应分别确定该点与当前坐标系原点的距离，二者连线在 XY 平面上的投影与 X 轴的夹角角度，以及二者连线与 XY 平面的角度。球坐标的输入格式可以采用“XYZ 距离 ＜ 与 X 轴夹角 ＜ 与 XY 平面的夹角（绝对坐标）”、“@XYZ 距离 ＜ 与 X 轴夹角 ＜ 与 XY 平面的夹角（相对坐标）”。例如，“@ 10 ＜ 30 ＜ 45”表示距离上一点 10 个单位、在 XY 平面内与 X 轴正方向夹角为 30°、与 XY 平面夹角为 45°。如图 9-3 所示。

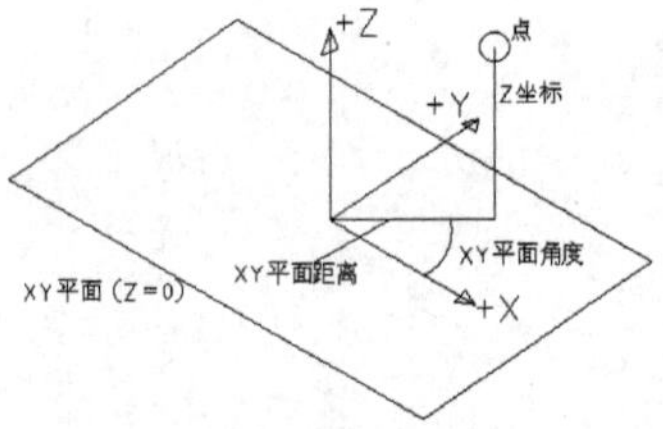

图 9-2　柱坐标系

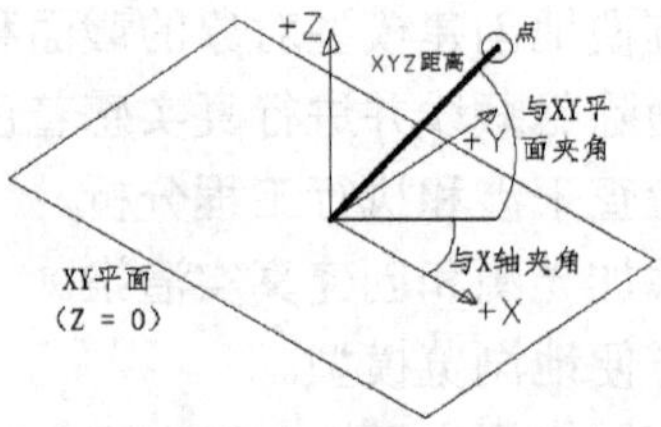

图 9-3　球面坐标系

4．坐标轴设置工具

在创建三维模型时，需要使用三维坐标，包括 X、Y、Z 三个坐标轴。在 UCS 中允许修改坐标原点的位置及 X、Y、Z 轴的方向，以便于绘制和观察三维对象。UCS 命令用于定义新的用户坐标系的坐标原点及 X、Y 轴的正方向，然后根据右手定则，Z 轴的正方向也可以确定出来了。

用户可以单击功能区“视图”选项卡内的“坐标”面板，对图形对象的坐标轴进行编辑和调整，如图 9-4 所示。

图 9-4　UCS 工具栏

单击“命名 UCS”按钮，打开“UCS”对话框，有“命名 UCS”、“正交 UCS”和“设置”三个选项卡，如图 9-5 所示。

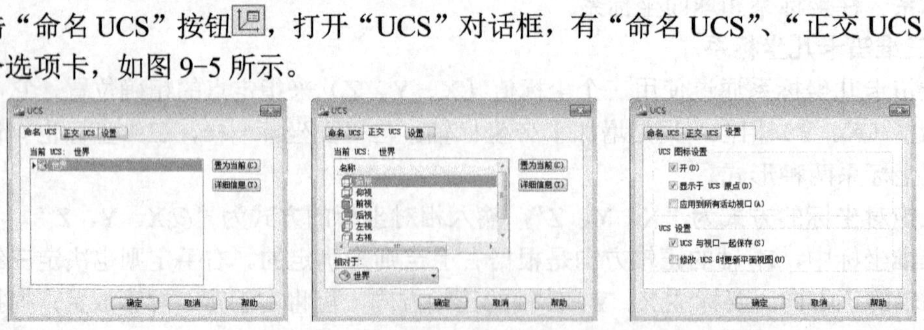

图 9-5　“UCS”对话框

9.1.2 三维视图设置

1. 使用“视点预设”设置查看方向

（1）功能

执行“视点预设”命令时，系统将会弹出“视点预设”对话框，该对话框是通过指定在XY平面中视点与X轴的夹角和视点与XY平面的夹角来设置三维观察方向。如图9-6所示。

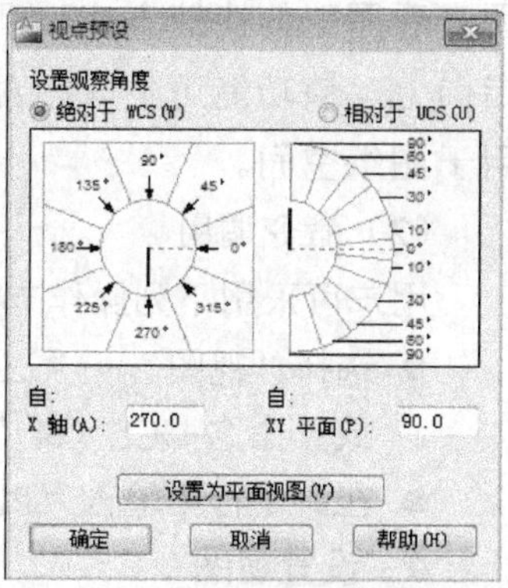

图9-6 “视点预设”对话框

在该对话框中，用户可以用定点设备控制图像或直接在文本框中输入视点的角度值，相对于当前用户坐标系或相对于世界坐标系指定角度后，视角将自动更新。单击“设置为平面视图”按钮，将观察角度设置为相对于选中的坐标系显示平面视图。在该对话框中，用户可以在“X轴”文本框中设置观察角度，在XY平面中与X轴的夹角；在“XY平面”文本框中设置观察角度与XY平面的夹角，通过这两个夹角就可以得到一个相对于当前坐标系的特定三维视图。

（2）命令调用

用户可采用下列操作方法之一调用该命令。

- 选择“视图”→“三维视图”→“视点预设”命令。
- 在命令提示行输入“Ddvpoint”，按〈Enter〉键执行命令。

2. 使用“视点”设置查看方向

（1）功能

使用“视点”命令来设置观察方向的方式更为直观，用户可以直接指定视点坐标，系统将观察者置于该视点位置上向原点（0,0,0）方向观察图形。用户也可通过屏幕上显示的罗盘来定义视点，如图9-7所示。

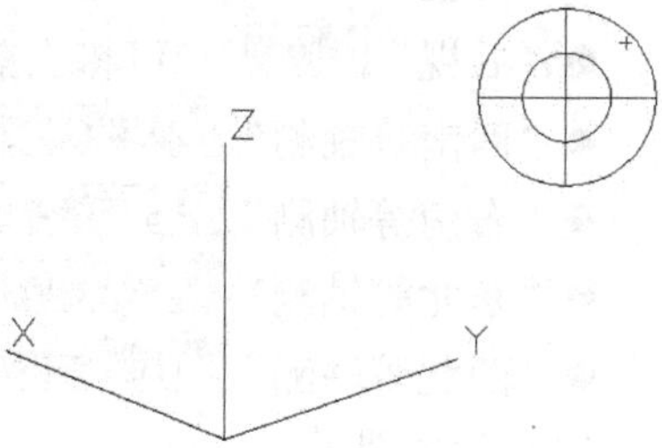

图9-7 “视点”设置

如果在“定义视点”状态选择“旋转”选项，则需要分别指定观察视线在XY平面中与X轴的夹角，以及观察视线与XY平面的夹角，该选项的作用与“视点预设”命令相同。

罗盘位于屏幕的右上角，它是一个平面显示的球体。罗盘上显示的有一个小十字光标，用户可以使用定点设备移动这个十字光标到球体的任意位置，当移动光标时，三轴架将会根据罗盘指示的观察方向旋转。如果要选择一个观察方向，可将定点设备移动到罗盘的适当位置然后单击，图形将根据视点位置变化同步更新。

（2）命令调用

用户可采用下列操作方法之一调用该命令。

- 选择“视图”→“三维视图”→“视点”命令。
- 在命令行中输入“Vpoint”，按〈Enter〉键执行命令。

3. 设置平面视图

(1) 功能

AutoCAD 2011 提供了快速设置平面视图的方法。平面视图功能提供了一种从平面视图查看图形的快捷方式，即从 Z 轴正方向垂直向下观察 XY 平面，并使 X 轴指向右，Y 轴指向上。该功能可生成相对于当前 UCS、WCS 或命令坐标系的平面视图，但该命令不能用于图纸空间。

(2) 命令调用

用户可采用下列操作方法之一调用该命令。

- 选择“视图”→“三维视图”→“平面视图”→“当前 UCS（C）”、“世界 UCS（W）”或“命名 UCS（N）”命令。
- 在命令行中输入“Plan”，按〈Enter〉键执行命令。

4. 设置视图

(1) 功能

在编辑三维模型时，仅仅使用一个视图很难准确地观察对象，所以在创建三维模型前，通常先要对视图进行设置。用户可以切换至“三维建模”空间，利用“视图”标签内的“视图”面板上提供的选项进行设置。视图类型主要有以下几种。

- “俯视”：可将当前视图切换为俯视图。
- “仰视”：可将当前视图切换为仰视图。
- “左视”：可将当前视图切换为左视图。
- “右视”：可将当前视图切换为右视图。
- “前视”：可将当前视图切换为前视图。
- “后视”：可将当前视图切换为后视图。
- “西南等轴测”：可将当前视图切换为西南等轴测视图。
- “东南等轴测”：可将当前视图切换为东南等轴测视图。
- “东北等轴测”：可将当前视图切换为东北等轴测视图。
- “西北等轴测”：可将当前视图切换为西北等轴测视图。

(2) 命令调用

用户可采用下列操作方法之一调用该命令。

- 单击功能区“视图”选项卡内的“视图”面板上所需的视图方式。
- 选择“视图”→“三维视图”命令，从下拉菜单中选择所需的视图方式。
- 在命令行中输入“View”，按〈Enter〉键执行命令。

单击“视图”面板左侧的“视图类型选择列表”中的任意视图类型，可以直接切换当前视图状态，也可以单击列表下侧的下拉按钮，以显示系统提供的全部视图类型。如图 9-8 所示。

单击“视图”面板右侧的“命名视图”工具按钮，系统将会弹出“视图管理器”对话框。该对话框创建的命名视图包含特定的比例、位置和方向，如图 9-9 所示。

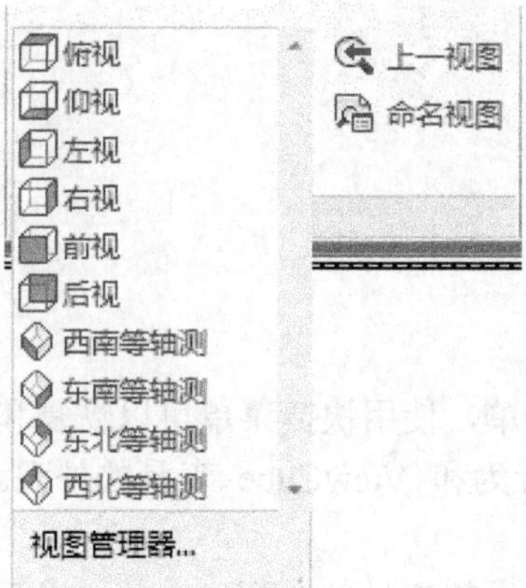

图 9-8 “视图”面板

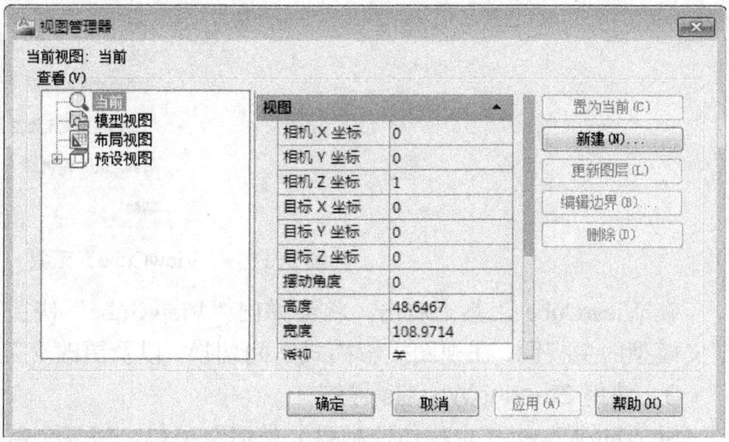

图 9-9 “视图管理器”对话框

9.1.3 观察三维图形

1．使用三维导航工具

在绘制三维图形时，用户经常需要显示不同的视图以便能够在图形中看到和验证三维效果。在 AutoCAD 2011 中，用户可以使用三维导航工具来指定视图，在功能区“视图”选项卡内的“导航”面板中提供的三维导航工具可以使用户从不同的角度、高度和距离查看图形中的对象，能够实现动态观察、平移和缩放等功能。如图 9-10 所示。

图 9-10 “导航”面板

1）平移（3DPAN）：启用交互式三维视图并允许用户水平和垂直拖动视图。

2）动态观察（3DORBIT）：在三维空间中旋转视图，但仅限于在水平和垂直方向上进行三维动态观察。

3）自由动态观察（3DFORBIT）：不参照平面，在任意方向上进行动态观察。沿 XY 平面和 Z 轴进行动态观察时，视点不受约束。

4）连续动态观察（3DCORBIT）：连续地进行动态观察。在要进行连续动态观察移动的方向上单击并拖动鼠标，然后松开鼠标。轨道沿该方向继续移动。

5）缩放（3DZOOM）：模拟移动相机靠近或远离对象，可以放大和缩小图像。

2．使用 ViewCube 导航

ViewCube 工具是在二维模型空间或三维视觉样式中处理图形时显示的导航工具。使用 ViewCube 工具，用户可以在标准视图和等轴测视图间进行切换。ViewCube 工具以不活动状态显示在模型窗口一角，默认情况下它显示为半透明状态，这样便不会遮挡模型的视图。ViewCube 工具在视图发生更改时可提供有关模型当前视点的直观反映。将光标放置在 ViewCube 工具上后，ViewCube 将变为活动状态，用户通过拖动或单击 ViewCube，可以切换到可用的预设视图之一、滚动当前视图或更改为模型的主视图。如图 9-11 所示。

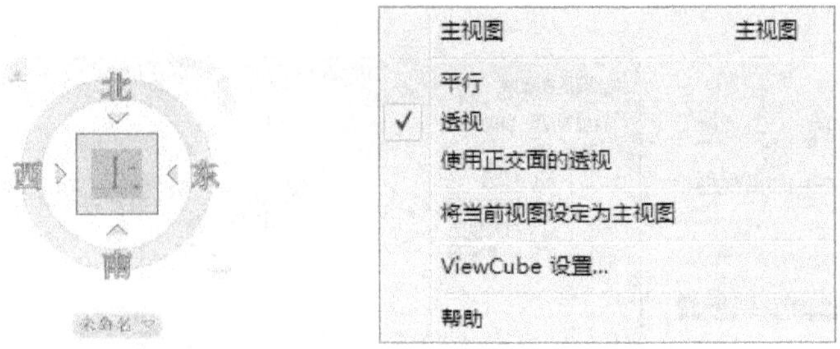

图 9-11　“ViewCube”工具

在 ViewCube 工具上右击，将会弹出“ViewCube”快捷菜单，使用快捷菜单可以恢复和定义模型的主视图，在视图投影模式之间切换，以及更改交互行为和 ViewCube 工具的外观。

3．使用 SteeringWheels 导航

SteeringWheels（也称作控制盘）是追踪菜单，将多个常用导航工具结合到一个单一界面中，控制盘上的每个按钮代表一种导航工具，从而为用户节省了时间。控制盘是任务特定的，通过控制盘可以在不同的视图中导航和设置模型方向。在 AutoCAD2011 中提供了全导航控制盘、二维导航控制盘、查看对象控制盘和巡视建筑控制盘。如图 9-12 所示。

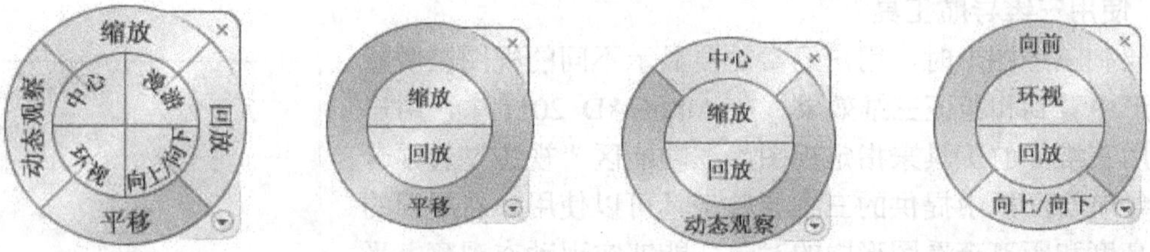

全导航控制盘　二维导航控制盘　查看对象控制盘　巡视建筑控制盘

图 9-12　“SteeringWheels”工具

全导航控制盘：它把二维导航控制盘、查看对象控制盘和巡视建筑控制盘上的二维和三维导航工具组合到一个控制盘上。

二维导航控制盘：用于二维视图的基本导航。

查看对象控制盘：用于三维导航，用户可以查看模型中的单个对象或成组对象。

巡视建筑控制盘：用于三维导航，用户使用此类控制盘可以在模型内部导航。

用户可通过在功能区的“导航”面板中选择不同的控制盘，也可以在显示的控制盘上右击，并在弹出的快捷菜单中选择不同的控制盘。如图 9-13 所示。通过控制盘，用户可以查看各个对象以及围绕模型进行漫游和导航。当显示其中一个控制盘时，用户可通过按下鼠标滚轮进行平移，滚动鼠标滚轮可进行放大和缩小，同时按住〈shift〉键和鼠标左键可对模型进行动态观察，也可以单击全导航控制盘其中一个按钮以激活相应的导航工具，单击并拖动鼠标以重新设置当前视图的状态。

4．视觉样式

用户可以通过更改视觉样式的特性控制视口中边和着色的显示效果。应用视觉样式或更改其设置时，关联的视口会自动更新以反映这些更改。用户可以切换至“三维建模”空间，在功能区“常用”选项卡内的“视图”面板上选择不同的视觉样式进行观察。AutoCAD 2011

提供了多种视觉样式，如图 9-14 所示。

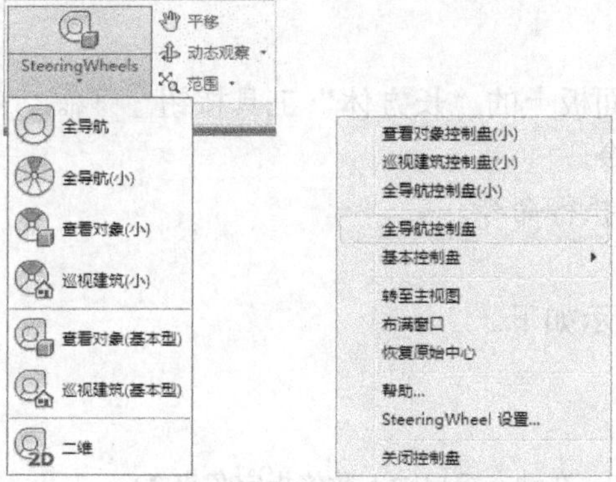

图 9-13　切换控制盘

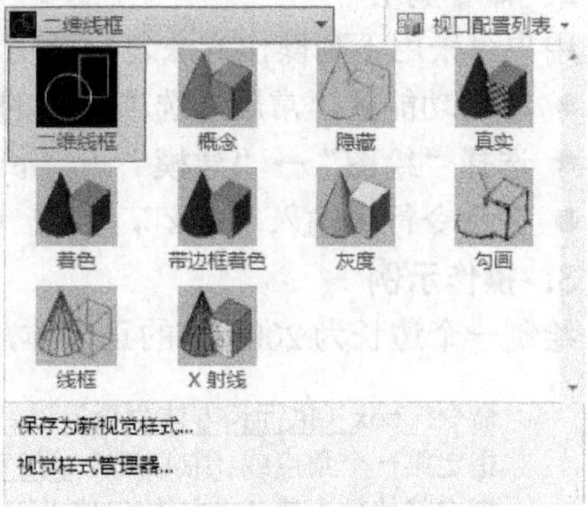

图 9-14　视觉样式

- 二维线框：通过使用直线和曲线表示边界的方式显示对象。光栅和 OLE 对象、线型和线宽均可见。
- 概念：使用平滑着色和古氏面样式显示对象。古氏面样式在冷暖颜色而不是明暗效果之间转换，效果缺乏真实感，但是可以更方便地查看模型的细节。
- 隐藏：可重生成不显示隐藏线的三维线框模型。使用线框表示对象，同时隐藏表示对象背面的线。
- 真实：使用平滑着色和附着到对象的材质显示对象，并使对象的边平滑化。
- 着色：使用平滑着色显示对象。
- 带边缘着色：使用平滑着色和可见边显示对象。
- 灰度：使用平滑着色和单色灰度显示对象。
- 勾画：使用线延伸和抖动边修改器显示手绘效果的对象。
- 线框：通过使用直线和曲线表示边界的方式显示对象。
- X 射线：以局部透明度显示对象。

9.2　三维实体建模

在 AutoCAD 2011 中，可以创建的基本三维实体对象有：长方体、圆锥体、圆柱体、球体、楔体、棱锥体和圆环体。通过创建这些基本的实体对象，并对它们进行合并，找出它们差集或交集部分，结合起来可以生成更为复杂的实体。

用户也可以通过以下任意一种方法从现有对象创建三维实体和曲面：拉伸对象、沿一条路径扫掠对象、绕一条轴旋转对象、对一组曲线进行放样、剖切实体、将具有厚度的平面对象转换为实体和曲面。

9.2.1　绘制长方体

1．功能

使用绘制长方体工具可创建实心长方体或实心立方体。在绘制长方体时，始终将其底面绘制为与当前 UCS 的 XY 平面（工作平面）平行的状态。

2. 命令调用

用户可采用下列操作方法之一调用该命令。

- 单击功能区“常用”选项卡内的“建模”面板上的“长方体”工具按钮。
- 选择“绘图”→“建模”→“长方体”命令。
- 在命令行中输入“Box”，并按〈Enter〉键执行命令。

3. 操作示例

绘制一个边长为 200mm 的正方体，命令行提示如下。

命令: _box（执行长方体命令）

指定第一个角点或 [中心(C)]:（指定角点 1）

指定其他角点或 [立方体(C)/长度(L)]: @200,200（在动态窗口输入数值指定角点 2）

指定高度或 [两点(2P)] <100>:200（指定正方体的高度）

在该例中，要求指定第一个角点时，用户可以用鼠标直接指定，也可以选择使用“中心”方式创建对象，此时，将会以指定点作为对象中心点来创建长方体。

在要求指定其他角点时，用户可以在动态窗口输入坐标值确定角点，也可以选择使用“立方体”方式，此时只需要输入立方体长度即可创建一个长、宽、高相等的立方体。若使用“长度”方式，则会按照指定的长、宽、高创建长方体（长度与 X 轴对应，宽度与 Y 轴对应，高度与 Z 轴对应）。

在要求指定高度时，用户可以通过移动光标确定立方体高度，或在动态窗口输入高度值即可，也可以选择“两点”方式指定高度，长方体的高度为两个指定点之间的距离。

完成命令操作，结果如图 9-15 所示。利用图示长方体的夹点，用户可以根据需要任意调整其长度、宽度和高度。

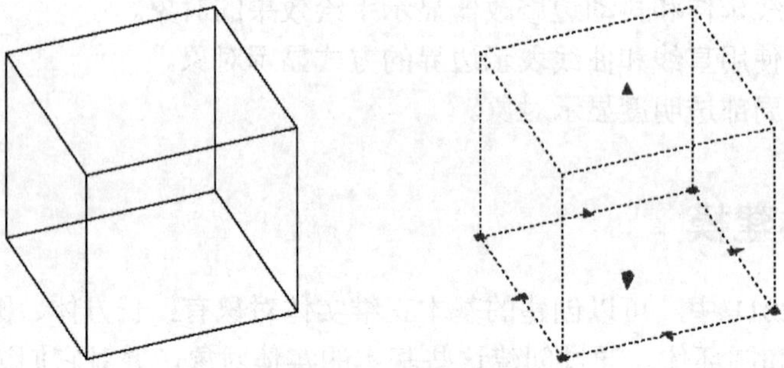

图 9-15　长方体建模

9.2.2　绘制楔体

1. 功能

使用绘制楔体工具可以创建面为矩形或正方形的楔形实体。绘制的楔体底面与当前 UCS 的 XY 平面（工作平面）平行，斜面正对第一个角点，楔体的高度与 Z 轴平行。

2. 命令调用

用户可采用下列操作方法之一调用该命令。

● 单击功能区“常用”选项卡内的“建模”面板上的“楔体”工具按钮。
● 选择“绘图”→“建模”→“楔体”命令。
● 在命令行中输入“Wedge”，并按〈Enter〉键执行命令。

3．操作示例

绘制一个底边为400mm×200mm，高度为200mm的楔形。命令行提示如下。

命令: _wedge（执行楔体命令）
指定第一个角点或 [中心(C)]:（单击任一点，作为第一个角点）
指定其他角点或 [立方体(C)/长度(L)]:400,200（动态输入角点坐标）
指定高度或 [两点(2P)] <100>:200（动态输入高度值）

执行该命令时，各选项的作用与绘制长方体时相同。完成命令操作，结果如图9-16所示。利用图示楔体的夹点，用户可以任意调整其底面尺寸和高度。

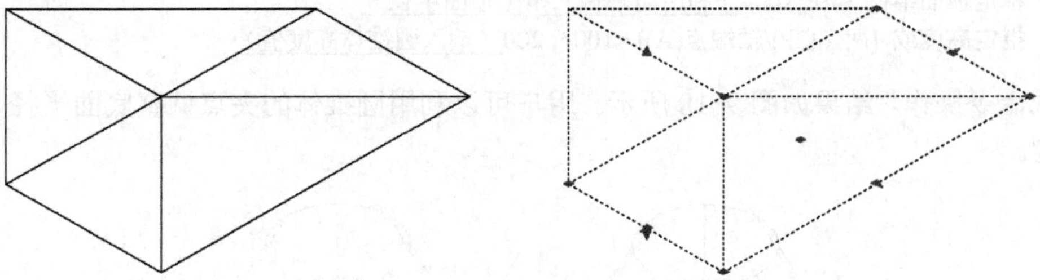

图9-16　楔体建模

9.2.3　绘制圆锥体

1．功能

使用绘制圆锥体工具可以创建底面为圆形或椭圆形的尖头圆锥体或圆台。默认情况下，圆锥体的底面位于当前UCS的XY平面上，圆锥体的高度与Z轴平行。

2．命令调用

用户可采用下列操作方法之一调用该命令。

● 单击功能区“常用”选项卡内的“建模”面板上的“圆锥体”工具按钮。
● 选择“绘图”→“建模”→“圆锥体”命令。
● 在命令行中输入“Cone”，并按〈Enter〉键执行命令。

3．操作示例

1）绘制一个底面半径为200㎜，高度为200mm的圆锥体，命令行提示如下。

命令: _cone（执行圆锥体命令）
指定底面的中心点或 [三点(3P)/两点(2P)/相切、相切、半径(T)/椭圆(E)]:（单击指定底面中心点）
指定底面半径或 [直径(D)] <100>: 200 （利用动态输入指定底面半径）
指定高度或 [两点(2P)/轴端点(A)/顶面半径(T)] <100>: 200 （输入圆锥体高度值）

完成命令操作，结果如图9-17所示。用户可以利用圆锥体的夹点调整底面半径、顶面半径和高度。

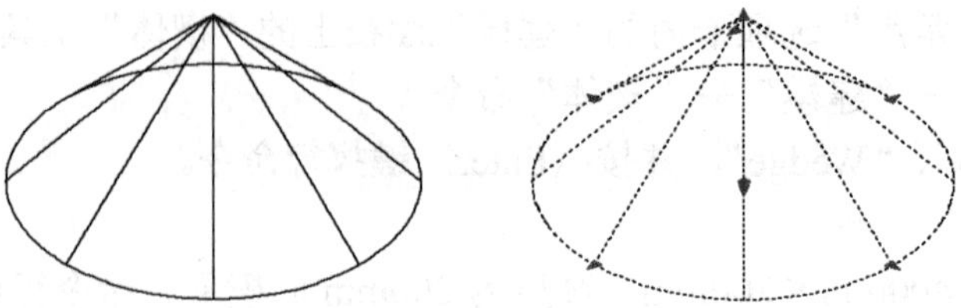

图 9-17　圆锥体建模

2）绘制一个底面半径为 200mm，顶面半径为 100mm，高度为 200mm 的圆台，命令行提示如下：

命令: _cone（执行圆锥体命令）
指定底面的中心点或 [三点(3P)/两点(2P)/相切、相切、半径(T)/椭圆(E)]:（单击指定底面中心点）
指定底面半径或 [直径(D)] <100>: 200 （利用动态输入指定底面半径）
指定高度或 [两点(2P)/轴端点(A)/顶面半径(T)] <100>: t （更改顶面半径来绘制圆台）
指定顶面半径 <0>: 100 （利用动态输入指定顶面半径）
指定高度或 [两点(2P)/轴端点(A)] <100>: 200（输入圆锥体高度值）

完成命令操作，结果如图 9-18 所示。用户可以利用圆锥体的夹点调整底面半径、顶面半径和高度。

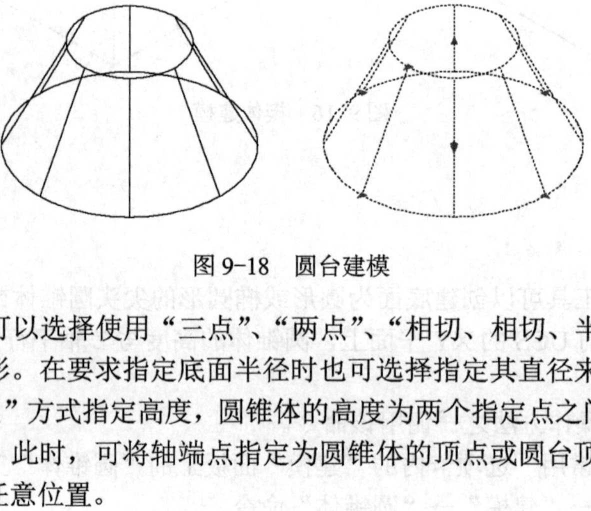

图 9-18　圆台建模

在该例中，用户可以选择使用“三点”、“两点”、“相切、相切、半径”和“椭圆”方式绘制圆锥体的底面圆形。在要求指定底面半径时也可选择指定其直径来绘制。在要求指定高度时，可以选择“两点”方式指定高度，圆锥体的高度为两个指定点之间的距离，或选择“轴端点”方式指定高度，此时，可将轴端点指定为圆锥体的顶点或圆台顶面的中心点，轴端点可以位于三维空间的任意位置。

9.2.4　绘制圆柱体

1．功能

使用绘制圆柱体工具可以创建以圆或椭圆为底面的实体圆柱体。默认情况下，圆柱体的底面位于当前 UCS 的 XY 平面上。圆柱体的高度与 Z 轴平行。

2．命令调用

用户可采用下列操作方法之一调用该命令。

- 单击功能区“常用”选项卡内的“建模”面板上的“圆柱体”工具按钮。
- 选择“绘图”→“建模”→“圆柱体”命令。
- 在命令行中输入“Cylinder”，并按〈Enter〉键执行命令。

3．操作示例

绘制一个底面半径和高度均为200mm的圆柱体。命令行提示如下。

命令: _cylinder（执行圆柱体命令）
指定底面的中心点或 [三点(3P)/两点(2P)/相切、相切、半径(T)/椭圆(E)]:（单击指定底面中心点）
指定底面半径或 [直径(D)] <100>: 200 （利用动态输入指定底面半径）
指定高度或 [两点(2P)/轴端点(A)] <100>: 200 （利用动态输入指定圆柱体高度）

执行该命令时，各选项的作用与绘制圆锥体时相同。完成命令操作，结果如图9-19所示。利用圆柱体的夹点，用户可以任意调整其底面半径和高度。

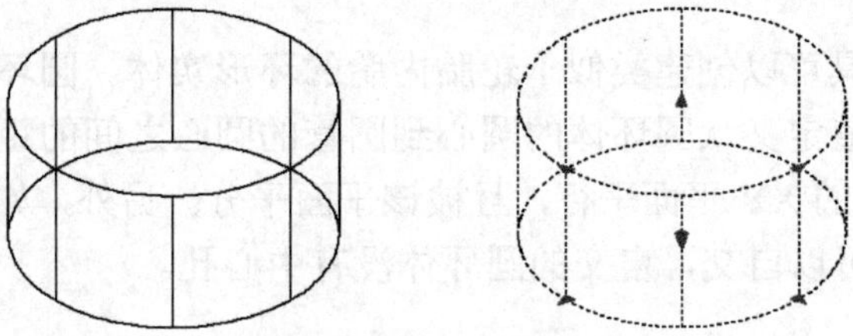

图9-19 圆柱体建模

9.2.5 绘制球体

1．功能

使用绘制球体工具可以创建实体球体。如果从圆心开始创建，球体的中心轴将与当前UCS的 Z 轴平行。

2．命令调用

用户可采用下列操作方法之一调用该命令

● 单击功能区“常用”选项卡内的“建模”面板上的“球体”工具按钮。
● 选择“绘图”→“建模”→“球体”命令。
● 在命令行中输入“Sphere”，并按〈Enter〉键执行命令。

3．操作示例

绘制一个半径为200mm的球体，命令行提示如下。

命令: _sphere（执行球体命令）
指定中心点或 [三点(3P)/两点(2P)/相切、相切、半径(T)]:（单击指定中心点）
指定半径或 [直径(D)] <100>: 200 （在动态输入窗口输入球体半径为200）

完成命令操作，结果如图9-20所示。

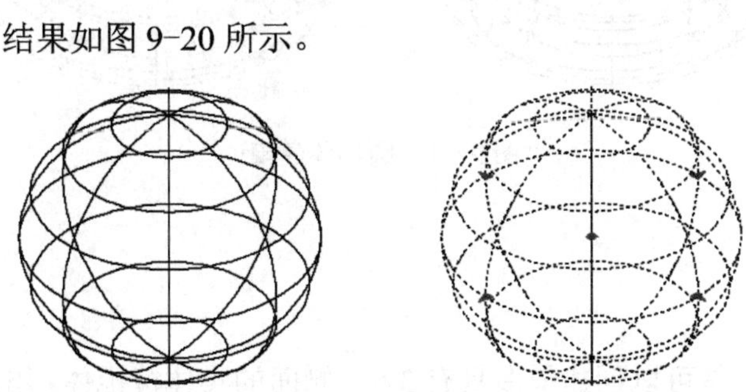

图9-20 球体建模

在该例中，用户可以选择使用“三点”、“两点”和“相切、相切、半径”等方式绘制球体。“三点”方式是指定三个点以设定圆周或半径的大小和所在平面，此时用户可以在三维空间中的任意位置定义球体的大小。“两点”方式是指定两个点以设定圆周或半径，此时用户可以在三维空间中的任意位置定义球体的大小，圆周所在平面与第一个点的 Z 值相符。“相切、相切、半径”方式可基于其他对象设定球体的大小和位置，此时用户可以定义与两个圆、圆弧、直线和某些三维对象相切的球体。另外，利用球体的夹点，用户可以任意调整其半径。

9.2.6　绘制圆环体

1．功能

使用绘制圆环体工具可以创建类似于轮胎内胎的环形实体。圆环体具有两个半径值，一个值定义圆管，另一个值定义从圆环体的圆心到圆管的圆心之间的距离。默认情况下，圆环体将绘制为与当前 UCS 的 XY 平面平行，且被该平面平分。另外，如果输入的圆管半径大于圆环体半径，则圆环体可以自交，自交的圆环体没有中心孔。

2．命令调用

用户可采用下列操作方法之一调用该命令。

- 单击功能区“常用”选项卡内的“建模”面板上的“圆环体”工具按钮。
- 选择“绘图”→“建模”→“圆环体”命令。
- 在命令行中输入“Torus”，并按〈Enter〉键执行命令。

3．操作示例

绘制一个圆环半径为 200mm，圆管半径为 50mm 的圆环体，命令行提示如下。

命令: _torus（执行圆环体命令）
指定中心点或 [三点(3P)/两点(2P)/切点、切点、半径(T)]:（单击圆环中心点）
指定半径或 [直径(D)] <100>: 200（在动态输入窗口输入圆环体半径为 200）
指定圆管半径或 [两点(2P)/直径(D)]: 50（将圆管半径设为 50）

执行该命令时，各选项的作用与绘制球体时相同。完成命令操作，结果如图 9-21 所示。利用圆环体的夹点，用户可以任意调整其半径及圆管半径。

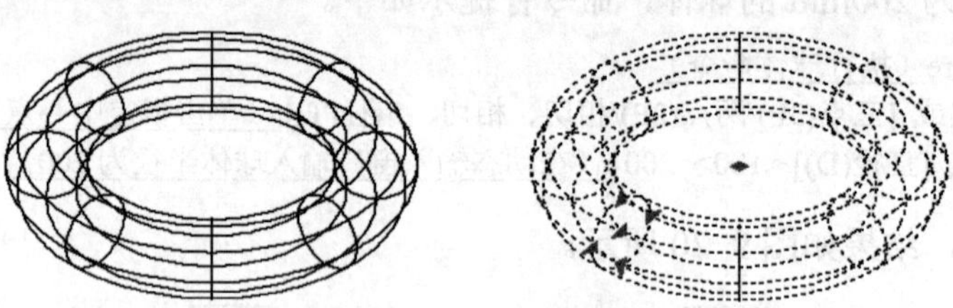

图 9-21　圆环体建模

9.2.7　绘制棱锥体

1．功能

使用绘制棱锥体工具可以创建最多具有 32 个侧面的实体棱锥体。用户可以创建倾斜至一个点的棱锥体，也可以创建从底面倾斜至平面的棱台。

2．命令调用

用户可采用下列操作方法之一调用该命令。

● 单击功能区“常用”选项卡内的“建模”面板上的“棱锥体”工具按钮。

● 选择“绘图”→“建模”→“棱锥体”命令。

● 在命令行中输入“Pyramid”，并按〈Enter〉键执行命令。

3．操作示例

1）创建一个底面外切圆半径为200mm，高度为300mm的八棱锥体。命令行提示如下。

命令: _pyramid（执行棱锥体命令）
4个侧面　外切
指定底面的中心点或 [边(E)/侧面(S)]: s（输入s，更改棱锥体侧面）
输入侧面数 <4>: 8（设定棱锥体侧面为8）
指定底面的中心点或 [边(E)/侧面(S)]:（单击指定底面中心点）
指定底面半径或 [内接(I)] <100>:200（在动态输入窗口输入底面半径设为200）
指定高度或 [两点(2P)/轴端点(A)/顶面半径(T)] <100>: 300（将八棱锥体高度设为300）

完成命令操作，结果如图9-22所示。利用八棱锥体的夹点，用户可以任意调整其底面外切圆半径和高度。

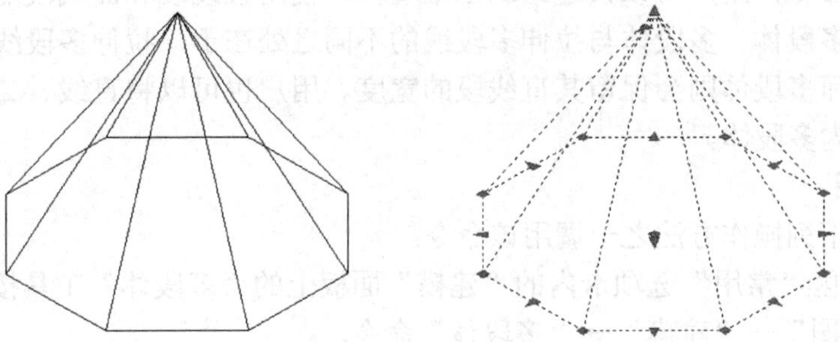

图9-22　八棱锥体建模

2）创建一个底面外切圆半径为200mm，顶面半径为100mm，高度为300mm的八棱锥台。命令行提示如下。

命令: _pyramid（执行棱锥体命令）
4 个侧面外切
指定底面的中心点或 [边(E)/侧面(S)]: s（输入s，更改棱锥体侧面）
输入侧面数 <4>: 8（设定棱锥台侧面为8）
指定底面的中心点或 [边(E)/侧面(S)]:（单击指定底面中心点）
指定底面半径或 [内接(I)] <100>:200（在动态输入窗口输入底面半径设为200）
指定高度或 [两点(2P)/轴端点(A)/顶面半径(T)] <100>: t（更改顶面半径）
指定顶面半径 <0>: 100（在动态输入窗口输入顶面半径设为100）
指定高度或 [两点(2P)/轴端点(A)] <100>:300（将八棱锥台高度设为300）

完成命令操作，结果如图9-23所示。利用八棱锥台的夹点，用户可以任意调整其底面外切圆半径、顶面半径和高度。

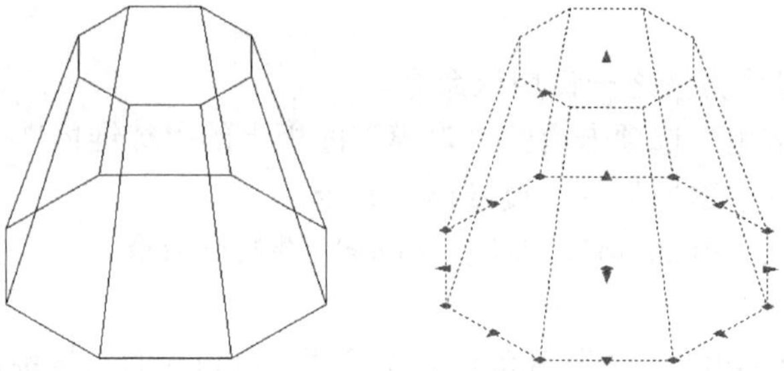

图 9-23　八棱锥台建模

在该例中，用户可以通过“侧面”选项设定棱锥体的侧面数。选择“边”选项可以指定底面边的尺寸。选择“内接”选项可更改底面多边形以内接圆的方式绘制。选择“顶面半径”选项创建倾斜至平面的棱台，此时平截面与底面平行，边数与底面边数相等。选择“轴端点”选项指定棱锥体的高度和旋转，该端点可位于三维空间中的任意位置。

9.2.8　绘制多段体

1. 功能

利用多段体命令，用户可以快速绘制三维墙体。使用直线段和曲线段能够以绘制多段线的相同方式绘制多段体。多段体与拉伸多段线的不同之处在于，拉伸多段线在拉伸时会丢失所有宽度特性，而多段体则会保留其直线段的宽度。用户也可以将直线、二维多段线、圆弧或圆等对象转换为多段体。

2. 命令调用

用户可采用下列操作方法之一调用该命令。

- 单击功能区“常用”选项卡内的“建模”面板上的“多段体”工具按钮 多段体 。
- 选择“绘图”→“建模”→“多段体”命令。
- 在命令行中输入“Polysolid”，并按〈Enter〉键执行命令。

3. 操作示例

1）使用“多段体”功能创建建筑物墙体轮廓。命令行提示如下。

命令: _Polysolid 高度 = 4.0000, 宽度 = 0.2500, 对正 = 居中（执行多段体命令）
指定起点或 [对象(O)/高度(H)/宽度(W)/对正(J)] <对象>: h（选择高度设置选项）
指定高度 <4.0000>: 3000（在动态输入窗口输入墙体高度 3000）
高度 = 3000.0000, 宽度 = 5.0000, 对正 = 居中
指定起点或 [对象(O)/高度(H)/宽度(W)/对正(J)] <对象>: w（选择宽度设置选项）
指定宽度 <0.2500>: 240（在动态输入窗口输入墙体宽度为 240）
高度 = 3000.0000, 宽度 = 240.0000, 对正 = 居中
指定起点或 [对象(O)/高度(H)/宽度(W)/对正(J)] <对象>:（单击作为墙体起点）
指定下一个点或 [圆弧(A)/放弃(U)]: 3900（输入墙体长度）
指定下一个点或 [圆弧(A)/放弃(U)]: 3300（输入墙体长度）
指定下一个点或 [圆弧(A)/放弃(U)]: 3900（输入墙体长度）
指定下一个点或 [圆弧(A)/放弃(U)]: 750（输入墙体长度）
指定下一个点或 [圆弧(A)/放弃(U)]: 600（输入墙体长度）
指定下一个点或 [圆弧(A)/放弃(U)]: 1800（输入墙体长度）

指定下一个点或 [圆弧(A)/放弃(U)]: 600（输入墙体长度）
指定下一个点或 [圆弧(A)/闭合(C)/放弃(U)]: c（自动闭合，按〈Enter〉完成绘制）

完成命令操作，结果如图 9-24 所示。利用多段体的夹点，用户可以任意调整其墙体厚度、高度和墙体位置以修改房间平面形状和尺寸。

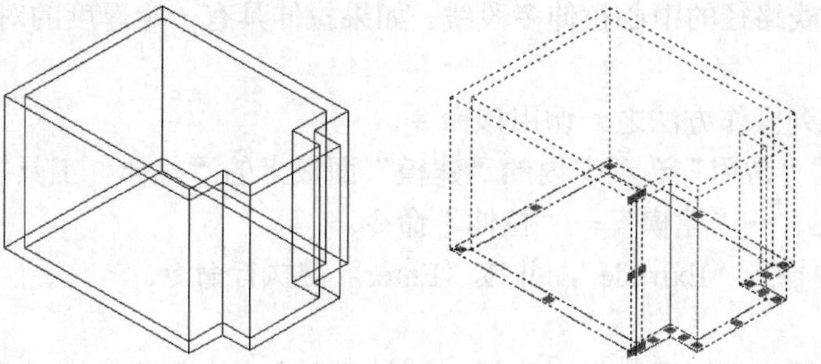

图 9-24　绘制多段体

2）利用“多段体”功能将二维线条转换为多段体。首先需要用多段线命令绘制平面轮廓表示墙线，然后利用“多段体”功能进行转换。命令行提示如下。

命令: _Polysolid （执行多段体命令）
指定起点或 [对象(O)/高度(H)/宽度(W)/对正(J)] <对象>:h（选择高度设置选项）
指定高度 <4.0000>: 8400（输入墙体高度）
指定起点或 [对象(O)/高度(H)/宽度(W)/对正(J)] <对象>: W（选择宽度设置选项）
指定宽度 <0.25000>: 240（输入墙体宽度）
指定起点或 [对象(O)/高度(H)/宽度(W)/对正(J)] <对象>: o（选择对象选项）
选择对象:（单击已绘制的多段线对象，即可将该多段线对象转换为多段体）

完成命令操作，结果如图 9-25 所示。

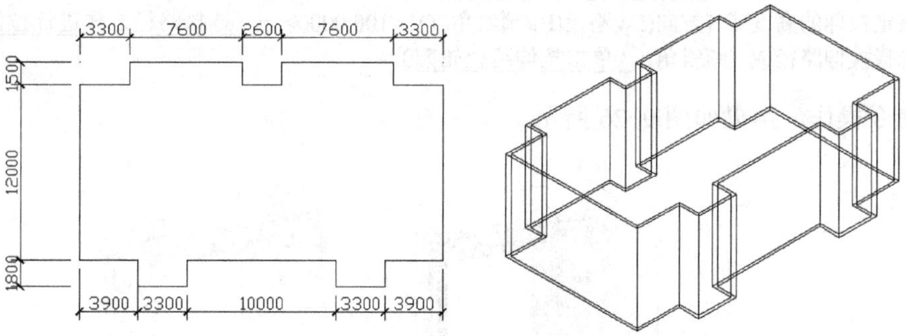

图 9-25　生成多段体

9.3　三维实体生成

在绘制复杂的三维图形时，利用前面所述的方法所创建的实体并不能完全满足绘制要求，此时用户可以通过使用拉伸、旋转、放样、扫掠等方法来生成复杂的三维实体造型。

9.3.1 拉伸

1．功能

用户可以通过拉伸已选定的对象来创建实体和曲面。如果拉伸闭合对象，则生成的对象为实体。如果拉伸开放对象，则生成的对象为曲面。如果拉伸具有一定宽度的多段线，则将忽略宽度并从多段线路径的中心拉伸多段线。如果拉伸具有一定厚度的对象，则将忽略厚度。

2．命令调用

用户可采用下列操作方法之一调用该命令。

- 单击功能区“常用”选项卡内的“建模”面板上的“拉伸”工具按钮。
- 选择“绘图”→“建模”→“拉伸”命令。
- 在命令行中输入“Extrude”，并按〈Enter〉键执行命令。

3．操作示例

拉伸对象时，用户可以通过指定路径、倾斜角和方向来创建三维对象。

指定拉伸路径：使用“路径”选项，可以通过指定要作为拉伸的轮廓路径或形状路径的对象来创建实体或曲面。拉伸对象始于轮廓所在的平面，止于在路径端点处与路径垂直的平面。要获得最佳结果，需使用对象捕捉确保路径位于被拉伸对象的边界上或边界内。

指定拉伸倾斜角：使用“倾斜角”选项，可以生成具有一定倾斜角度的实体或曲面。

指定拉伸方向：使用“方向”选项，可以指定两个点以设定拉伸的长度和方向。

1）指定拉伸对象路径。根据绘制的门套断面和门洞轮廓，通过拉伸生成门套的三维图形。命令行提示如下。

命令: _extrude（执行拉伸命令）
当前线框密度: ISOLINES=8，闭合轮廓创建模式 = 实体
选择要拉伸的对象或 [模式(MO)]: _MO 闭合轮廓创建模式 [实体(SO)/曲面(SU)] <实体>: _SO 选择要拉伸的对象: 找到 1 个（选择门套断面图形）
选择要拉伸的对象: （按〈Enter〉键结束选择）
指定拉伸的高度或 [方向(D)/路径(P)/倾斜角(T)] <100.0000>: p（选择路径方式进行拉伸）
选择拉伸路径或 [倾斜角]:（单击拉伸路径轮廓）

完成命令操作，结果如图 9-26 所示。

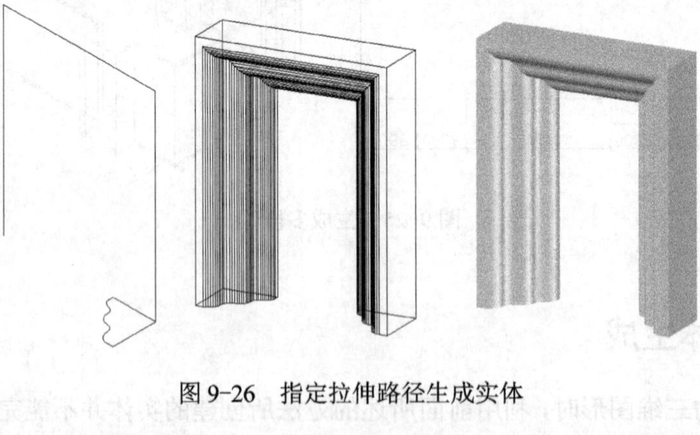

图 9-26　指定拉伸路径生成实体

2）指定拉伸方向。根据绘制的如图 9-27 所示拱桥纵断面，通过拉伸生成拱桥的三维图

形。命令行提示如下。

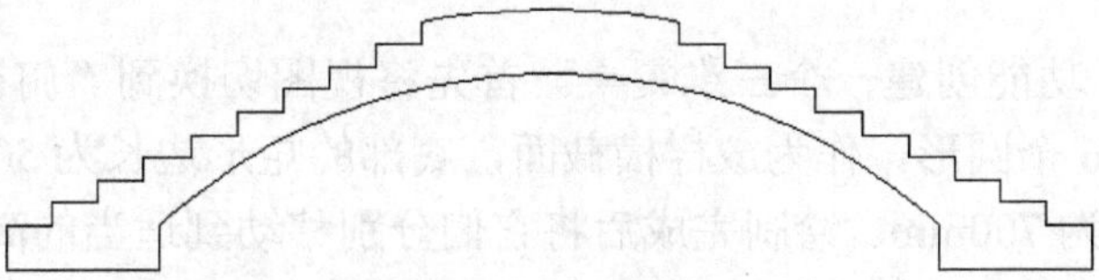

图 9-27　拱桥纵断面

命令: _extrude（执行拉伸命令）
当前线框密度:　ISOLINES=8，闭合轮廓创建模式 ＝ 实体
选择要拉伸的对象或 [模式(MO)]: _MO 闭合轮廓创建模式 [实体(SO)/曲面(SU)] <实体>: _SO
选择要拉伸的对象或 [模式(MO)]: 找到 1 个（单击拱桥纵断面轮廓）
选择要拉伸的对象或 [模式(MO)]:（按〈Enter〉键结束选择）
指定拉伸的高度或 [方向(D)/路径(P)/倾斜角(T)/表达式(E)] <100.0000>: d（选择拉伸方向）
指定方向的起点:（单击任意一点，作为拉伸方向的起点）
指定方向的端点: 1500（单击拉伸方向端点，也可通过动态输入窗口指定拉伸长度）

完成命令操作，结果如图 9-28 所示。

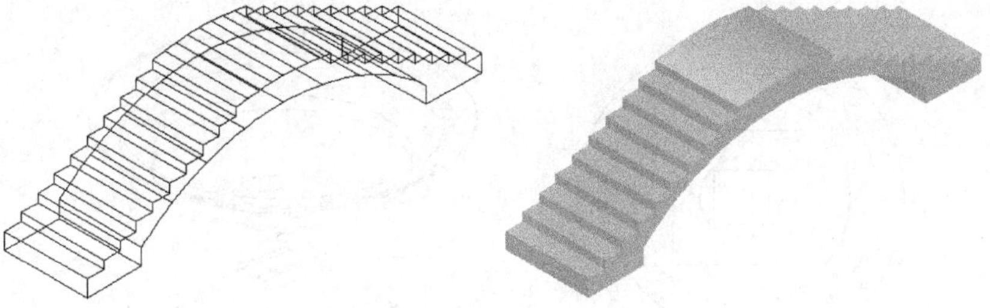

图 9-28　指定拉伸方向生成实体

9.3.2　放样

1．功能

利用放样功能，用户可以通过指定包含至少两个或更多横截面轮廓的一组轮廓对其进行放样来创建三维实体或曲面。横截面轮廓可以是开放曲线或闭合曲线，开放曲线可创建曲面，而闭合曲线可创建实体或曲面。在进行放样时，使用的横截面必须全部开放或全部闭合，不能使用既包含开放曲线又包含闭合曲线的选择集。另外，为放样操作指定路径可以更好地控制放样对象的形状。为获得最佳结果，路径曲线应始于第一个横截面所在的平面，止于最后一个横截面所在的平面。注意，在创建放样横截面轮廓时，应将多个横截面绘制在不同的平面内。

2．命令调用

用户可采用下列操作方法之一调用该命令。

- 单击功能区“常用”选项卡内的“建模”面板上的“放样”工具按钮。
- 选择“绘图”→“建模”→“放样”命令。

● 在命令行中输入“Loft”，并按〈Enter〉键执行命令。

3．操作示例

1）利用“放样”功能创建一个三维餐桌。首先将视图切换到“俯视”，利用矩形和圆形命令绘制 4 个矩形和 6 个圆形，作为放样横截面，底部的矩形边长为 500mm，顶部的圆形半径为 600mm，总高度为 700mm。绘制完成后将它们分别移动到适当的高度，保证每个横截面均不在同一个平面内。执行放样命令，命令行提示如下。

命令: _loft（执行放样命令）
当前线框密度: ISOLINES=8，闭合轮廓创建模式 = 实体
按放样次序选择横截面或 [点(PO)/合并多条边(J)/模式(MO)]: _MO 闭合轮廓创建模式 [实体(SO)/曲面(SU)] <实体>: _SO
按放样次序选择横截面或 [点(PO)/合并多条边(J)/模式(MO)]: 找到 1 个（单击底部的矩形轮廓）
……　（省略，由下而上依次单击绘制的其他横断面）
按放样次序选择横截面或 [点(PO)/合并多条边(J)/模式(MO)]: 找到 1 个，总计 12 个
按放样次序选择横截面或 [点(PO)/合并多条边(J)/模式(MO)]:（按〈Enter〉键完成对象选择）
选中了 12 个横截面
输入选项 [导向(G)/路径(P)/仅横截面(C)/设置(S)] <仅横截面>: C（选择“仅横截面”模式）

完成命令操作，结果如图 9-29 所示。

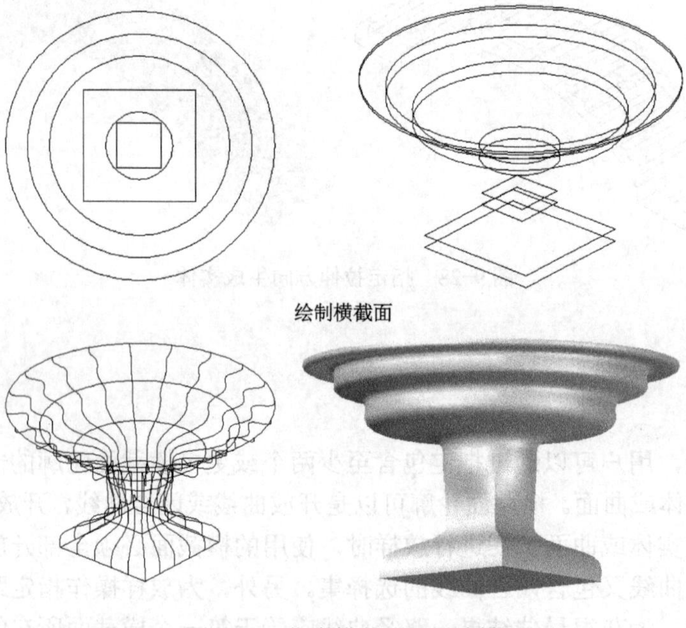

图 9-29　指定横截面放样建模

2）利用“放样”功能创建一个三维窗帘。首先利用样条曲线命令在俯视图中绘制三条曲线作为窗帘的上下横截面，再绘制一条多段线作为放样路径。注意，应将作为横截面的三条曲线绘制在不同的平面中。执行放样命令，命令行提示如下。

命令: _loft（执行放样命令）
当前线框密度: ISOLINES=8，闭合轮廓创建模式 = 实体

按放样次序选择横截面或 [点(PO)/合并多条边(J)/模式(MO)]: _MO 闭合轮廓创建模式 [实体(SO)/曲面(SU)] <实体>: _SO
按放样次序选择横截面或 [点(PO)/合并多条边(J)/模式(MO)]: 找到 1 个（依次单击三条曲线）
按放样次序选择横截面或 [点(PO)/合并多条边(J)/模式(MO)]: 找到 1 个，总计 2 个
按放样次序选择横截面或 [点(PO)/合并多条边(J)/模式(MO)]: 找到 1 个，总计 3 个
按放样次序选择横截面或 [点(PO)/合并多条边(J)/模式(MO)]:（按〈Enter〉键完成对象选择）
选中了 3 个横截面
输入选项 [导向(G)/路径(P)/仅横截面(C)/设置(S)] <仅横截面>: P（选择路径方式生成三维对象）
选择路径轮廓:（单击绘制的路径对象）

完成命令操作，结果如图 9-30 所示。

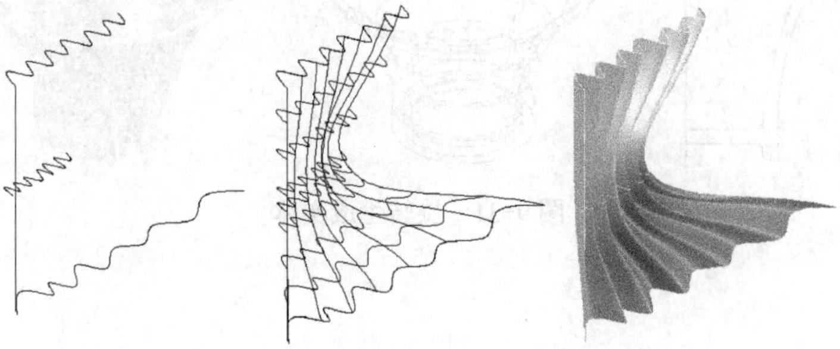

图 9-30 指定路径放样建模

9.3.3 旋转

1．功能

利用旋转功能，用户可以通过绕指定轴旋转开放或闭合的平面曲线来创建新的实体或曲面。如果旋转闭合对象，则生成实体，如果旋转开放对象，则生成曲面。使用旋转功能可以一次旋转多个对象。

2．命令调用

用户可采用下列操作方法之一调用该命令。

- 单击功能区“常用”选项卡内的“建模”面板上的“旋转”工具按钮。
- 选择“绘图”→“建模”→“旋转”命令。
- 在命令行中输入“Revolve”，并按〈Enter〉键执行命令。

3．操作示例

利用“旋转”功能创建一个花盆的三维图形。首先用多段线命令在前视图中绘制花盆的轮廓线和旋转轴，利用旋转功能将其创建为三维花盆图形。命令行提示如下。

命令: _revolve（执行旋转命令）
当前线框密度: ISOLINES=4，闭合轮廓创建模式 = 实体
选择要旋转的对象或 [模式(MO)]: _MO 闭合轮廓创建模式 [实体(SO)/曲面(SU)] <实体>: _SO
选择要旋转的对象或 [模式(MO)]: 找到 1 个（选择已绘制的轮廓线对象）
选择要旋转的对象或 [模式(MO)]:（按〈Enter〉键结束选择）
指定轴起点或根据以下选项之一定义轴 [对象(O)/X/Y/Z] <对象>: o（选择对象选项）
选择对象:（单击旋转轴对象）

指定旋转角度或 [起点角度(ST)/反转(R)/表达式(EX)] <360>: 360（默认旋转一周，也可输入 90，旋转 1/4 周）

在该例中，用户可以选择“模式”来设定旋转是创建曲面还是实体。选择“起点角度”选项为旋转指定距旋转的对象所在平面的偏移。选择“反转”选项更改对象旋转方向。选择“表达式”选项，通过输入公式或方程式来指定旋转角度。

完成命令操作，结果如图 9-31 所示。

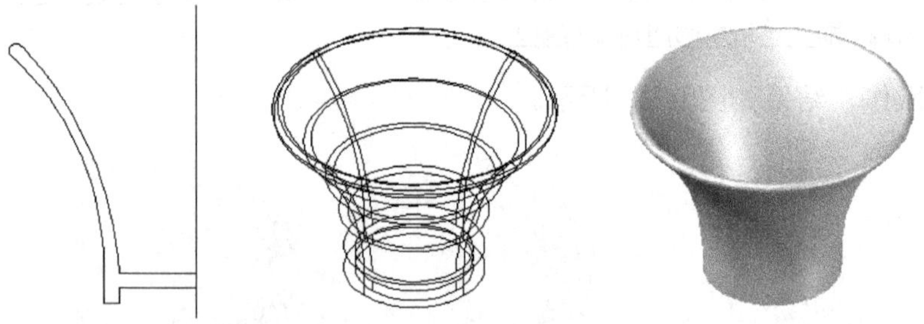

图 9-31　旋转生成实体

9.3.4　扫掠

1．功能

利用扫掠功能，用户可以通过沿路径扫掠平面曲线（轮廓）来创建新的实体或曲面。沿路径扫掠轮廓时，轮廓将被移动并与路径法向（垂直）对齐。如果沿一条路径扫掠闭合的曲线，则将生成实体，如果沿一条路径扫掠开放的曲线，则将生成曲面。使用此功能可以扫掠多个轮廓对象，但是所有对象必须位于同一平面上。

2．命令调用

用户可采用下列操作方法之一调用该命令。

- 单击功能区“常用”选项卡内的“建模”面板上的“扫掠”工具按钮。
- 选择“绘图”→“建模”→“扫掠”命令。
- 在命令行中输入“Sweep”，并按〈Enter〉键执行命令。

3．操作示例

利用“扫掠”功能为绘制的螺栓杆添加螺纹。首先用多段线命令在前视图中绘制一个螺栓杆对象和一个螺纹断面轮廓，再利用螺旋命令绘制一条螺旋线作为螺纹扫掠路径，如图 9-32 所示。

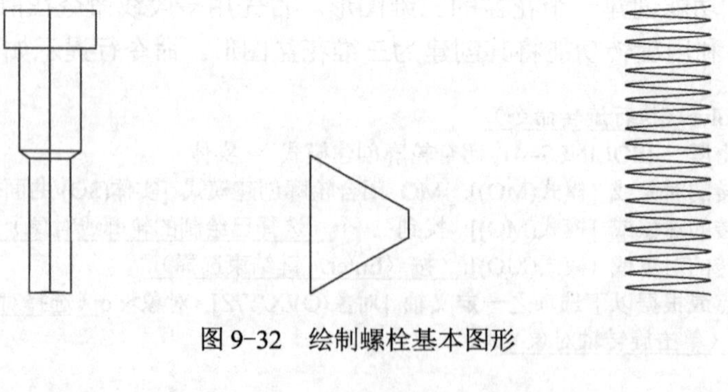

图 9-32　绘制螺栓基本图形

执行扫掠命令，命令行提示如下：

命令: _sweep（执行扫掠命令）
当前线框密度: ISOLINES=4，闭合轮廓创建模式 = 实体
选择要扫掠的对象或 [模式(MO)]: _MO 闭合轮廓创建模式 [实体(SO)/曲面(SU)] <实体>: _SO
选择要扫掠的对象或 [模式(MO)]: 找到 1 个（单击绘制的螺纹断面轮廓）
选择要扫掠的对象或 [模式(MO)]:（按〈Enter〉键完成对象选择）
选择扫掠路径或 [对齐(A)/基点(B)/比例(S)/扭曲(T)]:（选择螺旋线作为扫掠路径）

在提示选择扫掠路径时，用户可以选择“对齐”选项，如果轮廓与扫掠路径不在同一平面上，需要指定轮廓与扫掠路径对齐的方式。选择“基点”选项，可以在轮廓上指定基点，以便沿轮廓进行扫掠。选择“比例”选项，可以指定从开始扫掠到结束扫掠将更改对象大小的值。选择“扭曲”选项，可以通过输入扭曲角度，使对象沿轮廓长度进行旋转。

完成命令操作，结果如图 9-33 所示。为了生成最终的螺栓对象，用户还需要配合使用“剖切”功能以完成建模。

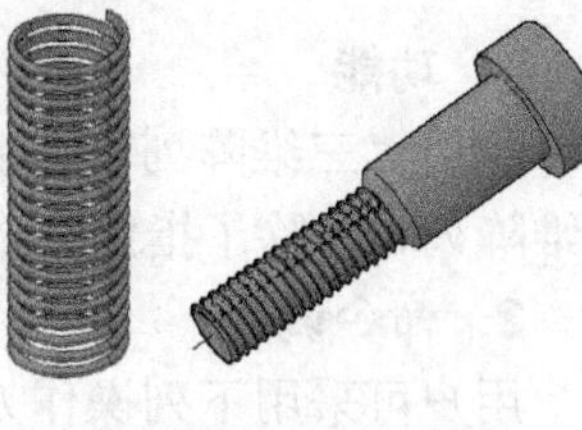

图 9-33　扫掠建模

9.4　三维实体编辑

用户若要创建复杂的实体造型，需要使用三维实体的编辑功能。在 AutoCAD 2011 中，提供了实体的镜像、阵列、布尔操作、旋转、拉伸、移动和对齐等编辑功能。

9.4.1　三维镜像

1．功能

在 AutoCAD 的三维空间中，用户可以使用三维镜像命令，沿指定的镜像平面来创建指定对象的三维镜像。

2．命令调用

用户可采用下列操作方法之一调用该命令。

- 单击功能区“常用”选项卡内的“修改”面板上的“三维镜像”工具按钮。
- 选择“修改”→“三维操作”→“三维镜像”命令。
- 在命令行中输入“Mirror3d”，并按〈Enter〉键执行命令。

3．操作示例

利用“三维镜像”功能，将前面所绘制的墙体进行镜像操作。命令行提示如下。

命令: _mirror3d（执行三维镜像命令）
选择对象: 找到 1 个（单击要镜像的对象）
选择对象:（按〈Enter〉键结束选择）
指定镜像平面 (三点) 的第一个点或[对象(O)/最近的(L)/Z 轴(Z)/视图(V)/XY 平面(XY)/YZ 平面(YZ)/ZX 平面(ZX)/三点(3)] <三点>:（单击第一点，也可以指定镜像平面为 YZ）
在镜像平面上指定第二点: 在镜像平面上指定第三点:（依次单击第一点和第二点）
是否删除源对象？[是(Y)/否(N)] <否>:n（输入 y 或 n，或按〈Enter〉键确认）

完成命令操作，结果如图 9-34 所示。

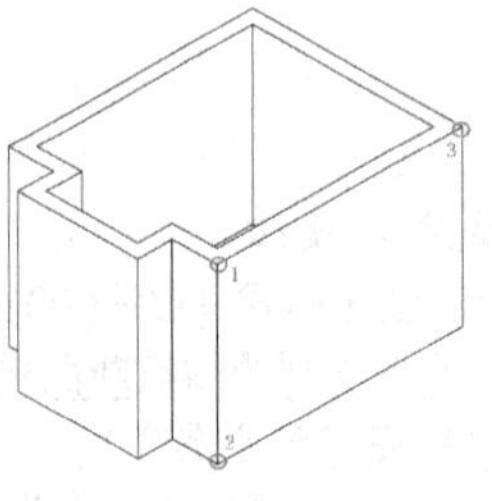

图 9-34　三维镜像

9.4.2　三维阵列

1．功能

利用“三维阵列”功能，用户可以在三维空间中创建对象的矩形阵列或环形阵列。进行三维阵列时，除了指定列数（X 方向）和行数（Y 方向）以外，还要指定层数（Z 方向）。

2．命令调用

用户可采用下列操作方法之一调用该命令。

- 单击功能区“常用”选项卡内的“修改”面板上的“三维阵列”工具按钮。
- 选择“修改”→“三维操作”→“三维阵列”命令。
- 在命令行中输入“3darray”，并按〈Enter〉键执行命令。

3．操作示例

利用“三维阵列”功能，对前面所绘制的墙体进行阵列。命令行提示如下。

命令: _3darray（执行三维阵列命令）
选择对象:找到 1 个（单击要阵列的对象）
选择对象: （按〈Enter〉键结束选择）
输入阵列类型 [矩形(R)/环形(P)] <矩形>:R（选择矩形阵列）
输入行数 (---) <1>:1（将阵列行数设为 1）
输入列数 (|||) <1>:3（将阵列列数设为 3）
输入层数 (...) <1>:4（将阵列层数设为 4）
指定列间距 (|||):指定第二点（可输入间距数值，也可用光标直接在屏幕上量取）
指定层间距 (...):指定第二点（可输入间距数值，也可用光标直接在屏幕上量取）

完成命令操作，结果如图 9-35 所示。在指定阵列间距时若输入正值将沿 X、Y、Z 轴的正向生成阵列，若输入负值将沿 X、Y、Z 轴的反向生成阵列。

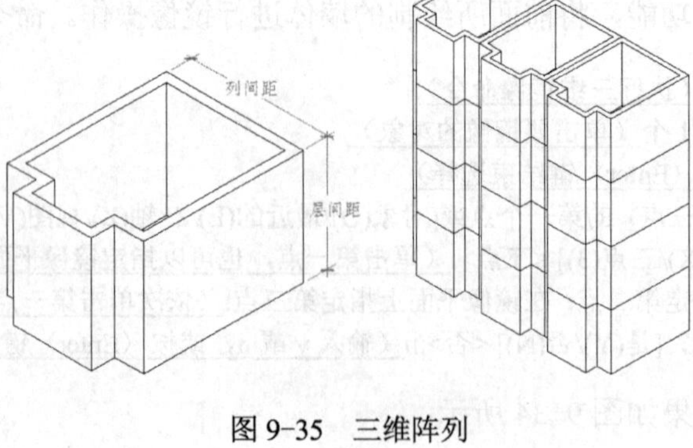

图 9-35　三维阵列

9.4.3 布尔操作

1．功能

三维对象的布尔操作包括并集、差集和交集三个基本运算方式。布尔运算适用于对两个及以上的三维实体、曲面和面域进行操作。

- “并集”可以将两个或多个三维实体、曲面或二维面域合并为一个组合三维实体、曲面或面域。在使用该功能时，必须选择类型相同的对象进行合并。
- “差集”可以从第一个选择集中的对象减去第二个选择集中的对象。即创建了一个新的三维实体、曲面或面域。
- “交集”可以从两个或两个以上现有的三维实体、曲面或面域的公共体积创建三维实体。如果选择网格，则可以先将其转换为实体或曲面，然后再完成此操作。

2．命令调用

用户可采用下列操作方法之一调用该命令。

- 单击功能区“常用”选项卡内的“实体编辑”面板上的“并集工具按钮”、“差集工具按钮”或“交集工具按钮”。
- 选择“修改”→“实体编辑”→“并集”、“差集”或“交集”命令。
- 在命令行中输入“Union”、“Subtract”或“Intersect”，并按〈Enter〉键执行命令。

3．操作示例

1）利用“并集”功能，将两个实体组合成为一体。命令行提示如下。

命令: _union（执行并集命令）
选择对象: 找到 1 个（选择第一个实体）
选择对象: 找到 1 个，总计 2 个（选择第二个实体）
选择对象: （按〈Enter〉键结束选择）

完成命令操作，结果如图 9-36 所示。

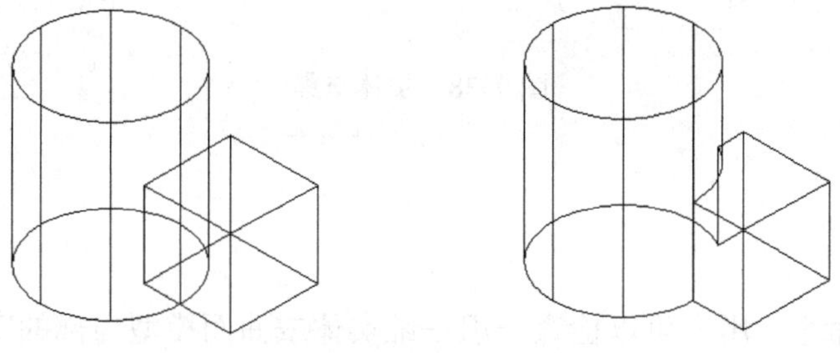

图 9-36　实体并集

2）利用“差集”功能，从一个实体中减去另一个实体。命令行提示如下。

命令: _subtract 选择要从中减去的实体或面域...（执行差集命令）
选择对象: 找到 1 个（选择墙体轮廓）
选择对象: （按〈Enter〉键结束选择）
选择要减去的实体或面域 ..
选择对象: 找到 2 个（依次单击门窗洞长方体）
选择对象: （按〈Enter〉键结束选择）

完成命令操作，结果如图 9-37 所示。

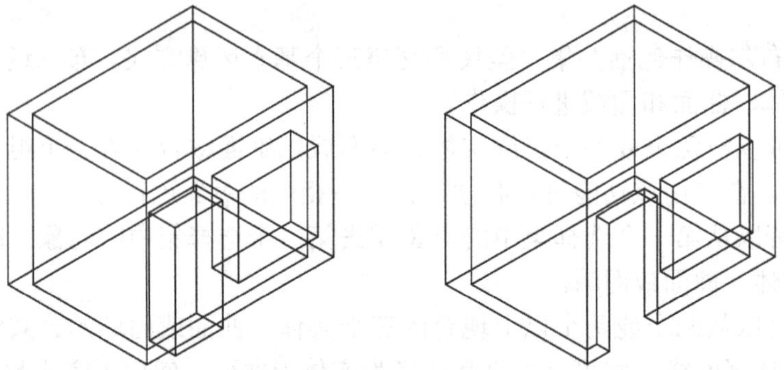

图 9-37　实体差集

3）利用“交集”功能，从两个或多个实体的相交部分取得实体。命令行提示如下。

命令: _intersect（执行交集命令）
选择对象: 找到 2 个（框选要进行交集运算的 2 个对象）
选择对象: （按〈Enter〉键结束选择）

完成命令操作，结果如图 9-38 所示。

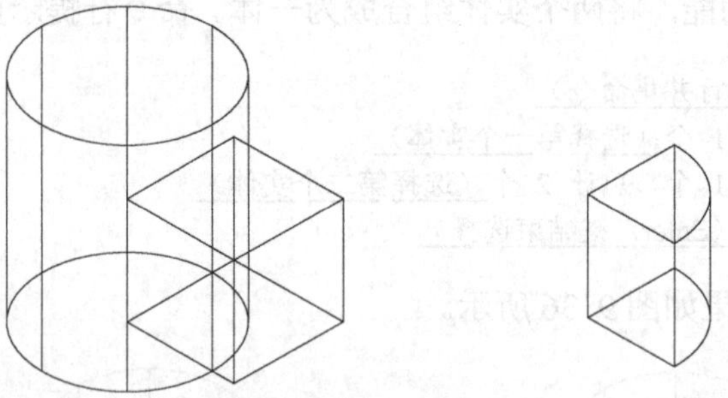

图 9-38　实体交集

9.4.4　干涉检查

1．功能

使用干涉检查命令，用户可以检查一组三维实体或曲面模型内部的干涉区域，并可创建临时实体或曲面对象，同时将会亮显模型干涉部分。使用该命令可以检查两组对象，也可以检查图形中的所有三维实体和曲面。

在进行干涉检查时，如果选择集包含三维实体和曲面，则干涉对象为曲面。该命令无法检查网格对象的干涉，如果用户选择网格对象，需将其转换为实体或曲面对象后，再继续执行操作。

2．命令调用

用户可采用下列操作方法之一调用该命令。

- 单击功能区“常用”选项卡内的“实体编辑”面板上的“干涉”工具按钮。

● 选择“修改”→“三维操作”→“干涉检查”命令。
● 在命令行中输入“Interfere”，并按〈Enter〉键执行命令。

3. 操作示例

使用干涉检查功能，对已绘制的三维图形进行干涉检查。注意在检查操作的过程中，用户可以使用“干涉检查”对话框在干涉对象之间循环以及缩放干涉对象。还可以指定干涉检查过程中是否删除创建的临时对象。命令行提示如下。

命令: _interfere（执行干涉检查命令）
选择第一组对象或 [嵌套选择(N)/设置(S)]: 找到 1 个（选择第一组对象）
选择第一组对象或 [嵌套选择(N)/设置(S)]:（按〈Enter〉键结束选择）
选择第二组对象或 [嵌套选择(N)/检查第一组(K)] <检查>: 找到 1 个（选择第二组对象）
选择第二组对象或 [嵌套选择(N)/检查第一组(K)] <检查>:（按〈Enter〉键结束选择）

完成命令操作，结果如图 9-39 所示。图中亮显部分即为两个矩形干涉的部分。

此时，程序将会弹出“干涉检查”对话框，如图 9-40 所示。用户可以在干涉对象之间循环观察，还可以使用缩放、平移和三维动态观察工具查看干涉对象。另外，用户也可以指定在干涉检查过程中是否创建临时对象。

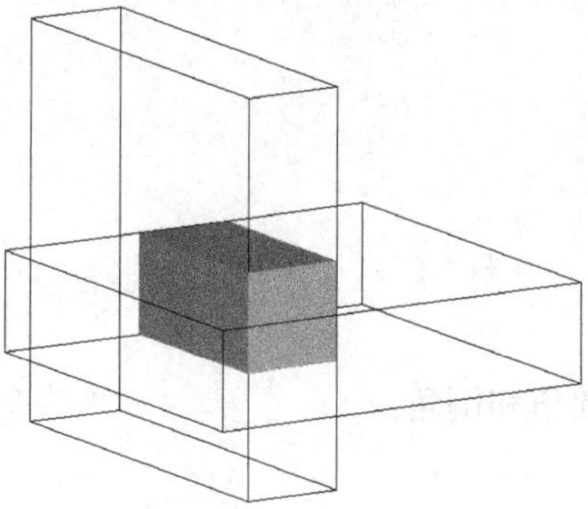

图 9-39 干涉检查

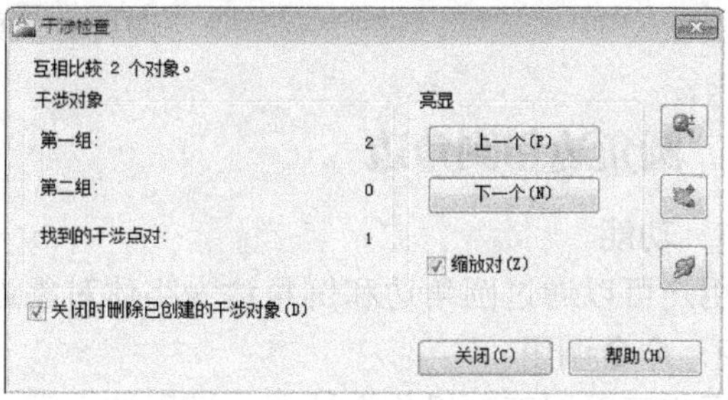

图 9-40 “干涉检查”对话框

9.4.5 实体剖切

1. 功能

用户可以通过剖切或拆分现有对象来创建新的三维实体或曲面。在剖切三维实体或曲面时，可以通过多种方法定义剪切平面。例如，可以指定三个点、一条轴、一个曲面或一个平面对象作为剪切平面，还可以选择保留剖切对象的一半，或两半均保留。

2. 命令调用

用户可采用下列操作方法之一调用该命令。

● 单击功能区“常用”选项卡内的“实体编辑”面板上的“剖切”工具按钮。
● 选择“修改”→“三维操作”→“剖切”命令。
● 在命令行中输入“Slice”，并按〈Enter〉键执行命令。

3. 操作示例

使用剖切功能，对已绘制的三维图形进行剖切。在命令执行过程中，应注意灵活运用指定切面的多种方法。命令行提示如下。

命令: _slice（执行剖切命令）
选择要剖切的对象: 找到 1 个（选择对象）
选择要剖切的对象: （按〈Enter〉键结束选择）
指定 切面 的起点或 [平面对象(O)/曲面(S)/Z 轴(Z)/视图(V)/XY(XY)/YZ(YZ)/ZX(ZX)/三点(3)] <三点>: （单击切面的第 1 点）
指定平面上的第二个点:（单击切面的第 2 点）
在所需的侧面上指定点或 [保留两个侧面(B)] <保留两个侧面>:（鼠标在对象左侧单击第 3 点）

完成命令操作，结果如图 9-41 所示。

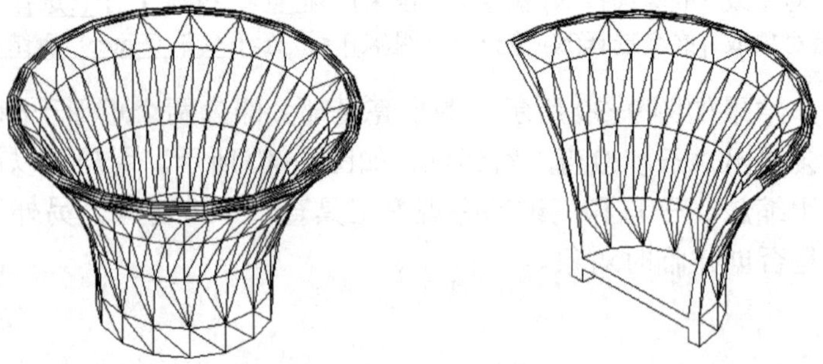

图 9-41　实体剖切

9.4.6　圆角边和倒角边

1．功能

用户可以通过圆角边和倒角边为实体对象边创建圆角和倒角。

2．命令调用

用户可采用下列操作方法之一调用该命令。

- 单击功能区“实体”选项卡内的“实体编辑”面板上的“圆角边”或“倒角边”工具按钮。
- 选择“修改”→“实体编辑”→“圆角边”或“倒角边”命令。
- 在命令行中输入“Filletedge”或“Chamferedge”，并按〈Enter〉键执行命令。

3．操作示例

1）使用“圆角边”命令，对长方体进行圆角处理，命令行提示如下。

命令: _FILLETEDGE（执行圆角边命令）
半径 = 1.0000
选择边或 [链(C)/半径(R)]: r（输入 r，修改圆角半径）
输入圆角半径或 [表达式(E)] <1.0000>: 200（将圆角半径设为 200）
选择边或 [链(C)/半径(R)]:（单击要进行圆角的边）
选择边或 [链(C)/半径(R)]: （单击要进行圆角的边）
选择边或 [链(C)/半径(R)]: （单击要进行圆角的边）
选择边或 [链(C)/半径(R)]: （单击要进行圆角的边）
已选定 4 个边用于圆角。

按 Enter 键接受圆角或 [半径(R)]:（按〈Enter〉键完成命令操作）

完成命令操作，结果如图 9-42 所示。

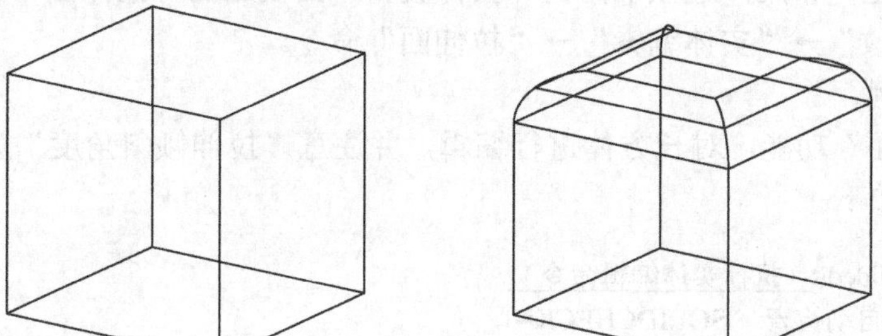

图 9-42　圆角边

2）使用“倒角边”命令，对长方体进行倒角处理，命令行提示如下。

命令: _CHAMFEREDGE 距离 1 = 1.0000，距离 2 = 1.0000（执行倒角边命令）
选择一条边或 [环(L)/距离(D)]: d（输入 d，修改倒角距离）
指定距离 1 或 [表达式(E)] <1.0000>: 300（将倒角距离 1 设为 300）
指定距离 2 或 [表达式(E)] <1.0000>: 100（将倒角距离 2 设为 100）
选择一条边或 [环(L)/距离(D)]:（单击要进行倒角的边）
选择属于同一个面的边或 [环(L)/距离(D)]:（单击要进行倒角的边）
选择属于同一个面的边或 [环(L)/距离(D)]:（单击要进行倒角的边）
选择属于同一个面的边或 [环(L)/距离(D)]:（单击要进行倒角的边）
按 Enter 键接受倒角或 [距离(D)]:（按〈Enter〉键完成命令操作）

完成命令操作，结果如图 9-43 所示。

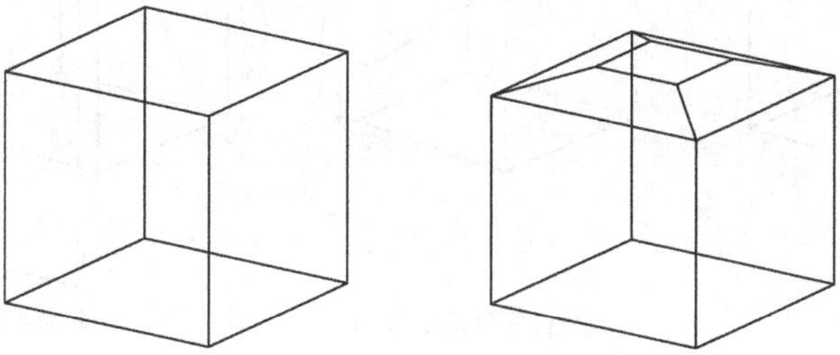

图 9-43　倒角边

9.4.7　编辑“面”

在 AutoCAD 2011 中，用户可以通过拉伸、移动、旋转、偏移、倾斜等命令，对选定的三维实体面进行编辑，以创建更为复杂的实体对象。

1．拉伸面

（1）功能

用户可以通过拉伸面命令，在 X、Y 或 Z 方向上延伸三维实体面。还可以通过移动面来更改对象的形状。

（2）命令调用

用户可采用下列操作方法之一调用该命令。

● 单击功能区“常用”选项卡内的“实体编辑”面板上的“拉伸面”工具按钮。

● 选择“修改”→“实体编辑”→“拉伸面”命令。

（3）操作示例

使用“拉伸面”功能，对长方体进行编辑，并注意“拉伸倾斜角度”为正数和负数的不同。命令行提示如下。

命令: _solidedit（执行实体编辑命令）
实体编辑自动检查:　SOLIDCHECK=1
输入实体编辑选项 [面(F)/边(E)/体(B)/放弃(U)/退出(X)] <退出>: _face（自动选择“面”选项）
输入面编辑选项[拉伸(E)/移动(M)/旋转(R)/偏移(O)/倾斜(T)/删除(D)/复制(C)/颜色(L)/材质(A)/放弃(U)/退出(X)] <退出>: _extrude（自动选择“拉伸”选项）
选择面或 [放弃(U)/删除(R)]: 找到一个面。（在要进行拉伸的面内单击）
选择面或 [放弃(U)/删除(R)/全部(ALL)]:（按〈Enter〉键完成选择）
指定拉伸高度或 [路径(P)]: 600（指定拉伸高度）
指定拉伸的倾斜角度 <45>: 30（指定拉伸的倾斜角度）
已开始实体校验。已完成实体校验。
输入面编辑选项[拉伸(E)/移动(M)/旋转(R)/偏移(O)/倾斜(T)/删除(D)/复制(C)/颜色(L)/材质(A)/放弃(U)/退出(X)] <退出>:

完成命令操作，结果如图 9-44 所示。在输入倾斜角度时，用户可分别输入“30”和“–30”，并查看它们的区别。

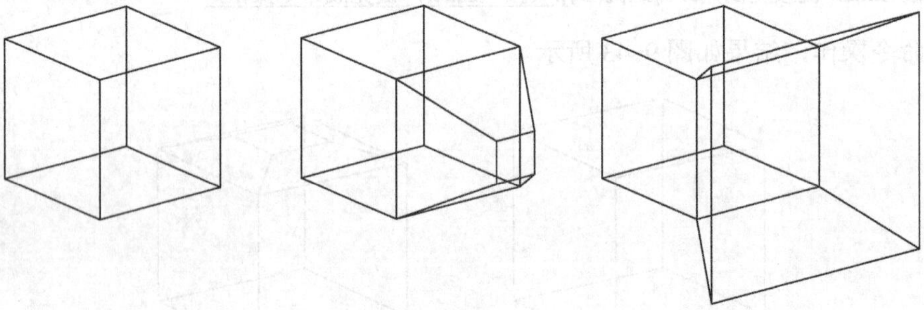

未拉伸　　拉伸倾斜角度为 30°　　拉伸倾斜角度为–30°

图 9-44　拉伸面

2．旋转面

（1）功能

用户可以通过旋转面命令，使对象绕指定轴旋转一个或多个面或实体的某些部分，以完成对实体对象的编辑。

（2）命令调用

用户可采用下列操作方法之一调用该命令。

● 单击功能区“常用”选项卡内的“实体编辑”面板上的“旋转面”工具按钮。

● 选择“修改”→“实体编辑”→“旋转面”命令。

（3）操作示例

使用“旋转面”功能，对长方体进行编辑。命令行提示如下。

命令: _solidedit（执行实体编辑命令）
实体编辑自动检查: SOLIDCHECK=1
输入实体编辑选项 [面(F)/边(E)/体(B)/放弃(U)/退出(X)] <退出>: _face（自动选择“面”选项）
输入面编辑选项[拉伸(E)/移动(M)/旋转(R)/偏移(O)/倾斜(T)/删除(D)/复制(C)/颜色(L)/材质(A)/放弃(U)/退出(X)] <退出>: _rotate（自动选择“旋转”选项）
选择面或 [放弃(U)/删除(R)]: 找到一个面。（在要进行旋转的面内单击）
选择面或 [放弃(U)/删除(R)/全部(ALL)]:（按〈Enter〉键完成选择）
指定轴点或 [经过对象的轴(A)/视图(V)/X 轴(X)/Y 轴(Y)/Z 轴(Z)] <两点>:（单击旋转轴第一点）
在旋转轴上指定第二个点:（单击旋转轴第二点）
指定旋转角度或 [参照(R)]: 40（指定旋转角度）
已开始实体校验。已完成实体校验。
输入面编辑选项[拉伸(E)/移动(M)/旋转(R)/偏移(O)/倾斜(T)/删除(D)/复制(C)/颜色(L)/材质(A)/放弃(U)/退出(X)] <退出>:

完成命令操作，结果如图 9-45 所示。在输入旋转角度时，用户可分别输入“40”和“–40”，并查看他们的区别。

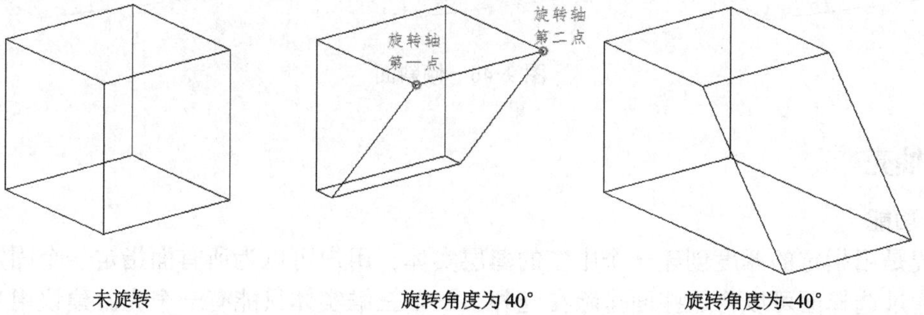

图 9-45　旋转面

3．倾斜面

（1）功能

用户可以通过倾斜面命令，以指定的角度倾斜三维实体上的面。倾斜角的旋转方向由选择基点和第二点的顺序决定。倾斜角度为正时，将向里倾斜面，负角度将向外倾斜面。

（2）命令调用

用户可采用下列操作方法之一调用该命令。

● 单击功能区“常用”选项卡内的“实体编辑”面板上的“倾斜面”工具按钮。
● 选择“修改”→“实体编辑”→“倾斜面”命令。

（3）操作示例

使用“倾斜面”功能，对实体进行编辑。命令行提示如下。

命令: _solidedit（执行实体编辑命令）
实体编辑自动检查: SOLIDCHECK=1

输入实体编辑选项 [面(F)/边(E)/体(B)/放弃(U)/退出(X)] <退出>: _face（自动选择“面”选项）
输入面编辑选项[拉伸(E)/移动(M)/旋转(R)/偏移(O)/倾斜(T)/删除(D)/复制(C)/颜色(L)/材质(A)/放弃(U)/退出(X)] <退出>: _taper（自动选择“倾斜”选项）
选择面或 [放弃(U)/删除(R)]: 找到一个面。（在要倾斜的面内单击，也可选择多个面）
选择面或 [放弃(U)/删除(R)/全部(ALL)]:（按〈Enter〉键完成选择）
指定基点:（单击倾斜方向第一点）
指定沿倾斜轴的另一个点:（单击倾斜方向第二点）
指定倾斜角度: 30（指定倾斜角度）
已开始实体校验。已完成实体校验。
输入面编辑选项[拉伸(E)/移动(M)/旋转(R)/偏移(O)/倾斜(T)/删除(D)/复制(C)/颜色(L)/材质(A)/放弃(U)/退出(X)] <退出>:

完成命令操作，结果如图 9-46 所示。在输入倾斜角度时，正角度将向内倾斜面，负角度将向外倾斜面，默认角度为 0°，可以垂直于平面拉伸面。倾斜角度必须在 90°～-90°之间。

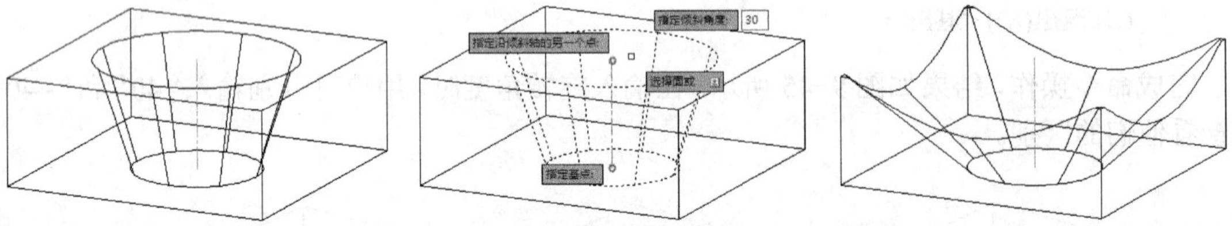

图 9-46　倾斜面

9.4.8　抽壳

1．功能

抽壳是用指定的厚度创建一个中空的薄层实体。用户可以为所有面指定一个固定的薄层厚度，通过选择面可以将这些面排除在壳外，一个三维实体只能有一个壳。建议用户在将三维实体转换为壳体之前先创建其副本。通过这种方法，如果用户需要进行较大的修改时，可以使用原始版本，并再次对其进行抽壳。

2．命令调用

用户可采用下列操作方法之一调用该命令。

- 单击功能区“实体”选项卡内的“实体编辑”面板上的“抽壳”工具按钮。
- 选择“修改”→“实体编辑”→“抽壳”命令。

3．操作示例

使用“抽壳”功能，对实体进行编辑。命令行提示如下。

命令: _solidedit（执行实体编辑命令）
实体编辑自动检查:　SOLIDCHECK=1
输入实体编辑选项 [面(F)/边(E)/体(B)/放弃(U)/退出(X)] <退出>: _body（自动选择“体”选项）
输入体编辑选项[压印(I)/分割实体(P)/抽壳(S)/清除(L)/检查(C)/放弃(U)/退出(X)] <退出>: _shell（自动选择“抽壳”选项）
选择三维实体:（单击要进行抽壳的实体对象）
删除面或 [放弃(U)/添加(A)/全部(ALL)]: 找到一个面，已删除 1 个。（单击抽壳要删除的面）

删除面或 [放弃(U)/添加(A)/全部(ALL)]: 找到一个面，已删除 1 个。(单击抽壳要删除的面)
删除面或 [放弃(U)/添加(A)/全部(ALL)]:（按〈Enter〉键完成删除面的选择）
输入抽壳偏移距离: 30（指定偏移距离为 30）
已开始实体校验。已完成实体校验。
输入体编辑选项[压印(I)/分割实体(P)/抽壳(S)/清除(L)/检查(C)/放弃(U)/退出(X)] <退出>:

完成命令操作，结果如图 9-47 所示。设置偏移距离时，指定为正值可创建实体周长内部的抽壳，指定为负值可创建实体周长外部的抽壳。

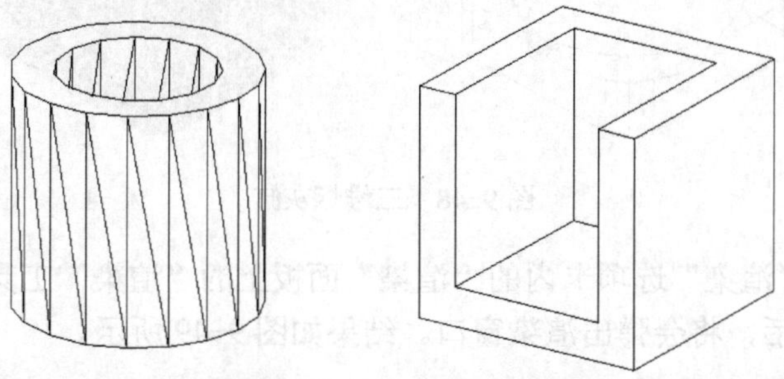

删除面为圆柱体的顶面　　删除面为正方体顶面和前侧立面

图 9-47　抽壳

9.5　三维图形渲染

渲染是基于三维场景来创建二维图像。它使用已设置的光源、已应用的材质和环境设置（例如背景和雾化），为场景的几何图形着色。与线框图像和着色图像相比，使用渲染的图像更容易表达三维图形的真实效果。在 AutoCAD 2011 中进行三维图形渲染，可以创建一个能够表达用户想象的真实照片级质量的演示图像。模型的真实感渲染往往可以为设计团队或客户提供比打印图形更加清晰的概念设计视觉效果。总而言之，渲染是一个非常有效的交流想法与显示图形真实效果的工具。

9.5.1　快速渲染对象

1. 功能

使用“渲染”命令进行图形渲染，将创建三维实体或曲面模型的真实照片级图像或真实着色图像。默认情况下，将渲染当前视图中的所有对象。如果未指定命名视图或相机视图，则将渲染当前视图。

使用快速渲染，无需应用任何材质、添加任何光源或设置场景。渲染新模型时，渲染器会自动使用“与肩齐平”的虚拟平行光。这个光源不能移动或调整。

2. 命令调用

用户可采用下列操作方法之一调用该命令。

- 单击功能区“渲染”选项卡内的“渲染”面板上的“渲染”工具按钮。
- 选择“视图”→“渲染”→“渲染”命令。

- 在命令行中输入“Render”，并按〈Enter〉键执行命令。

3．操作示例

利用本章所学内容绘制一个“三维烟灰缸”并进行快速渲染。快速渲染的操作步骤如下。

1）打开 AutoCAD 2011 中文版，将工作空间切换为“三维建模”。利用本章所介绍的长方体、圆柱体、差集、倾斜面等命令，绘制如图 9-48 所示的 “三维烟灰缸”图形。

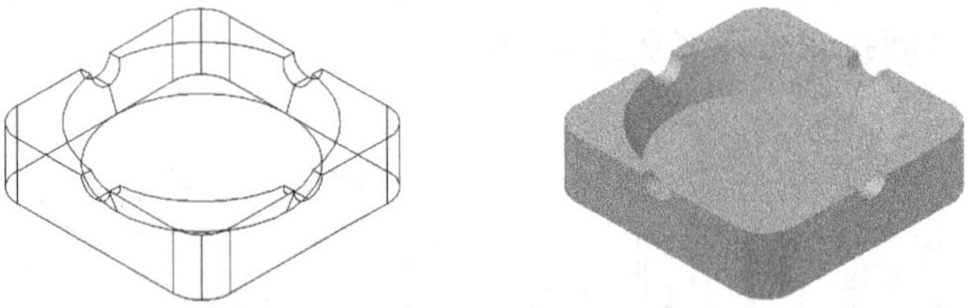

图 9-48　三维烟灰缸

2）单击功能区“渲染”选项卡内的“渲染”面板上的“渲染”工具按钮，进行快速渲染。执行该命令后，将会弹出渲染窗口。结果如图 9-49 所示。

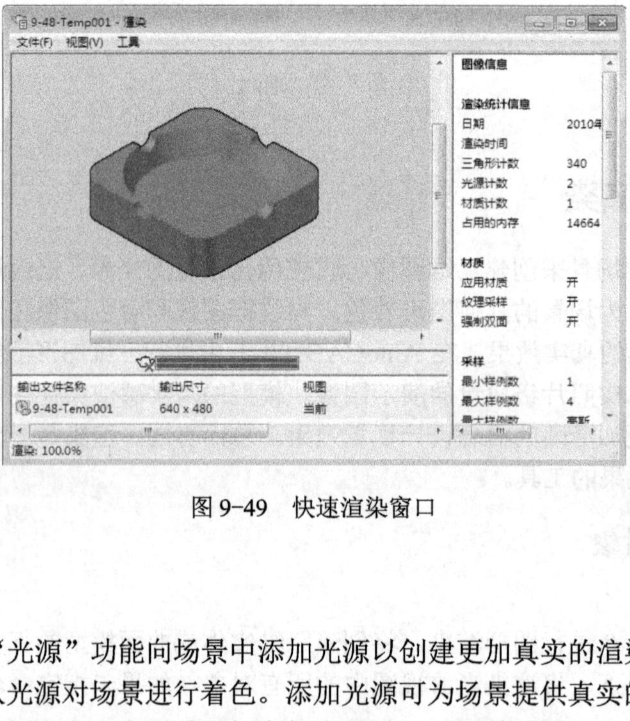

图 9-49　快速渲染窗口

9.5.2　设置光源

用户可以使用“光源”功能向场景中添加光源以创建更加真实的渲染效果。场景中没有光源时，将使用默认光源对场景进行着色。添加光源可为场景提供真实的外观并增强场景的清晰度和三维效果。插入人工光源或添加自然光源时，可以禁用默认光源。用户可以创建点光源、聚光灯和平行光以达到希望的效果。系统将使用不同的光线轮廓（图形中显示光源位置的符号）表示每个聚光灯和点光源。

要精确地控制光源，用户可以使用光度控制光源照亮模型。光度值使用户能够按光源在现实中显示的样子进行更精确地定义。用户可以创建具有各种分布和颜色特征，或输入光源制造商提供的特定光度控制文件。

AutoCAD 2011 提供了三种光源单位：标准（常规）、国际（SI）和美制。标准（常规）

光源工作流相当于 AutoCAD 2008 之前的版本中 AutoCAD 的光源工作流。在 AutoCAD 2008 及更高版本中创建的图形的默认光源工作流是基于国际（SI）光源单位的光度控制工作流，它将产生真实准确的光源。另外还提供了美制光源单位。在早期版本的 AutoCAD 中，标准光源为默认设置，用户可以使用“Lightingunits”系统变量或在功能区的“光源”面板中更改光源类型。

1. 使用自然光源

（1）功能

阳光与天光是 AutoCAD 中自然照明的主要来源。天光具有来自单一方向的平行光线，方向和角度根据时间、纬度和季节而变化。晴天时，天光颜色为浅黄色，多云天气会使天光呈蓝色，而暴风雨天气会使天光呈深灰色，空气中的微粒会使天光呈橙色或褐色，日出和日落时，橙色或红色会比黄色多。

阳光是一种类似于平行光的特殊光源。用户为模型指定的地理位置以及指定的日期和当日时间定义了阳光的角度。用户也可以更改阳光的强度及其光源的颜色。

（2）命令调用

用户可采用下列操作方法之一调用该命令。

- 单击功能区“渲染”选项卡内的“阳光和位置”面板上的“阳光状态”工具按钮，可以打开或关闭阳光。单击“阳光特性”按钮，可弹出“阳光特性”窗口。
- 选择“视图”→“渲染”→“光源”→“阳光特性”命令。
- 在命令行中输入“Sunstatus”，将参数设为 1 可打开阳光，若将参数设为 0 可关闭阳光。若在命令行中输入“Sunproperties”可打开“阳光特性”窗口。

（3）操作示例

执行“阳光特性”命令，程序将会弹出如图 9-50 所示的“阳光特性”窗口，它提供了常规、天光特性、太阳角度计算器、渲染阴影细节、地理位置等设置区域。主要参数作用如下。

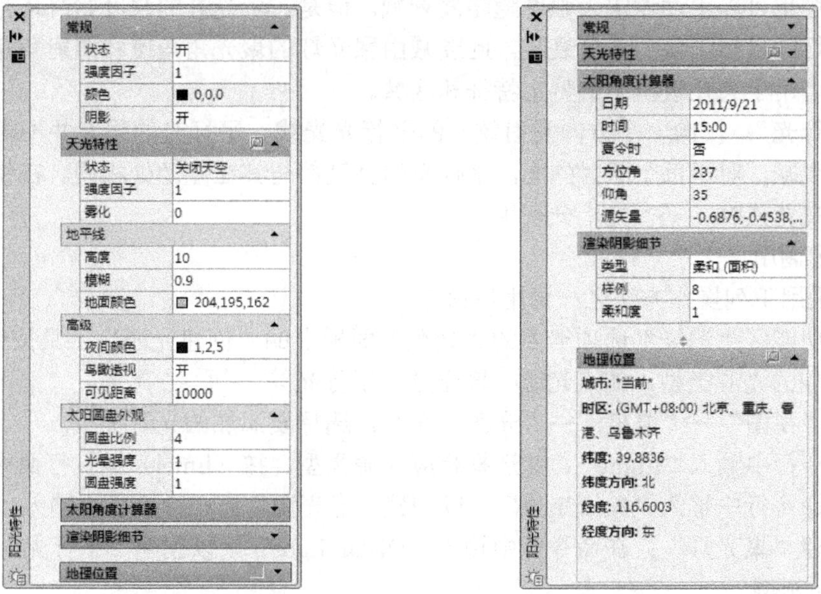

图 9-50 “阳光特性”窗口

- 常规："状态"选项可打开和关闭阳光。"强度因子"可设置阳光的强度或亮度，取值范围为 0 到最大值，数值越大，光源越亮。"颜色"可控制光源的颜色。"阴影"打开和关闭阳光阴影的显示和计算。关闭阴影可以提高计算机运行速度和渲染速度。
- 天光特性："状态"确定渲染时是否计算自然光照明。此选项对视口照明或视口背景没有影响。它仅使自然光可作为渲染时的收集光源。"强度因子"可设置天光的强度。"雾化"可确定大气中散射效果的幅度，值为 0～15，默认值为 0。
- 地平线：此类特性适用于地平面的外观和位置。"高度"可确定相对于世界零海拔的地平面的绝对位置。此参数表示世界坐标空间长度并且应以当前长度单位对其进行格式设置。取值范围为-10～+10，默认值为 0。"模糊"选项可确定地平面和天空之间的模糊量，取值范围为 0～10，默认值为 0.1。"地面颜色"可设置地平面的颜色。
- 高级："夜间颜色"选项可指定夜空的颜色。"鸟瞰透视"选项指定是否应用鸟瞰透视。"可见距离"选项指定 10% 雾化阻光度情况下的可视距离。
- 太阳角度计算器：此类特性用于设置阳光的角度。用户可通过日期、时间、夏令时、方位角、仰角、源矢量等选项对其进行设置。

2．使用人工光源

（1）功能

用户可以添加点光源、聚光灯和平行光，并设定每个光源的位置和光度控制特性。用户可以通过命令行执行命令来创建光源，也可以使用"光源"工具栏上的按钮或功能区中的"光源"面板。可以使用特性选项板更改选定光源的颜色或其他特性。还可以将光源及其特性存储到工具选项板上，以便在同一个图形或其他图形中再次使用。

- "点光源"：是从其所在位置向四周发射光线，点光源不以一个对象为目标，使用点光源可以达到基本的照明效果。
- "聚光灯"：发射定向锥形光。可以控制光源的方向和圆锥体的尺寸。像点光源一样，聚光灯也可以手动设定为强度随距离衰减。但是，聚光灯的强度始终还是根据相对于聚光灯的目标矢量的角度衰减。此衰减由聚光灯的聚光角角度和照射角角度控制。聚光灯可用于亮显模型中的特定特征和区域。
- "平行光"：仅向一个方向发射统一的平行光光线。平行光的强度并不随着距离的增加而衰减，对于每个照射的面，平行光的亮度都与其在光源处相同。在统一照亮对象或照亮背景时，平行光十分有用。

（2）命令调用

用户可采用下列操作方法之一调用该命令。

- 单击功能区"渲染"选项卡内的"光源"面板上的"创建光源"工具按钮，并选择要添加的光源类型，如点光源、聚光灯、平行光等。
- 选择"视图"→"渲染"→"光源"命令，选择要添加的光源类型。
- 在命令行中输入"Light"，并选择相应光源类型，按〈Enter〉键执行命令。用户也可以在命令行中输入"Pointlight"，以创建"点光源"；在命令行中输入"Spotlight"，以创建"聚光灯"；在命令行中输入"Distantlight"，以创建"平行光"。

（3）操作示例

为前面所绘制的"三维烟灰缸"图形添加光源。具体的操作步骤如下。

1）打开前面所绘制的“三维烟灰缸”图形文件，并将工作空间切换为“三维建模”。

2）单击功能区“渲染”标签内的“光源”面板上的“创建光源”工具按钮，选择“点光源”，并放置在适当位置，结果如图 9-51 所示。用户也可以选择创建其他类型的光源，以得到不同的显示效果。

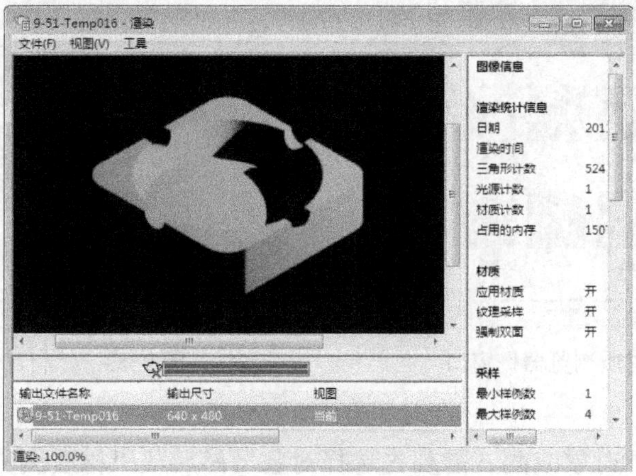

图 9-51　创建光源

9.5.3　添加材质

1．功能

用户可以为对象添加材质，在渲染视图中得到逼真效果。AutoCAD 2011 提供了一个含有预定义材质的大型材质库。使用材质浏览器可以浏览材质，并将它们应用于图形中的对象。还可以在“材质编辑器”窗口中创建和修改材质。

2．命令调用

用户可采用下列操作方法之一调用该命令。

- 单击功能区“渲染”选项卡内的“材质”面板上的“材质浏览器”工具按钮，或单击“材质编辑器”工具按钮。
- 选择“视图”→“渲染”→“材质浏览器”或“材质编辑器”命令，可调出“材质浏览器”选项板和“材质编辑器”选项板。
- 选择“工具”→“选项板”→“材质浏览器”或“材质编辑器”命令，可调出“材质浏览器”窗口和“材质编辑器”窗口。
- 在命令行中输入“Materials”，可调出“材质浏览器”选项板，在命令行中输入“Mateditoropen”，可调出“材质编辑器”选项板。

使用“材质浏览器”可对材质库进行导航和管理。AutoCAD 2011 提供的材质库中包含 700 多种材质和 1000 多种纹理。如图 9-52 所示。用户可以方便地组织、分类、搜索和选择要在图形中使用的材质。在“材质浏览器”中可以访问 AutoCAD 材质库和用户定义的材质库。

使用“材质编辑器”可以对添加到图形中的材质进行修改。对材质所做的修改设置将与材质一起保存，所做的更改将显示在材质样例预览框中。如图 9-53 所示。

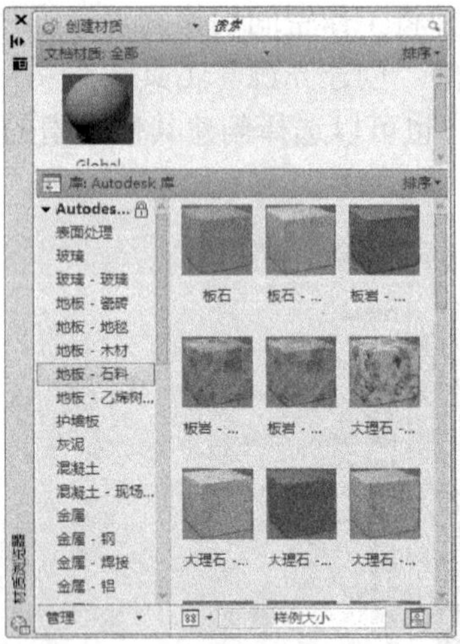

图 9-52 “材质浏览器”窗口

图 9-53 “材质编辑器”窗口

3. 操作示例

若要将材质应用于对象或面，需要先选择对象，然后从“材质浏览器”中选择适当的材质，将其添加到图形中，已添加的材质还会作为样例显示在“材质浏览器”中。用户可以使用以下方法之一将材质指定给对象。

- 在材质库中单击材质，材质将应用于图形中已经选定的对象。
- 利用鼠标将材质样例直接拖动到图形中的对象上。
- 在“材质浏览器”的材质样例上右击，在弹出的快捷菜单中选择“指定给当前选择”命令，将材质指定给已选择的对象。

为创建的“三维餐桌”指定材质。设置渲染材质的操作步骤如下。

1）打开前面所绘制的“三维餐桌”图形文件，并将工作空间切换为“三维建模”。

2）选择“工具”→“选项板”→“材质浏览器”命令，调出“材质浏览器”窗口，在材质库中选择“石料-大理石”→“粗糙抛光-白色”，指定给“三维餐桌”对象，结果如图 9-54 所示。

图 9-54 指定材质

3）单击“材质浏览器”窗口右下角的“显示材质编辑器”按钮，调出“材质编辑器”窗口，对材质参数进行适当调整，结果如图 9-55 所示。

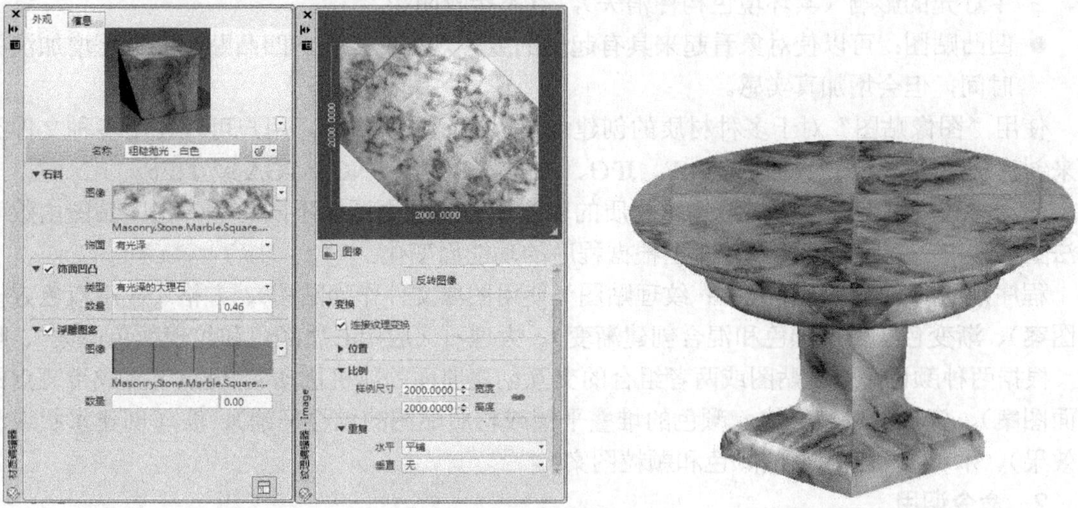

图 9-55　编辑材质

9.5.4　设置贴图

1. 功能

贴图是一种将图片信息投影到曲面的方法。用户可以使用贴图来改善材质的外观和真实感。包含一个或多个图像的材质称为贴图材质。贴图可模拟纹理、反射、折射和其他效果。与材质一起使用时，贴图可添加细节而不会增加对象几何图形的复杂性。

贴图通道可以对材质的颜色指定纹理。选择贴图通道后，贴图的颜色将替换材质的漫射颜色。贴图可以为材质增加纹理真实感，用户可以对材质指定图案或纹理。例如，要使一面墙看上去是由砖块砌成的，可以选择具有砖块图像的纹理贴图。这是最常用的一种贴图。用户也可以使用程序贴图，如瓷砖或木材。另外，用户还可以调整程序贴图的某些特性以获得想要的效果，如砖块图案材质的砖块大小和砂浆厚度或木材材质中的木纹间距等。

对材质添加的贴图可以缩放比例，也可以控制图案是平铺还是旋转。用户可以为同一材质使用多个贴图并可以创建嵌套贴图。应用贴图后，可以使用材质贴图对其进行调整以适合面或对象。

用户可以在每个贴图通道（“反射率”、“透明度”、“裁切”、“自发光”和“凹凸”）中选择纹理贴图或程序贴图，以增加材质的复杂性。

- 反射贴图：可以模拟在有光泽对象的表面上反射的场景。要使反射贴图获得较好的渲染效果，材质应有光泽，而且反射图像本身应具有较高的分辨率。
- 透明贴图：透明贴图可以创建透明效果和不透明效果。使用透明贴图通道可以指定透明区域和不透明区域。
- 裁切贴图：裁切贴图可以使材质部分透明。用户可以选择用于裁切贴图的图像文件。

- 自发光贴图：自发光贴图可以使对象的某些部分看上去似乎在发光。贴图的白色区域渲染为完全自发光，黑色区域不使用自发光进行渲染。自发光表示发光区域不受图形中灯光的影响（其环境色构件消失），且不接收阴影。
- 凹凸贴图：可以使对象看起来具有起伏的或不规则的表面。凹凸贴图会显著增加渲染时间，但会增加真实感。

使用“图像贴图”对于多种材质的创建均可以起到重要作用。用户可以使用多种文件类型来创建贴图，如BMP、RLE、GIF、JPG、JPEG、PCX、PNG、TGA或TIFF。

使用“程序贴图”进一步增加了材质的真实感。与位图图像不同的是，程序贴图由数学算法生成，用于程序贴图的控件类型根据程序的功能而变化。

程序贴图的类型有以下几种：纹理贴图（使用图像文件作为贴图）、方格（应用双色方格形图案）、渐变色（使用颜色和混合创建渐变）、大理石（应用石质颜色和纹理颜色图案）、噪波（根据两种颜色、纹理贴图或两者组合的交互创建曲面的随机扰动）、斑点（生成带斑点的曲面图案）、瓷砖（应用砖块、颜色的堆叠平铺或材质贴图的堆叠平铺）、波（创建水状或波状效果）、木材（创建木材的颜色和颗粒图案）。

2. 命令调用

用户可采用下列操作方法之一调用该命令。

- 单击功能区“渲染”选项卡内的“材质”面板上的“材质贴图”工具按钮 材质贴图，用以创建平面贴图、长方体贴图、柱面贴图和球面贴图。
- 选择“视图”→“渲染”→“贴图”命令的子命令，用以创建平面贴图、长方体贴图、柱面贴图和球面贴图。
- 选择“视图”→“渲染”→“材质编辑器”命令，调出“材质编辑器”窗口，可以在每个贴图通道中选择纹理贴图或程序贴图，以增加材质的复杂性。

3. 操作示例

为创建的“三维房子”设置贴图。具体的操作步骤如下。

1）利用前面介绍的长方体、多段体、拉伸、布尔运算等功能，绘制如图9-56所示的“三维房子”。

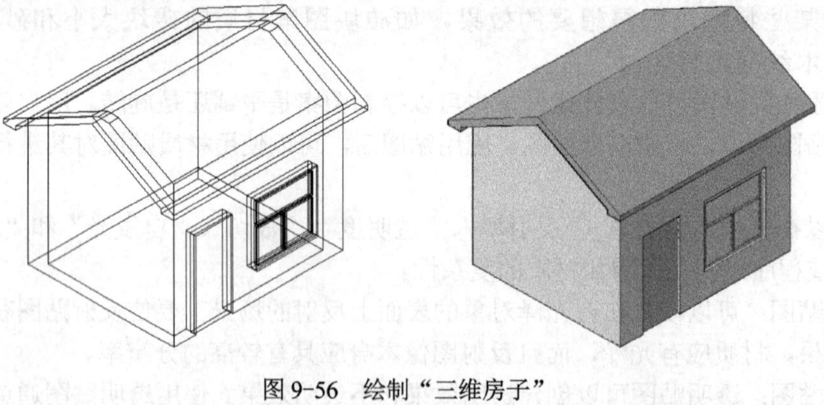

图9-56 绘制“三维房子”

2）选择“视图”→“渲染”→“材质浏览器”命令，调出“材质浏览器”窗口，单击“创建材质”按钮 创建材质，在弹出的快捷菜单中选择“砌石”材质选项，程序将会弹出“材质编辑器”窗口。如图 9-57 所示。

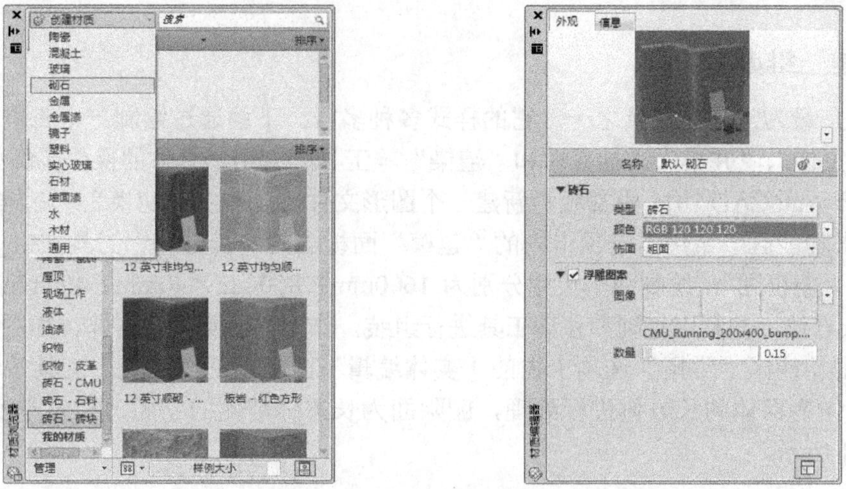

图 9-57　创建材质

3）在“材质编辑器”窗口中单击“砖石”区域中“颜色”选项右侧的下拉箭头，在弹出的快捷菜单中选择“图像”命令，并选择要使用的墙面图片文件。此时，程序将会弹出“纹理编辑器”窗口，用户可以根据需要对各项参数进行适当的调整。如图 9-58 所示。

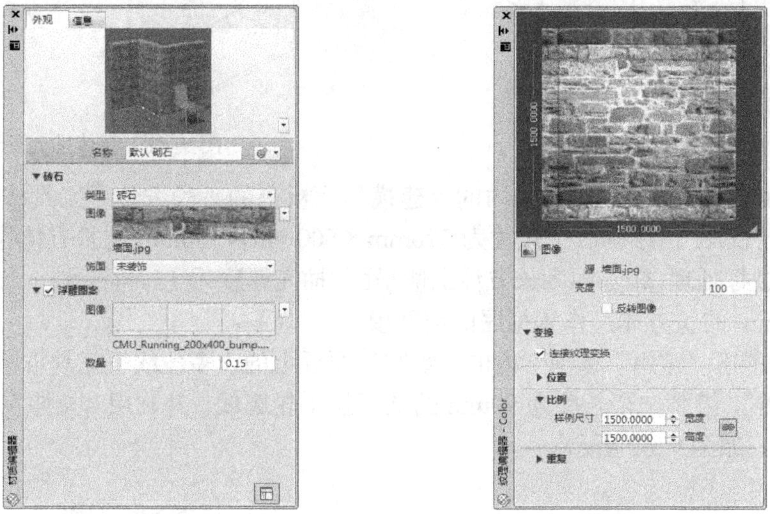

图 9-58　设置贴图

4）在“材质编辑器”中完成设置后，将材质指定给“三维房子”的墙体对象。同时，在“材质浏览器”的材质库中选择“屋顶”→“西班牙瓷砖”为屋顶指定材质，选择“木材—镶板”→“镶板—褐色”为门扇指定材质、选择“玻璃”→“深绿色反射”为窗扇玻璃指定材质。结果如图 9-59 所示。

图 9-59　材质效果

9.6 实训操作

9.6.1 创建三维办公桌

办公桌是最为常用的家具之一，它的样式多种多样。下面通过绘制一个三维办公桌，来深入了解“拉伸”、“并集”、“抽壳”和“渲染”等工具的应用。具体的操作步骤如下。

1）打开 AutoCAD 2011 中文版，新建一个图形文件，工作空间切换为“三维建模”。

2）单击功能区“常用”选项卡内的“建模”面板上的“长方体”工具按钮，并将视图切换到“俯视图”，绘制两个尺寸分别为 1600mm×850mm×40mm、400mm×700mm×700mm 的长方体，并利用复制和移动工具进行组装，作为办公桌基本实体。如图 9-60 所示。

3）单击功能区“常用”选项卡内的“实体编辑”面板上的“抽壳”工具按钮，对创建的两个作为柜体的长方体进行处理，删除面为长方体前侧的立面，抽壳厚度为 15。结果如图 9-61 所示。

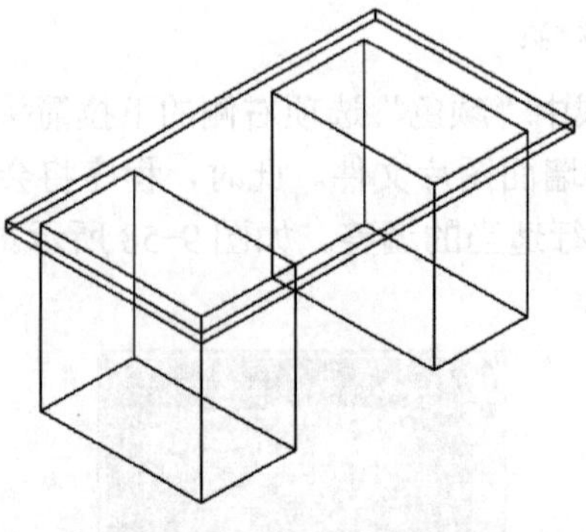

图 9-60 办公桌基本实体

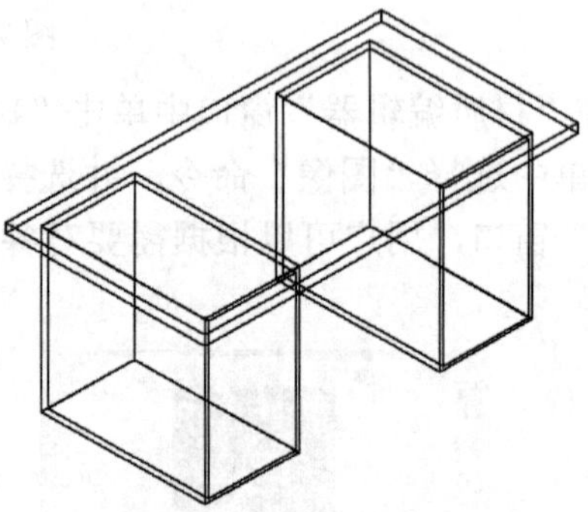

图 9-61 柜体抽壳处理

4）单击功能区“常用”选项卡内的“建模”面板上的“长方体”工具按钮，并将视图切换到“俯视图”，绘制一个尺寸为 370mm×600mm×150mm 的长方体作为抽屉，并利用“抽壳”工具进行处理，删除面为长方体上侧平面，抽壳厚度为 15。再绘制一个尺寸为 400mm×15mm×200mm 的长方体，作为抽屉的前面板。

5）单击功能区“常用”选项卡内的“绘图”面板上的“多段线”工具按钮，并将视图切换到“俯视图”，绘制一个长度为 90mm 的抽屉拉手轮廓线，并利用“拉伸”工具进行处理，拉伸高度为 10。如图 9-62 所示。

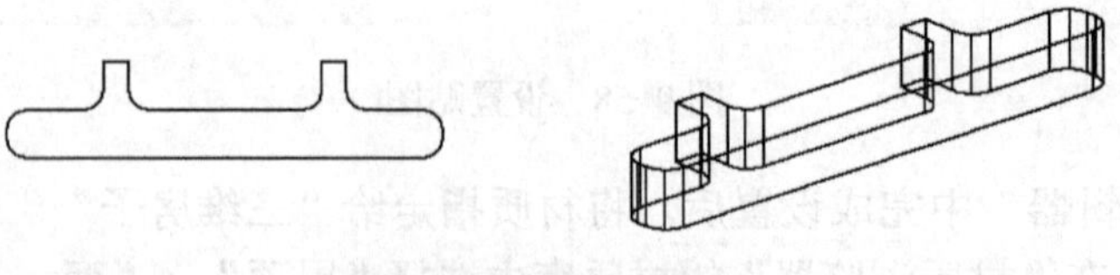

图 9-62 绘制抽屉拉手

6）单击功能区“常用”选项卡内的“实体编辑”面板上的“并集”工具按钮，将前面绘制的抽屉和抽屉面板进行合并，生成抽屉造型。如图 9-63 所示。

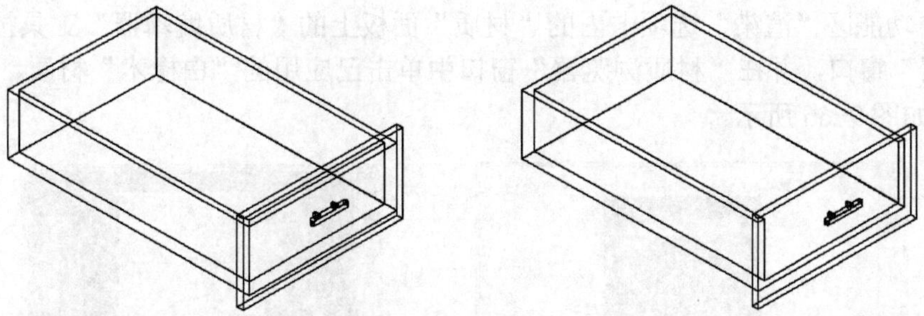

图 9-63　绘制抽屉

7）单击功能区“常用”选项卡内的“修改”面板上的“移动”工具按钮和“复制”工具按钮，将抽屉复制成 6 个并与柜体进行组装。利用“长方体”工具，绘制两个尺寸为 370mm×15mm×85mm 的长方体作为挡板，并移动到柜体下部适当位置进行组装。完成“三维办公桌”的建模工作，将视图切换至“西南等轴测”，并执行“消隐”命令进行查看，结果如图 9-64 所示。

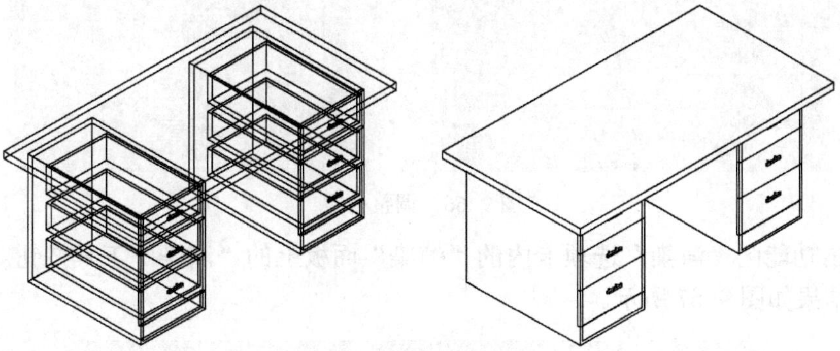

图 9-64　三维办公桌建模

8）单击功能区“渲染”选项卡内的“材质”面板上的“材质浏览器”工具按钮材质浏览器，在弹出的“材质浏览器”窗口中选择“木材”→“白橡木”材质，利用鼠标拖拽的方式将材质指定给三维办公桌；选择“金属—铝”→“拉丝”材质，利用鼠标拖拽的方式将材质指定给抽屉拉手。结果如图 9-65 所示。

图 9-65　指定材质

9）单击功能区“渲染”选项卡内的“材质”面板上的“材质编辑器”工具按钮，调出“材质编辑器”窗口，并在“材质浏览器”窗口中单击已应用的“白橡木”材质，对其进行适当的调整，如图9-66所示。

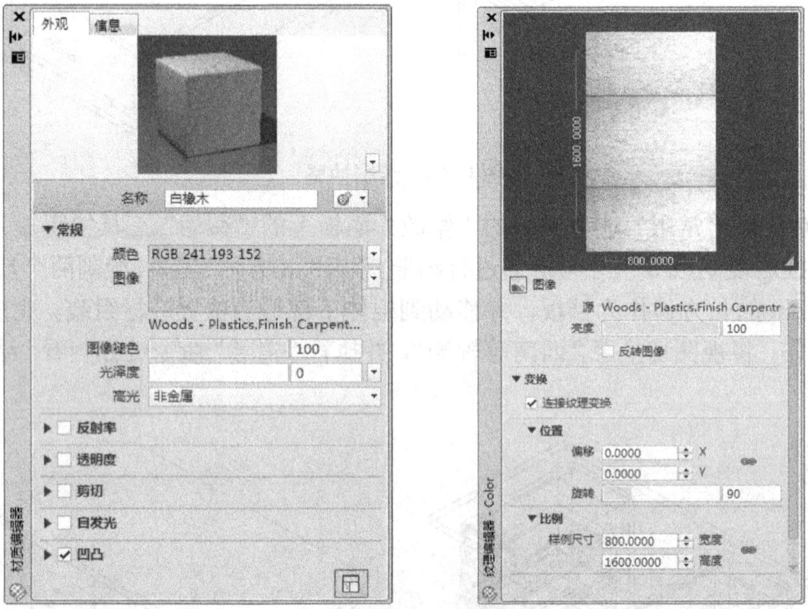

图9-66　调整材质

10）单击功能区“渲染”选项卡内的“渲染”面板上的“渲染”工具按钮，进行快速渲染，结果如图9-67所示。

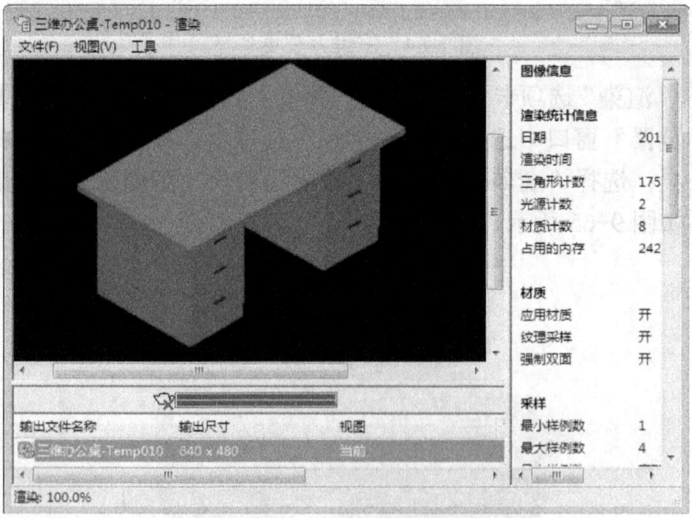

图9-67　快速渲染

11）单击功能区“渲染”选项卡内的“渲染”面板上的“相机”工具按钮，为三维办公桌创建一个相机，并利用移动和夹点工具适当地调整相机的位置和视角，如图9-68所示。

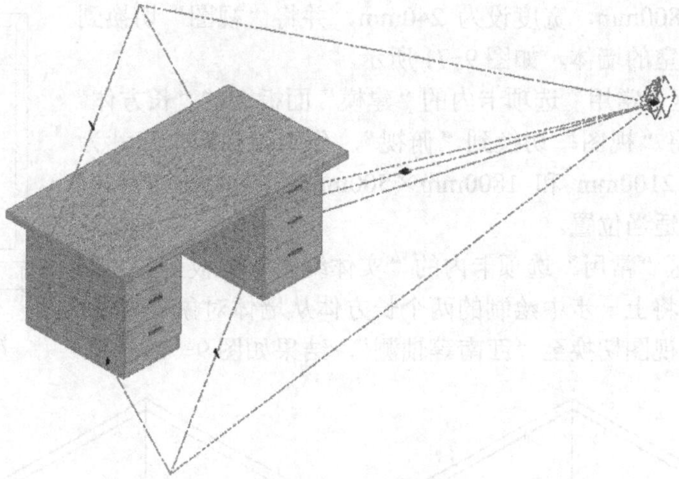

图 9-68　创建相机

12）单击功能区“视图”选项卡内的“视图”面板上的“命名视图”工具按钮，在弹出的“视图管理器”对话框中选择“相机 1”视图，将“背景替代”设为“纯色”并选定背景颜色为“251”。如图 9-69 所示。

13）单击功能区“渲染”选项卡内的“渲染”面板上的“渲染”工具按钮，对完成的“三维办公桌”进行渲染。结果如图 9-70 所示。

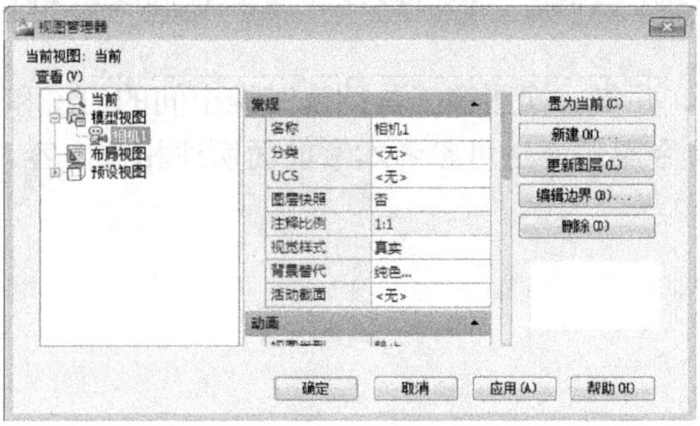

图 9-69　“视图管理器”对话框

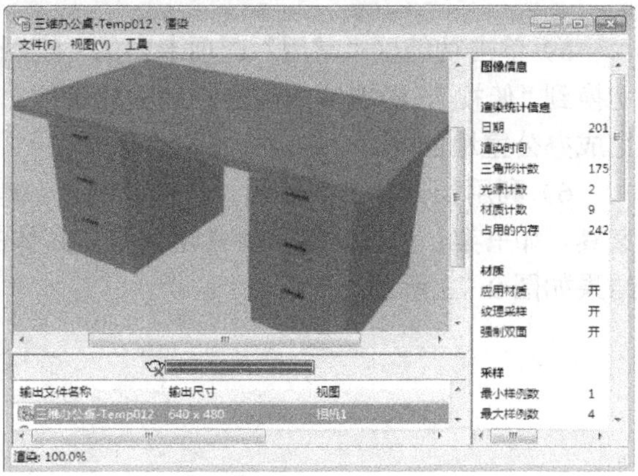

图 9-70　三维办公桌渲染

11）完成“三维办公桌”的绘制，将文件保存至“E:\第 9 章实训”文件夹中，文件名为“三维办公桌”。

9.6.2　创建办公室三维室内空间

下面通过一个办公室三维室内空间的创建实例，详细介绍使用 AutoCAD 2011 绘制三维建筑室内空间的方法。具体的操作步骤如下。

1）打开 AutoCAD 2011 中文版，新建一个图形文件，工作空间切换为“三维建模”。

2）单击功能区“常用”选项卡内的“建模”面板上的“多段体”工具按钮，将多段体高度设为 2800mm，宽度设为 240mm，并将“视图”切换到“俯视”，绘制办公室的墙体，如图 9-71 所示。

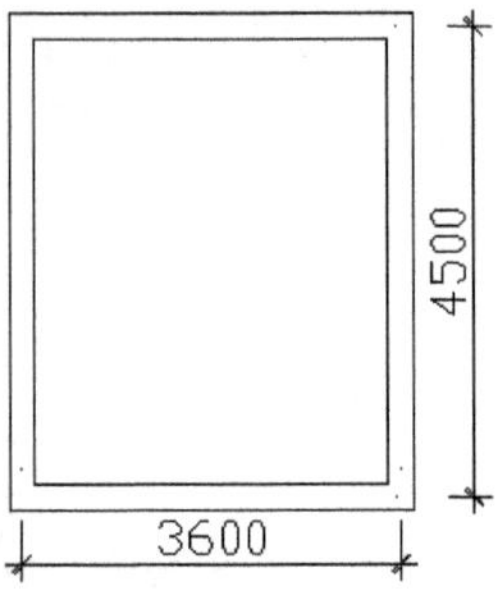

图 9-71　绘制墙体

3）单击功能区“常用”选项卡内的“建模”面板上的“长方体”工具按钮，将“视图”切换到“俯视”，分别绘制两个尺寸为 900mm×500mm×2100mm 和 1800mm×500mm×1500mm 的长方体，并将其移动至适当位置。

4）单击功能区“常用”选项卡内的“实体编辑”面板上的“差集”工具按钮，将上一步中绘制的两个长方体从墙体对象中减去，以生成门窗洞口。视图切换至“西南等轴测”，结果如图 9-72 所示。

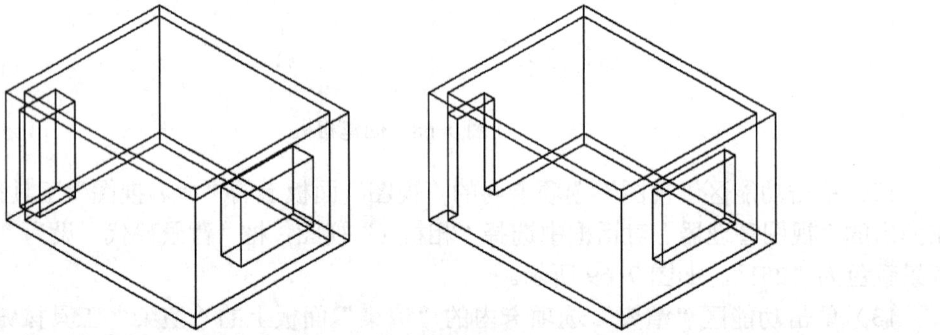

图 9-72　生成门窗洞口

5）单击功能区“常用”选项卡内的“绘图”面板上的“多段线”工具按钮，将“视图”切换到“俯视”，沿墙体内侧绘制地面轮廓线，并利用“拉伸”命令将其拉伸，拉伸高度为 20，生成办公室地面。

6）利用长方体、多段线、拉伸、圆角、差集、并集、视图等工具创建三维空间的门窗和家具，如书架、沙发、椅子等常用家具。具体的命令操作方法可参考本章前面所述相关内容。结果如图 9-73 所示。

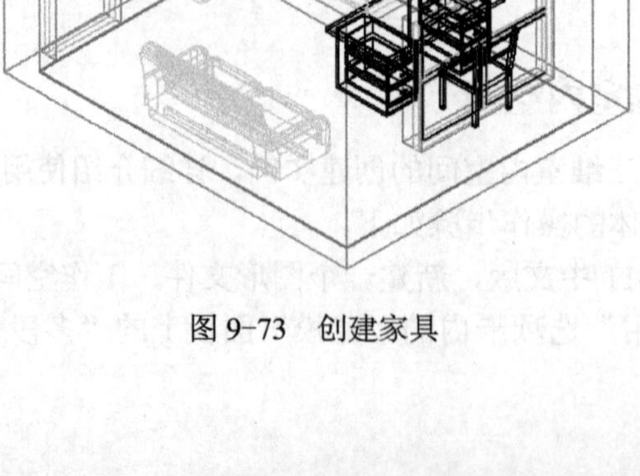

图 9-73　创建家具

7）单击功能区“渲染”选项卡内的“材质”面板上的“材质浏览器”工具按钮，调出“材质浏览器”窗口，分别为墙体、门窗、书架、办公桌、椅子、沙发等对象指定材质。如可以为窗框指定名为“金属—铝—缎光拉丝”的材质；为窗扇玻璃指定名为“玻璃—玻璃—反射镀膜”的材质；为门扇指定名为“木材—白橡木”的材质；为墙面指定名为“墙漆—粗面—浅米色”的材质；为地面指定名为“地板—瓷砖—赤土色”的材质；为办公桌指定名为“木材—白橡木”的材质；为沙发指定名为“织物—皮革—深褐色”的材质；为椅子指定名为“木材—白橡木”的材质；为书架指定名为“木材—白橡木”的材质；为书架门扇玻璃指定名为“玻璃—清晰—琥珀色”的材质。用户还可以利用“材质编辑器”对指定的材质进行适当的调整。结果如图 9-74 所示。

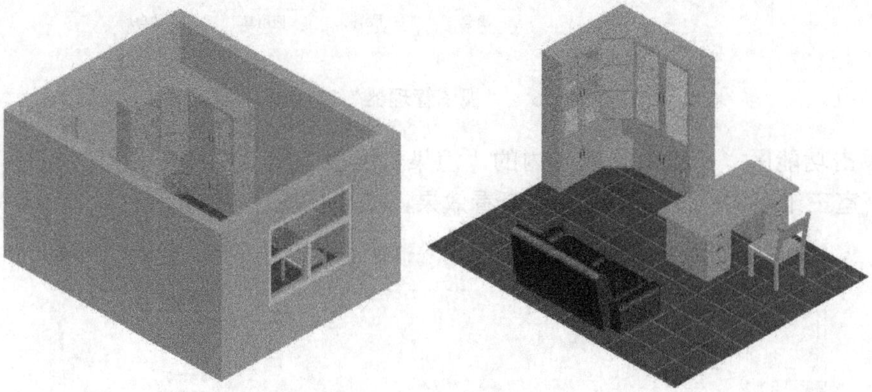

图 9-74　指定材质

8）单击功能区“渲染”选项卡内的“渲染”面板上的“相机”工具按钮，为办公室三维室内空间创建一个相机，并利用移动和夹点工具调整相机的位置和视角，将视图切换到“相机 1”视图。结果如图 9-75 所示。

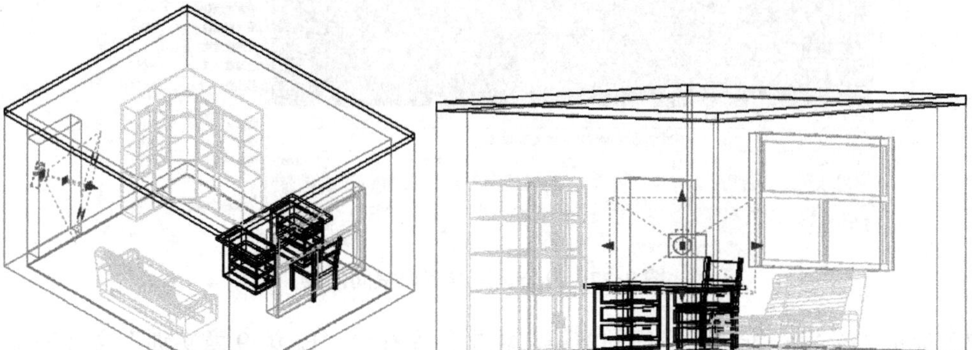

图 9-75　创建相机

9）单击功能区“视图”选项卡内的“视图”面板上的“命名视图”工具按钮，在弹出的如图 9-76 所示的“视图管理器”对话框中，选择“相机 1”视图，将其背景种类设为“纯色”并选择“151”号色作为背景色。

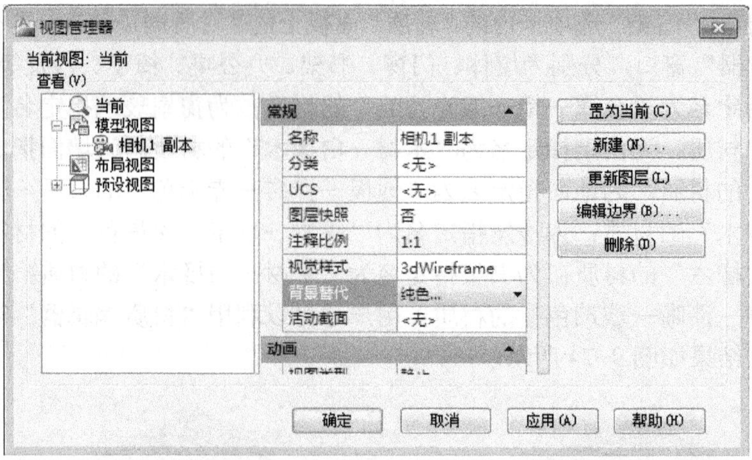

图 9-76 “视图管理器”对话框

10）单击功能区“渲染”选项卡内的“渲染”面板上的“渲染”工具按钮
，对完成的办公室三维室内空间进行渲染以查看效果，结果如图 9-77 所示。

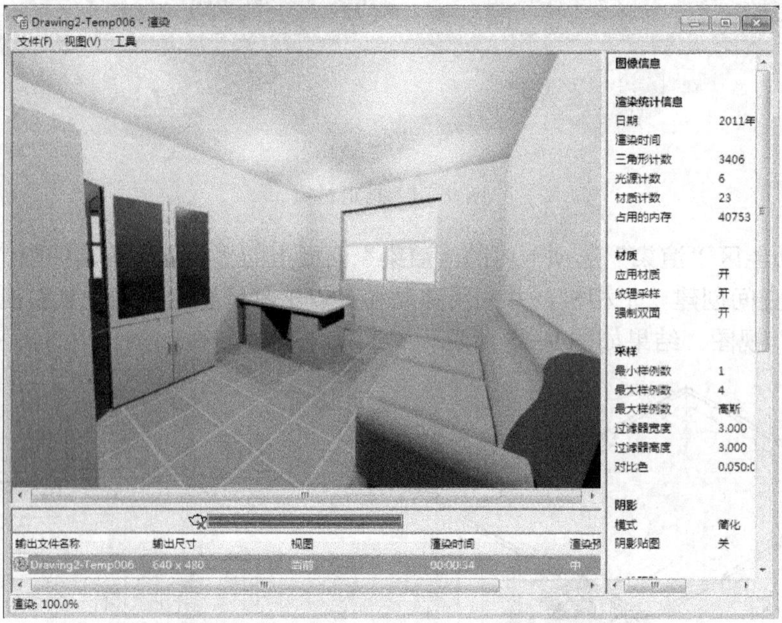

图 9-77 办公室三维室内空间渲染

11）完成办公室三维室内空间的渲染，将文件保存至“E:\第 9 章实训”文件夹中，文件名为“办公室三维室内空间”。

9.7 思考与练习

1．使用三维建模有哪些优点？

2．在 AutoCAD 2011 中，用户可以通过哪些方法进行动态观察？

3. AutoCAD 2011 提供的“SteeringWheels”工具有什么作用？

4. 在 AutoCAD 2011 中提供了哪些视觉样式？

5. 使用多段体与拉伸多段线创建实体有哪些不同之处？

6. 三维实体对象的布尔操作包括哪些基本运算方式？

7. 如何使用放样功能创建实体？

8. AutoCAD 2011 提供的“抽壳”命令有什么作用？

9. 在 AutoCAD 2011 中提供了哪些光源？

10. 在 AutoCAD 2011 中如何为对象添加材质？

11. 利用本章所学内容，创建一个三维书架，书架的短边长度为 1400mm，长边的长度为 1600mm，高度为 2000mm，书架厚度为 400mm，如图 9-78a 所示。为三维书架指定材质并进行渲染，结果如图 9-78b 所示。

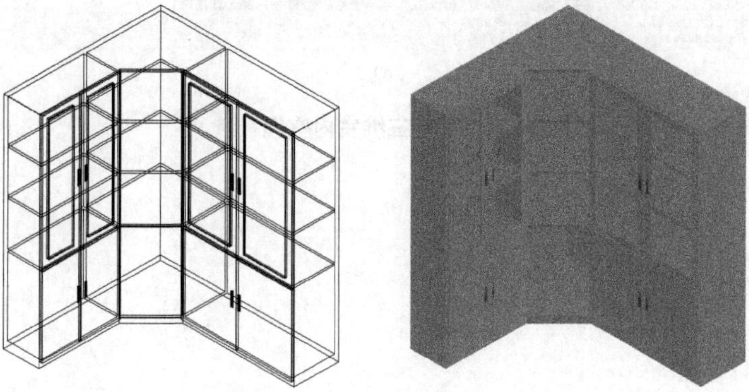

a） b）

图 9-78 三维书架

12. 利用本章所学内容，创建卧室三维室内空间，房间轴线尺寸为 3600mm×4500mm，双人床尺寸为 2500 mm×1800 mm×400 mm，床头柜尺寸为 460mm×420mm×400 mm，如图 9-79a 所示。分别为墙体、门窗、地面、双人床、床头柜指定适当的材质，如图 9-79b 所示，并进行渲染。结果如图 9-79c 所示。

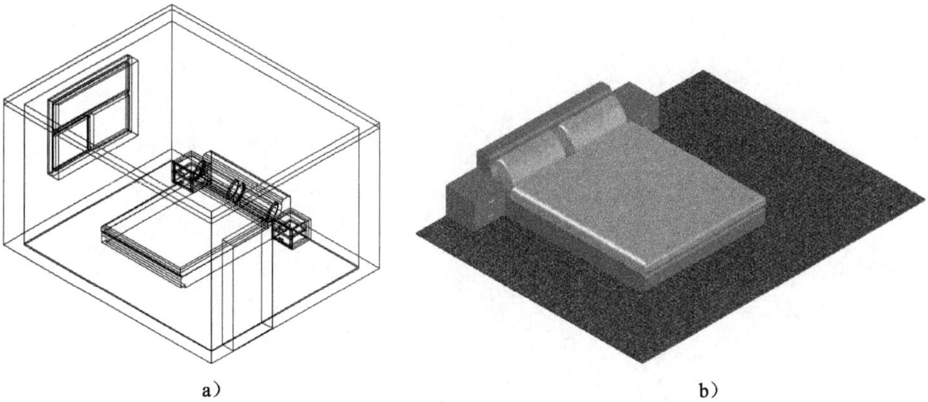

a） b）

图 9-79 卧室三维室内空间

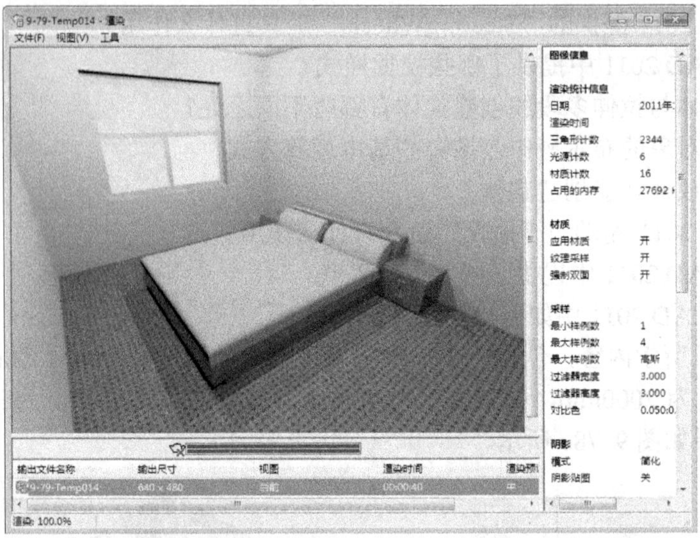

c）

图 9-79　卧室三维室内空间（续）

第10章　建筑图绘制实例

在建筑工程中，将能够表达建筑物的外部形状、内部布置、地理环境、结构构造、装修装饰等的图样称为建筑工程图。它是按照国家或相关部门标准的统一规定而绘制的，是工程技术人员用来表达设计构思、进行技术交流的重要工具。世界各国的建筑工程技术界之间经常以建筑工程图为媒介，进行技术交流、研讨、竞赛、投标等活动。因此，建筑工程图是施工或建造的依据，是建筑工程中必不可少的重要技术文件。

10.1　建筑工程制图基础

工程图样是工程界的技术语言，为了使建筑图样规格统一，图面简洁而清晰，符合施工要求，利于技术交流，必须在图样的画法、图纸样式、字体、尺寸标注、符号标注等各方面有一个标准。有关的现行建筑制图标准主要有 GB/T50001—2001《房屋建筑制图统一标准》、GB/T50103—2001《总图制图标准》、GB/T50104—2001《建筑制图标准》、GB/T50105—2001《建筑结构制图标准》等。这些标准对图纸、图线、字体、比例、尺寸、符号等方面作了明确的规定。

10.1.1　图纸要求

1．图纸幅面

一张完整的、合格的工程图纸应具有一定规格和标准的图框，其大小必须符合表 10-1 和图 10-1 的规定。

表 10-1　幅面和图框尺寸

尺寸代号	图幅代号				
	A0	A1	A2	A3	A4
B×L	841×1189	594×841	420×594	297×420	210×297
c	10			5	
a	25				

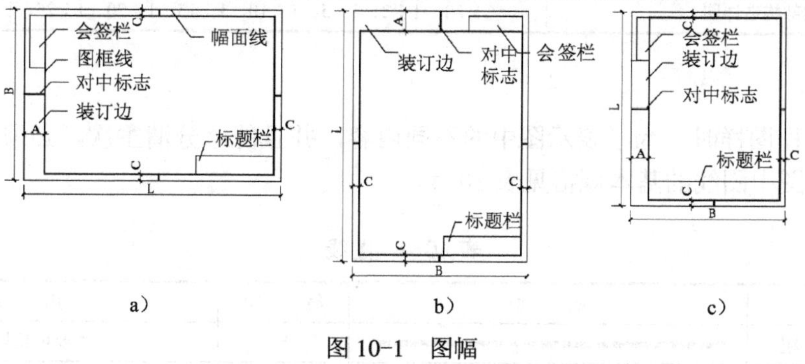

图 10-1　图幅

a）A0～A3 横式幅面　b）A0～A3 立式幅面　c）A4 立式幅面

必要时图纸幅面的长边可以加长，但应符合表 10-2 的规定。

表 10-2　图纸长边加长尺寸

幅面代号	长边尺寸	长边加长尺寸
A0	1189	1486　1635　1783　1932　2080　2230　2387
A1	841	1051　1261　1471　1682　1892　2102
A2	594	743　891　1041　1189　1338　1486　1635　1783　1932　2080
A3	420	630　841　1051　1261　1471　1682　1892

2. 标题栏和会签栏

完整的工程图纸均应绘制标题栏和会签栏，位置如图 10-1 所示。标题栏和会签栏的格式如图 10-2 所示。

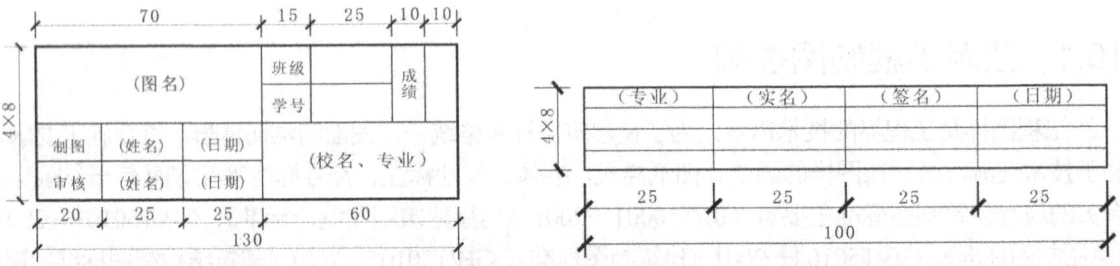

标题栏　　　　会签栏

图 10-2　标题栏和会签栏

10.1.2　绘图比例

图样的比例是图形与实物相对应的线性尺寸之比。比例一般标注在图名的右侧，比例的字高宜比图名的字高小一号或二号。建筑工程制图所使用的比例应满足表 10-3 的规定。

表 10-3　常用比例

图　名	常用比例
平面图、立面图、剖面图	1∶50、1∶100、1∶150、1∶200、1∶300
建筑物的局部放大图	1∶10、1∶20、1∶25、1∶30、1∶50
细部构造详图	1∶1、1∶2、1∶5、1∶10、1∶15、1∶20、1∶25、1∶30、1∶50

10.1.3　图线

在绘制工程图样时，为了表示图中的不同内容，并且能够分清主次，必须使用不同的图线来表示。制图中图线的基本规格见表 10-4。

表 10-4　图线

名称		线型	线宽	用途
实线	粗		b	主要可见轮廓线
	中		0.5b	可见轮廓线

（续）

名称		线型	线宽	用途
实线	细		0.25b	可见轮廓线、图例线
虚线	粗		b	见各专业制图标准
	中		0.5b	不看见轮廓线
	细		0.25b	不可见轮廓线、图例线
单点长画线	粗		b	见各专业制图标准
	中		0.5b	见各专业制图标准
	细		0.25b	中心线、对称线等
双点长画线	粗		b	见各专业制图标准
	细		0.25b	假想轮廓线、成形前原始轮廓线
折断线			0.25b	断开界线
波浪线			0.25b	断开界线

图线以可见轮廓线的线宽 b 为标准，按《建筑制图标准》中的规定，图线 b 采用（单位：mm）2、1.4、1.0、0.7、0.5、0.35 等 6 种线宽。绘制工程图样时，根据图样的复杂程度和比例大小，选用不同的线宽组，见表 10-5。

表 10-5　线条宽度表

线宽比	线条宽度表					
b	2.0	1.4	1.0	0.7	0.5	0.35
0.5b	1.0	0.7	0.5	0.35	0.25	0.18
0.25b	0.5	0.35	0.25	0.18		

相同比例的工程图样，应选用相同的线宽组，同类图线应粗细一致。另外，工程图的图框线和标题栏线，随图纸幅面的大小而不同，见表 10-6。

表 10-6　图框线和标题栏线的宽度

幅面代号	图框线	标题栏外框线	标题栏分格线、会签栏表线
A0、A1	1.4	0.7	0.35
A2、A3、A4	1.0	0.7	0.35

10.1.4　文字

工程图样中的汉字，应采取国家正式公布的简化字，并用长仿宋体书写。工程图样中的字母和数字分直体和斜体两种，斜体字与水平线右侧的夹角为75°。国家标准对文字（汉字、数字、字母）的大小规定了 6 种号数，字体的号数以字体的高度（单位：mm）表示，6 种字号分别为：20、14、10、7、5、3.5，如需要更大字号，其高度应按 $\sqrt{2}$ 倍的比例值递增，详见表 10-7。

表 10-7　长仿宋体的字高、宽尺寸

字高（字号）	20	14	10	7	5	3.5
字宽	14	10	7	5	3.5	2.5

10.1.5 建筑施工图要求

建筑施工图设计是建筑设计中的一个重要环节，也是建筑设计密不可分的组成部分。了解建筑施工图的特点和要求，对学习使用 AutoCAD 进行建筑设计的相关人员来说，是十分必要的。

建筑施工图是工程技术的语言，需要准确地表达出建筑物的外形轮廓和尺寸大小、结构类型、装修做法、材料做法等内容。因此要将建筑和结构各构成部分的尺寸、布置和主要施工方法等内容，通过绘制准确的、完整的、详细的工程图样及必要的文字说明表达清楚。

建筑施工图简称“建施”。主要用来表示建筑物的外部造型、内部构造、房间布局、内外装饰及施工要求等。建筑施工图包括首页（总平面图、图纸目录、设计总说明、门窗表等内容）、平面图、立面图、剖面图和详图。具体要求如下。

1．平面图

建筑平面图要求标明图纸要素，如图名、指北针、比例尺、图签等；图纸比例一般为 1:100、1:150、1:200，制图单位为毫米；图纸应清晰、完整地反映以下内容。

1）标注各层面积数据，公建配套部分的面积数据、各功能用房面积数据。

2）停车库应标明车辆停放位置、停车数量、车道、行车路线、出入口位置及尺寸、转弯半径和坡度。

3）墙、柱（壁柱）、轴线和轴线编号、门窗、门的开启方向，注明房间名称等。

4）轴线尺寸（外围轴线应标注在墙、柱外缘）、门窗洞口尺寸、墙体之间尺寸、外轮廓总尺寸、墙身厚度、柱（壁柱）截面尺寸。

5）电梯、楼梯（应标注上下方向及主要尺寸）、卫生洁具、水池、隔断的位置。

6）阳台、雨篷、台阶、坡道、散水、明沟、无障碍设施、设备管井（含检修门、洞）、烟囱、垃圾道的位置及尺寸。

7）室外地坪标高及室内各层楼面标高。

8）首层标注指北针、剖切线、剖切符号。

9）平面设计及功能完全相同的楼层标准层可共用一个平面，但需注明层次范围及标高，根据需要，可绘制复杂部分的局部放大平面。

10）建筑平面较长较大时，可分区绘制，但应在各分区底层平面上绘出组合示意图，并明确表示出分区编号。

2．立面图

建筑立面图要求标明图纸要素，如图名、比例尺、图签等；图纸比例一般为 1∶100、1∶150、1∶200、1∶300，制图单位为毫米；图纸应清晰、完整地反映以下内容。

1）建筑物两端轴线编号及总尺寸。

2）立面外轮廓、门窗、雨篷、檐口、女儿墙、屋顶、阳台、栏杆、台阶、踏步、外立面装饰构件。

3）应注明立面各部分的颜色及材料做法。

4）总高度标高、屋顶女儿墙标高，室外地坪标高。

3．剖面图

建筑剖面图要求标明图纸要素，如图名、比例尺、图签等；图纸比例与立面图一致，制图单位为毫米；图纸应清晰、完整地反映以下内容。

1）内墙、外墙、柱、内门窗、外门窗、地面、楼板、屋顶、檐口、女儿墙、楼梯、电梯、阳台、踏步、坡道、地下室顶板覆土层等。

2）总高度尺寸及标高（建、构筑物最高点），各层高度尺寸及标高，室外地坪标高。

4. 详图

建筑详图一般应能够清楚表达出构件的详细构造、所用的各种材料及其规格、各部分的连接方法和相对的位置关系、各部位的详细尺寸，以及需要标注的标高，有关的施工要求和做法说明等，制图单位为毫米。绘制详图采用的比例一般为1∶30、1∶20、1∶10、1∶5、1∶2、1∶1。具体的绘制内容如下。

1）详图名称、比例，详图符号及其编号以及另需绘制详图的索引符号。

2）建筑构配件的形状及与其他构配件的细部构造，有关的详细尺寸和材料图例等内容。

3）详细注明各部位和各层次的用料、做法、颜色以及施工要求等。

4）需要标注的标高符号、定位轴线符号以及编号等。

10.2 建筑平面图的绘制

建筑平面图是假想用一水平剖切面从建筑窗台上的位置剖切建筑物，移去上面的部分，向下所作的正投影图。

建筑平面图反映建筑物的层次、图名、比例、轴线及其编号、房间布局及分隔、墙柱尺寸、门窗布置与类型、楼梯布置、细部构造、平面尺寸及标高、房间名称等，首层平面图还应标注剖面图的剖切位置及剖视方向。建筑平面图可作为建筑施工定位、放线、砌墙、门窗安装、室内外装修、编制预算文件的依据。

在平面图中被水平剖切到的墙体、柱子等应用粗实线表示，未被剖切到的部分（如室外台阶、散水、尺寸线等）用细实线表示。通常建筑平面图有首层平面图、标准层平面图、顶层平面图等。需要注意的是，绘制建筑平面图前应合理规划图层，图层设置是否合理，对绘图效率的影响很大，尤其在复杂的图形中，图层设置合理可以大大提高绘图效率。

10.2.1 设置绘图环境

为方便建筑平面图绘制工作，一般应在开始绘图之前，先对绘图环境进行设置。绘图环境设置的操作步骤如下。

1. 创建新文件

打开 AutoCAD 2011 中文版，新建一个图形文件，工作空间选为“二维草图与注释”。

2. 设置绘图单位

选择“格式”→“单位”命令，系统弹出“图形单位”对话框，在“长度”选项区域的“类型”中选择“小数”类型；在“精度”下拉列表中选择“0”；在“角度”选项区域的“类型”中选择“十进制度数”类型，在“精度”中选择“0”；在“插入时的缩放单位”选项区域中选择“毫米”。如图10-3所示。

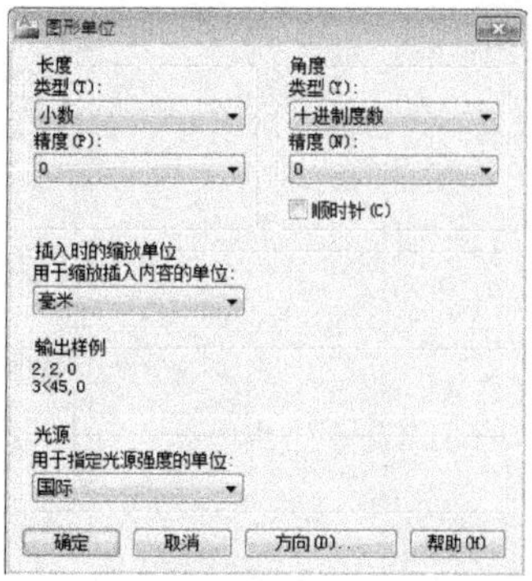

图10-3 “图形单位”对话框

所有图形对象都是根据图形单位进行测量的。在开始绘图前，必须基于要绘制的图形确定一个图形单位代表的实际大小。并设置坐标和距离、要使用的格式、精度和其他惯例。然后据此惯例创建实际大小的图形。

3. 设置图形界限

选择“格式”→“图形界限”命令，将图形界限设置为59400mm×42000mm。通过该设置，可调整模型空间的绘图区域大小。在绘制建筑施工图时，通常需要指定图形界限以确定图形环境的范围，然后按实际的单位来绘图。

4. 设置图层

单击功能区“常用”选项卡内的“图层”面板上的“图层特性”工具按钮，系统将会弹出“图层特性管理器”对话框，在“图层特性管理器”对话框中点击“新建图层”按钮，创建名为“轴线”的图层，将其“颜色”设置为“红色”，“线型”设置为“CENTER”。依次建立图层“墙体”、“门窗”、“尺寸”、“文字”、“家具”、“楼梯”等图层。如图10-4所示。

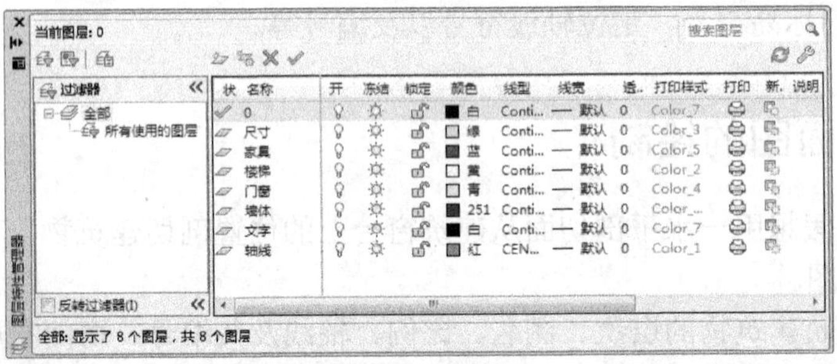

图10-4 “图层特性管理器”对话框

注意：每个图形文件都包括名为“0”的图层，不能删除或重命名图层“0”。绘图时，新创建的对象将置于当前图层上。要合理组织图层，应在绘制图形前创建几个新图层来组织图形，而不是将整个图形均创建在图层“0”上。通过将其他图层置为当前图层，可以从一个图层切换到另一个图层；随后创建的任何对象都与新的当前图层关联并采用其颜色、线型和其他特性。

5. 设置文字样式

单击功能区“常用”选项卡内的“注释”面板上的“文字样式”工具按钮，系统将会弹出“文字样式”对话框，新建一个名为“文字”的文字样式，字体选为“仿宋”，并将其置为当前，用于平面图中的文字标注。结果如图10-5所示。

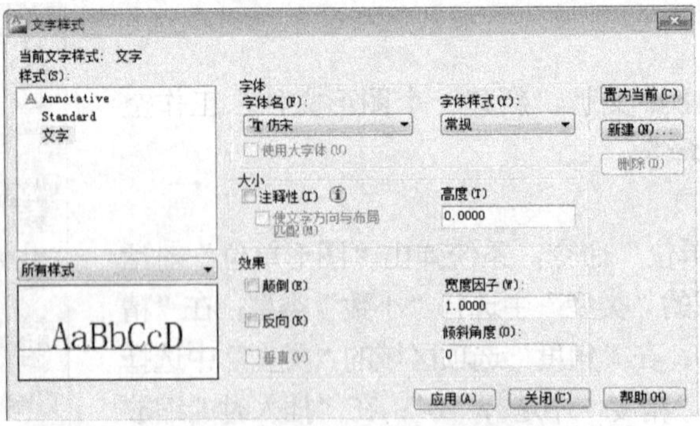

图10-5 文字样式设置

10.2.2　轴网绘制

1．轴线基本知识

轴网是由轴线组成的平面网格，轴线是指建筑物组成部分的定位中心线，是设计中建筑物各组成部分的定位依据。绘制墙体、门窗等图形对象均需以定位轴线为基准，以确定其平面位置与尺寸。

2．绘制步骤

利用直线、偏移和拉伸工具绘制建筑物平面轴网。建筑物平面轴网绘制的操作步骤如下。

1）单击功能区“常用”选项卡内的“图层”面板上的“图层”下拉列表中的“轴线”图层，将其切换为当前图层。

2）单击功能区“常用”选项卡内的“绘图”面板上的“直线”工具按钮，绘制两条正交的轴线，长度分别为27000mm、15000mm。绘制完成后，在直线的特性面板中将其“线型比例”设置为50。如图10-6所示。

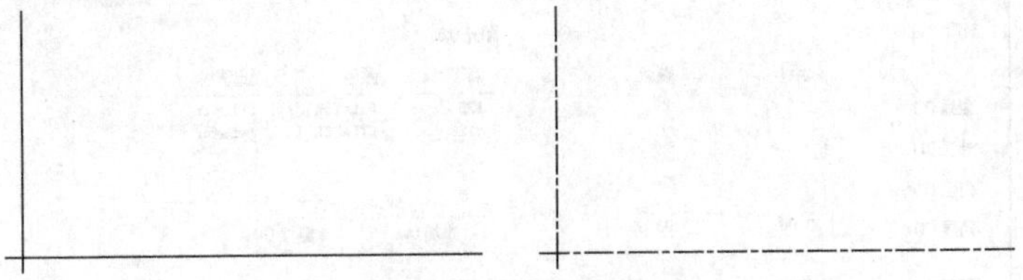

图10-6　绘制轴线

3）单击功能区“常用”选项卡内的“修改”面板上的“偏移”工具按钮，对所绘制的两条轴线进行偏移，依次完成其他全部轴网的生成。轴网具体尺寸见表10-8。

表10-8　直线轴网尺寸

上开间	3300, 2500, 3000, 2200, 2600, 2500, 3000, 2200, 3300
下开间	3900, 4800, 3600, 4800, 3600, 3900
左进深	5700, 1500, 3600, 1500
右进深	同左进深

4）单击功能区“常用”选项卡内的“修改”面板上的“拉伸”工具按钮，或利用直线的夹点编辑功能，对轴线进行编辑，完成如图10-7所示的平面图轴网。

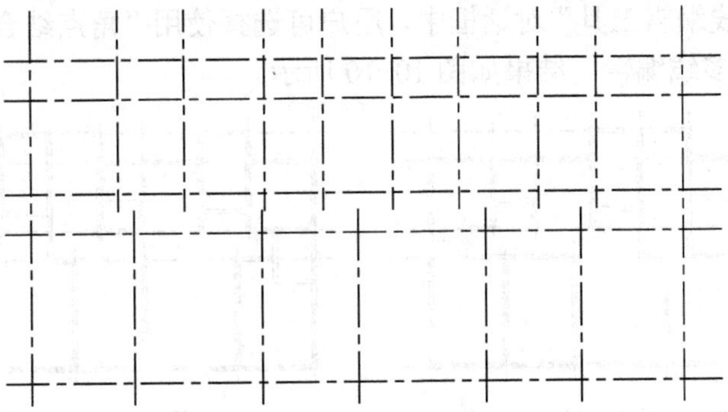

图10-7　平面图轴网

10.2.3　墙体绘制

1．墙体基本知识

墙体是建筑物中最基本和最重要的构件，它起着承重、围护和分隔的作用。按照位置可将其分为外墙、内墙、横墙、纵墙。

2．绘制步骤

利用多线和多线编辑工具绘制建筑物的墙体。建筑物墙体绘制的操作步骤如下。

1）单击功能区“常用”选项卡内的“图层”面板上的“图层”下拉列表中的“墙体”图层，将其切换为当前图层。

2）选择“格式”→“多线样式”命令，在弹出的“多线样式”对话框中，新建一个名为“墙线”的多线样式，设置其偏移量分别为 120、–120，并将该样式“置为当前”。如图 10-8 所示。

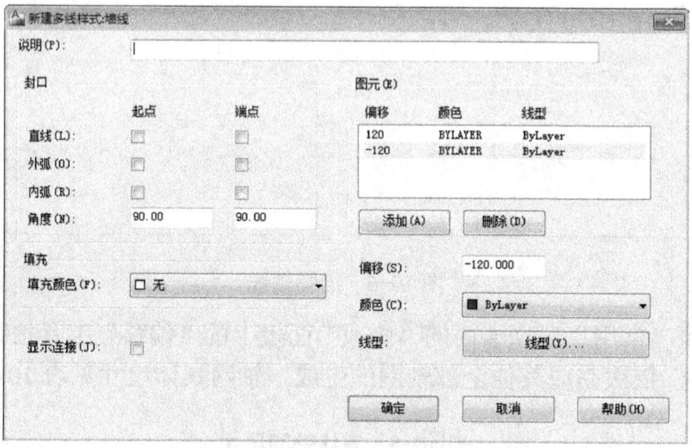

图 10-8　设置多线样式

3）选择“绘图”→“多线”命令，并辅助使用“对象捕捉”功能，绘制建筑平面图的墙体。如图 10-9 所示。

注意，根据命令行的提示，绘制墙线时需将多线的“对正方式”设为“无”，“比例”设为“1”。

4）由于利用“多线”命令绘制的墙线，在交叉点会出现不连贯或封口错误的现象，用户可以利用“多线编辑工具”对其进行修改。在菜单栏中选择“修改”→“对象”→“多线”命令，在弹出的“多线编辑工具”对话框中，用户可选择使用“角点结合”、“T 形打开”、“十字打开”等功能进行多线编辑。结果如图 10-10 所示。

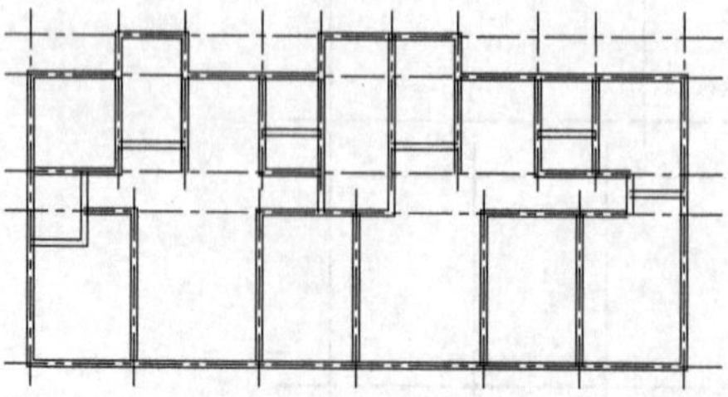

图 10-9　绘制墙线

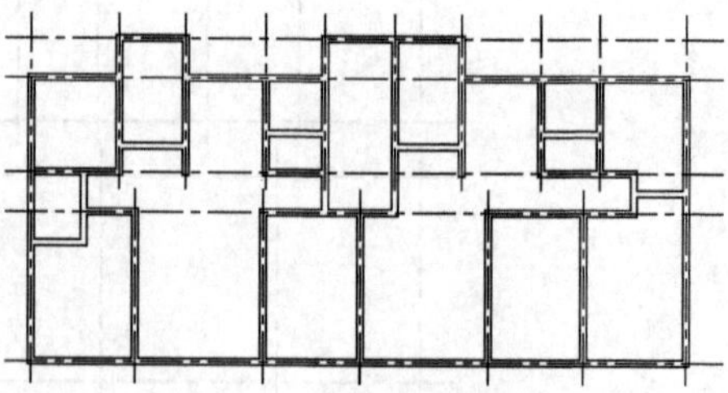

图 10-10　编辑墙线

10.2.4　门窗绘制

1．门窗基本知识

门窗是建筑平面图的主要组成部分。目前常用的门窗有木门窗、铝合金门窗、塑钢门窗等。门按开启方式可分为平开门、弹簧门、推拉门、折叠门、卷帘门、转门等。窗按开启方式的不同，可以分为平开窗、悬窗、立转窗、推拉窗。一般民用建筑的门高不宜小于2100mm。单扇门的宽度一般为700~1000mm，双扇门的宽度一般为1200~1800mm。窗的尺寸主要指窗洞口的大小。一般洞口宽度和高度为600~3600mm。

2．绘制步骤

利用前面在第 7 章中创建的门和窗的动态图块来完成建筑平面图的门窗绘制。绘制门和窗的具体操作步骤如下。

1）在绘制平面图中的门窗图形前，必须先在墙体上开门窗洞口。先将名为“门窗”的图层设置为当前图层，利用“多段线”工具并配合使用“对象捕捉”和“动态输入”功能，绘制门窗洞口的边框线。并利用“修剪”工具将多余线条删除即可。结果如图 10-11 所示。

2）利用在第 7 章中所述方法创建门和窗的动态图块，单击功能区“常用”选项卡内的“块”面板上的“插入”工具按钮，将创建的门和窗图块插入到平面图中。并可利用动态图块的夹点功能调整其尺寸和状态。结果如图 10-12 所示。

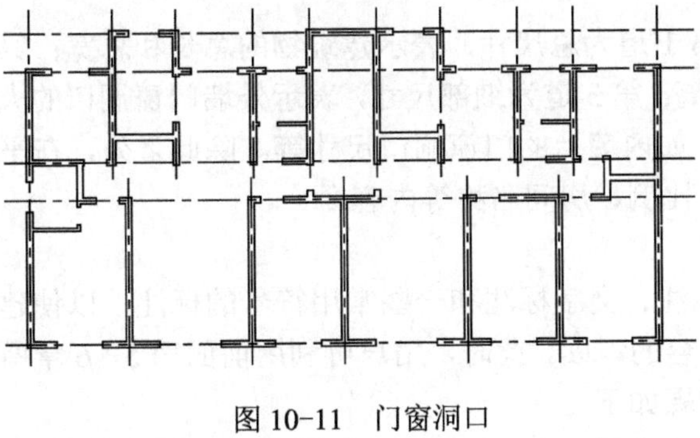

图 10-11　门窗洞口

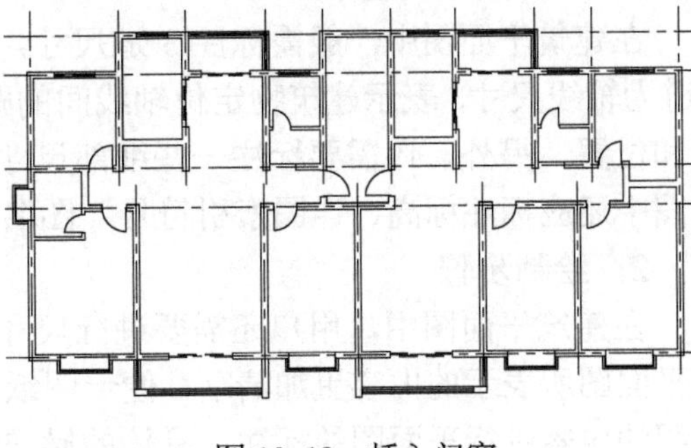

图 10-12　插入门窗

10.2.5　楼梯绘制

1．楼梯基本知识

楼梯是连接上、下楼层之间的垂直交通设施。它是由楼梯梯段、楼层平台、休息平台、栏杆和扶手组成的。楼梯的样式有很多，如双跑楼梯、多跑楼梯、旋转楼梯、剪刀楼梯、双分双合楼梯等。

楼梯踏步由踏面和踢面组成，踢面和踏面的关系应满足“2 × 踢面高 + 踏面宽 ＝600～620mm”。楼梯栏杆扶手高度一般为900mm，考虑儿童使用时，其高度应为600mm或设两道栏杆扶手。楼梯梯段宽度应考虑人流量确定，住宅楼的梯段宽度一般在 1000～1200mm。楼梯平台宽度应大于或等于梯段宽度。楼梯的净空高度在平台过道处应大于 2000mm，在梯段处应大于2200mm。

2. 绘制步骤

利用直线、多段线、矩形、阵列等命令绘制平面图中的楼梯。绘制楼梯平面图的具体操作步骤如下。

1）单击功能区“常用”选项卡内的“图层”面板上的“图层”下拉列表中的“楼梯”图层，将其切换为当前图层。

2）单击功能区“常用”选项卡内的“绘图”面板上的“矩形”工具按钮，绘制楼梯间休息平台的轮廓线，尺寸为 2360mm×1080mm，并在楼梯间中间位置绘制楼梯井轮廓线。

3）单击功能区“常用”选项卡内的“绘图”面板上的“直线”工具按钮，绘制楼梯踏步线，并配合使用“阵列”工具完成梯段的绘制，踏步宽度为300mm。

4）单击功能区“常用”选项卡内的“绘图”面板上的“多段线”工具按钮，绘制出楼梯的剖断线和指向箭头，并标注楼梯的上下方向。

5）单击功能区“常用”选项卡内的“修改”面板上的“修剪”工具按钮，对多余线条进行修剪，完成楼梯图样的绘制。结果如图 10-13 所示。

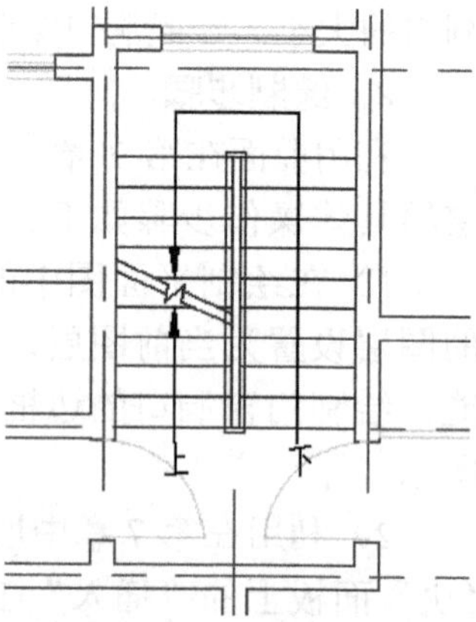

图 10-13 绘制楼梯

10.2.6 平面图标注

1. 平面图标注基本知识

在建筑平面图中一般需标注 3 道尺寸，第 1 道为总尺寸，表示建筑物的总长和总宽；第 2 道为轴线尺寸，表示建筑物定位轴线间的距离；第 3 道为细部尺寸，表示外墙门窗洞口的大小和位置。另外，还需要标注一些细部尺寸，如内墙上的门窗洞口尺寸等。除此之外，在平面图中还应标注标高、详图索引符号、图名、比例、房间名称等内容。

2. 绘制步骤

在建筑平面图中，用户还需要进行尺寸标注、文字标注和一些常用符号的标注，以使建筑平面图所表示的内容更加清晰，便于图纸内容的识读。此时，用户可利用前面第 5、6 章所介绍的内容进行平面图的标注。具体的操作步骤如下。

1）在开始尺寸标注之前，应对标注样式进行设置，以满足在建筑制图中尺寸标注的要求。该内容用户可以参考本教材第 6 章的相关内容。

2）单击功能区“常用”选项卡内的“图层”面板上的“图层”下拉列表中的“尺寸”图层，将其切换为当前图层。

3）单击功能区“常用”选项卡内的“注释”面板上的“线性”工具按钮，并配合使用“对象捕捉”功能，为建筑平面图标注第一道尺寸。

4）选择“标注”→“连续”命令，以前一组尺寸标注位置为基础，分别标注出建筑物外部的 3 道尺寸和内部的细部尺寸。结果如图 10-14 所示。

5）参考本教材第 7 章中所述内容，绘制标高符号和轴线符号，将它们创建为带有属性的图块，并在平面图的适当位置插入图块以完善标注。

6）将图层切换到“文字”图层，单击功能区“常用”选项卡内的“注释”面板上的“多行文字”工具按钮，为该建筑平面图标注图名和房间名称。结果如图 10-15 所示。

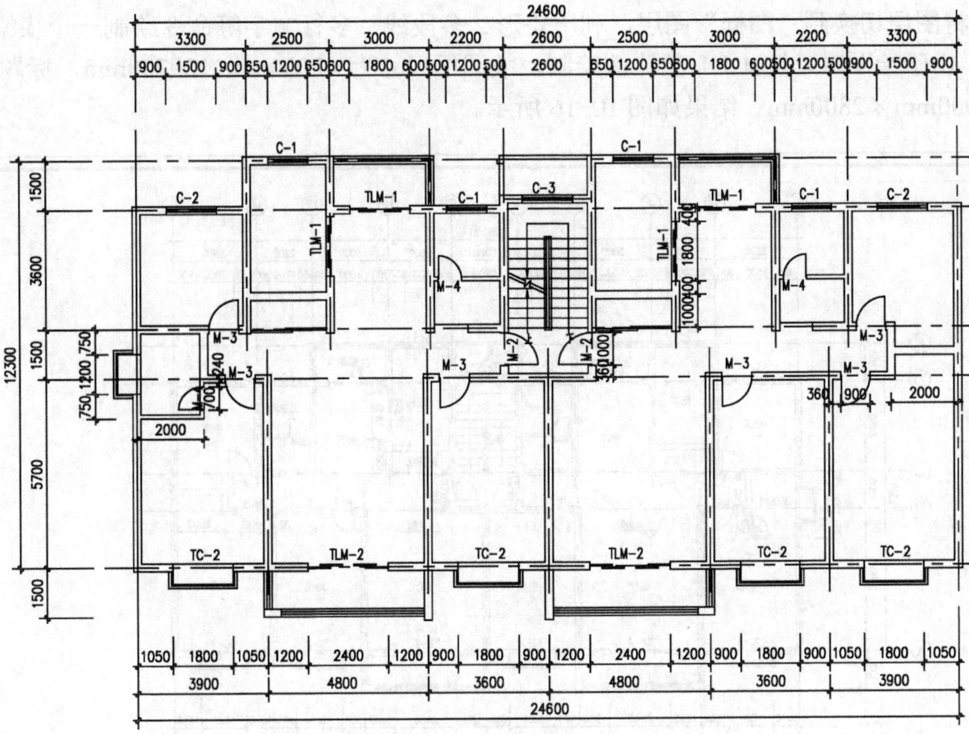

图 10-14　尺寸标注

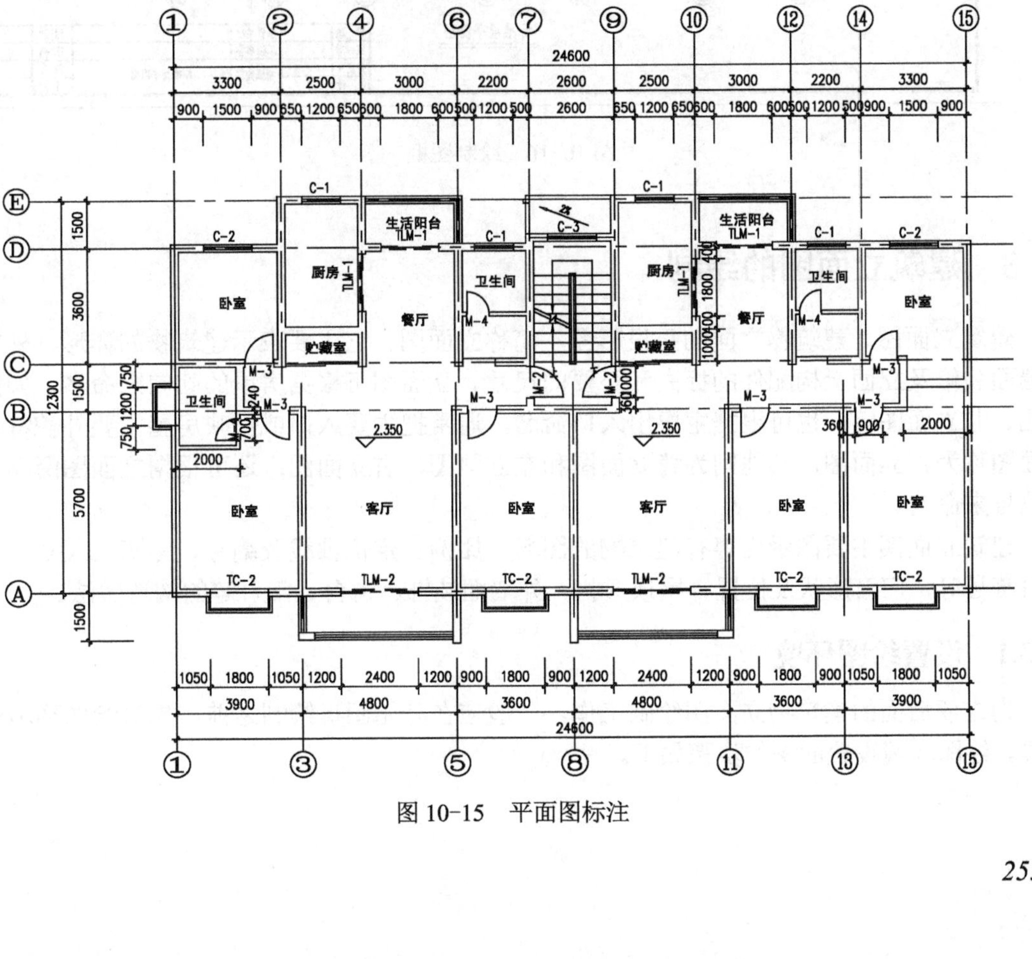

图 10-15　平面图标注

7）将图层切换到“图框”图层，利用矩形、多段线、多行文字等命令绘制一个横幅 A3 的图框，由于绘图时是按 1∶1 的比例绘制，故图框尺寸为 42000mm×29700mm，标题栏尺寸为 15000mm×2800mm。结果如图 10-16 所示。

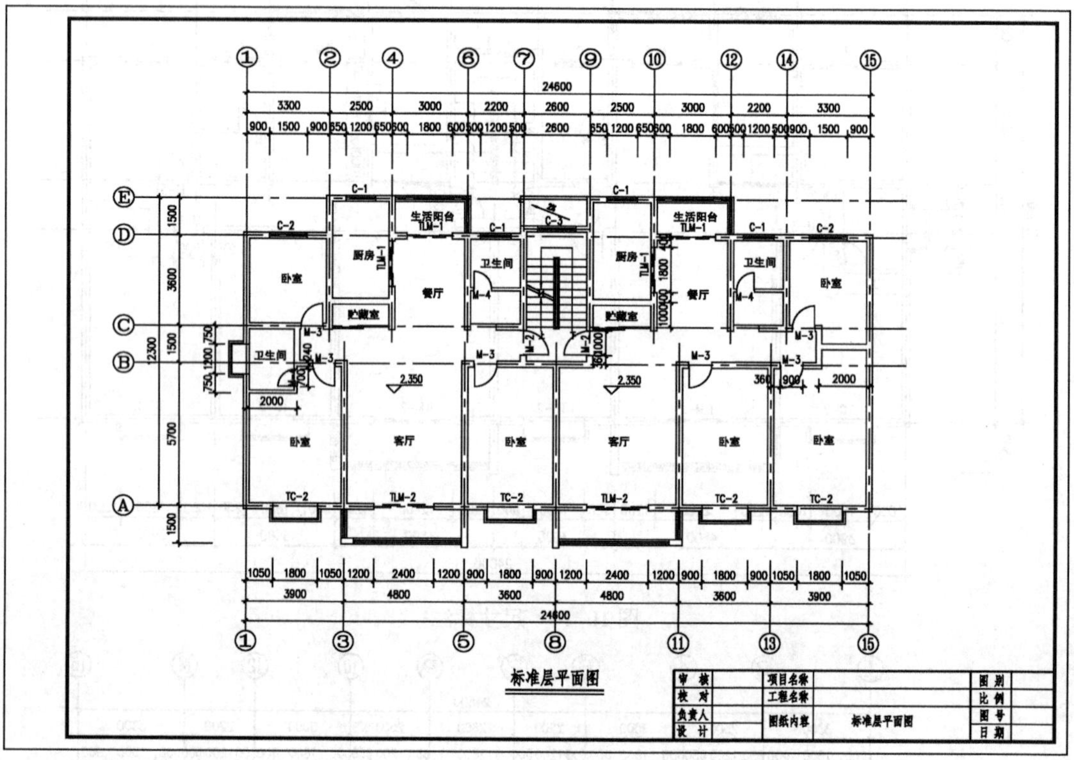

图 10-16　绘制图框

10.3　建筑立面图的绘制

建筑立面图是建筑物立面的正投影图，简称立面图。它主要表示建筑物的体形、外貌、外墙面装修及立面上构配件的标高和必要的尺寸。立面图可根据房屋的朝向来命名，如南立面图、北立面图等；也可根据主要出入口命名，通常把主要入口或反映房屋主要外貌特征的立面图称为正立面图，其他则为背立面图和左立面图、右立面图；还可根据立面图两端的轴线编号来命名。

建筑立面图主要图示内容有建筑物的图名、比例、定位轴线及编号、标高、尺寸、详图索引符号等，门窗形状及位置、屋顶形状、外墙面装饰、窗台、阳台等的构造做法。

10.3.1　设置绘图环境

为方便后面的建筑物立面图绘制工作，一般应在开始图形绘制之前，先对绘图环境进行设置。绘图环境设置的操作步骤如下。

1. 创建新文件

打开 AutoCAD 2011 中文版，新建一个图形文件，工作空间选为“二维草图与注释”。

2. 设置绘图单位

绘图单位的设置要求与建筑平面图中所述相同。

3. 设置图形界限

图形界限的设置要求与建筑平面图中所述相同。

4. 设置图层

单击功能区“常用”选项卡内的“图层”面板上的“图层特性”工具按钮，在系统弹出的“图层特性管理器”对话框中创建绘制立面图所需用到的图层。如图 10-17 所示。

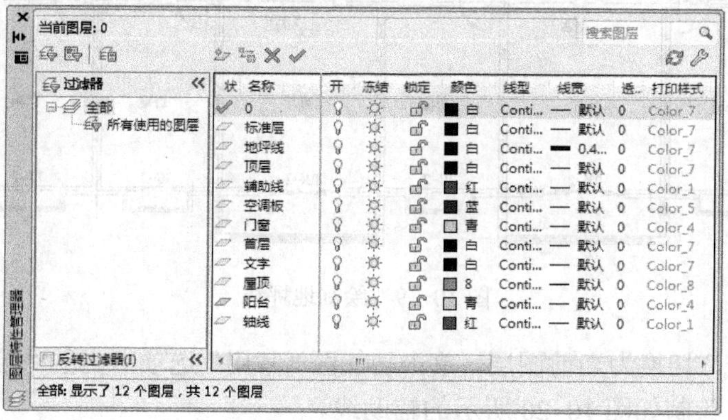

图 10-17　图层设置

10.3.2　地平线与外墙线绘制

利用直线、多段线和射线工具绘制建筑物立面图轮廓。具体的操作步骤如下。

1）选择“插入”→“DWG 参照”命令，在弹出的“选择参照文件”对话框中选择前面绘制好的建筑平面图，此时将会弹出“附着外部参照”对话框，如图 10-18 所示，单击“确定”按钮并在绘图区域指定插入点，将建筑平面图作为参照插入到本图中。

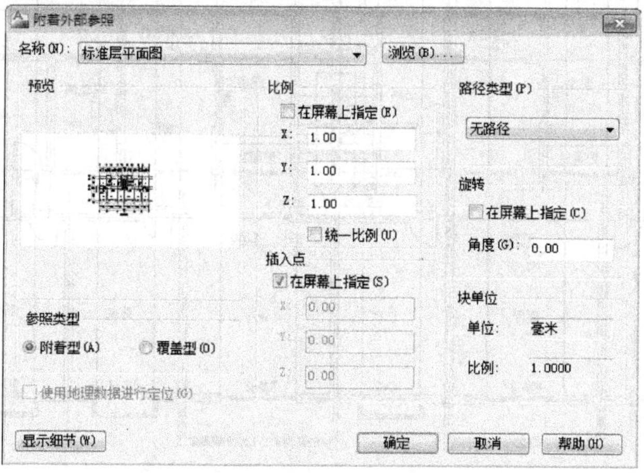

图 10-18　“附着外部参照”对话框

2）将图层切换至“地坪线”图层，单击功能区“常用”选项卡内的“绘图”面板上的“多段线”工具按钮，绘制如图 10-19 所示的地坪线，在特性面板中将其“全局宽度”设为 100。

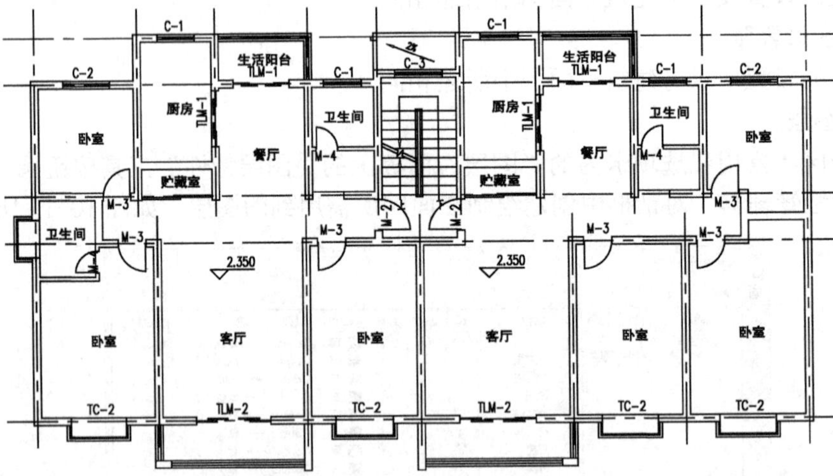

图 10-19　绘制地坪线

3）将“辅助线”切换为当前图层，单击功能区“常用”选项卡内的“绘图”面板上的“射线”工具按钮，绘制如图 10-20 所示的辅助线。

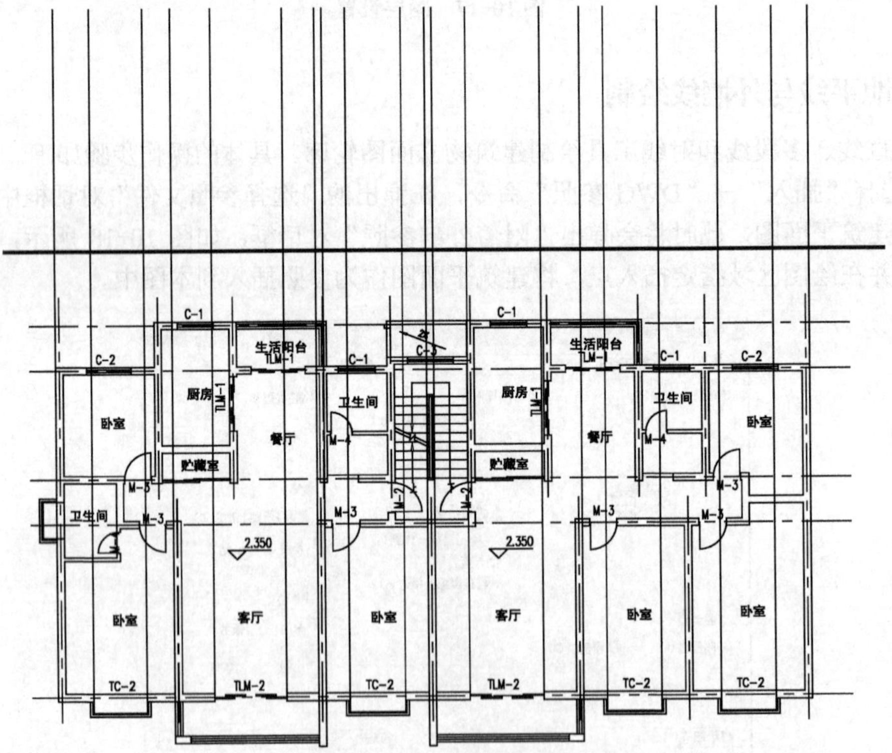

图 10-20　绘制辅助线

4）单击功能区“常用”选项卡内的“修改”面板上的“偏移”工具按钮，将地坪线依次向上偏移一个2500mm（首层汽车库）、5个2900mm（层高）、一个3000mm（阁楼高度），并在特性面板中将其“全局宽度”设为0，作为楼层辅助线。

5）单击功能区“常用”选项卡内的“绘图”面板上的“多段线”工具按钮，绘制外墙可见轮廓线，并在特性面板中将其“全局宽度”设为100。结果如图10-21所示。

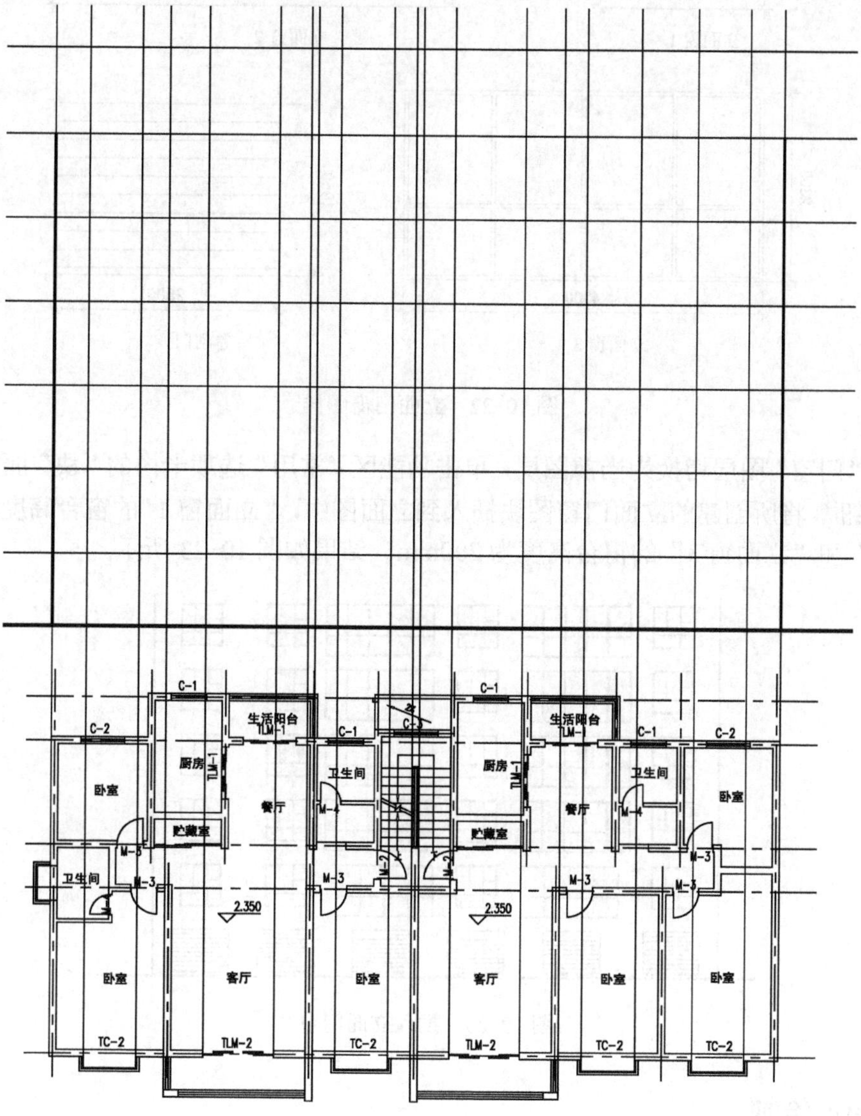

图 10-21　绘制立面图轮廓线

10.3.3　门窗绘制

利用直线、多段线、矩形和图块工具绘制建筑物的立面门窗。具体的操作步骤如下。

1）将图层切换至“0”图层中，利用基本绘图命令绘制立面门窗图样，并创建为图块，分别命名为“立面窗1”、“立面窗2”、“立面窗3”、“卷闸门”以备后用。如图10-22所示。

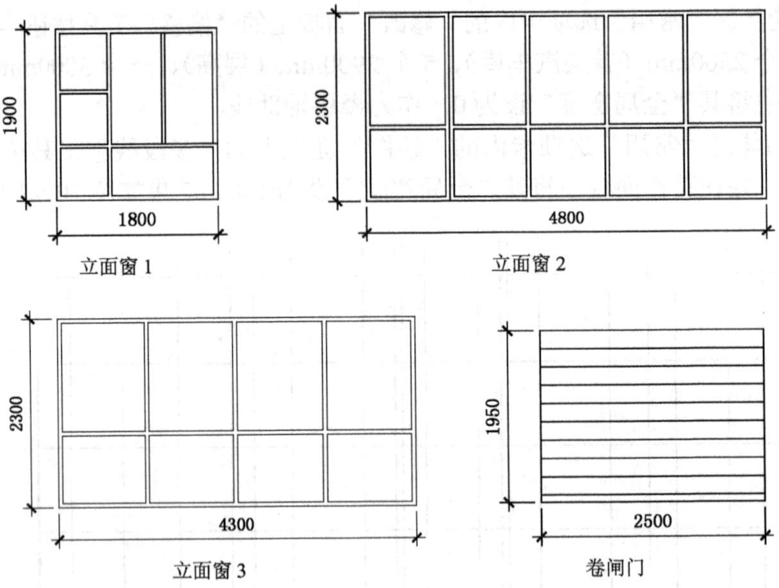

图 10-22　立面门窗图样

2）将“门窗”图层切换为当前图层，单击功能区“常用”选项卡内的“块”面板上的“插入”工具按钮，将所创建的立面门窗图块插入到立面图中，“立面窗 1”的窗台高度为 600mm，“立面窗 2”和“立面窗 3”的窗台高度为 200mm。结果如图 10-23 所示。

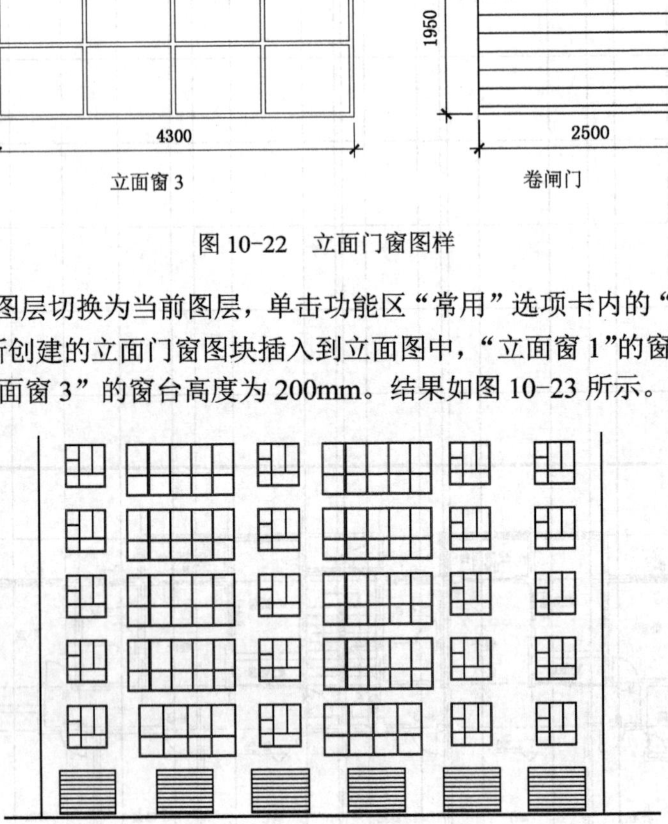

图 10-23　插入立面门窗

10.3.4　屋顶绘制

利用直线、多段线和矩形工具绘制建筑物的立面屋顶轮廓。具体的操作步骤如下。

1）将“屋顶”图层切换为当前图层，单击功能区“常用”选项卡内的“绘图”面板上的“多段线”工具按钮，绘制屋顶轮廓。

2）单击功能区“常用”选项卡内的“绘图”面板上的“填充”工具按钮，在填充图案选项板中选择“其他预定义”类型中的“AR-RSHKE”，并将比例设为“2”，为屋顶轮廓线内填充瓦屋面示意图案。结果如图 10-24 所示。

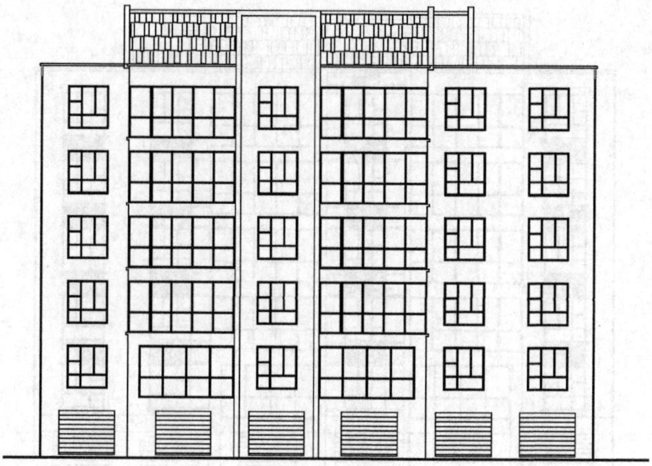

图 10-24　屋顶绘制

10.3.5　细部处理

利用直线、矩形和图块工具绘制建筑物立面的细部造型。具体的操作步骤如下。

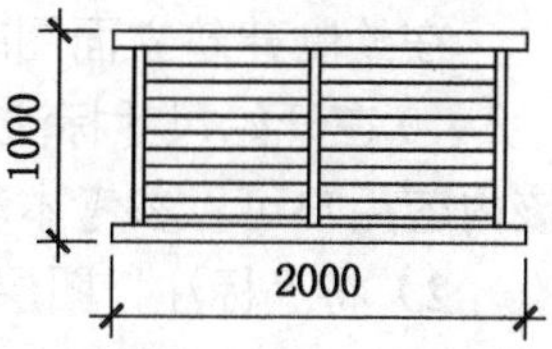

图 10-25　立面装饰栏

1）将图层切换到“0”图层，利用多段线和矩形工具绘制立面装饰栏，并创建为图块。如图 10-25 所示。

2）将名为“立面材料”的图层切换为当前图层，单击功能区“常用”选项卡内的“块”面板上的“插入”工具按钮，将所创建的“立面装饰栏”图块插入到立面图中适当位置。结果如图 10-26 所示。

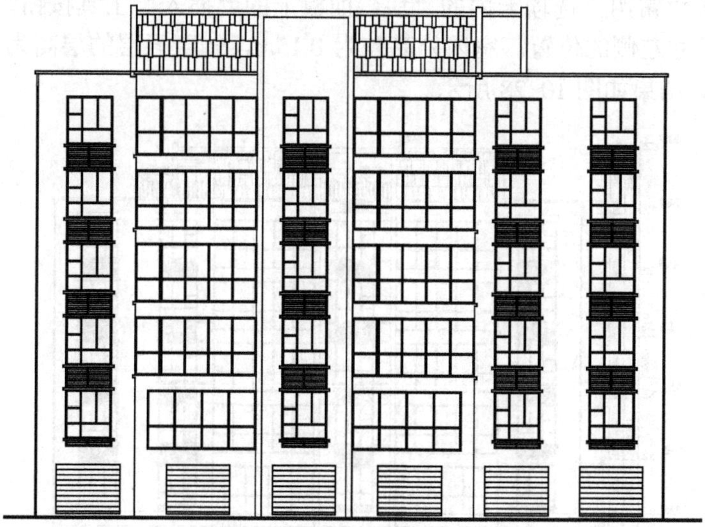

图 10-26　插入立面装饰栏

3）利用“直线”和“矩形”工具，绘制立面图中的空调板、屋顶栏杆和其他装饰造型线条。结果如图 10-27 所示。

图 10-27　立面图细部处理

10.3.6　立面图标注

在绘制建筑立面图时，需要进行尺寸标注和标高符号的标注。具体的操作步骤如下。

1）在开始尺寸标注之前，应对标注样式进行设置，以满足在建筑制图中尺寸标注的要求。该内容用户可以参考本教材第 6 章的相关内容。

2）将“标注”图层切换为当前图层，单击功能区“常用”选项卡内的“注释”面板上的“线性”工具按钮 线性，并配合使用“连续标注”工具和“对象捕捉”功能，依次完成建筑立面图的尺寸标注。

3）参考本教材第 7 章中所述内容，绘制标高符号和轴线符号，将它们创建为带有属性的图块。单击功能区“常用”选项卡内的“块”面板上的“插入”工具按钮 插入，将标高符号插入到立面图竖向尺寸左侧的位置。室内外高差为 0.15m，一至五层的层高为 2.900m，屋顶阁楼高度为 3.000m。结果如图 10-28 所示。

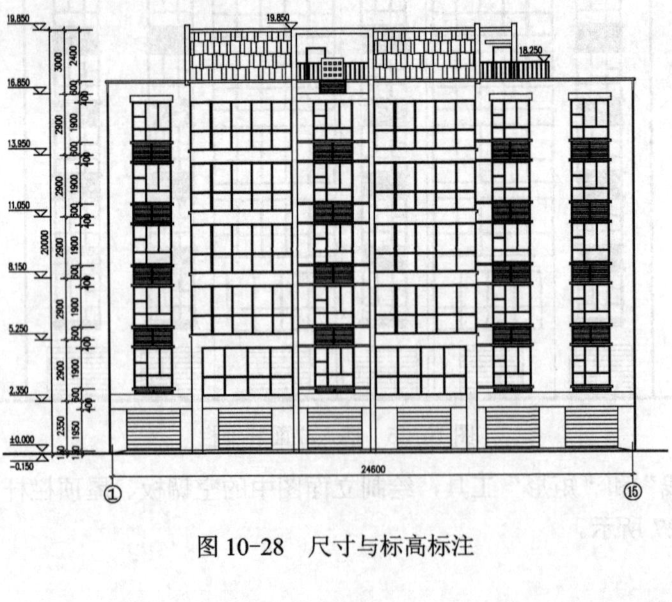

图 10-28　尺寸与标高标注

4）将图层切换到“图框”图层，利用矩形、多段线、多行文字等命令绘制一个横幅 A3 图框，图框尺寸为 42000mm×29700mm，标题栏尺寸为 15000mm×2800mm。结果如图 10-29 所示。

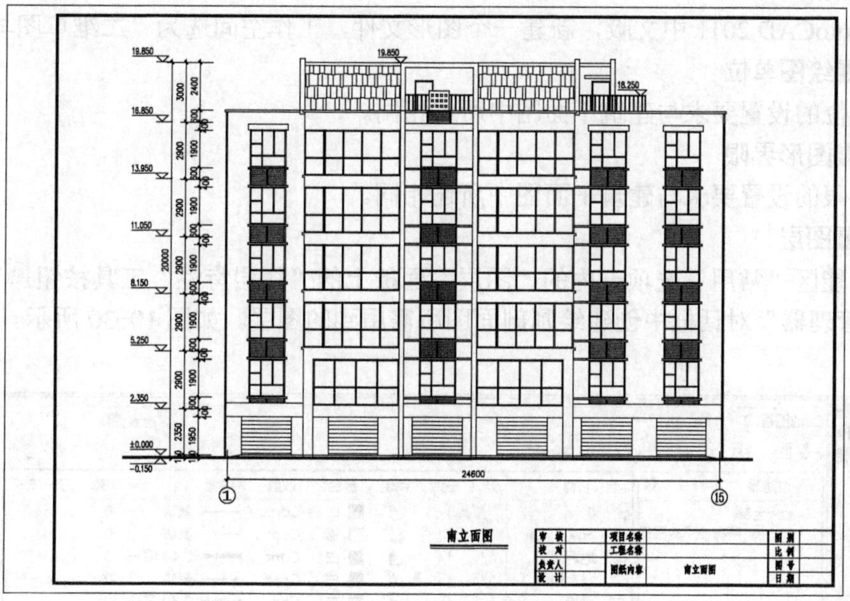

图 10-29　建筑立面图

10.4　建筑剖面图的绘制

建筑剖面图是假想用一个或多个垂直剖切面将房屋剖开，移去靠近观察者的部分，对留下部分所作的正投影图。建筑剖面图用以表示建筑内部的结构构造、垂直方向的分层情况、建筑物的高度、被剖切的墙体、梁、各层楼地面、楼梯、阳台、屋顶的构造及相关尺寸、标高等内容。所以，建筑剖面图与建筑平面图、立面图相配合，是建筑施工中不可缺少的重要图样之一。

要想使剖面图达到较好的图示效果，必须合理选择剖切位置和剖切方向。剖切位置应选择能够反映全貌、构造特征及有代表性的部位。在设计过程中，一般将剖切位置选在楼梯间并通过门窗洞口的位置。在剖面图中根据绘图习惯一般不必绘制基础，用折断线断开即可。

建筑剖面图主要图示内容有图名、比例、定位轴线、尺寸标注、标高标注、索引符号标注等。在剖面图中应反映剖切到的室内外地面和楼面、剖切到的门窗和梁、楼梯和雨篷、阳台等，以及未剖切到的墙、梁、柱、阳台、楼梯段等的轮廓线。剖切面上的材料图例与图线表示均和平面图一致，凡被剖切面所剖切到的主要构件，如墙体、楼地面、屋面等结构部分，均采用粗实线表示；次要构件或未被剖切到的构件轮廓线用中粗实线绘制；其余部分采用细实线绘制；被剖切断开的混凝土构件应涂黑。

10.4.1 设置绘图环境

为方便后面的建筑物剖面图绘制工作，一般应在开始图形绘制之前，先对绘图环境进行设置。绘图环境设置的操作步骤如下。

1. 创建新文件

打开 AutoCAD 2011 中文版，新建一个图形文件，工作空间选为“二维草图与注释”。

2. 设置绘图单位

绘图单位的设置要求与建筑平面图中所述相同。

3. 设置图形界限

图形界限的设置要求与建筑平面图中所述相同。

4. 设置图层

单击功能区“常用”选项卡内的“图层”面板上的“图层特性”工具按钮，在弹出的“图层特性管理器”对话框中创建绘制剖面图所需用到的图层。如图 10-30 所示。

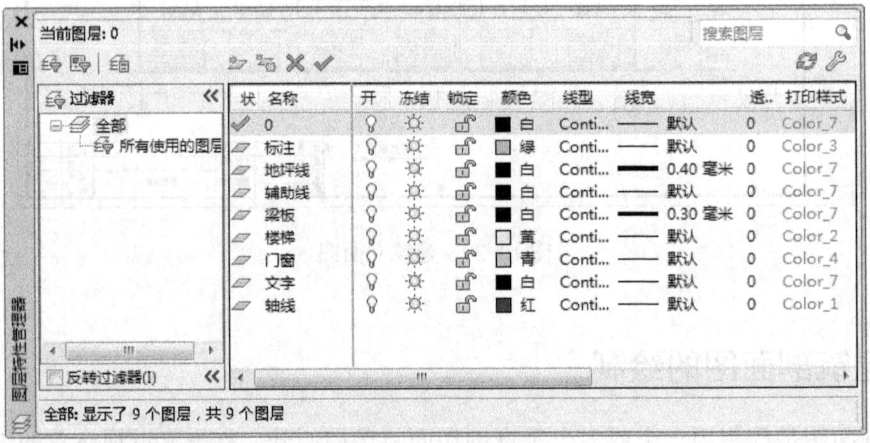

图 10-30 图层设置

5. 设置文字样式

单击功能区“常用”选项卡内的“注释”面板上的“文字样式”工具按钮，新建一个名为“文字标注”的文字样式，字体选为“仿宋体”，并将其置为当前，用于剖面图中的文字标注。

10.4.2 底层剖面绘制

利用射线、直线、多段线和矩形等工具绘制建筑物底层剖面图。具体的操作步骤如下。

1）选择“插入”→“DWG 参照”命令，将前面所绘制的建筑平面图和立面图插入到本图形文件中，作为建筑剖面图绘制的参照。

2）将名为“辅助线”的图层切换为当前图层，单击功能区“常用”选项卡内的“绘图”面板上的“射线”工具按钮，绘制如图 10-31 所示的辅助线。

注意，首先绘制 45° 斜线，再由剖切位置的可剖到或可看到的图形对象绘制纵横向辅助线。

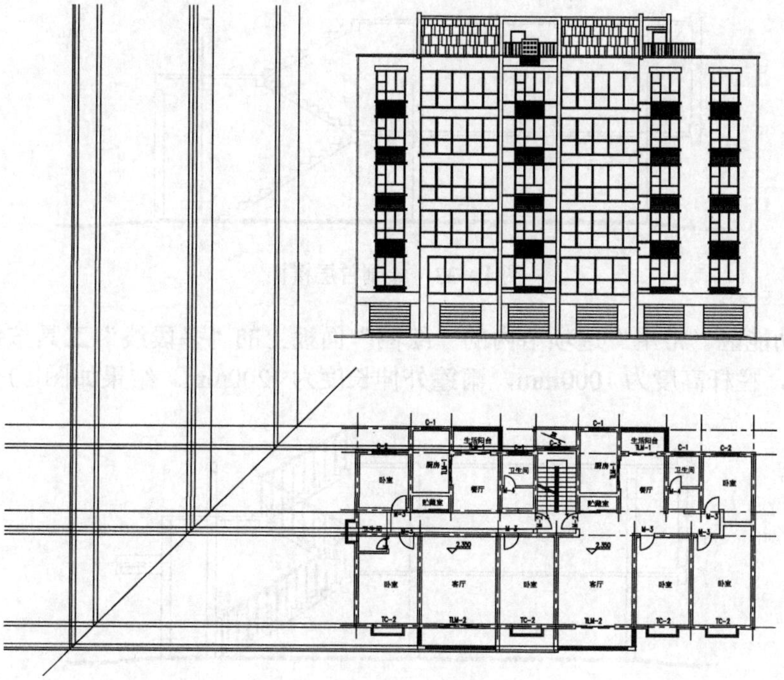

图 10-31　辅助线绘制

3）将图层切换至“地坪线”图层，单击功能区“常用”选项卡内的“绘图”面板上的“多段线”工具按钮，绘制建筑剖面图的地坪线。在特性面板中将所绘地坪线的“全局宽度”设为 100。

4）将“墙线”切换为当前图层，单击功能区“常用”选项卡内的“绘图”面板上的“多段线”工具按钮，绘制首层车库和二层住宅可剖切到的墙线。将“梁板”切换为当前图层，绘制梁板线，板厚为 100mm。结果如图 10-32 所示。

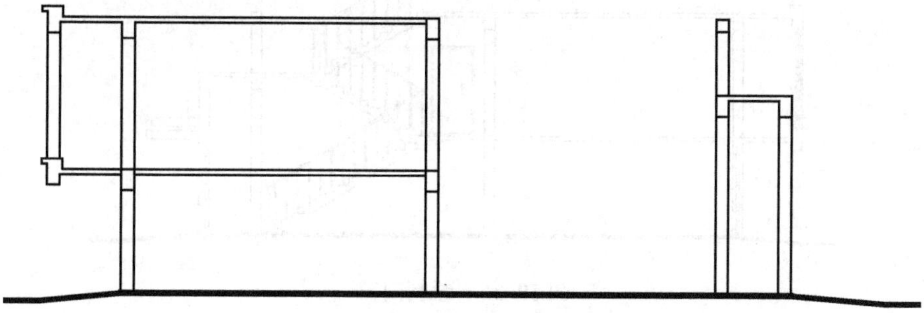

图 10-32　绘制首层墙线和梁板线

5）将“楼梯”切换为当前图层，单击功能区“常用”选项卡内的“绘图”面板上的“多段线”工具按钮，利用“多段线”工具绘制首层楼梯。第一跑楼梯踏步数为 14 个，踏步高为 168mm，踏步宽为 260mm，第二和第三跑楼梯踏步数为 9 个，踏步高为 161mm，踏步宽为 280mm。结果如图 10-33 所示。

注意，绘制楼梯踏步时，用户可利用“多段线”工具直接绘制，也可以画出一个踏步，再利用“阵列”工具生成楼梯。

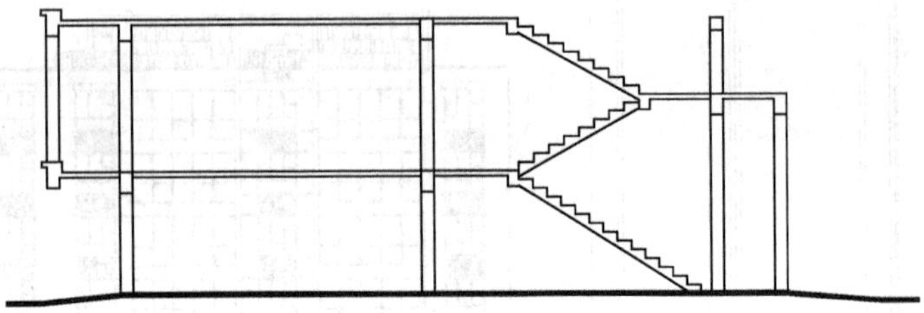

图 10-33　绘制首层楼梯

6）单击功能区“常用”选项卡内的“绘图”面板上的“多段线”工具按钮，绘制楼梯栏杆和雨篷，栏杆高度为 1000mm，雨篷外伸长度为 1200mm。结果如图 10-34 所示。

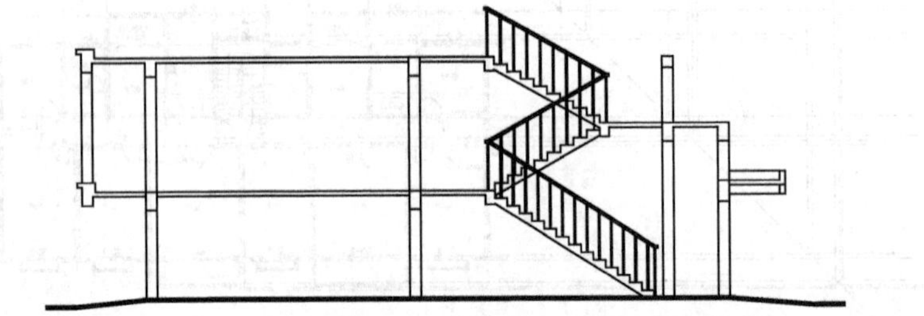

图 10-34　绘制楼梯栏杆及雨篷

7）将图层切换为“0”图层，利用多段线、矩形等工具绘制“立面门”、“剖面门窗”图样，并创建为图块，立面门的尺寸为 1000mm×2100mm，剖面门窗的尺寸为 240mm×1000mm，并为“剖面门窗”图块添加“线性”参数和“拉伸”动作，具体方法可参考本教材第 7 章的动态图块的相关内容。完成图块的创建后，将图层切换至“门窗”图层，将所创建的门窗图块插入到剖面图适当位置。结果如图 10-35 所示。

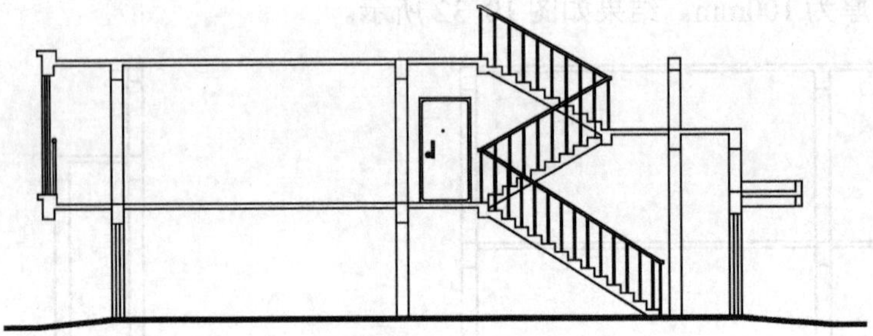

图 10-35　绘制门窗

10.4.3　标准层剖面绘制

利用偏移、夹点编辑、复制等工具绘制建筑物标准层剖面图。具体的操作步骤如下。

1）单击功能区“常用”选项卡内的“修改”面板上的“偏移”工具按钮，将绘制好的首层剖面图进行偏移，该建筑首层为地上车库，二至六层为住宅，根据层高 2900mm 设定偏移距离，并利用夹点功能，对多余的图形对象进行修整。

2）利用直线、多段线、矩形等工具，绘制剖面图中的“剖到”的和“可见”的造型图样，以完善剖面图的绘制。如本图中剖到的客厅推拉门、南立面阳台窗及栏杆、北立面阳台可见轮廓等。“剖到”是指在首层平面图中所绘制的剖切符号经过的图样，“可见”是指在首层平面图中未被剖切符号切到，但在剖切方向却可看到的图样。结果如图 10-36 所示。

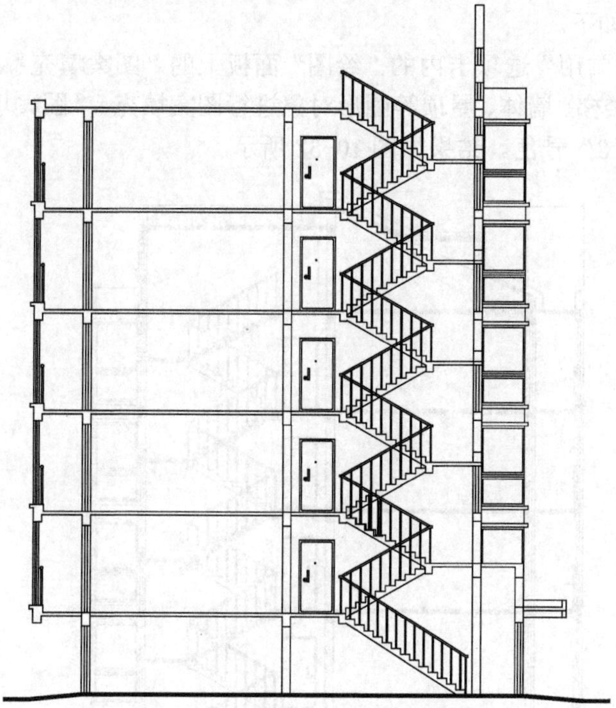

图 10-36 绘制标准层剖面图

10.4.4 坡屋顶剖面绘制

利用多段线、直线、矩形、对象捕捉、修剪等工具绘制建筑物的坡屋顶剖面图。具体的操作步骤如下。

1）单击功能区“常用”选项卡内的“绘图”面板上的“多段线”工具按钮，绘制坡屋顶轮廓，包括剖到的老虎窗、女儿墙等图样。

2）利用多段线、直线、矩形等工具，绘制坡屋顶剖面图中可见部分的轮廓线，如屋顶栏杆、装饰墙体、女儿墙等。细部尺寸如图 10-37 所示。

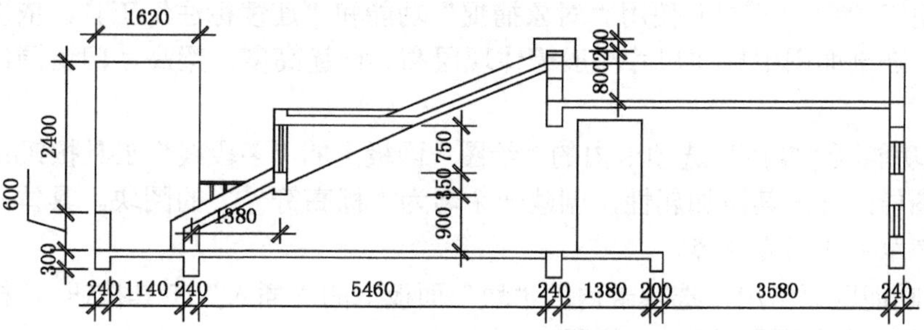

图 10-37 绘制坡屋顶剖面

10.4.5 剖面图标注

为了能够更准确地表达建筑物及构件的竖向位置及相互关系，在绘制建筑剖面图的时候，应在剖面图中对剖切到的部分进行图案填充，并标注出标高、竖向尺寸、详图索引符号等内容。具体的操作步骤如下。

1）单击功能区“常用”选项卡内的“绘图”面板上的“图案填充”工具按钮，对剖面图中剖切到的梁板、楼梯、墙体、屋顶等图形对象进行图案填充。“图案填充类型”选择为“实体”，填充颜色设为“8”号色。结果如图 10-38 所示。

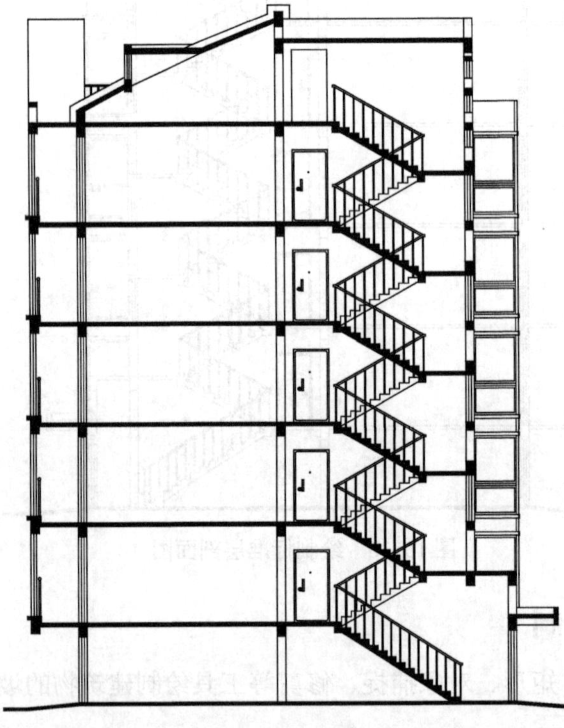

图 10-38　图案填充

2）单击功能区“常用”选项卡内的“注释”面板上的“标注样式”工具按钮，创建一个名为“尺寸标注”的标注样式，具体的参数设置可以参考本教材第 6 章中的相应内容。

3）将图层切换到“标注”图层，单击功能区“常用”选项卡内的“注释”面板上的“线性”工具按钮，并配合使用“对象捕捉”功能和“连续标注”工具，依次完成剖面图的尺寸标注。在剖面图中标注尺寸一般需体现层高、雨篷高度、梁高、门窗洞口高度、屋檐高度等内容。

4）单击功能区“常用”选项卡内的“绘图”面板上的“多段线”工具按钮，绘制“标高符号”的图样，并为其添加属性，创建一个名为“标高符号”的图块。具体操作方法可参考本教材第 7 章中的相应内容。

5）单击功能区“常用”选项卡内的“块”面板上的“插入”工具按钮，根据标注要求将标高符号插入到剖面图中适当的位置。

6）将图层切换到“图框”图层，利用矩形、多段线、多行文字等命令绘制一个竖向 A3

号图框，图框尺寸为29700mm×42000mm，标题栏尺寸为15000mm×2800mm。并为剖面图标注图名和标题栏文字内容，完成建筑剖面图的绘制。结果如图10-39所示。

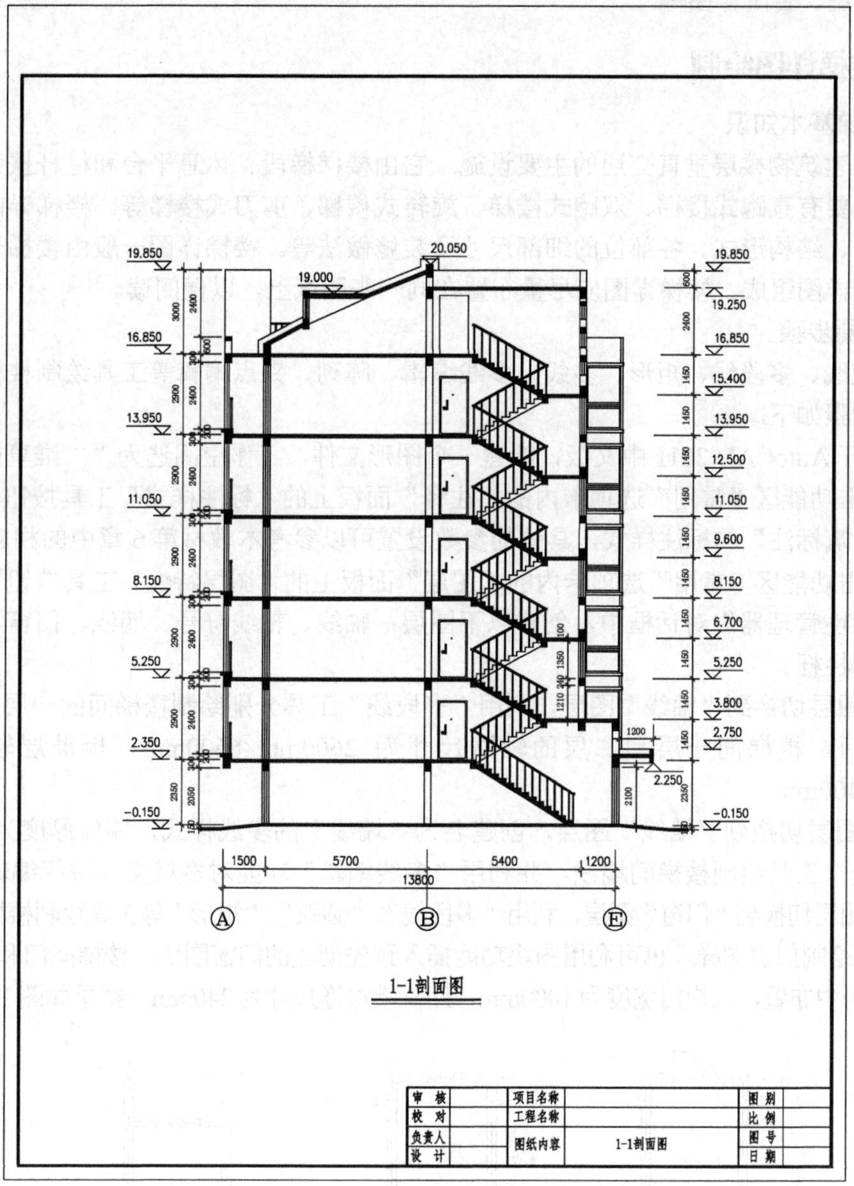

图10-39　建筑剖面图

10.5　建筑详图绘制

建筑详图是建筑施工图中不可缺少的组成部分。用户应当把建筑物的一些细部构造，采用较大的比例（1∶30、1∶20、1∶10、1∶5、1∶2、1∶1）将其形状、大小、材料和做法详细地表达出来，以满足施工图的深度要求，这些图样称为建筑详图，又称为大样图或节点图。

建筑详图是施工的重要依据，详图的数量和图示内容要根据房屋构造的复杂程度而定。一般建筑施工图需绘制以下几种节点详图：卫浴间详图、楼梯详图、外墙节点详图、雨篷详图、门窗详图、台阶详图等。

10.5.1 楼梯详图绘制

1．楼梯基本知识

楼梯是建筑物楼层垂直交通的主要设施。它由楼梯梯段、休息平台和栏杆扶手组成。楼梯的形式主要有直跑式楼梯、双跑式楼梯、旋转式楼梯、剪刀式楼梯等。楼梯详图主要表示楼梯的类型、结构形式、各部位的细部尺寸及装修做法等。楼梯详图一般由楼梯平面图、剖面图、节点详图组成。楼梯详图应尽量布置在同一张图纸上，以便阅读。

2．绘制步骤

利用直线、多段线、矩形、多线、多线编辑、阵列、夹点编辑等工具绘制楼梯详图。具体的操作步骤如下。

1）打开 AutoCAD 2011 中文版，新建一个图形文件，工作空间选为“二维草图与注释”。

2）单击功能区“常用”选项卡内的“注释”面板上的“标注样式”工具按钮，创建一个名为“建筑标注”的标注样式，具体的参数设置可以参考本教材第 6 章中的相应内容。

3）单击功能区“常用”选项卡内的“图层”面板上的“图层特性”工具按钮，在弹出的“图层特性管理器”对话框中，创建以下图层：轴线、轴线符号、墙线、门窗、尺寸、文字、楼梯和栏杆。

4）将图层切换到“轴线”图层，利用“多段线”工具分别绘制楼梯间的一层、二层、标准层的轴网。楼梯间一层和二层的轴网尺寸为 2600mm×6600mm，标准层轴网尺寸为 2600mm×5400mm。

5）将图层切换到“墙线”图层，创建名为“墙线”的多线样式，墙体厚度为 240mm。利用“多线”工具绘制楼梯间墙线，并利用“多线编辑”功能对多线交点进行编辑。

6）将图层切换到“门窗”图层，利用“多段线”、“圆弧”、“矩形”等工具绘制楼梯间的门窗。用户可直接绘制门窗图样，也可利用图块功能插入预先创建的门窗图块。楼梯间门和窗的宽度为 1200mm，居中布置，入户门宽度为 1000mm，距离墙边净尺寸为 240mm。结果如图 10-40 所示。

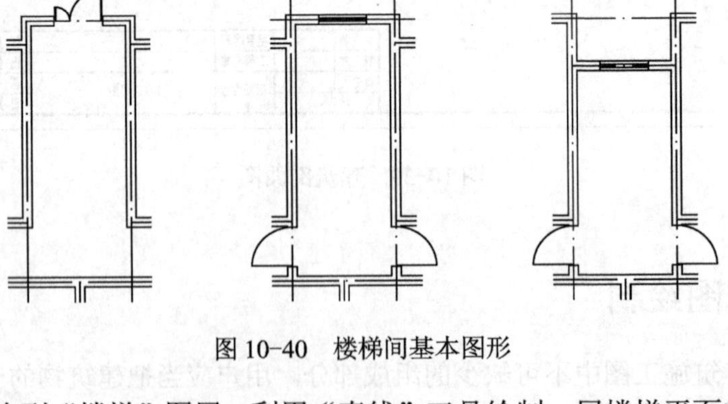

图 10-40 楼梯间基本图形

7）将图层切换到“楼梯”图层，利用“直线”工具绘制一层楼梯平面的第一条踏步示意线，它与上侧的横墙净距离为 1400mm，梯段宽度为 1150mm，将所绘踏步线向下复制 5 条，踏步宽度为260mm。利用“多段线”工具绘制楼梯栏杆和一条折断线并将踏步线的多余部分进行修剪，完成楼梯间一层平面图的绘制。

8）利用“直线”和“阵列”工具绘制二层楼梯平面图。休息平台宽度为1400mm，梯段宽度为1150mm，第一跑楼梯踏步数为14个，踏步宽为260mm，第二跑楼梯踏步数为9个，踏步宽为280mm。利用“多段线”工具绘制楼梯栏杆和折断线，完成二层楼梯平面图的绘制。再用同样的方法绘制标准层楼梯平面图，标准层楼梯平面图中两个梯段的踏步数均为9个，踏步宽均为280mm。结果如图10-41所示。

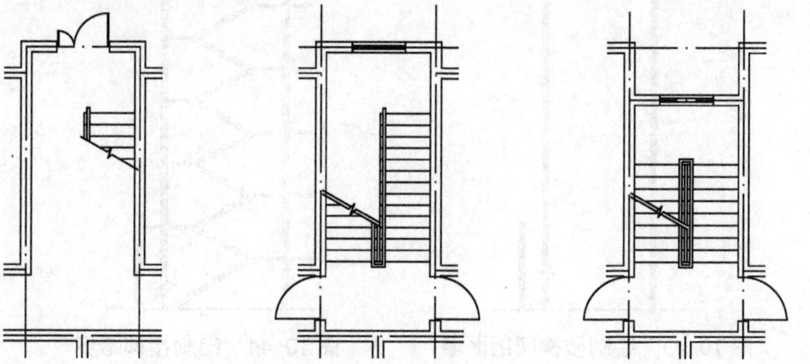

图10-41　绘制楼梯

9）将图层切换到“标注”图层，利用“多段线”工具绘制楼梯方向示意箭线，并用“单行文字”工具标注楼梯的上下方向文字。

10）将创建的名为“建筑标注”的标注样式置为当前，利用“线性标注”、“连续标注”等工具，为楼梯间平面图标注尺寸和标高。结果如图10-42所示。

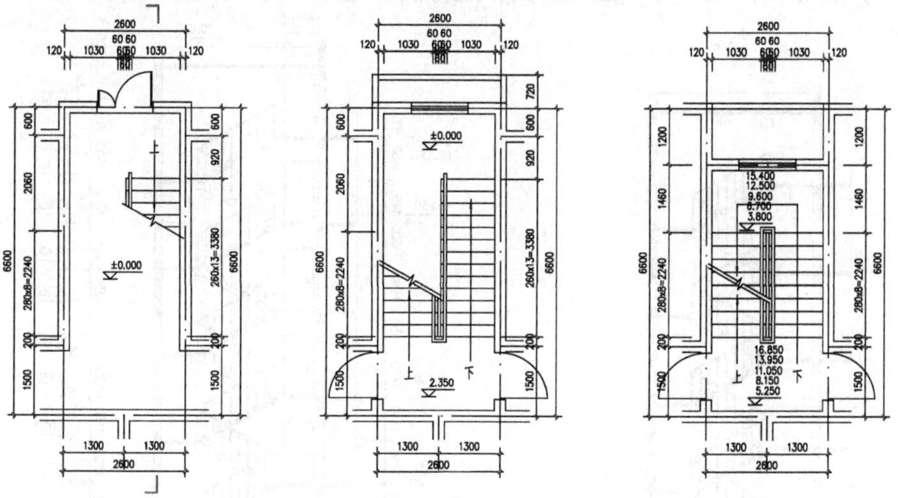

图10-42　楼梯间尺寸标注

11）将图层切换到“轴线”图层，利用“直线”工具绘制两条长度为21000mm的直线和一条5000mm的直线，间距分别为5400mm和1200mm，作为楼梯剖面详图的墙体定位轴线。

12）将图层切换到“墙线”图层，利用“多线”工具绘制楼梯间剖切到的墙线，并利用“多段线”工具在墙线底部绘制地坪线。如图10-43所示。

13）将图层切换到“楼梯”图层，利用“多段线”工具绘制首层楼梯，第一条踏步示意线的位置可依据一层楼梯平面图中的对应尺寸来确定。第一跑楼梯踏步数为 14 个，踏步高为 168mm，踏步宽为 260mm。其余楼梯段踏步数为 9 个，踏步高为 161mm，踏步宽为 280mm。在绘制楼梯踏步时，用户可利用“多段线”工具直接绘制，也可以先绘制一个踏步，再利用“阵列”工具生成楼梯，以提高绘图效率。结果如图 10-44 所示。

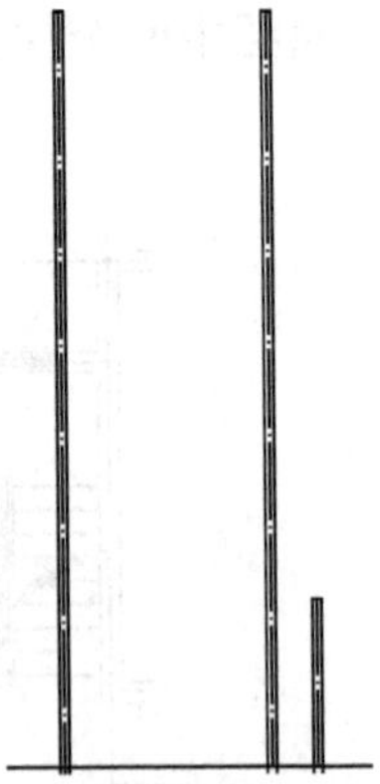

图 10-43　绘制楼梯间剖面墙

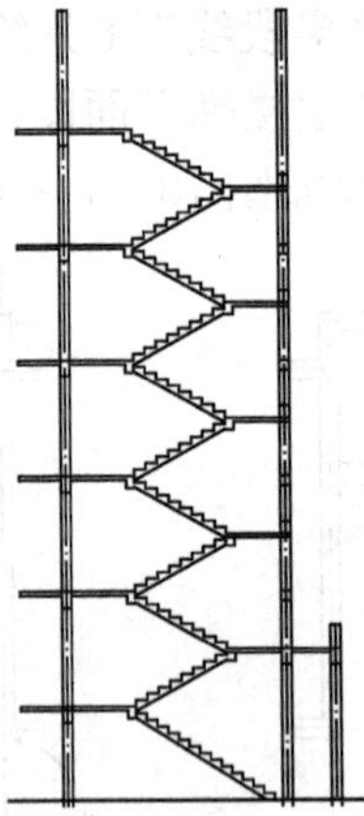

图 10-44　绘制楼梯踏步

14）利用“直线”、“多段线”、“矩形”等工具，绘制楼梯剖面图中的门窗、梁板、栏杆、雨篷等图形对象。并利用“图案填充工具”对剖切到的梁板、楼梯进行填充，填充类型为“实体”，填充颜色为“8”号色。结果如图 10-45 所示。

15）将图层切换到“标注”图层，利用“线性”和“连续”标注工具，为楼梯剖面详图标注尺寸。并创建“标高符号”图块为其标注标高。结果如图 10-46 所示。

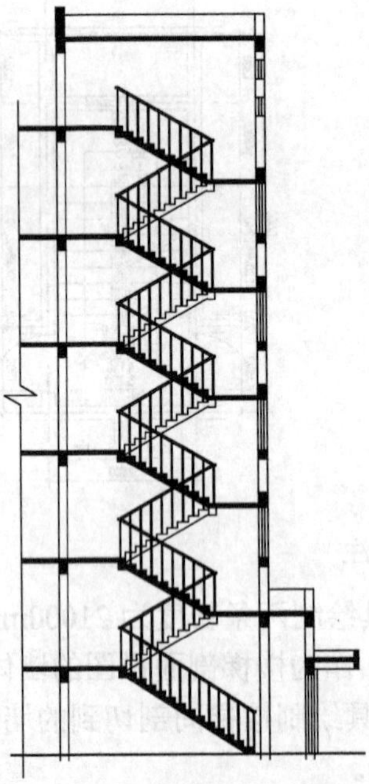

图 10-45　完善楼梯剖面图

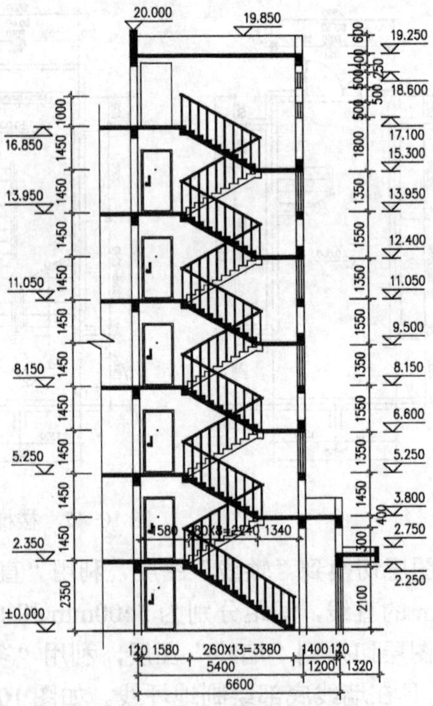

图 10-46　尺寸标注

16）将图层切换到“图框”图层，利用矩形、多段线、多行文字等命令绘制一个横幅 A3 号图框，图框尺寸为 42000mm×29700mm，标题栏尺寸为 15000mm×2800mm。并为其标注图名和标题栏文字内容，完成楼梯详图的绘制。结果如图 10-47 所示。

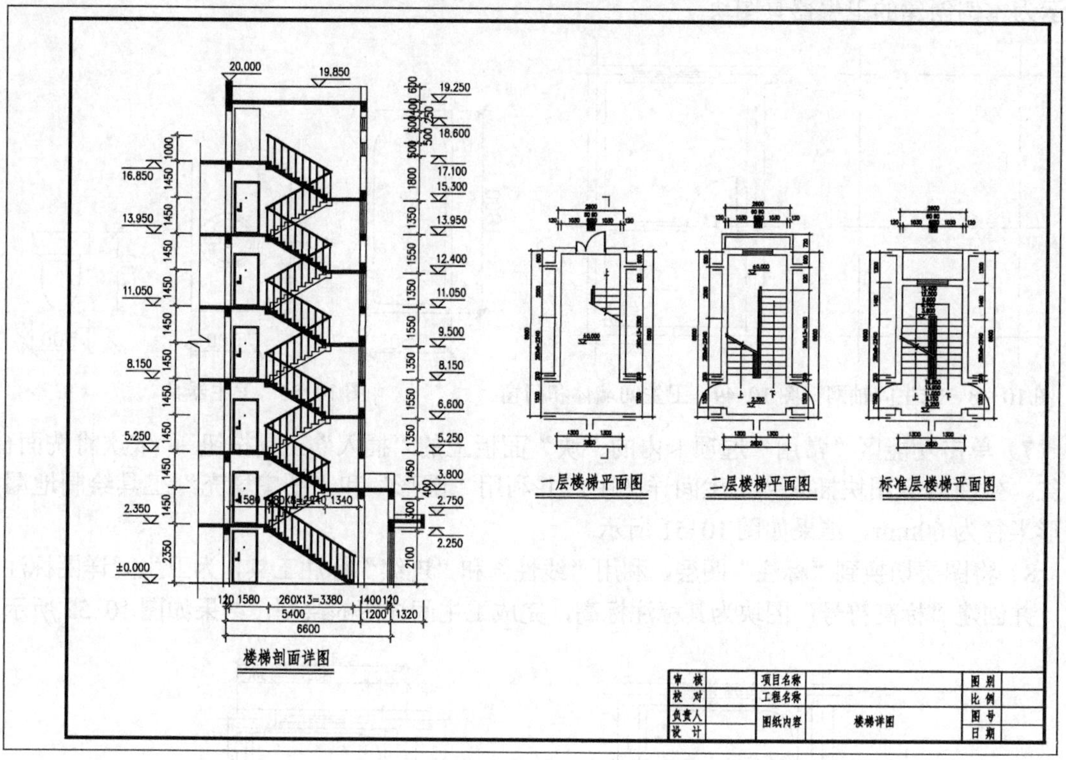

图10-47　楼梯详图

10.5.2　卫生间详图绘制

1．卫生间详图基本知识

卫生间详图主要表达了卫生器具与墙体的相对位置关系。需要表示的内容主要有卫生间墙体、卫生器具图样、卫生器具相对位置、必要的文字说明和索引符号。

2．绘制步骤

利用直线、多段线、圆弧、矩形、多线、多线编辑、夹点编辑等工具绘制卫生间详图。具体的操作步骤如下。

1）打开 AutoCAD 2011 中文版，新建一个图形文件，工作空间选为“二维草图与注释”。

2）单击功能区“常用”选项卡内的“图层”面板上的“图层特性”工具按钮，在弹出的“图层特性管理器”对话框中，创建以下图层：轴线、墙线、门窗、标注、文字和卫生器具。

3）将图层切换到“轴线”图层，利用“直线”工具绘制卫生间轴网，横向轴线之间的距离为 1500mm 和 2100mm，纵向轴线之间的距离为 2200mm。如图 10-48 所示。

4）将图层切换到“墙线”图层，创建名为“墙线”的多线样式，墙体厚度为 240mm。利用“多线”工具绘制卫生间墙线，并利用“多线编辑”功能对多线交点进行编辑。

5）将图层切换到“门窗”图层，利用“多段线”、“圆弧”、“矩形”等工具绘制卫生间的门窗。卫生间门洞宽度为1000mm，门宽为700mm，窗宽为1200mm。结果如图10–49所示。

6）利用直线、多段线、圆弧、矩形、圆形等基本绘图工具，绘制洗面台、浴盆、坐便器等卫生器具的图样。用户也可以将绘制的卫生器具创建为图块，以方便绘图使用。如图10–50所示为本例创建的卫生器具图块。

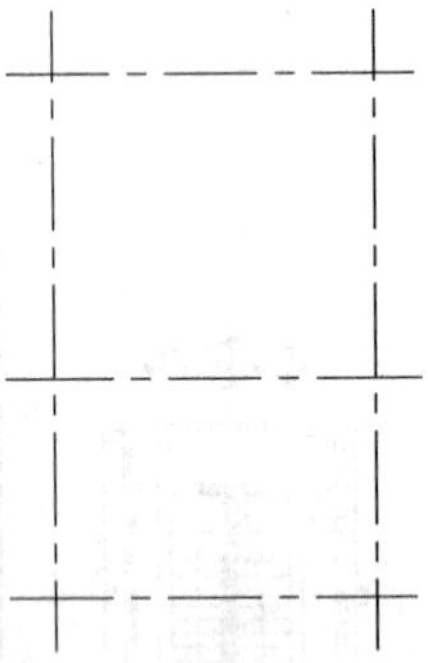

图10–48 卫生间轴网

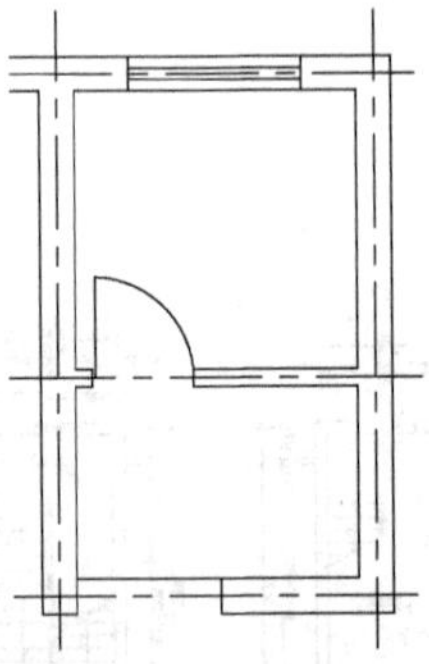

图10–49 卫生间墙体和门窗

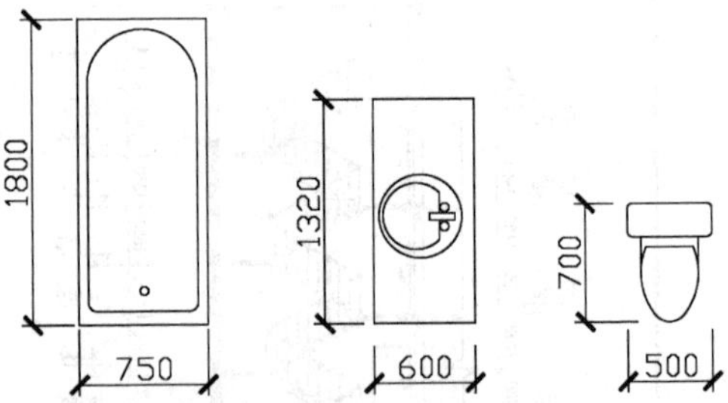

图10–50 卫生器具

7）单击功能区“常用”选项卡内的“块”面板上的“插入”工具按钮，依次将洗面台、浴盆、坐便器等图块插入到卫生间详图中。并利用“圆形”和“图案填充”工具绘制地漏，圆形半径为60mm。结果如图10–51所示。

8）将图层切换到“标注”图层，利用“线性”和“连续”标注工具，为卫生间详图标注尺寸，并创建“标高符号”图块为其标注标高，完成卫生间详图的绘制，结果如图10–52所示。

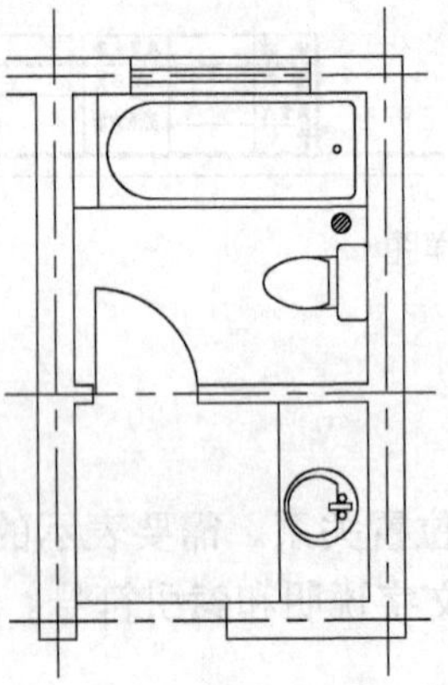

图10–51 卫生器具布置

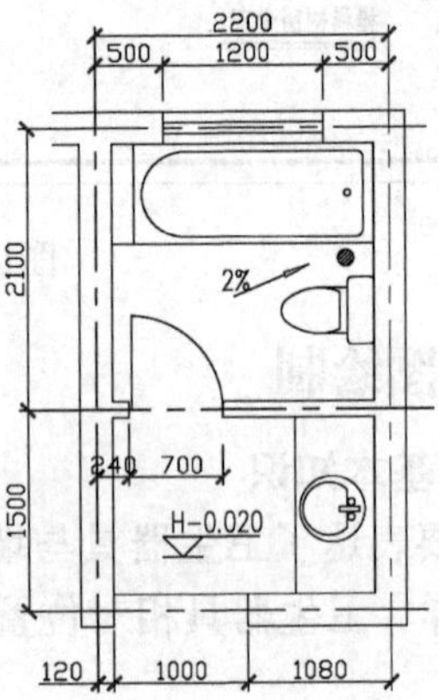

图10–52 卫生间详图

注意，此处可标注相对标高，即相对于楼层标高低20mm。

10.6 实训操作

10.6.1 平面图绘制实训

1. 实训要求

利用所学知识，绘制如图10–53所示的标准层平面图。在绘制过程中，应注意绘图环境的设置、图层、图块及动态图块的应用、对象捕捉和动态输入功能的应用，以提高绘图效率。

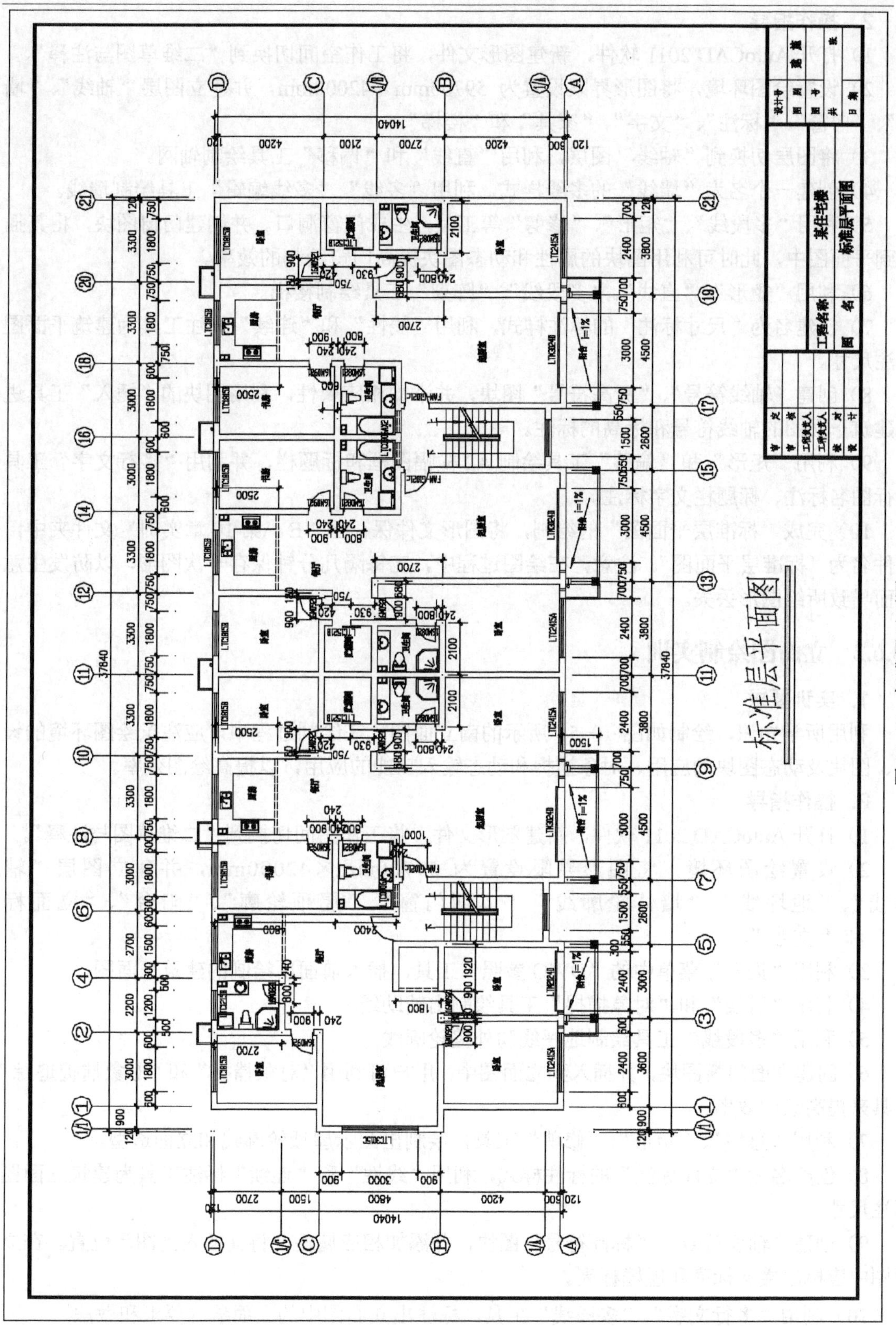

图 10-53 标准层平面图

2. 操作指导

1）打开 AutoCAD 2011 软件，新建图形文件，将工作空间切换到“二维草图与注释”。

2）设置绘图环境，将图形界限设置为 59700mm×42000mm，并建立图层“轴线”、“墙线”、“门窗”、“标注”、“文字”、“家具”和“楼梯”。

3）将图层切换到“轴线”图层，利用“直线”和“偏移”工具绘制轴网。

4）创建一个名为“墙线”的多线样式，利用“多线”、“多线编辑”工具绘制墙线。

5）利用“多段线”、“矩形”、“修剪”等工具，生成门窗洞口。并创建门窗图块，将其插入到平面图中，此时可利用图块的属性和动态图块提高门窗绘制的效率。

6）利用“矩形”、“直线”、“多段线”、“阵列”工具绘制楼梯。

7）创建名为“尺寸标注”的标注样式，利用“线性”和“连续”标注工具为建筑平面图标注尺寸。

8）创建“轴线符号”、“标高符号”图块，并添加相应属性，利用图块的“插入”工具进行建筑平面图的轴线符号和标高的标注。

9）利用“矩形”和“偏移”工具绘制 A2 横幅图框和标题栏，并利用“多行文字”工具进行图名标注、标题栏文字标注。

10）完成“标准层平面图”的绘制，将图形文件保存至“E:\第 10 章实训”文件夹中，文件名为“标准层平面图”。注意，在绘图过程中，应每隔几分钟保存一次图形，以防发生意外而导致所绘图形丢失。

10.6.2 立面图绘制实训

1. 实训要求

利用所学知识，绘制如图 10-54 所示的南立面图。在绘制过程中，应注意绘图环境的设置、图块及动态图块的应用、对象捕捉和动态输入功能的应用，以提高绘图效率。

2. 操作指导

1）打开 AutoCAD 2011 软件，新建图形文件，将工作空间切换到“二维草图与注释”。

2）设置绘图环境，将图形界限设置为 59700mm×42000mm，并建立图层“辅助线”、“地坪线”、“墙体轮廓线”、“立面门窗”、“屋顶轮廓”、“阳台”、“立面标注”和“文字”。

3）利用“插入”菜单中的“DWG 参照”工具，插入前面所绘制的建筑平面图。

4）利用“射线”和“对象捕捉”工具绘制出辅助线。

5）利用“多段线”工具绘制地坪线和外墙轮廓线。

6）创建立面门窗图块，并插入到立面图中，用户可利用“对象捕捉”和“对象捕捉追踪”工具来提高绘图效率。

7）利用“直线”、“矩形”、“修剪”工具，绘制出图示屋顶轮廓线和立面造型。

8）创建名为“立面标注”的标注样式，利用“线性”和“连续”标注工具为建筑立面图标注尺寸。

9）创建“轴线符号”、“标高符号”图块，并添加相应属性，将其插入到图示位置。在立面图中应标注楼层标高和屋檐标高。

10）利用“多行文字”、“多段线”工具，标注出立面图中的立面装饰要求和做法。

18.260
16.460
15.860
15.330
13.940
13.180
11.780
10.380
8.880
7.480
5.980
4.580
3.080
1.880
0.980
±0.000
-0.300
南立面图
工程名称
某住宅楼
图名
南立面图

图 10-54　南立面图

11）利用“矩形”和“偏移”工具绘制 A2 横幅图框和标题栏，并利用“多行文字”工具进行图名标注、标题栏文字标注。

12）完成“南立面图”的绘制，将图形文件保存至“E:\第 10 章实训”文件夹中，文件名为“南立面图”。

10.6.3 剖面图绘制实训

1. 实训要求

利用所学知识，绘制如图 10-55 所示的建筑剖面图。在绘制过程中，应注意绘图环境的设置、图块及动态图块的应用、对象捕捉和动态输入功能的应用，以提高绘图效率。

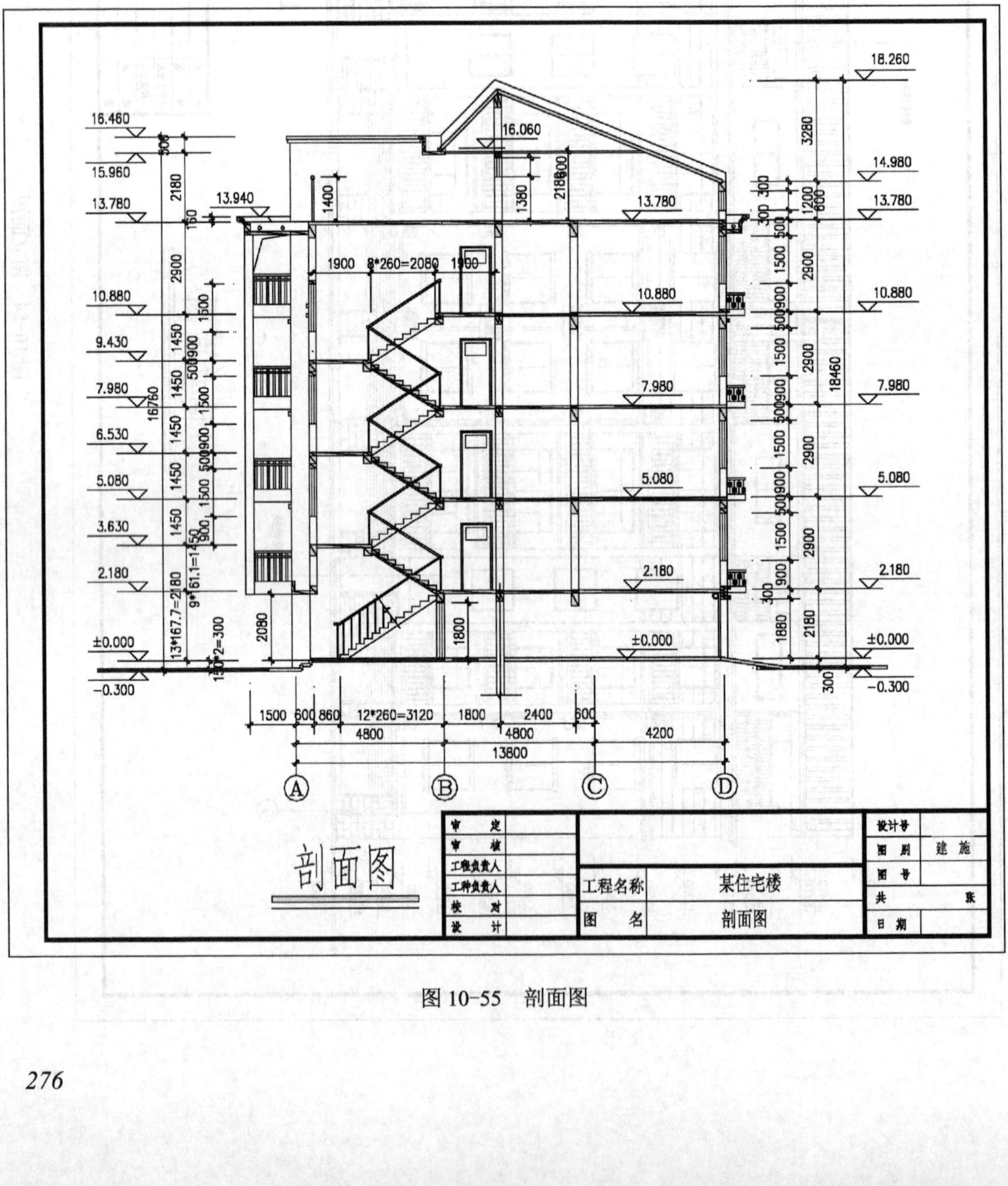

图 10-55 剖面图

2. 操作指导

1）打开 AutoCAD 2011 软件，新建图形文件，将工作空间切换到“二维草图与注释”。

2）设置绘图环境，将图形界限设置为 59700mm×42000mm，并建立图层“轴线”、“辅助线”、“地坪线”、“墙线”、“梁板”、“楼梯”、“门窗”、“阳台”、“标注”和“文字”。

3）利用“插入”菜单中的“DWG 参照”工具，插入前面所绘制的建筑平面图和立面图。

4）利用“射线”工具绘制辅助线。利用“多段线”工具绘制地坪线和首层墙线。

5）创建“立面门”和“剖面门窗”图块，并插入到首层剖面图中。立面门尺寸为 1000mm×2100mm，剖面门窗尺寸为 240mm×1000mm，并为剖面门窗图块添加线性参数和拉伸动作。

6）利用“偏移”工具，将绘制的首层剖面图向上偏移，依次生成五层剖面图。利用“多段线”、“修剪”、“延伸”等工具，绘制出阁楼坡屋顶图样。

7）创建名为“尺寸标注”的标注样式，利用“线性”和“连续”标注工具为建筑剖面图标注尺寸。剖面图中应详细标注建筑物轴线尺寸、层高、门窗、窗台、阳台、屋檐、梁板等部位的尺寸，对坡屋顶还要标注细部尺寸，以便于读图。

8）创建“轴线符号”、“标高符号”图块，并添加相应属性，将其插入到图示位置。

9）利用“矩形”和“偏移”工具绘制 A3 横幅图框和标题栏，并利用“多行文字”工具进行图名标注、标题栏文字标注。

10）完成图示“剖面图”的绘制，将图形文件保存至“E:\第 10 章实训”文件夹中，文件名为“剖面图”。

10.7 思考与练习

1．试述建筑平面图、立面图、剖面图的绘制内容分别有哪些要求？

2．试述建筑平面图、立面图、剖面图的绘制步骤？

3．绘制如图 10-56 所示的某建筑标准层平面图、立面图、剖面图。

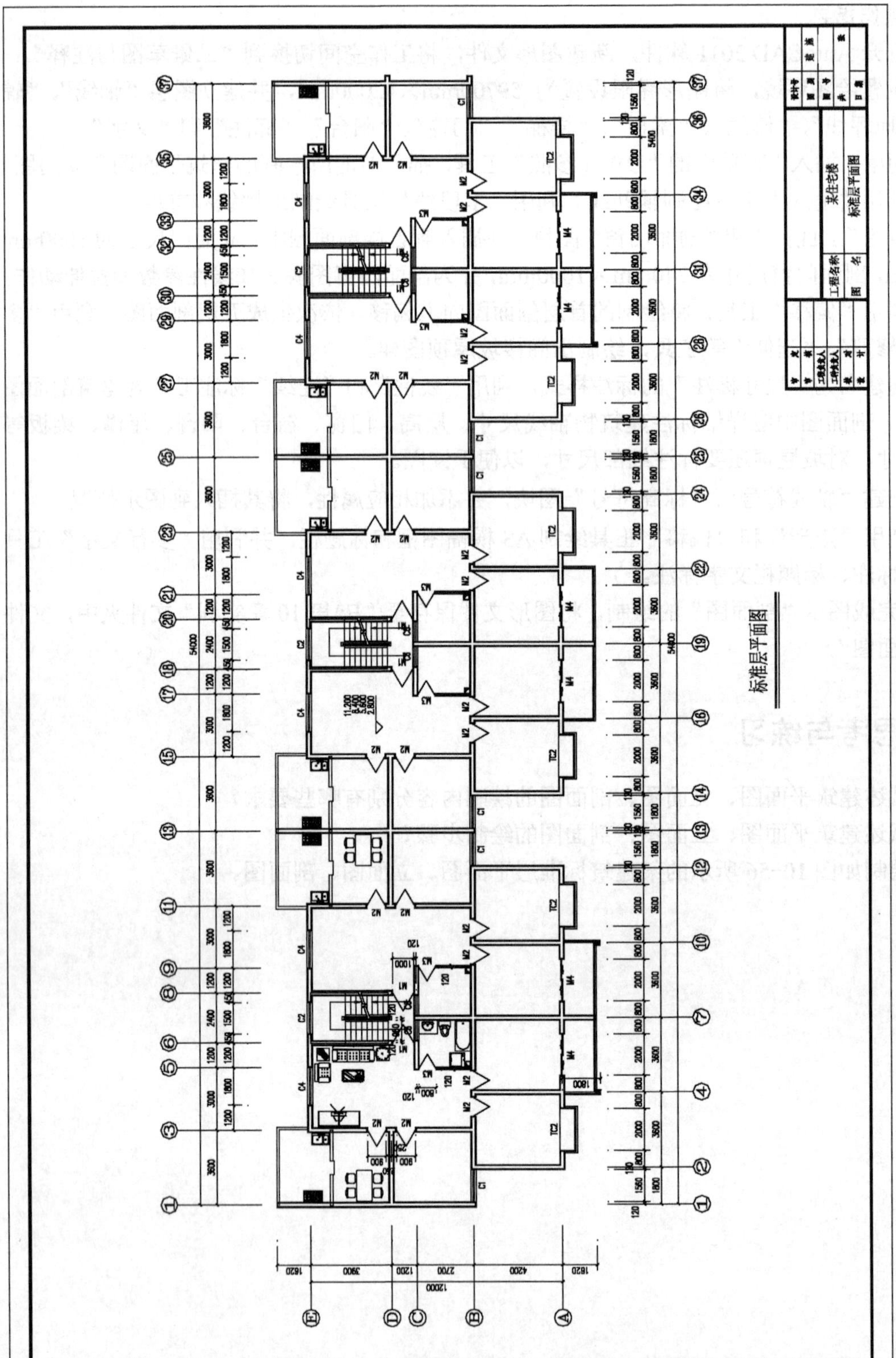

图 10-56 建筑图绘制练习

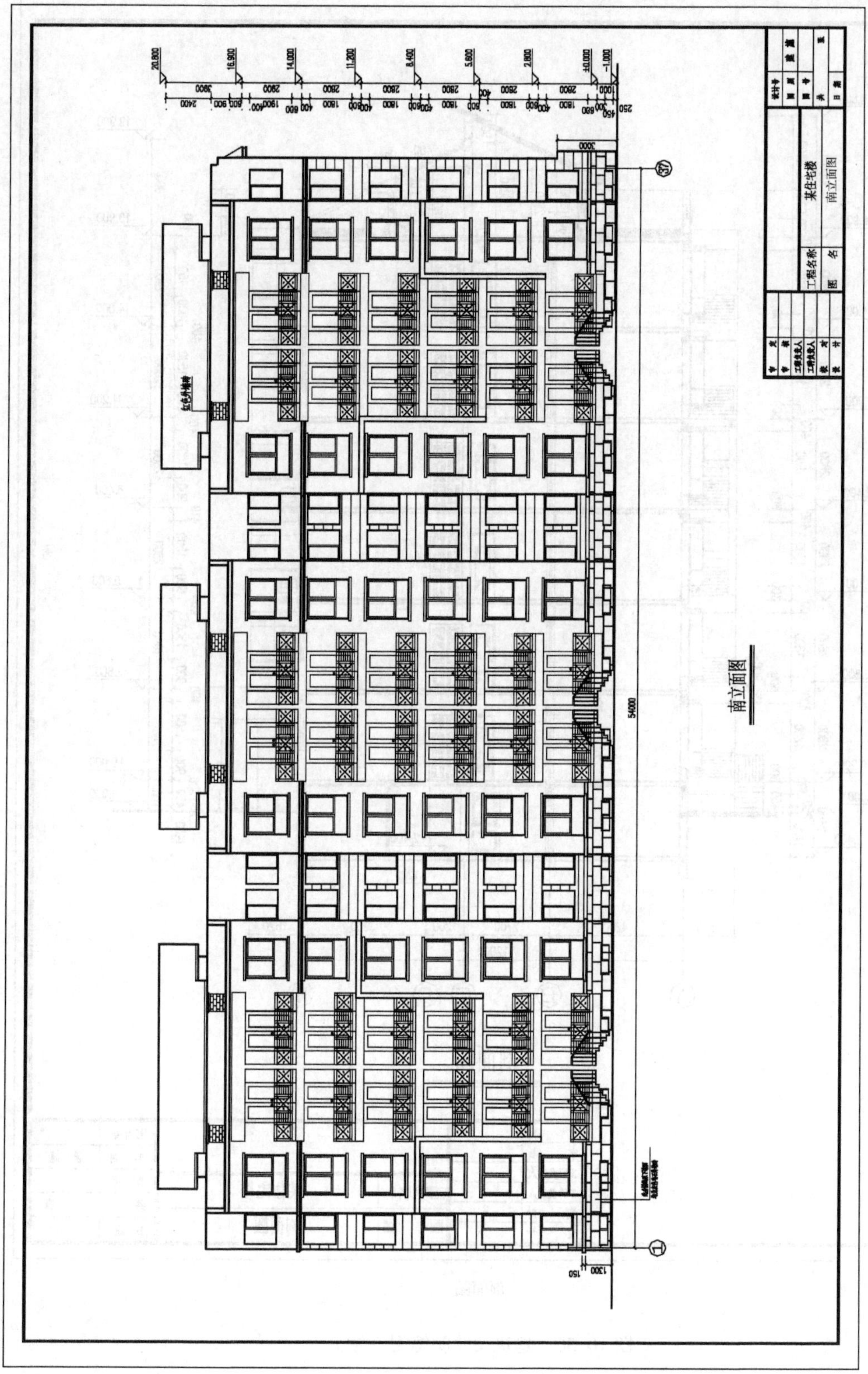

图 10-56　建筑图绘制练习（续）

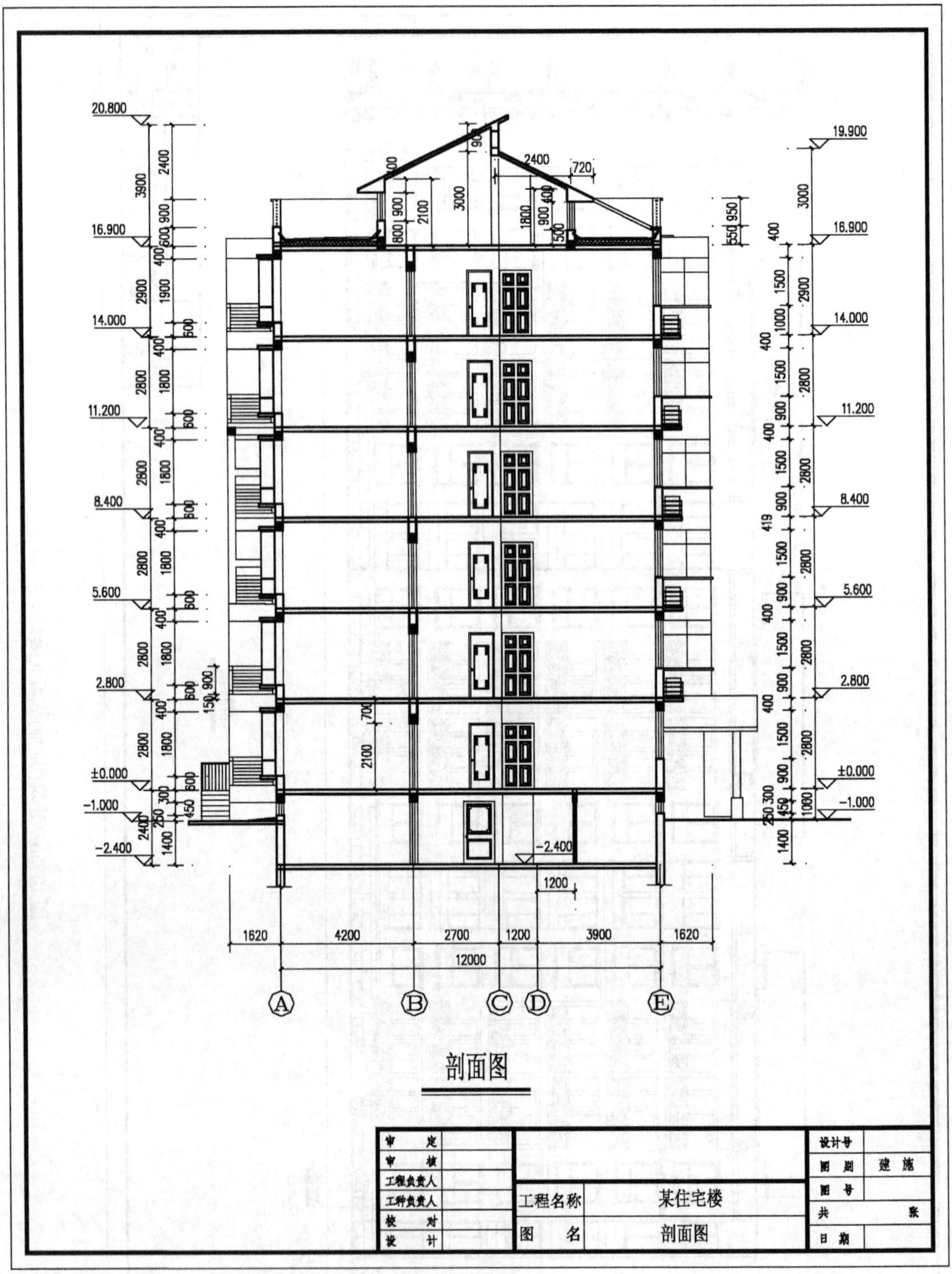

剖面图

图 10-56　建筑图绘制练习（续）

第 11 章　天正建筑软件概述

前面介绍了 AutoCAD 2011 的基本知识及使用方法，但在实际的建筑工程设计中，直接用 AutoCAD 绘图只占其中一部分，更多的是采用二次开发的专用软件。本章将为用户介绍天正建筑软件的基本知识。

天正公司从 1994 年开始就在 AutoCAD 图形平台上开发了一系列建筑、暖通、电气等专业软件，特别是天正建筑软件，由于具有人性化、智能化、参数化、可视化多个重要特征，提高了绘图工作效率，得到了广泛的应用。

本章介绍的是天正建筑软件的最新版本 TArch 8.2，它能够支持最新的 AutoCAD 2011 图形平台的安装和运行，天正对象除了对象编辑命令外，还可以用夹点拖动、特性编辑、在位编辑、动态输入等多种手段调整对象参数。

11.1　功能介绍

1．自定义对象构造专业构件

天正开发了一系列自定义对象表示建筑专业构件，具有使用方便、通用性强的特点。例如，各种墙体构件具有完整的几何和材质特征，可以像 AutoCAD 的普通图形对象一样进行操作，可以用夹点随意拉伸改变几何形状，与门窗按相互关系智能联动，显著提高编辑效率。

2．完善的用户接口

天正建筑具有旧图转换的文件接口，可将 TArch 3 以下版本天正软件绘制的图形文件转换为新的对象格式，方便原有用户的快速升级。同时提供了图形导出命令的文件接口，可将 TArch 8.2 新版本绘制的图形导出，作为下行专业条件图使用。

3．方便的智能化菜单系统

天正建筑采用 256 色图标的新式屏幕菜单，图文并茂、层次清晰、折叠结构，支持鼠标滚轮操作，使子菜单之间切换快捷。

屏幕菜单的右键功能丰富，可执行命令帮助、目录跳转、启动命令、自定义等操作。

在绘图过程中，右键快捷菜单能感知选择对象类型，弹出相关编辑菜单，可以随意定制个性化菜单适应用户习惯，汉语拼音快捷命令使绘图更快捷。

4．支持多平台的对象动态输入

天正建筑软件引入了对象动态输入编辑的交互方式，适用于从 2004 起的多个 AutoCAD 平台，这种在图形上直接输入对象尺寸的编辑方式，有利于提高绘图效率。

5．强大的状态栏功能

状态栏中的比例控件可设置当前比例和修改对象比例，还提供了墙基线显示、加粗、填充和动态标注控制、DYN 动态输入控制。所有状态栏按钮都支持右键快捷菜单进行开关与设置。

6. 先进的专业化标注系统

天正建筑软件针对建筑行业图纸的尺寸标注开发了专业化的标注系统，轴号、尺寸标注、符号标注、文字标注都使用了自定义对象进行操作，取代了传统的尺寸、文字对象。并且提供了方便的尺寸编辑功能。同时按照制图规范的图例符号创建了自定义的专业符号标注对象，并提供了夹点编辑功能。

7. 全新的文字表格功能

天正建筑的自定义文字对象可方便地书写和修改中西文混排文字，方便地输入和变换文字的上下标，输入特殊字符，书写加圈文字等。文字对象可分别调整中西文字体各自的宽高比例，使中西文字混合标注符合国家制图标准的要求。此外天正文字还可以对背景进行屏蔽，以获得清晰的图面效果。新增的文字在位编辑功能可为整个图形中的文字编辑服务，双击文字即可进入文字编辑框，提供了前所未有的方便性。

天正建筑表格使用了先进的表格对象，其交互界面类似 Excel 的电子表格编辑界面。表格对象具有层次结构，用户可以完整地把握如何控制表格的外观表现，制作出个性化的表格。天正建筑的表格功能还实现了与 Excel 的数据双向交换，提高了表格绘制的效率。

8. 强大的图库管理系统和图块功能

天正建筑的图库管理系统采用先进的编程技术，支持贴附材质的多视图图块，还可以同时打开多个图库。

天正建筑图块提供 5 个夹点，用户直接拖动图块的夹点即可实现对角缩放、旋转、移动等编辑功能。用户可对图块附加“图块屏蔽”特性，图块可以遮挡背景对象而无需对背景对象进行裁剪。

9. 与 AutoCAD 兼容的材质系统

天正建筑软件提供了与 AutoCAD 2006 以下版本渲染器兼容的材质系统，包括全中文标识的大型材质库、具有材质预览功能的材质编辑和管理模块，天正对象模型同时支持 AutoCAD 2007～AutoCAD 2009 版本的材质定义与渲染，为选配建筑渲染材质提供了便利。

10. 工程管理器兼有图纸集与楼层表功能

天正建筑引入了工程管理概念，工程管理器将图纸集和楼层表合二为一，将与整个工程相关的建筑平立剖面、三维组合、门窗表、图纸目录等功能完全整合在一起，同时进行工程图形文档的管理，无论是在工程管理器的图纸集中还是在楼层表中双击文件图标都可以直接打开图形文件。

天正系统允许用户使用一个 DWG 文件保存多个楼层平面，也可以每个楼层平面分别保存一个 DWG 文件，甚至可以两者混合使用。

11. 全面增强的立剖面绘制功能

天正建筑随时可以从各层平面图中获得三维信息，按楼层表组合，消隐生成立面图与剖面图，生成步骤得到简化，成图质量明显提高。

12. 提供工程数据查询与面积计算功能

在建筑平面图设计完成后，系统可以统计门窗数量，自动生成门窗表。可以获得各种构件的体积、重量、墙面面积等数据，作为其他分析的基础数据。

天正建筑提供了各种面积计算命令，用户可方便地计算房间净面积、建筑面积、阳台面积等等，还可以按照《住宅建筑设计规范》以及建设部限制大户型比例的有关文件，统计住宅的各项面积指标。

13．基本设置和用户定制功能更加丰富

提供了可选平台启动天正软件的崭新功能，自动识别用户安装和卸载的AutoCAD平台版本，无需重新安装天正建筑软件。选项和自定义设置均可导出成XML文件，实现参数配置的共享，也可通过“恢复默认”恢复程序最初设置值。新增的天正选项命令合并了以前的“高级选项”和“选项”功能，增强了用户定制设置及自定义功能，并改善了图层管理功能。

14．完善对象体系功能更强大

在原有功能基础上，完善了墙体、门窗、自动扶梯与楼梯、屋顶、阳台、散水、标注符号等图形对象的绘制功能。简化了绘图过程，提高了绘图效率，使建筑施工图的绘制更加全面、细致、高效。

11.2　系统安装与配置

1．软硬件环境要求

天正建筑软件完全基于 AutoCAD 2000 以上版本的应用而开发，因此对软硬件环境要求取决于 AutoCAD 平台的要求。由于用户的工作范围不同，硬件的配置也应有所区别。CAD应用软件倚重于滚轮进行缩放与平移，鼠标附带滚轮十分重要，因此应确认鼠标支持滚轮缩放和中键（滚轮兼作中键用）平移。显示器屏幕分辨率设置对绘图效率是很重要的，一般设置显示器在1024×768像素以上的分辨率工作，使用液晶显示器时应设置该面板的物理分辨率（达到点对点），否则显示器会采用插值算法显示比较模糊的图形，绘图的区域也很小。

天正建筑TArch 8.2软件支持AutoCAD 2000～AutoCAD 2011的32位版本，但还不支持64位版本。需要指出，由于从AutoCAD 2004开始，Autodesk官方已经不再正式支持Windows 98操作系统，因此用户在Windows 98上运行这些平台后带来的问题将无法获得有效的技术支持。此外，由于Windows Vista和Windows 7操作系统不能运行AutoCAD 2000～AutoCAD 2002，故TArch 8.2在上述操作系统支持的平台限于AutoCAD 2004以上版本。

2．程序安装

天正建筑TArch 8.2软件的正式商品以两张光盘发行，第一张是程序与图库安装盘，第二张是教学演示盘。在安装天正建筑软件前，首先要确认计算机上已安装 AutoCAD 200X，并能够正常运行。通过天正软件第一张光盘的自启动菜单选择安装或在资源管理器中双击安装程序的执行文件，均可运行安装文件“Setup.exe”，首先根据提示选择授权方式，并选择需要安装的功能。单击“下一步”按钮开始安装。最后提示用户是否安装加密狗驱动程序，首次安装时必须单击“确定”按钮，安装加密狗驱动。

安装完毕后在桌面自动建立“天正建筑8”快捷图标，双击图标即可运行安装好的天正建筑 TArch 8.2程序，如果用户已安装了多个符合天正建筑软件使用条件的 AutoCAD平台，在首次启动时将提示用户在平台列表中选择启动平台，如图11-1所示。如果用户不希望每次选择AutoCAD平台，可以勾选“下次不再提问”选项，直接启动天正建筑。

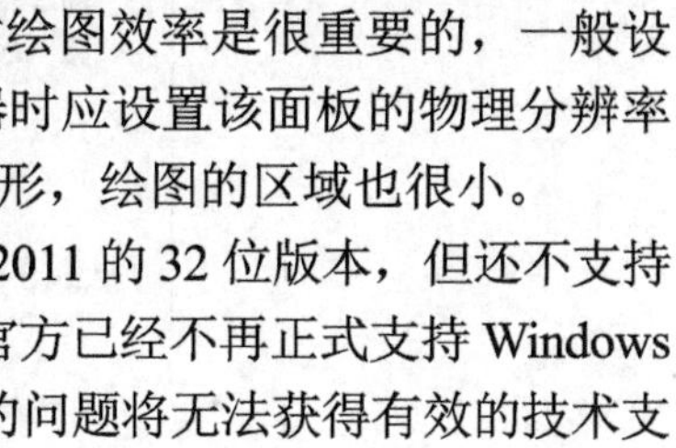

图11-1　TArch 8.2启动平台选择

3. 天正选项

在天正建筑 TArch 8.2 软件中，用户可以在屏幕菜单中通过“设置”下拉菜单中的命令进行环境设置。TArch 8.2 软件把以前在 AutoCAD 的“选项”命令中添加的“天正基本设定”和“天正加粗填充”两个选项卡与“高级选项”命令集成为新的“天正选项”对话框，如图 11-2 所示。“基本设定”选项卡包括与天正建筑软件全局相关的参数，这些参数仅与当前图形有关，也就是说这些参数一旦修改，本图的参数设置会发生改变，但不影响新建图形中的同类参数。“加粗填充”选项卡专用于墙体与柱子的填充，提供各种填充图案和加粗线宽。“高级选项”选项卡是控制天正建筑全局变量的用户自定义参数的设置界面，除了尺寸样式需专门设置外，这里定义的参数保存在初始参数文件中，不仅用于当前图形，对新建的文件也起作用。

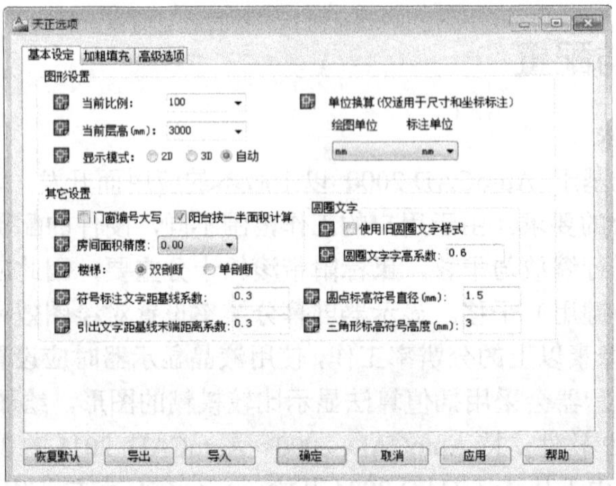

图 11-2 “天正选项”对话框

4. 自定义

使用该命令，可以启动天正建筑自定义对话框，其中分为“屏幕菜单”、“操作配置”、“基本界面”、“工具条”、“快捷键” 5 个选项卡进行控制，用户可以根据自己的要求设置软件的交互界面效果。如图 11-3 所示。

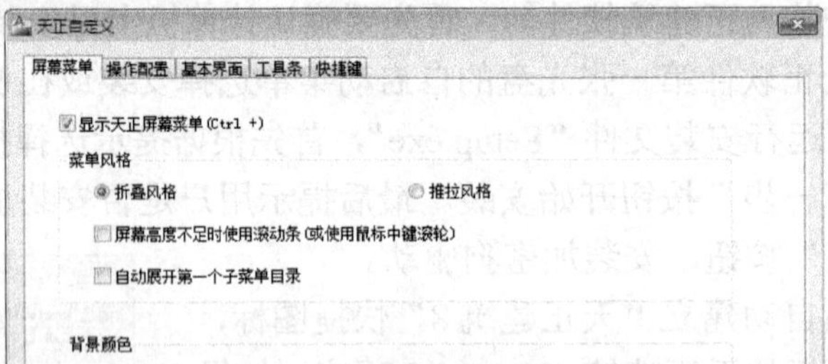

图 11-3 “天正自定义”对话框

5. 当前比例

该命令用于所有天正自定义的对象，按照当前比例的大小决定标注类和文本与符号类对象中的文字字高及符号尺寸、建筑对象中的加粗线宽粗细，对设置后新生成的对象有效。用户可以从状态栏左下角的“比例”按钮或从选项中“天正基本设定”界面里面的“当前比例”下拉列表中设置“当前比例”的大小。该命令没有用户交互界面与命令行提示，设置后的当前值显示在状态栏的左下角的比例按钮上，如果已经选择当前对象，单击“比例”按钮除了设置当前比例外，还可直接改变这些对象的比例，同时具有“改变比例”命令的功能。

6. 文字样式

执行该命令，程序将会弹出如图 11-4 所示的“文字样式”对话框，用户可为天正软件自定义扩展文字样式。设置对话框中的参数，单击“确定”按钮后，程序即以其中的文字样式作为天正文字的当前样式进行各种符号和文字的标注。

图 11-4 “文字样式”对话框

7. 图层管理

执行该命令，程序将会弹出如图 11-5 所示的“图层管理”对话框，用户可以灵活地定义图层名称、颜色和线型，也可以自己创建图层标准。利用图层管理功能，用户可通过外部数据库文件设置多个不同图层的标准，可恢复用户不规范设置的颜色和线型，可对当前图形文件的图层标准进行转换。

图 11-5 “图层管理”对话框

11.3 用户界面

针对建筑设计的实际需要，TArch 8.2 软件对 AutoCAD 的交互界面作了必要的扩充，建立了自己的菜单系统和快捷键，新提供了可由用户自定义的折叠式屏幕菜单、新颖方便的在位编辑框、与选取对象环境关联的右键快捷菜单和图标工具栏，保留了 AutoCAD 的所有下拉菜单和图标菜单，以便用户同时加载其他软件。其用户界面如图 11-6 所示。

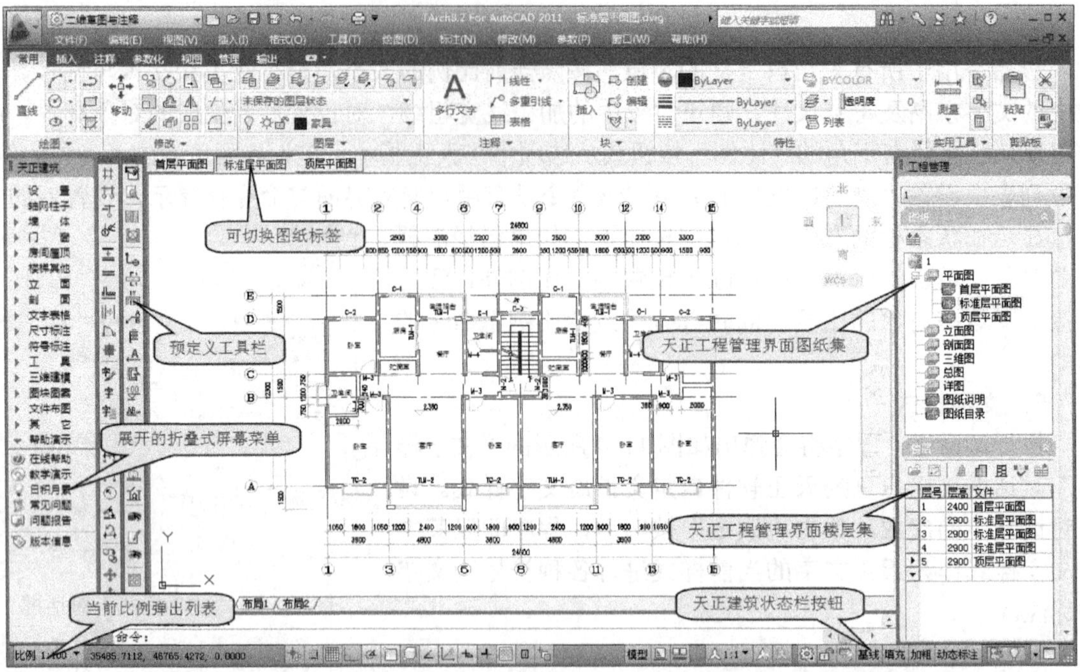

图 11-6　天正建筑 TArch 8.2 用户界面

1. 折叠式屏幕菜单

天正建筑软件的主要功能都列在“折叠式”三级结构的屏幕菜单上。单击上一级菜单可以展开下一级菜单。同级菜单互相关联，展开另外一个同级菜单时，原来展开的菜单会自动合拢。全部菜单项都提供 256 色图标，图标设计具有专业含义，以方便用户增强记忆，更快地确定菜单项的位置。由于屏幕的高度有限，在展开较长的菜单后，有些菜单项无法完全在屏幕可见，用户可用鼠标滚轮上下滚动菜单以快速选取当前不可见的菜单项。天正屏幕菜单在 AutoCAD2004 以上版本中支持自动隐藏功能，在光标离开菜单后，菜单可自动隐藏为一个标题，光标进入标题后随即自动弹出菜单，节省了宝贵的屏幕作图面积。当用户将光标移到菜单项上时，AutoCAD 的状态行会出现该菜单项的功能提示。

2. 在位编辑框和动态输入

天正建筑软件引入了在位编辑框，用户可以对所有尺寸标注和符号说明中的文字进行在位编辑。软件还提供了特殊字符输入控制，可以输入上下标、钢筋符号、加圈符号，还可以调用专业词库中的文字。在位编辑框可用于构件绘制中的尺寸动态输入、文字表格内容的修改、标注符号的编辑等。

3. 选择预览与智能右键菜单

TArch 8.2 新增了“选择预览”特性，当光标移动到对象上方时对象即可亮显，表示执行选择时要选中的对象，同时智能感知该对象，此时右击即可激活相应的对象编辑菜单，使对象编辑更加方便快捷。当用户在绘图区域右击时，将会弹出快捷菜单，该菜单内容根据当前光标下面的预选对象的不同而变化，当没有预选对象时，将会弹出最常用的功能。若用户在绘图区域的空白处双击，可取消此前的多个对象的选择，弥补了需要用手按下〈Esc〉键取消选择的不便。

4. 默认与自定义图标工具栏

天正建筑图标工具栏由三条默认工具栏以及一条用户定义工具栏组成，它们把分属于屏幕菜单中多个子菜单的常用天正建筑命令集中在一起，用户还可以根据需要增减自定义工具栏的内容，以提高绘图效率。

5. 文档标签的控制

为方便在多个图形文件之间进行切换，天正建筑软件提供了文档标签功能，为打开的每个图形文件在绘图区域上方提供了显示文件名的标签，用户可通过单击图形文件标签切换当前图形，右击图形文件标签可显示多文档专用的关闭和保存所有图形、图形导出等命令。

6. 状态栏

天正建筑软件在 AutoCAD 状态栏的基础上增加了比例设置的下拉列表控件以及多个功能切换开关，解决了编组、墙基线、填充、加粗和动态标注的快速切换。

11.4 实训操作

1. 实训要求

启动天正建筑的最新版本 TArch 8.2 软件，调用天正屏幕菜单。

2. 操作指导

1）在 Windows 系统桌面双击天正建筑 8.2 图标，启动程序。

2）依次选择“天正屏幕菜单”中的“设置”→“天正选项”命令，熟悉弹出的“天正选项”对话框中列出的参数设置。

3）依次选择“天正屏幕菜单”中列出的其他命令，熟悉“天正屏幕菜单”的布局及使用方法。

11.5 思考与练习

1. 试述天正建筑软件主要有哪些功能？
2. 天正建筑 TArch 8.2 软件支持哪些版本的 AutoCAD 平台？
3. 使用“天正选项”命令可进行哪些方面的设置，它们有哪些功能？

第 12 章　天正建筑平面图的绘制

本章详细介绍了天正建筑软件的常用命令，主要包括轴网与柱子的创建、墙体的创建、门窗的创建、楼梯的创建、尺寸标注的创建、文字标注的创建和符号标注的创建。并通过一栋宿舍楼的建筑设计进行实例讲解，详细介绍了利用天正建筑软件的最新版本 TArch 8.2 进行建筑工程施工平面图的绘制过程。

12.1　创建轴网与柱子

轴网是由两组到多组轴线、轴号和尺寸标注组成的平面网格，轴线是指建筑物组成部分的定位中心线，是建筑物单体平面布置和墙柱构件定位的依据。绘制墙体、楼梯、门窗等均以定位轴线为基准，以确定其平面位置与尺寸。完整的轴网由轴线、轴号和尺寸标注三个相对独立的系统构成。

12.1.1　创建轴网

1．功能

在天正建筑软件中，用户可以直接创建直线轴网、斜交轴网和圆弧轴网。直线轴网功能用于生成正交轴网、斜交轴网或单向轴网。圆弧轴网由一组同心弧线和不过圆心的径向直线组成，常与其他轴网组合，端部径向轴线由两轴网共用。另外，用户还可以用墙体命令直接绘制平面草图，然后利用“墙生轴网”命令生成轴网。

2．命令调用

用户可采用下列操作方法之一调用该命令。

- 单击天正快捷工具栏上的“绘制轴网”按钮。
- 选择“轴网柱子”→“绘制轴网”命令。
- 在命令行中输入“Hzzw”，并按〈Enter〉键执行命令。

3．操作示例

执行该命令，程序将会弹出如图 12-1 所示的“绘制轴网”对话框，程序提供了“直线轴网”和“圆弧轴网”两个选项卡。在“直线轴网”选项卡中，分别单击“上开”和“左进”单选按钮，输入相应的开间和进深数据，根据表 12-1 中所列轴网数据，创建建筑平面图的轴网。结果如图 12-2 所示。

12.1.2　轴网标注

1．功能

轴网标注是对始末轴线间的一组平行轴线（直线轴网与圆弧轴网的进深）或者径向轴线（圆弧轴线的圆心角）进行轴号和尺寸标注。轴号可按规范要求用数字、大写字母、小写字母、双字母、双字母间隔连字符等方式标注，可适应各种复杂的分区轴网。天正系统按照《房屋建筑制图统一标准》中的 7.0.4 条规定，字母 I、O、Z 不可用于轴线编号，在排序时会自动跳过这些字母。

尽管轴网标注命令能一次完成轴号和尺寸的标注，但轴号和尺寸标注二者属独立存在的不同对象，不能联动编辑，用户修改轴网时应注意自行处理。

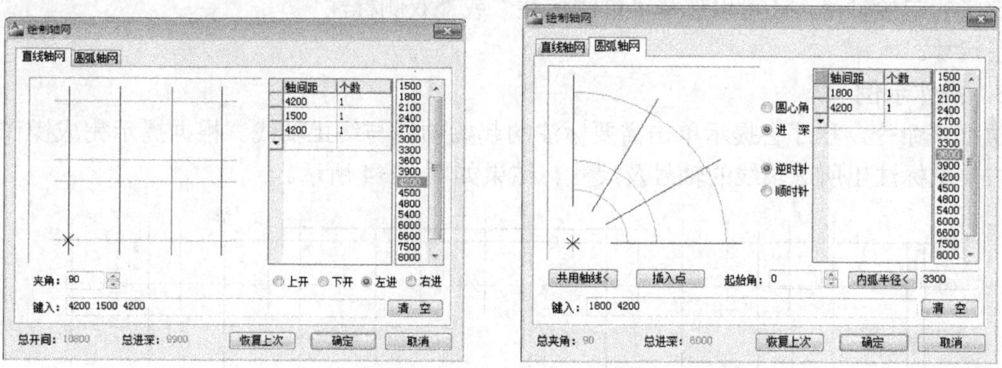

a) b)

图 12-1 “绘制轴网”对话框

a) “直线轴网”选项卡 b) “圆弧轴网”选项卡

表 12-1 轴网尺寸数据

尺寸类型	尺寸数据
上开间	10×3600
下开间	同上开间
左进深	2100，5400，2500，5400，2100
右进深	同左进深

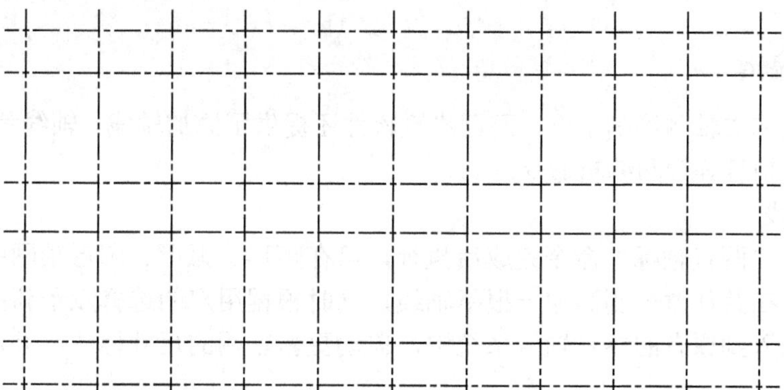

图 12-2 创建建筑平面图的轴网

2. 命令调用

用户可采用下列操作方法之一调用该命令。

● 单击天正快捷工具栏中的“两点轴标”按钮。

● 选择“轴网柱子”→“两点轴标”命令。

● 在命令行中输入“Ldzb”，并按〈Enter〉键执行命令。

执行该命令，程序将会弹出如图 12-3 所示的“轴网标注”对话框。若起始轴号不是默认值 1 或者 A 时，用户可在此处输入自定义的起始轴号，还可以选择“单侧标注”或“双侧标注”轴号及尺寸。

图 12-3 “轴网标注”对话框

3. 操作示例

执行该命令，程序会提示单击需要标注的起始轴线与终止轴线。根据提示完成操作，程序将按要求标注出所选轴线的轴号及尺寸。结果如图 12-4 所示。

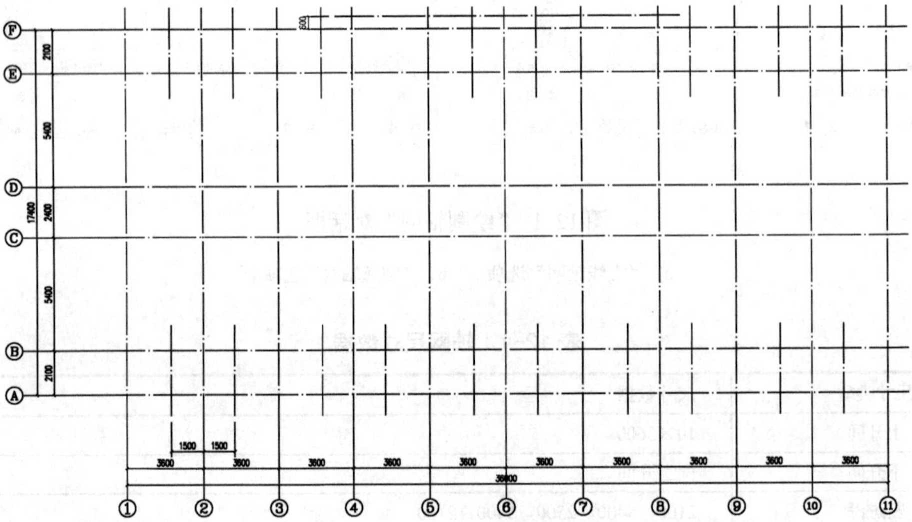

图 12-4 轴网标注结果

12.1.3 轴网编辑

为了更好地完成轴网绘制工作，天正建筑软件还提供了添加轴线、轴线裁剪、轴线改型、添补轴号与删除轴号等轴网编辑命令。

1. 添加轴线

该命令是在“两点轴标”命令完成后执行，可在矩形、弧形、圆形轴网中参考某一个已经存在的轴线，在其任意一侧添加一根新轴线，同时根据用户的选择赋予新的轴号，把新轴线和轴号一起融入到原有的参考轴号系统中，自动更新轴网的尺寸标注，并对后面的轴号进行重新排序。

2. 轴线裁剪

该命令可根据设定的多边形与直线范围，裁剪多边形内的轴线或者直线某一侧的轴线。

3. 轴线改型

该命令功能是在点画线和连续线两种线型之间切换。建筑制图要求轴线必须使用点画线，但由于点画线不便于对象捕捉，因此常在绘图过程使用连续线，在输出的时候切换为点画线。

4. 添补轴号

该命令可在矩形、弧形、圆形轴网中对新增轴线添加轴号，新添轴号成为原有轴网轴号对象的一部分，但不会生成轴线，也不会更新尺寸标注，适合为以其他方式增添或修改轴线后进行的轴号标注。

5. 删除轴号

该命令用于在平面图中删除个别不需要的轴号，被删除轴号两侧的尺寸合并为一个尺寸，并可根据需要决定是否调整轴号，用户可框选多个轴号一次删除。

12.1.4 创建柱子

1. 功能

天正建筑软件以自定义对象来表示柱子，但各种柱子对象的定义不同。标准柱用底标高、柱高和柱截面参数描述其在三维空间的位置和形状；构造柱用于砖混结构，只有截面形状而没有三维数据描述。

使用“标准柱”命令可以在轴线的交点或任意位置插入矩形柱、圆柱或正多边形柱，还可以创建异形柱。使用“角柱”命令可以在墙角插入位置及形状与墙体一致的角柱，用户可更改角柱各肢的长度和宽度，高度为当前层高。使用“构造柱”命令可以在墙体拐角处、纵横墙交叉处或墙体内插入构造柱，用户可以依照所选择的墙角形状为基准，输入构造柱的具体尺寸并指定对齐方式。

用户可利用夹点功能和其他编辑功能移动和修改插入到图中的柱子，对于标准柱的批量修改，用户可以使用“替换”的方式，修改后相应墙段会自动更新。此外，柱与墙可同时用夹点拖动编辑。

2. 命令调用

（1）标准柱

用户可采用下列操作方法之一调用该命令。

- 选择“轴网柱子”→“标准柱”命令。
- 在命令行中输入“Bzz”，并按〈Enter〉键执行命令。

执行该命令，程序将会弹出如图 12-5 所示的“标准柱”对话框。

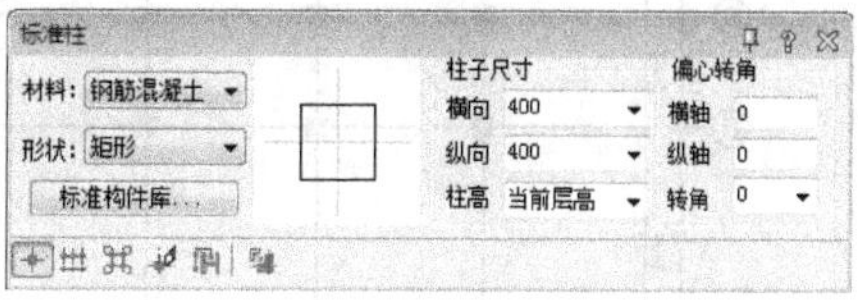

图 12-5 “标准柱”对话框

在该对话框中，用户可以设置柱的参数，包括截面类型、柱子材料、柱子尺寸，也可以从构件库中选取不同类型的柱。完成参数设置后，在对话框下侧点取工具栏图标，选择柱子的定位方式，提供的定位方式有“点选插入柱子”、“沿一根轴线布置柱子”、“指定的矩形区域内的轴线交点插入柱子”、“替换图中已插入的柱子”、“选择 Pline 线创建异形柱”和“在图中拾取柱子形状或已有柱子”。

（2）角柱

用户可采用下列操作方法之一调用该命令。

- 选择“轴网柱子”→“角柱”命令。
- 在命令行中输入“Jz”，并按〈Enter〉键执行命令。

执行该命令，程序将会提示“请选取墙角”，选取需要插入角柱的墙角后，程序将弹出如

图 12-6 所示的“转角柱参数”对话框。

（3）构造柱

用户可采用下列操作方法之一调用该命令。

- 选择“轴网柱子”→“构造柱”命令。
- 在命令行中输入“Gzz”，并按〈Enter〉键执行命令。

执行该命令，程序将会提示“请选取墙角”，选取需要插入构造柱的墙角后，程序将弹出如图 12-7 所示的“构造柱参数”对话框。

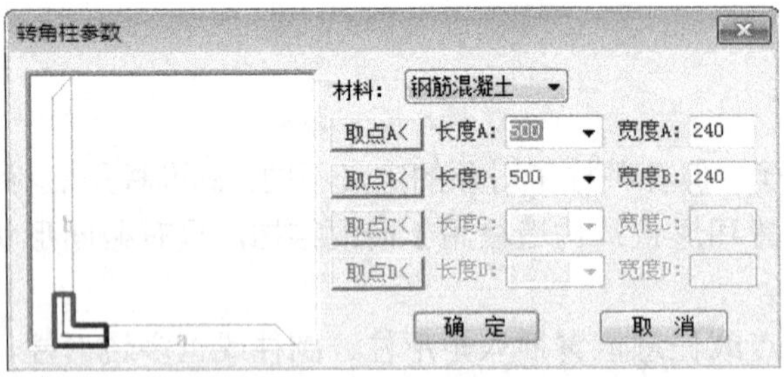

图 12-6 “转角柱参数”对话框

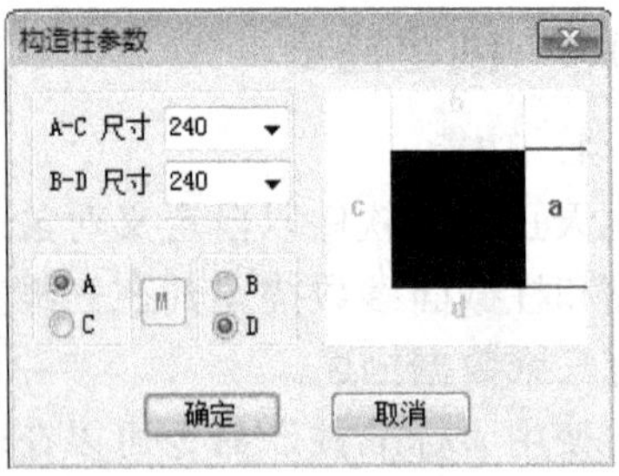

图 12-7 “构造柱参数”对话框

3. 操作示例

执行“标准柱”命令，在“标准柱”对话框中将柱子材质设为“钢筋混凝土”，柱子形状设为“矩形”，截面尺寸设为 400mm×400mm，柱高设为“当前层高”。并选择使用“指定的矩形区域内的轴线交点插入柱子”方式，为轴网插入柱子。结果如图 12-8 所示。

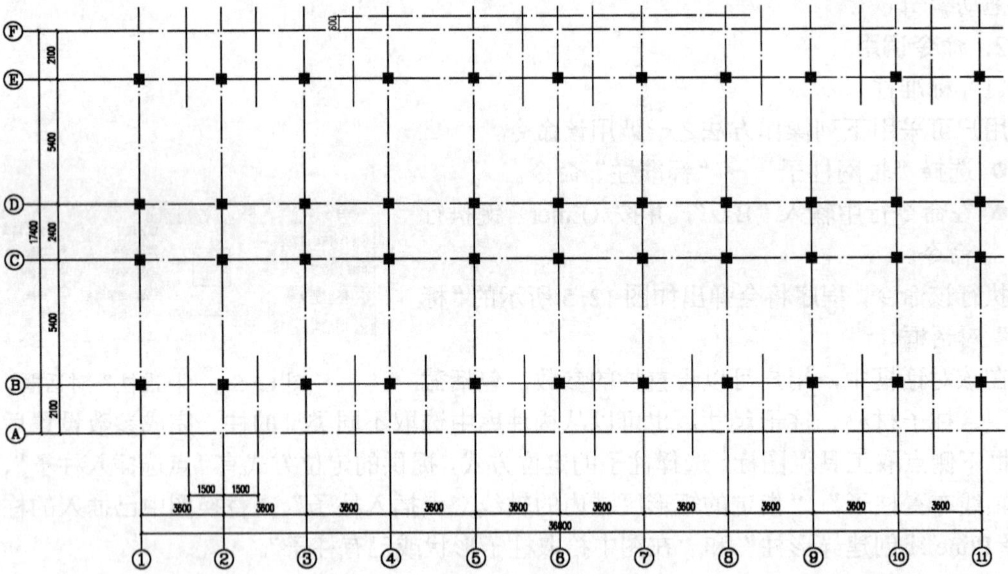

图 12-8 插入柱子

用户可以在“标准柱”对话框中输入新的参数，并单击“替换图中已插入的柱子”按钮，对图中已有的柱子进行替换。也可以双击已有的柱子，在弹出的“标准柱”对话框中更改柱子参数。用户还可以使用 AutoCAD 的“特性”选项板对柱子进行批量编辑。

12.2 创建墙体

墙体是天正建筑软件中的核心对象，它模拟实际墙体的专业特性构建而成，因此可实现墙角的自动修剪、墙体之间按材料特性连接、与柱子和门窗互相关联等智能特性，并且墙体是建筑物房间的划分依据，因此理解墙体对象的概念非常重要。墙体对象不仅包含位置、高度、厚度这样的几何信息，还包括墙体类型、材料、内外墙这样的内在属性。

一个墙体对象是柱间或墙角间具有相同特性的一段直墙或弧墙单元，墙体对象与柱子围合而成的区域就是房间，墙体对象中的“虚墙”作为逻辑构件，可作为围合建筑中挑空的楼板边界与功能划分的边界（如在住宅空间内餐厅与客厅的划分），可以查询得到各自的房间面积数据。

12.2.1 墙体概念

1．墙体基线

墙体基线是墙体的定位线，通常位于墙体内部并与轴线重合，墙体的两条边线就是依据基线按左右宽度确定的。墙体基线同时也是门窗的测量基准，墙体长度指该墙体基线的长度，弧窗宽度指弧窗在墙体基线上的长度。墙体基线只是逻辑概念，出图时不会打印到图纸上。

墙体的相关判断都是依据于基线，比如墙体的连接相交、延伸和剪裁等，因此互相连接的墙体的基线应准确交接。天正建筑软件规定墙体基线不可重合，如果在绘制过程中产生重合墙体，系统将弹出警告，并要求用户选择删除相同颜色的墙体重合部分。

2．墙体的用途及特征

天正建筑软件所定义的墙体按用途分为以下几类。

- “一般墙”：包括建筑物的内外墙，参与按材料的加粗和填充。
- “虚墙”：用于空间的逻辑分隔，以便计算房间面积。
- “卫生间隔断”：卫生间洁具隔断用的墙体或隔板，不参与加粗填充与房间面积计算。
- “矮墙”：表示在水平剖切线以下的可见墙（如女儿墙），不会参与加粗和填充。矮墙的优先级低于其他所有类型的墙，矮墙之间的优先级由墙高决定，不受墙体材料控制。

对一般墙还可以进一步以内外特性分为内墙、外墙两类。用于节能计算时，室内外温差计算不必考虑内墙影响，用于组合生成建筑透视三维模型时，也可不考虑内墙，提高渲染速度。

3．墙体材料

墙体的材料类型用于控制墙体的二维平面图效果。相同材料的墙体在二维平面图上的墙角可连通一体，系统约定按优先级高的墙体打断优先级低的墙体的预设规律处理墙角清理。优先级由高到低的材料依次为钢筋混凝土墙、石墙、砖墙、填充墙、示意幕墙和轻质隔墙。

12.2.2 墙体的创建

1．功能

执行“绘制墙体”命令，程序将弹出“绘制墙体”对话框，用户可以设定墙体参数，不必关闭对话框即可直接使用“直墙”、“弧墙”和“矩形布置”3 种方式绘制墙体对象。用户还可以随时定义墙宽和墙高参数，在绘制过程中墙端点可以回退。另外，用户还可以利用“单线变墙”命令将直线、圆弧或轴网转换为墙体对象。

2. 命令调用

用户可采用下列操作方法之一调用该命令。

- 单击天正快捷工具栏中的“绘制墙体”按钮▭。
- 选择“墙体”→“绘制墙体”命令。
- 在命令行中输入“Hzqt”，并按〈Enter〉键执行命令。

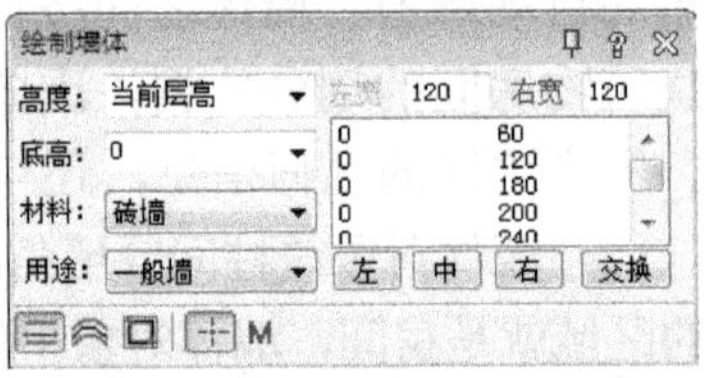

图12-9 “绘制墙体”对话框

3. 操作示例

执行“绘制墙体”命令，程序弹出如图 12-9 所示的“绘制墙体”对话框，包括墙宽编辑框、基线位置切换按钮、墙高和底高、墙体材料、墙体用途、绘制方式和捕捉开关。

墙宽参数包括“左宽”和“右宽”两个参数。墙体的左、右宽度是指沿墙体定位点顺序，墙体基线左侧部分和右侧部分的宽度。对于矩形绘制墙体，则分别对应基线内侧和外侧的宽度。其中“左宽”、“右宽”都可以是正数、负数或为零。

墙体基线位置设有“左”、“中”、“右”和“交换”4 种方式，“左”、“右”是计算当前墙体总宽后，全部左偏或右偏的设置。例如当前墙体厚度为 240，单击“左”按钮后即可改为 240、0，“中”是当前墙体总宽居中设置，单击“中”按钮后即可改为 120、120，“交换”就是把当前左右墙厚交换方向。

在对话框中按图 12-9 设置要绘制墙体的参数，选择“直墙”方式绘制墙体。并利用“构造柱”命令为平面图的墙角处绘制构造柱。完成如图 12-10 所示的墙线绘制。

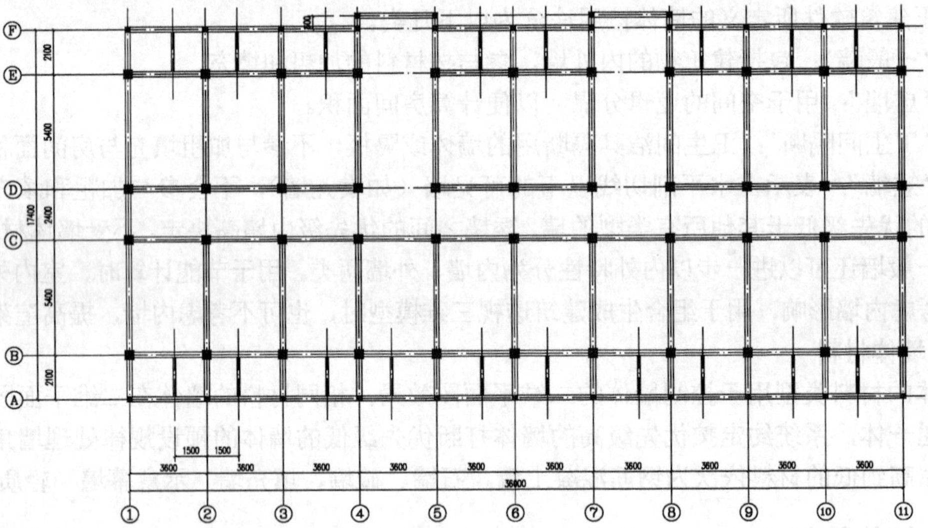

图 12-10 绘制墙体

12.2.3 墙体编辑

墙体对象支持 AutoCAD 的通用编辑命令，用户可使用包括偏移、修剪、延伸、夹点编辑等命令进行墙体编辑。用户也可以通过双击墙体对象，激活墙体编辑对话框进行编辑。天正建筑软件还提供了倒墙角、倒斜角、修墙角、基线对齐、边线对齐、墙保温层、改墙厚、改外墙厚、改高度、改外墙高等墙体编辑功能。

1．普通墙体对象编辑

双击要进行编辑的墙体，程序将会弹出如图 12-11 所示的对话框。用户可以在对话框中修改墙体参数，然后单击“确定”按钮完成编辑。对话框提供了墙体厚度列表、左右控制按钮和保温层的编辑，操作很方便。

2．倒墙角

该命令功能与 AutoCAD 的圆角命令相似，专门用于处理两段不平行的墙体的端头交角，使两段墙体以指定圆角半径进行连接，圆角半径以墙中线为标准进行计算。

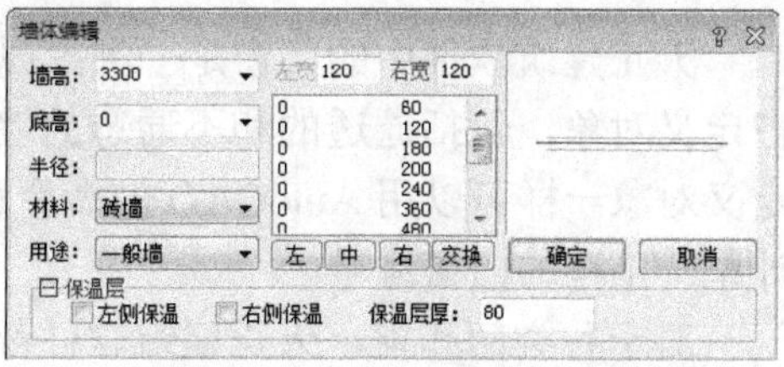

图 12-11　“墙体编辑”对话框

3．倒斜角

该命令功能与 AutoCAD 的倒角命令相似，专门用于处理两段不平行的墙体的端头交角，使两段墙以指定倒角长度进行连接，倒角距离以墙中线为标准进行计算。

4．修墙角

该命令提供对属性完全相同的墙体相交处的清理功能，当用户使用 AutoCAD 的某些编辑命令，或者使用夹点编辑功能对墙体进行操作后，墙体相交处有时会出现未按要求打断的情况，用户可采用该命令框选墙角进行处理。

5．基线对齐

该命令用于纠正以下两种情况的墙线错误：由于基线不对齐或未精确对齐而导致墙体显示或搜索房间出错；由于短墙存在而造成墙体显示不正确。

6．边线对齐

该命令用来对齐墙边，并维持基线位置不变，边线偏移到指定的位置。换句话说，就是维持基线位置和总宽不变，通过修改左右宽度达到边线与给定位置对齐的目的。通常用于处理墙体与某些特定位置的对齐，特别是和柱子的边线对齐。

7．墙保温层

该命令可在图中已有的墙段上加入或删除保温层示意线，遇到门洞时该示意线自动打断，遇到窗时自动增加窗的厚度。缺省方式为逐段单击，用户也可在命令执行过程中输入“I”或“E”，对选中外墙的内侧或外侧加设保温层示意线。运行该命令前，应先执行内外墙的识别操作。

8．改墙厚和外墙厚

改墙厚命令按照墙基线居中的规则，可实现批量修改多段墙体的厚度。改外墙厚命令用于整体修改外墙厚度，执行该命令前应事先识别外墙，否则无法找到外墙进行处理。

9．改高度和外墙高度

改高度命令可对选中的柱、墙体及其造型的高度和底标高进行批量修改，是调整这些构件竖向位置的主要手段。修改底标高时，门窗底的标高可以和柱、墙联动修改。改外墙高命令与改高度命令类似，只是仅对外墙有效，运行该命令前，应已作过内外墙的识别操作。

10．识别内外

识别内外命令可自动识别内、外墙，并用红色虚线亮显外墙外边线（用户可用重画命令消除亮显虚线），还可设置墙体的内外特征，在建筑的节能设计中要使用外墙的内外特征。用户也可以利用手工方式指定内外墙。

12.3 创建门窗

12.3.1 门窗概念

天正建筑软件中的门窗是一种附属于墙体并需要在墙上开启洞口，带有编号的 AutoCAD 自定义对象，包括通透的和不通透的墙洞。门窗和墙体建立了智能联动关系。门窗和其他自定义对象一样可以用 AutoCAD 的命令和夹点编辑功能进行修改，并可通过电子表格检查和统计整个工程的门窗编号。

对于各类门和窗，天正建筑软件都提供了顺序插入、中心插入、墙垛插入、满墙插入等方式，用户可结合不同的需求，使用不同的插入方式，以便提高作图效率。

1．普通门窗

在天正建筑软件中，普通门窗的二维视图和三维视图都用图块来表示，用户可以从门窗图库中分别挑选门窗的二维形式和三维形式。普通门的参数主要有编号、门宽、门高、门槛高，其中门槛高是指门的下缘到所在的墙底标高的距离，通常就是离本层地面的距离。普通窗的参数主要有编号、窗宽、窗高、窗台高，它比普通门多了一个“高窗”复选框控件，勾选后将会按规范图例以虚线表示高窗。

2．弧窗

弧窗是安装在弧墙上，具有与弧墙相同的曲率半径的弧形玻璃。二维视图用三线或四线表示，缺省的三维视图为一弧形玻璃加四周边框，用户可以用屏幕菜单中的“门窗工具”下提供的“窗棂展开”与“窗棂映射”命令来添加更多的窗棂分格。

3．凸窗

即外飘窗。二维视图依据用户的选定参数确定，默认的三维视图包括窗楣与窗台板、窗框和玻璃。对于楼板挑出的落地凸窗和封闭阳台，平面图应该使用带形窗来实现。矩形凸窗还可以设置两侧是玻璃或挡板，并可设置挡板的厚度。

4．门连窗

门连窗是一个门和一个窗的组合，在门窗表中作为单个门窗进行统计，缺点是门的平面图例固定为单扇平开门，用户可根据需要选择“组合门窗命令”来生成特殊形式的门连窗。

5．子母门

子母门是两个平开门的组合，在门窗表中作为单个门窗进行统计，缺点与门连窗相同，优点是参数定义比较简单。

6．组合门窗

组合门窗可以把已经插入的两个以上普通门和窗组合为一个对象，作为单个门窗对象统计，用户可以单独控制组合门窗各个成员的平面和立面形式。

7．转角窗

转角窗是跨越两段相邻转角墙体的普通窗或凸窗。用户可以通过“对象特性”在窗口将其设置为转角洞口，另外，转角凸窗还具有窗楣和窗台板，侧面遇到墙体时可以自动剪裁。

8．带型窗

带型窗是跨越多段墙体的多扇普通窗的组合，多扇窗共享一个编号。

9. 门窗编号

门窗编号用来标识尺寸、材料与工艺相同的门窗。门窗编号是门窗对象的文字属性，在插入门窗时可直接输入门窗编号或通过“门窗编号”命令自动生成，用户可通过在位编辑修改门窗编号。系统在插入门窗或修改门窗编号时，会在同一图形文件内检查相同编号的门窗洞口尺寸和外观是否相同，用户也可以通过“门窗检查”命令检查同一图形文件中门窗编号是否满足这一规定。

10. 高窗和上层窗

高窗和上层窗是门窗的属性，两者都是指位于平面图默认剖切高度的平面以上的窗户。两者区别是高窗用虚线表示二维视图，而上层窗没有二维视图，只提供门窗编号。

12.3.2 门窗的创建

1. 功能

门窗是天正建筑软件中的核心对象之一，类型和形式非常丰富，大部分门窗都使用矩形的标准洞口，并且在一段墙或多段相邻墙内连续插入，用户还可以选定门窗的二维和三维样式。使用门窗命令，可以在墙体对象上插入可定制形状的门窗，包括平开门、推拉门、推拉窗、门连窗、子母门、弧窗、凸窗、矩形洞等类型，它们的定位方式基本相同。

2. 命令调用

用户可采用下列操作方法之一调用该命令。

● 单击天正快捷工具栏中的“门窗”命令按钮。
● 选择“门窗”→“门窗”命令。
● 在命令行中输入“Mc”，并按〈Enter〉键执行命令。

3. 操作示例

执行“门窗”命令，程序弹出如图 12-12 所示的“门”对话框，对话框下侧有一个工具栏，分隔条左侧是定位模式图标，右侧是门窗类型图标，对话框上部是要创建门窗的参数，包括编号、门宽、门高、门槛高等选项。由于门窗界面是无模式对话框，确定门窗参数并单击工具栏图标选择门窗类型以及定位模式后，即可根据提示进行交互式插入门窗，用户还可以从编号列表中选择“自动编号”选项，程序将会按洞口尺寸自动给出门窗编号。

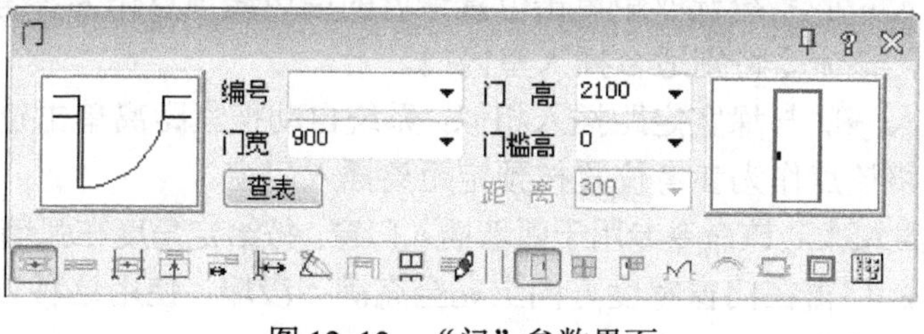

图 12-12 “门”参数界面

当用户在“门窗”对话框下侧的工具栏中选择不同的门窗类型图标时，该对话框将会显示相应的参数界面，如图 12-13 所示。

在“门窗”对话框下侧的工具栏中还提供了多种门窗定位方式，用户可以根据实际需要选取不同的定位方式绘制门窗。

“窗”参数界面

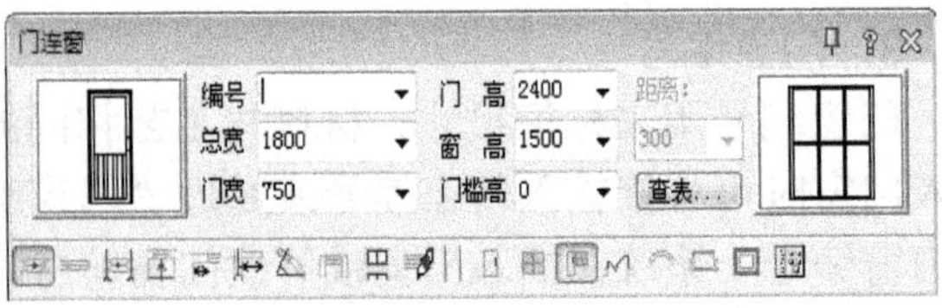

“门连窗”参数界面

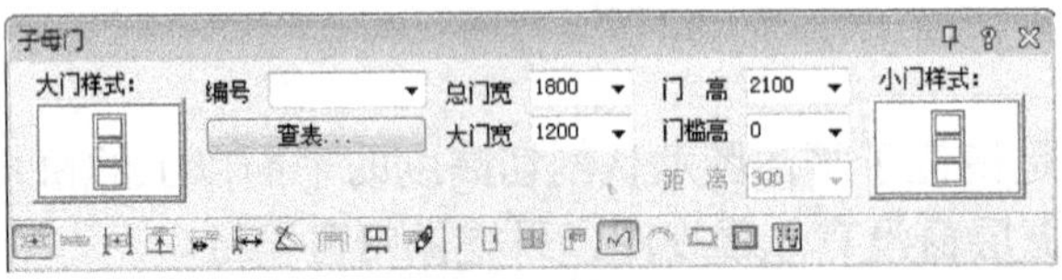

“子母门”参数界面

“弧窗”参数界面

“凸窗”参数界面

“矩形洞”参数界面

图 12-13 其他门窗参数界面

- 自由插入：可在墙段的任意位置插入门窗，速度快但不易准确定位，可以在方案设计阶段使用。以墙中线为分界内外移动光标，可控制内外开启方向，按〈Shift〉键控制左右开启方向，单击墙体后，门窗的位置和开启方向就完全确定了。
- 顺序插入：以距离单击位置较近的墙边端点或基线端为起点，按给定距离插入选定的门窗。此后顺着前进方向连续插入，插入过程中可以改变门窗类型和参数。在弧墙顺序插入时，门窗按照墙体基线弧长进行定位。
- 轴线等分插入：将一个或多个门窗等分插入到两根轴线间的墙段等分线中间，如果墙段内没有轴线，则该侧按墙段基线等分插入。
- 墙段等分插入：与轴线等分插入相似，该命令在一个墙段上按墙体较短的一侧边线，插入若干个门窗，按墙段等分使各门窗之间墙垛的长度相等。
- 垛宽定距插入：系统选取距单击位置最近的墙边线顶点作为参考点，按指定垛宽距离插入门窗，该命令特别适合插入室内门。
- 轴线定距插入：与垛宽定距插入相似，系统自动搜索距离单击位置最近的轴线与墙体的交点，将该点作为参考位置按预定距离插入门窗。
- 按角度定位插入：该命令专用于弧墙插入门窗，按给定角度在弧墙上插入直线型门窗。
- 满墙插入：门窗在门窗宽度方向上完全充满一段墙，使用这种方式时，门窗宽度参数由系统自动确定。
- 插入上层门窗：在同一个墙体已有的门窗上方再加一个宽度相同、高度不同的窗，这种情况常常出现在高大的厂房外墙中。
- 门窗替换：用于批量修改门窗，包括门窗类型之间的转换。

利用上述功能为建筑平面图绘制门窗，窗均为推拉窗，M-1 为平开门，M-2 为推拉门，M-3 为门洞，具体要求如下。

C-1：高度 2000mm，窗台高 900mm，采用满墙插入。
C-2：尺寸为 900mm×1200mm，窗台高 1700mm，采用墙段等分插入。
C-3：尺寸为 1500mm×2400mm，窗台高 500mm，采用垛宽定距插入，距离设为 0。
M-1：尺寸为 1000mm×2500mm，采用墙段等分插入。
M-2：尺寸为 800mm×2100mm，采用垛宽定距插入，距离设为 0。
M-3：尺寸为 1500mm×2500mm，采用垛宽定距插入，距离设为 0。
完成门窗的绘制，结果如图 12-14 所示。

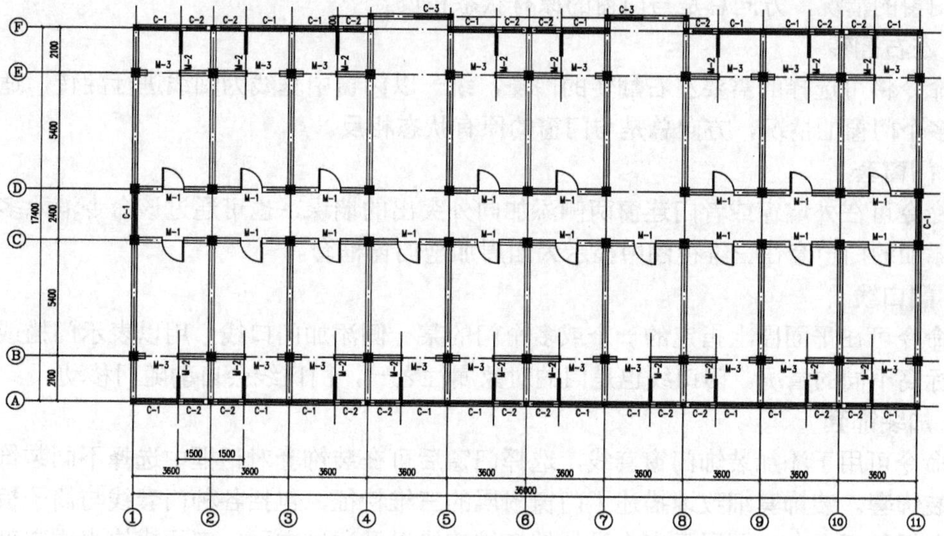

图 12-14　绘制门窗

12.3.3　门窗编辑

门窗编辑功能能够对已经绘制的门窗进行修改和装饰。它包括夹点编辑、内外翻转、左右翻转、加门窗套、加门口线、加装饰线等功能。

1．夹点编辑

在天正建筑软件中，普通门窗都有若干个预设好的夹点，如图 12-15 所示。拖动夹点时门窗对象会按预设的行为作出动作，夹点编辑的缺点是一次只能对一个对象操作，而不能一次更新多个对象，为此系统提供了各种门窗编辑命令。

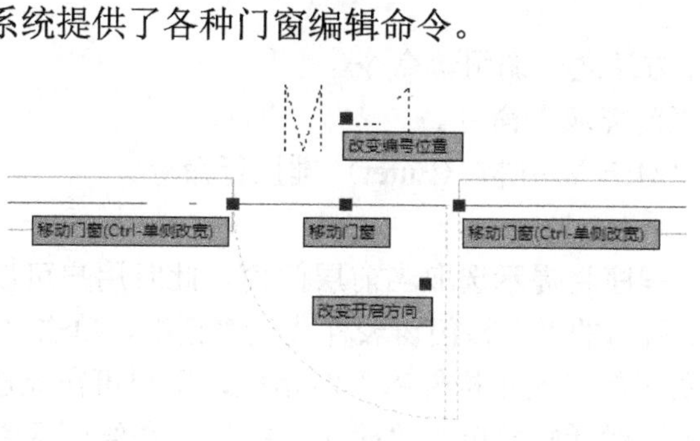

图 12-15　门窗夹点编辑

2. 对象编辑与特性编辑

双击已绘制的门窗对象，程序将弹出“门窗编辑”对话框，用户可以在此对门窗进行参数修改，“门窗编辑”对话框与“门窗”对话框类似，只是减少了插入方式的工具栏，并增加了“单侧改宽”的复选框，而且用户可以在此替换门窗的外观样式。另外，还可以通过“特性”选项板对门窗进行编辑。

3. 内外翻转

该命令可将选择的需要内外翻转的门窗，统一以墙中线为轴线进行翻转，适用于一次处理多个门窗的情况，方向总是与门窗的原有状态相反。

4. 左右翻转

该命令将可选择的需要左右翻转的门窗，统一以门窗中垂线为轴线进行翻转，适用于一次处理多个门窗的情况，方向总是与门窗的原有状态相反。

5. 门窗套

该命令可在外墙窗或者门连窗两侧添加向外突出的墙垛，也可通过该命令消除多余的门窗套。添加的门窗套在三维视图中显示为四周加全门窗框套。

6. 门口线

该命令可在平面图上指定的一个或多个门的某一侧添加门口线，用以表示门槛或者门两侧地面标高不同的情况。门口线也是门的对象属性之一，门口线会自动随门移动。

7. 加装饰套

该命令可用于添加装饰门窗套线，选择门窗后可在装饰套对话框中选择不同装饰风格和参数的装饰套。装饰套细致地描述了门窗附属的三维特征，包括各种门套线与筒子板、檐口板和窗台板的组合，主要用于室内设计的三维建模以及通过立面、剖面模块生成立剖面施工图中的相应部分。

12.3.4 门窗表

1. 功能

使用门窗表命令，可以方便地统计本图中使用的门窗数量和参数，检查后生成传统样式门窗表或者符合国标《建筑工程设计文件编制深度规定》样式的标准门窗表。从 TArch 8 开始提供了用户定制门窗表的命令，各设计单位自己可以根据需要定制自己的门窗表格并添加到天正图库中，定制本单位的门窗表格样式。

2. 命令调用

用户可采用下列操作方法之一调用该命令。

- 选择“门窗”→“门窗表”命令。
- 在命令行中输入“Mcb”，并按〈Enter〉键执行命令。

3. 操作示例

执行“门窗”命令，程序将提示选取当前层门窗，此时用户可以框选当前层全部门窗，然后将会弹出如图 12-16 所示的“选择门窗表样式”对话框，单击“从构件库中选择”按钮，程序将弹出如图 12-17 所示的“天正构件库”对话框，用户可在此选择需要的门窗表样式，返回到“选择门窗表样式”对话框并单击“确定”按钮，在绘图区域单击即可插入门窗表，结果如图 12-18 所示。

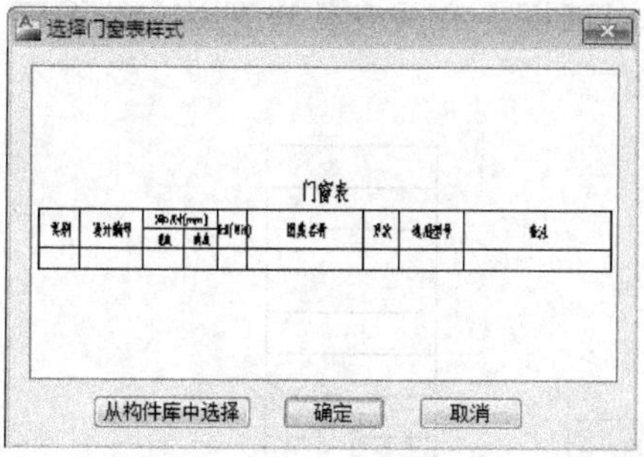

图 12-16 “选择门窗表样式”对话框

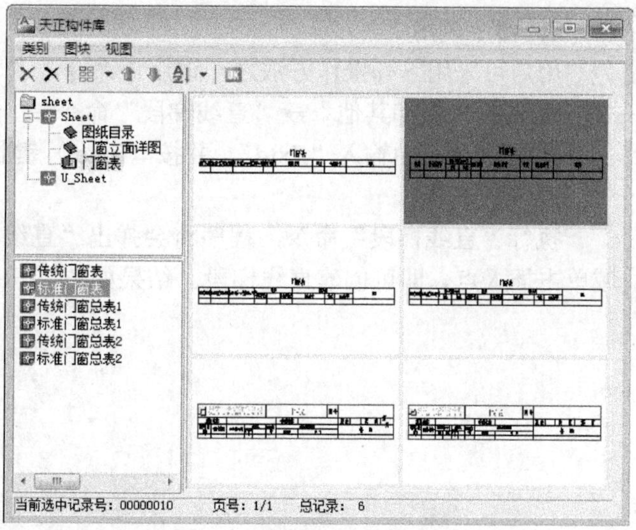

图 12-17 “天正构件库”对话框

门窗表

类别	设计编号	洞口尺寸(mm)		数量	图集名称	页次	选用型号	备注
		宽度	高度					
门	M-1	1000	2500	18				
	M-2	800	2100	18				
窗	C-1	2000	2000	2				
	C-1	1920	2000	18				
	C-2	900	1200	18				
	C-3	1500	2400	2				
墙洞	M-3	1500	2500	18				

图 12-18 门窗表

12.4 创建楼梯

天正建筑软件提供了常见的双跑和多跑楼梯的创建功能，还新增加了多种其他型式的楼梯。从 TArch 8 开始提供了多种复杂楼梯的创建功能，包括双分平行楼梯、双分转角楼梯、双分三跑楼梯和交叉楼梯、剪刀楼梯、三角楼梯、矩形转角楼梯，很大程度上满足了楼梯设计的需要。双跑楼梯的上下行方向标识符号可以随对象自动绘制，剖切位置可以预先按踏步数或标高定义。用户也可以利用楼梯对象的夹点编辑功能和特性选项板对其进行编辑。在此，仅以几种较为常见的楼梯形式为例介绍楼梯的创建方式。

12.4.1 创建直线梯段

1．功能

执行该命令，可通过在对话框中输入梯段参数绘制直线梯段，用户可以单独创建直线梯段或将其用于组合复杂楼梯对象，还可以利用“添加扶手”命令为直线梯段绘制楼梯扶手。

2．命令调用

用户可采用下列操作方法之一调用该命令。

- 选择“楼梯其他”→“直线梯段”命令。
- 在命令行中输入“Zxtd”，并按〈Enter〉键执行命令。

3．操作示例

执行“直线梯段”命令，程序将会弹出“直线梯段”对话框，完成参数设置并在绘图区域单击插入点，即可创建直线梯段。结果如图 12-19 所示。

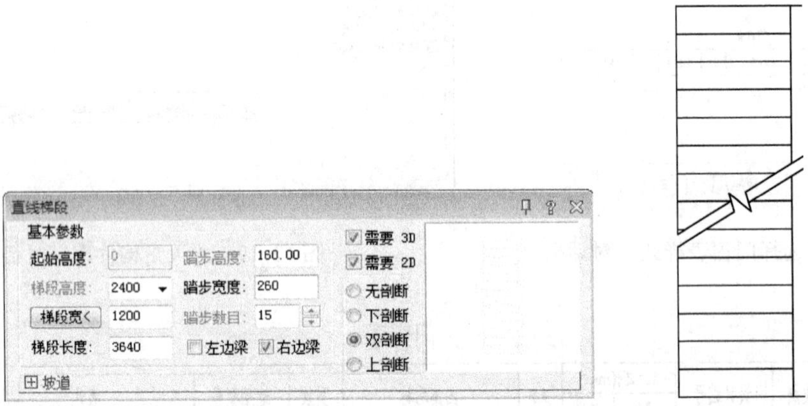

图 12-19 创建直线梯段结果

在“直线梯段”对话框中列出了创建直线梯段所需要的参数，各参数的功能如下。

- 起始高度：相对于本楼层地面起算的楼梯起始高度，梯段高以此算起。
- 梯段长度：直线梯段的踏步宽度×（踏步数目－1）= 梯段的平面投影长度。
- 梯段宽<：指梯段宽度，用户可在图中点取两点获得梯段宽，也可输入数据确定梯段宽。
- 梯段高度：直线梯段的总高，始终等于踏步高度的总和，如果梯段高度被改变，程序自动按当前踏步高调整踏步数，最后根据新的踏步数重新计算踏步高。
- 踏步高度：输入一个概略的踏步高设计初值，程序可由楼梯高度推算出最接近初值的设计值。由于踏步数目是整数，梯段高度是一个给定的整数，因此踏步高度并非总是整数。用户给定一个概略的目标值后，系统可经过计算确定踏步高的精确值。
- 踏步宽度：楼梯段的每一个踏步板的宽度。
- 踏步数目：用户可直接输入踏步数目，也可由梯段高和踏步高概略值推算取整获得，同时修正踏步高，用户也可改变踏步数，与梯段高一起推算踏步高。
- 需要 3D/2D：用来控制梯段的二维、三维视图，用户可单选一种视图或选择两种视图。
- 剖断设置：包括无剖断、下剖断、双剖断和上剖断四种设置。
- 作为坡道：勾选此复选框，可选择踏步生成防滑条间距，楼梯段生成坡道。

12.4.2 创建圆弧梯段

1．功能

执行“圆弧梯段”命令，可创建单段弧线型梯段，适合用于创建单独的圆弧楼梯，也可与直线梯段组合创建复杂楼梯和坡道，如大堂的螺旋楼梯与入口的坡道。

2. 命令调用

用户可采用下列操作方法之一调用该命令。

- 选择“楼梯其他”→“圆弧梯段”命令。
- 在命令行中输入“Yhtd”，并按〈Enter〉键执行命令。

3. 操作示例

执行“圆弧梯段”命令，程序将会弹出“圆弧梯段”对话框。完成参数设置并在绘图区域点取插入点，即可创建圆弧梯段。结果如图 12-20 所示。

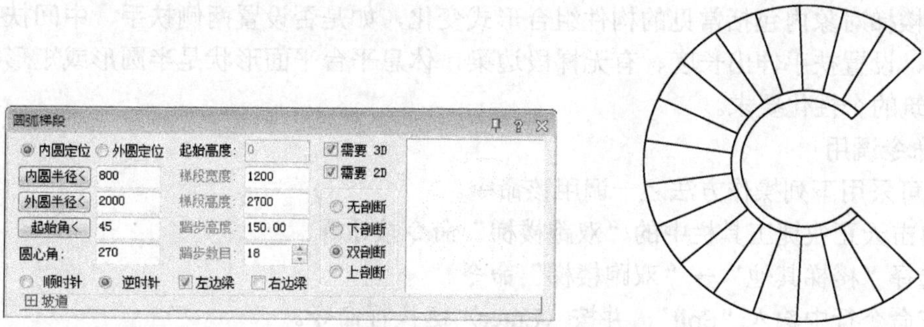

图 12-20　创建圆弧梯段

12.4.3　创建任意梯段

1. 功能

执行“任意梯段”命令，用户可以将预先绘制的直线或弧线作为梯段两侧的边界，并在对话框中输入梯段参数，创建形状多变的梯段。多段线对象不可用作梯段边界。

2. 命令调用

用户可采用下列操作方法之一调用该命令。

- 选择“楼梯其他”→“任意梯段”命令。
- 在命令行中输入“Rytd”，并按〈Enter〉键执行命令。

3. 操作示例

执行“任意梯段”命令，程序将会提示选择梯段左侧和右侧边线，单击已绘制的直线或弧线对象，并在弹出的“任意梯段”对话框中完成参数设置，单击“确定”按钮即可完成任意梯段的创建。结果如图 12-21 所示。

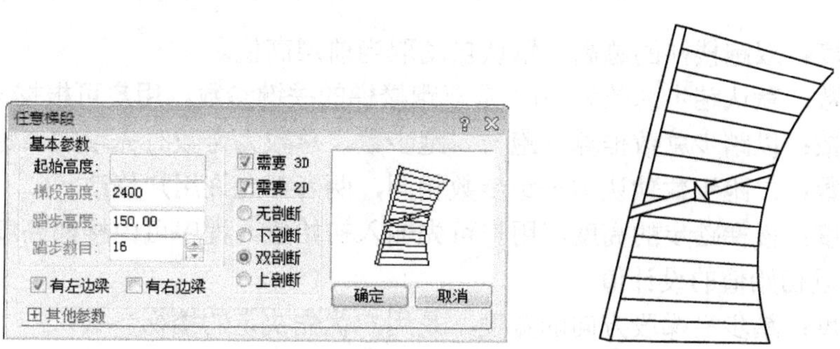

图 12-21　创建任意梯段

12.4.4　创建双跑楼梯

1．功能

双跑楼梯是最常见的楼梯形式，在天正建筑软件中，它是由两跑直线梯段、一个休息平台、一组或两组扶手栏杆构成的自定义对象，同时具有二维和三维视图。从 TArch 8 开始，楼梯方向示意线也属于楼梯对象的组成部分，可以自动生成，另外还增加了扶手的伸出长度、扶手在平台是否连接、梯段之间位置可任意调整等新功能。用户还可以在对象的特性选项板中修改楼梯方向示意线的文字。

双跑楼梯对象内包括常见的构件组合形式变化，如是否设置两侧扶手、中间扶手在平台是否连接、设置扶手伸出长度、有无梯段边梁，休息平台平面形状是半圆形或矩形等，尽量满足了建筑的个性化要求。

2．命令调用

用户可采用下列操作方法之一调用该命令。

- 单击天正快捷工具栏中的“双跑楼梯”命令按钮。
- 选择“楼梯其他”→“双跑楼梯”命令。
- 在命令行中输入“Splt”，并按〈Enter〉键执行命令。

3．操作示例

执行“双跑楼梯”命令，程序将会弹出如图 12-22 所示的“双跑楼梯”对话框。

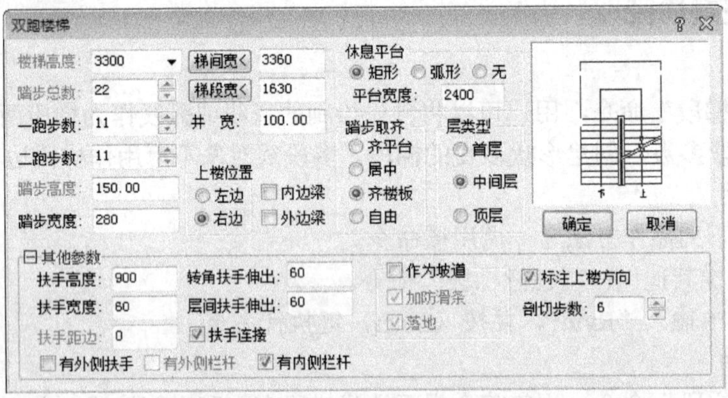

图 12-22　“双跑楼梯”对话框

在“双跑楼梯”对话框中详细列出了创建双跑楼梯所需要的参数，各参数的功能如下。

- 楼梯高度：双跑楼梯的总高，默认自动取当前层高值。
- 踏步总数：默认踏步总数为 20，是双跑楼梯的关键参数，用户可根据需要调整。
- 一跑步数：以踏步总数推算一跑与二跑步数，总数为奇数时先增加二跑步数。
- 二跑步数：二跑步数默认与一跑步数相同，两者都允许用户修改。
- 踏步高度：楼梯踏步的高度。用户可先输入初始值，程序可由楼梯高度与踏步数推算出最接近初始值的设计值。
- 踏步宽度：踏步沿梯段方向的宽度，是用户优先决定的楼梯参数。
- 梯间宽<：双跑楼梯的总宽度，单击按钮可从平面图中直接量取楼梯间净宽作为双跑

楼梯的总宽度。

- 梯段宽<：默认宽度或由梯间总宽度计算，扣除梯井宽余下部分二等分作梯段宽，单击按钮也可从平面图中直接量取。
- 井宽：楼梯井宽度参数，井宽 ＝ 梯间宽 －（2×梯段宽），最小井宽为0，井宽、梯间宽和梯段宽三个数值互相关联。
- 休息平台：有矩形、弧形、无三种选项，若为非矩形休息平台，则可以选无平台，以便用户利用平板功能设计休息平台。
- 平台宽度：按建筑设计规范，休息平台的宽度应大于梯段宽度。
- 踏步取齐：除了两跑步数不等时可直接在“齐平台”、“居中”、“齐楼板”中选择两梯段相对位置外，也可以通过拖动夹点任意调整两梯段之间的位置，此时踏步取齐为“自由”。
- 层类型：在平面图中双跑楼梯按楼层不同，分为首层、中间层、顶层三种类型绘制。
- 转角扶手伸出：设置在休息平台扶手转角处的伸出长度，默认为60，若设为0或负值时扶手不伸出。
- 层间扶手伸出：设置在楼层间扶手起末端和转角处的伸出长度，默认为60，若设为0或负值时扶手不伸出。
- 扶手连接：控制扶手在过休息平台和楼层时是否连接。
- 作为坡道：勾选此复选框，楼梯段按坡道生成，对话框中会显示出“单坡长度”的编辑框，用户可在此输入坡道长度。
- 标注上楼方向：默认勾选此项，在楼梯对象中，按当前坐标系方向创建标注上楼下楼方向的箭头和文字。
- 剖切步数：创建楼梯时按步数设置剖切线中心所在梯段上的位置，作为坡道时按相对标高设置剖切线中心所在位置。

完成参数设置，并根据提示在绘图区域单击双跑楼梯的插入点，即可创建双跑楼梯，用户还可以利用天正建筑软件提供的双跑楼梯的夹点编辑功能方便地对其进行修改。结果如图12-23所示。

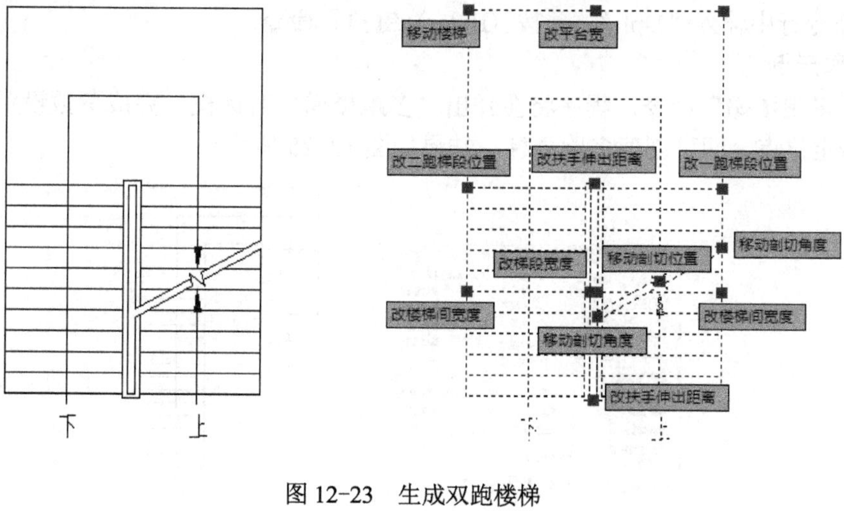

图12-23　生成双跑楼梯

将所创建的双跑楼梯插入到如图 12-14 所示的平面图中，结果如图 12-24 所示。

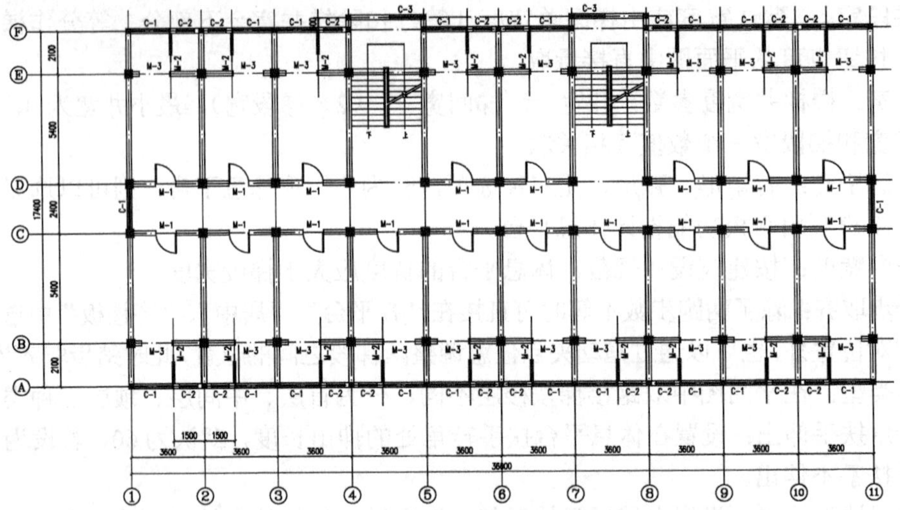

图 12-24　插入双跑楼梯

12.4.5　创建多跑楼梯

1. 功能

执行“多跑楼梯”命令，可创建由梯段开始且以梯段结束的、梯段和休息平台交替布置、各梯段方向自由的多跑楼梯。用户应先在对话框中确定“基线在左”或“基线在右”的绘制方向，在绘制梯段过程中能实时显示当前梯段步数、已绘制步数以及总步数，便于在设计中决定梯段起止位置。在绘制多跑楼梯过程中，可通过热键切换基线路径左右侧的命令选项，便于绘制在休息平台间改变左右走向的 Z 型楼梯。

2. 命令调用

用户可采用下列操作方法之一调用该命令。

- 选择“楼梯”→“多跑楼梯”命令。
- 在命令行中输入“Dplt”，并按〈Enter〉键执行命令。

3. 操作示例

执行“多跑楼梯”命令，程序将会弹出“多跑楼梯”对话框，完成参数设置并在绘图区域依次单击定位点，即可创建多跑楼梯。结果如图 12-25 所示。

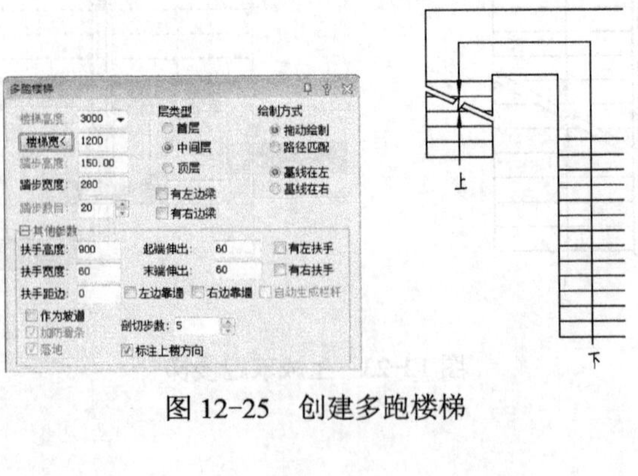

图 12-25　创建多跑楼梯

12.5 创建图形标注

12.5.1 文字表格

文字和表格的绘制在建筑制图中占有重要的地位，在天正建筑软件中，用户可以设置文字样式，并利用“单行文字”和“多行文字”命令进行文字标注，也可以利用“专业词库”命令选择系统自带的词库进行文字标注。天正建筑软件还提供了强大的表格功能，用户可以方便地创建和编辑表格对象，还实现了与 Excel 的数据双向交换，提高了表格绘制的效率。

1．文字样式

执行“文字样式”命令，程序将弹出如图 12-26 所示的“文字样式”对话框，用户可在此分别对 AutoCAD 字体或者 Windows 字体设置参数，由于天正建筑软件扩展了 AutoCAD 的文字样式，用户可以分别控制中英文字体的宽度和高度。

2．单行文字

执行“单行文字”命令，程序将弹出如图 12-27 所示的“单行文字”对话框，用户可在此使用已经建立的天正文字样式，输入单行文字，并可以方便地为文字设置上下标、加圆圈、添加特殊符号和导入专业词库。

图 12-26 “文字样式”对话框

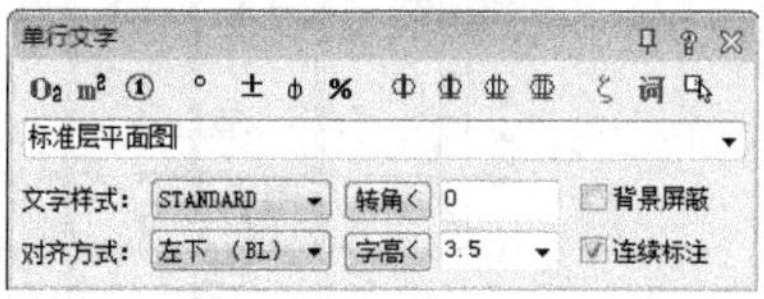

图 12-27 “单行文字”对话框

3．多行文字

执行“多行文字”命令，程序将弹出如图 12-28 所示的“多行文字”对话框，用户可以在此按段落输入多行中文文字，还可以方便地设定页宽与硬回车位置，并且可以根据需要随时拖动夹点改变多行文字的页宽。

4．新建表格

执行“新建表格”命令，程序将弹出如图 12-29 所示的“新建表格”对话框，用户可在此确定表格的行列参数并通过对话框新建一个表格，还可以确定表格的标题内容。

5．表格数据双向交换

天正建筑软件提供了与 Word 软件之间导出表格文件的接口，用户可以把表格对象的内容输出到 Word 文件中。还实现了与 Excel 软件之间交换表格文件的接口，用户可以把表格对象的内容输出到 Excel 中，还可以根据 Excel 中的数据更新原有的天正表格。

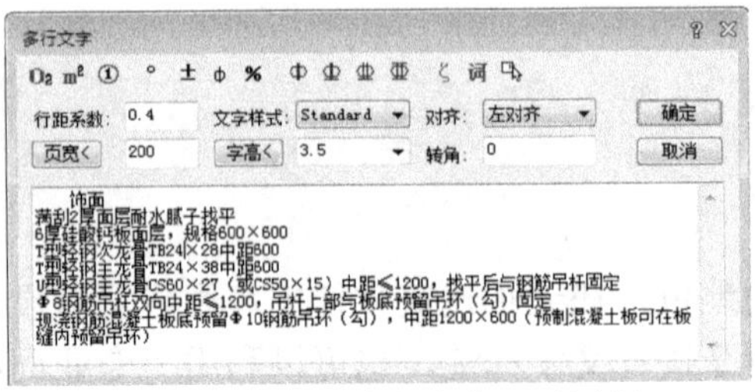

图 12-28 “多行文字”对话框

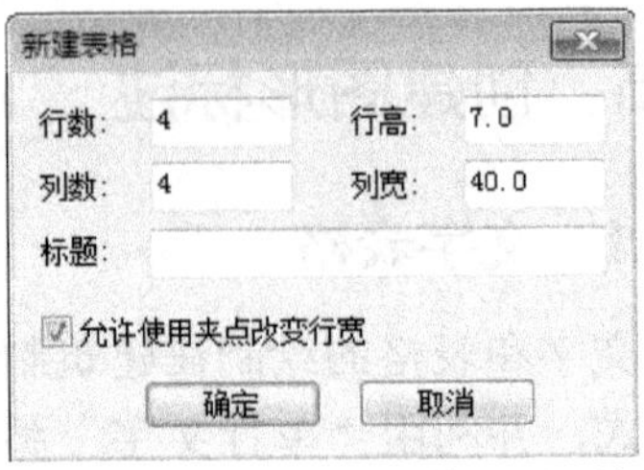

图 12-29 “新建表格”对话框

12.5.2 尺寸标注

尺寸标注是设计图纸中的重要组成部分，图纸中的尺寸标注在建筑制图标准中有严格的规定，天正建筑软件提供了自定义的尺寸标注系统，取代了 AutoCAD 的尺寸标注功能。

1. 门窗标注

该命令适合标注建筑平面图的门窗尺寸，它有两种使用方式：在平面图中参照轴网标注的第一二道尺寸线，自动标注墙体上的门窗尺寸，生成第三道尺寸线；在没有轴网标注的第一二道尺寸线时，在用户选定的位置标注出门窗尺寸线。使用“门窗标注”命令创建的尺寸对象与门窗宽度具有联动特性。利用该命令为平面图标注门窗尺寸，结果如图 12-30 所示。

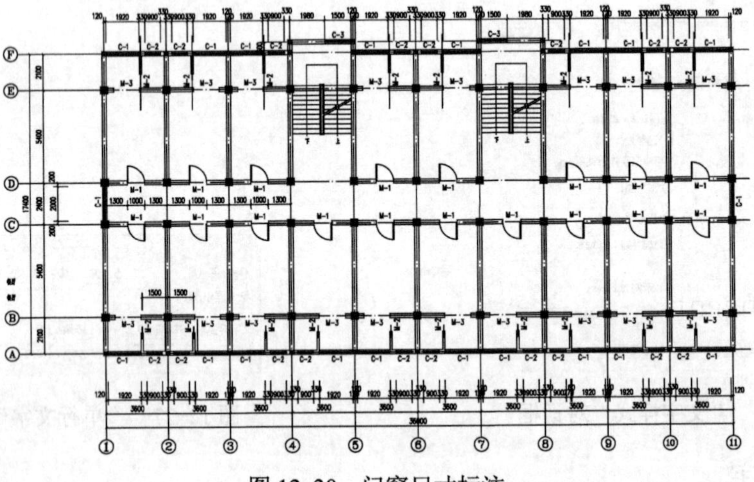

图 12-30 门窗尺寸标注

2. 墙厚标注

使用“墙厚标注”命令，可以在图中一次标注两点连线经过的一至多段天正墙体对象的墙厚尺寸，标注中可识别墙体的方向，标注出与墙体正交的墙厚尺寸，在墙体内有轴线存在时标注以轴线划分的左右墙宽，墙体内没有轴线存在时标注墙体的总宽。执行该命令，根据提示在要标注的墙体左侧和右侧分别单击一点，即可对经过的两道墙体标注墙厚，如图 12-31 所示。

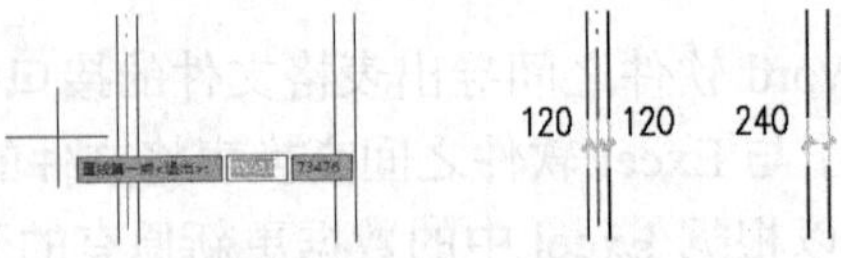

图 12-31 墙厚标注

3．两点标注

使用两点标注命令，可以为两点连线附近有关系的轴线、墙线、门窗、柱子等构件标注尺寸，并可标注各墙中点或者添加其他标注点。执行该命令，根据提示在要标注的对象两侧分别点取一点确定标注范围，用户还可以根据需要从已选对象中剔除不需标注的对象或增加其他需要标注的对象。如图 12-32 所示。

4．逐点标注

逐点标注命令是一个通用的灵活标注工具，可以对选取的一组指定点沿指定方向和选定的位置标注尺寸。该命令特别适用于没有指定天正对象特征，需要取点定位标注的情况，以及其他标注命令难以完成的尺寸标注。如图 12-33 所示。

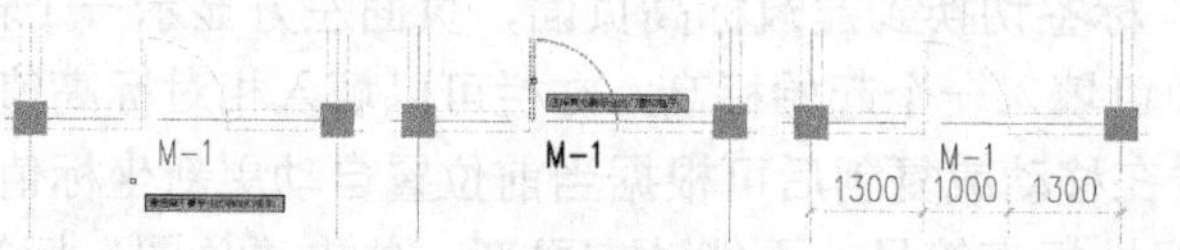

图 12-32　两点标注

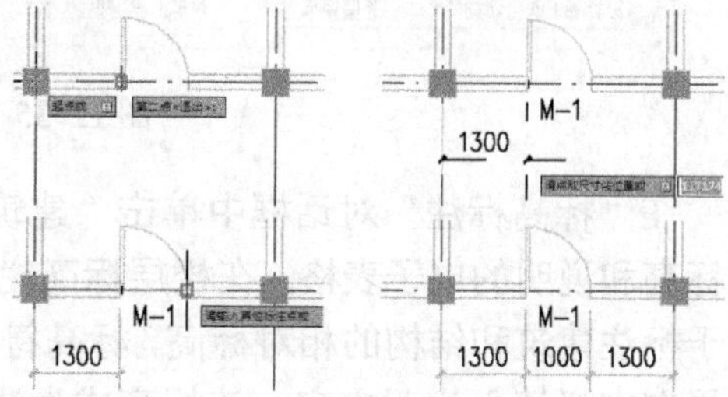

图 12-33　逐点标注

12.5.3　符号标注

按照建筑制图的国标工程符号规定画法，天正建筑软件提供了一整套的自定义工程符号对象，这些符号对象可以方便地绘制剖切符号、指北针、引注箭头，绘制各种详图符号、引出标注符号等。工程符号对象提供了专业夹点定义，并且保存有对象特性数据，用户可以方便地对其进行编辑。

1．坐标标注

坐标标注在工程制图中用来表示某个点的平面位置。使用该命令可以在图中标注指定点的测量坐标或者施工坐标，坐标取值根据世界坐标或者当前用户坐标确定。用户可根据实际情况设置坐标标注的参数。如图 12-34 所示为在总平面图中的施工坐标标注。

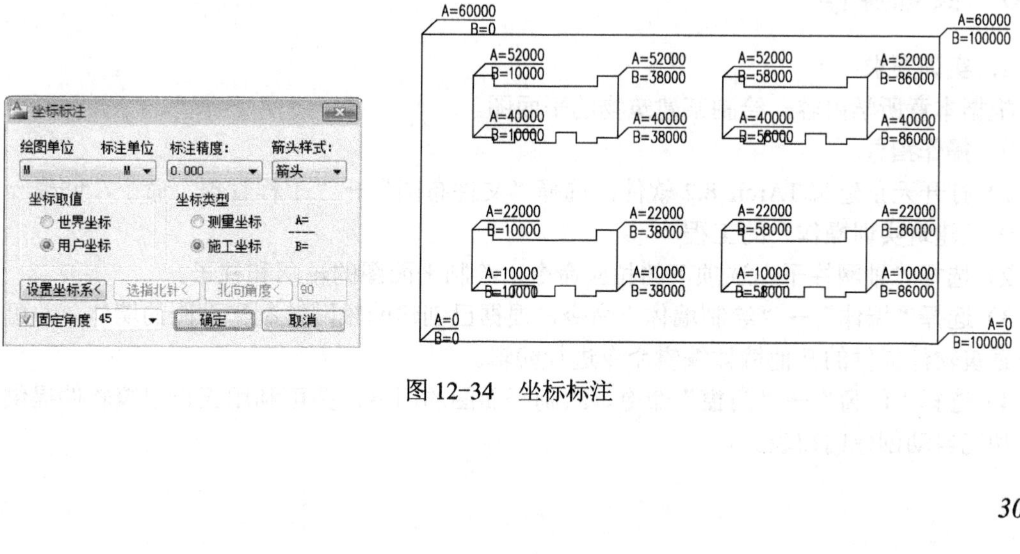

图 12-34　坐标标注

2. 标高标注

该命令可为建筑图进行标高符号的标注。执行该命令，程序将弹出如图 12-35 所示的“标高标注”对话框，对话框分为两个选项卡，分别用于“建筑”图中的标高标注和“总图”中的标高标注。另外，标高文字对象增加了夹点编辑功能，用户可以根据需要拖动夹点移动标高文字。

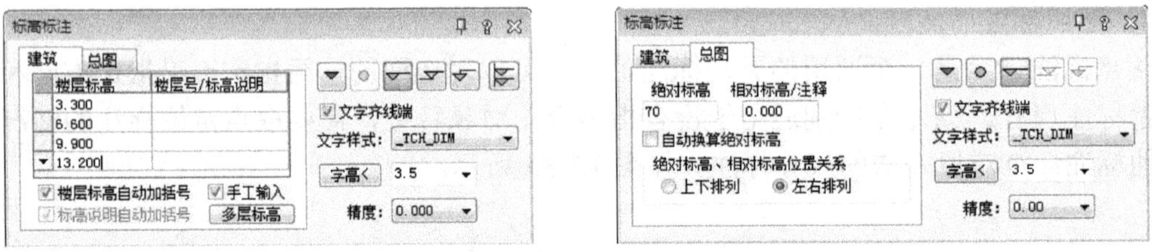

图 12-35 “标高标注”对话框

在“标高标注”对话框中单击“建筑”标签切换到建筑标高页面，页面左方显示一个输入标高和说明的电子表格，在楼层标高栏中可填入一个起始标高，右栏可以填入相对标高值，用于标注建筑和结构的相对标高，标高符号在移动或复制后可根据当前位置自动更新坐标值，如果在右栏填入说明文字，该标高成为注释性标高符号，不能动态更新。单击“总图”标签切换到总图标高页面，用户可选择“实心三角”、“实心圆点”和“标准标高符号”用于总图标高的标注。总图标高的标注精度自动切换为 0.00，并保留两位小数。完成参数设置后，在绘图区域指定位置即可完成标高符号的创建，如图 12-36 所示。

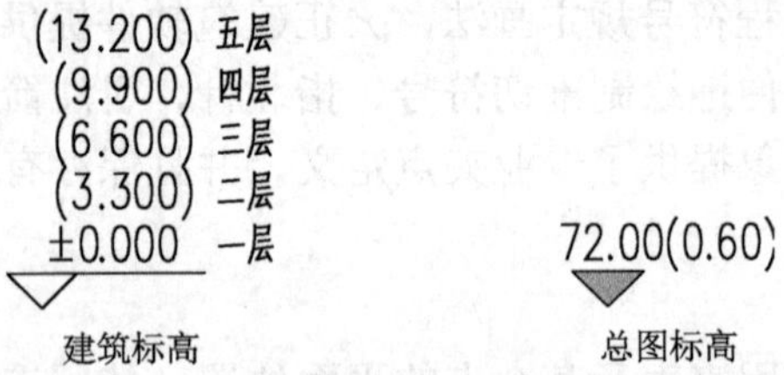

图 12-36 标高标注

12.6 实训操作

1. 实训要求

根据本章所学内容，绘制某建筑物的平面图。

2. 操作指导

1）打开天正建筑 TArch 8.2 软件，选择“文件布图”→“工程管理”命令，创建一个名为“天正建筑实训操作”的工程。

2）选择“轴网柱子”选项下的相应命令，绘制平面图的轴网和柱子。

3）选择“墙体”→“绘制墙体”命令，根据已创建的轴网绘制平面图的墙体，并可利用天正建筑软件提供的其他墙体编辑命令进行编辑。

4）选择“门窗”→“门窗”命令，绘制平面图的门窗，并可利用天正建筑软件提供的门窗表功能自动创建门窗表。

5）选择“楼梯其他”→“双跑楼梯”命令，绘制平面图的楼梯。

6）选择“楼梯其他”→“阳台”命令，绘制平面图的阳台。

7）选择“文字表格”选项下的相应命令，为平面图添加文字标注。

8）选择“尺寸标注”选项下的相应命令，为平面图添加尺寸标注。一般需要标注门窗尺寸、轴线尺寸、总尺寸以及细部尺寸。

9）选择“符号标注”选项下的相应命令，为平面图添加标高符号、索引符号、剖切符号等的标注。

10）完成操作并将文件保存至“E:\第 12 章实训”文件夹中，文件名为“天正建筑平面图绘制实训”。结果如图 12-37 所示。

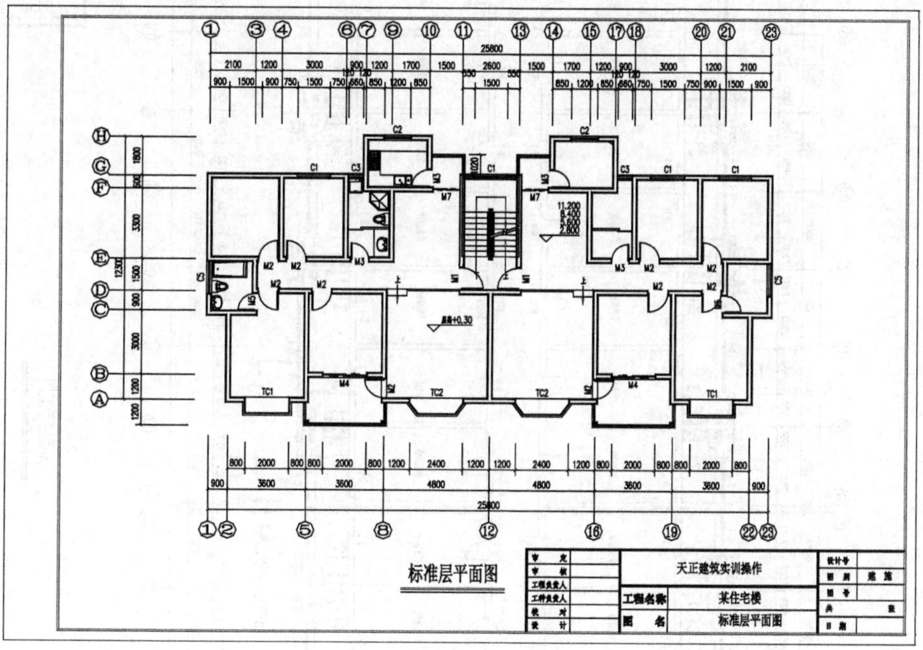

图 12-37　天正建筑平面图绘制实训

12.7　思考与练习

1．天正轴网的组成有哪些部分？提供了哪些轴网编辑功能？

2．天正建筑软件可创建哪些种类的柱子？它们有什么区别？

3．天正建筑软件所定义的墙体按用途可分为哪几种？

4．天正建筑软件提供了哪些门窗插入方式？它们有什么区别？

5．在天正建筑 TArch 8.2 中提供了哪些不同类型楼梯的创建功能？

6．天正建筑软件提供的尺寸标注有哪些方式？

7．试述利用天正建筑软件绘制建筑平面图的操作步骤。

8．利用天正建筑软件绘制如图 12-38 所示的建筑平面图。

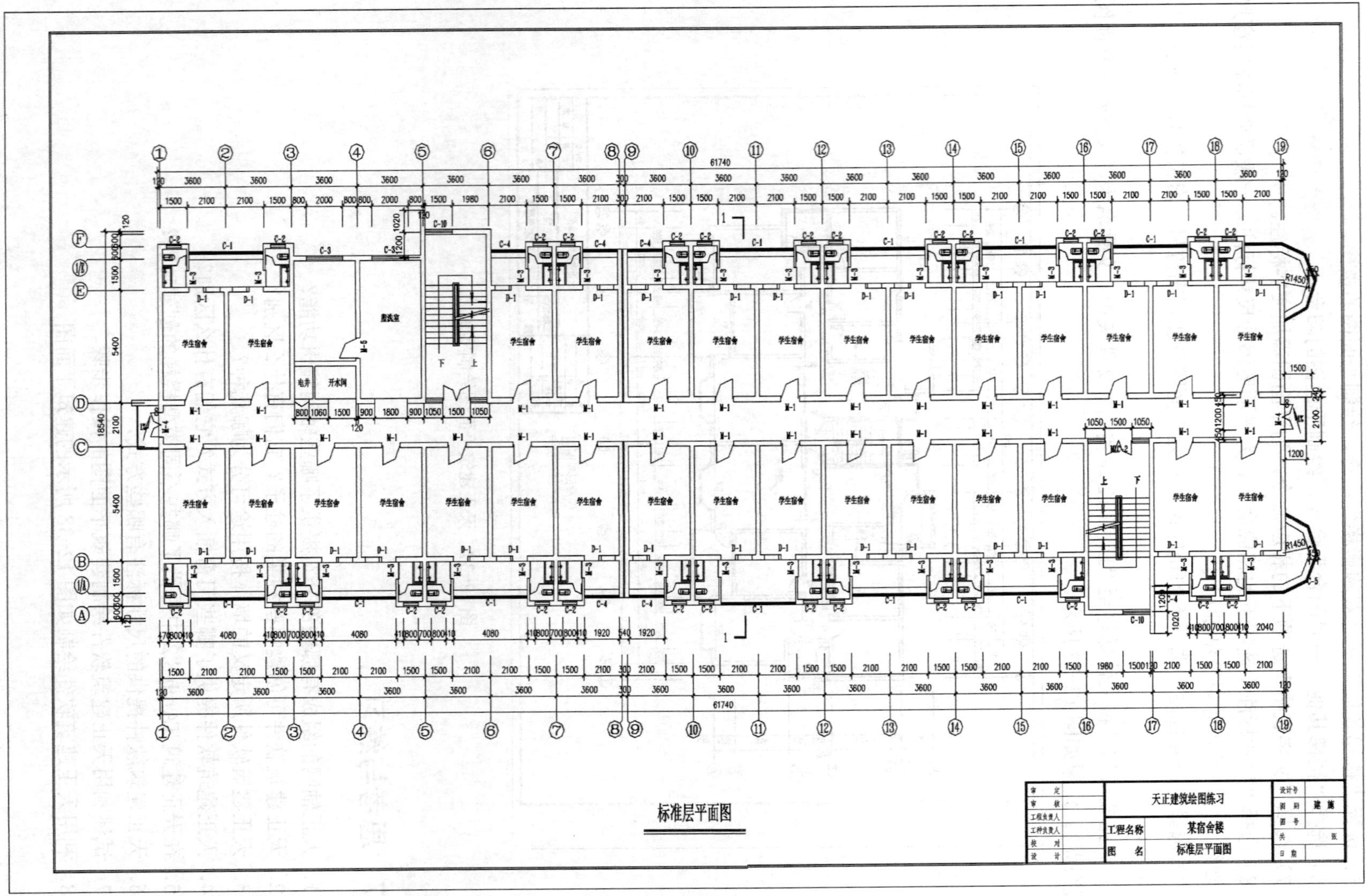

图 12-38　天正建筑平面图绘制练习

第 13 章　天正建筑立面图与剖面图的绘制

本章详细介绍了天正建筑软件的常用命令的功能，主要包括工程管理、立面图的创建与编辑、剖面图的创建与编辑等。并通过一栋宿舍楼的建筑设计进行实例讲解，详细介绍了利用天正建筑软件的最新版本 TArch 8.2 进行施工立面图和剖面图的绘制过程。

13.1　创建立面图

建筑立面图主要是用来表示建筑物的外形，以及外墙面的装饰要求等。立面图一般根据房屋的朝向来命名，如南立面图、东立面图等，也可以根据建筑的主要入口来命名。

完成工程的各层平面图设计后，需要绘制立面图表达建筑物的立面设计细节，立面图的表达和平面图有很大的区别，它表现的是建筑三维模型的一个投影视图，受三维模型细节和视线方向建筑物遮挡的影响，天正建筑软件中的立面图形是通过平面图构件中的三维信息进行消隐获得的二维图形，除了符号与尺寸标注对象以及门窗阳台图块是天正自定义对象外，其他图形构成元素都是 AutoCAD 的基本对象。

13.1.1　立面生成与工程管理

在天正建筑软件中，立面生成是由“工程管理”功能实现的，在“工程管理”选项板中，通过“新建工程”→“添加图纸”（平面图）的操作建立工程，并在工程的基础上定义平面图与楼层的关系，从而建立平面图与立面楼层之间的关系，如图 13-1 所示。用户可以使用以下两种方式定义楼层。

- 将每个楼层的平面图绘制成一个独立的 DWG 图形文件，并集中放置于同一个文件夹中，并确保每个楼层都有共同的对齐点，默认的对齐点在原点（0，0，0）的位置，用户可以用 AutoCAD 的“BASE”命令修改，建议使用开间与进深方向的第一轴线交点。
- 允许将多个平面图绘制到一个 DWG 图形文件中，然后在“工程管理”选项板的楼层栏中分别为各楼层在 DWG 图形文件中指定相应的平面图，同时也允许部分标准层平面图通过其他 DWG 图形文件指定，提高了工程管理的灵活性。

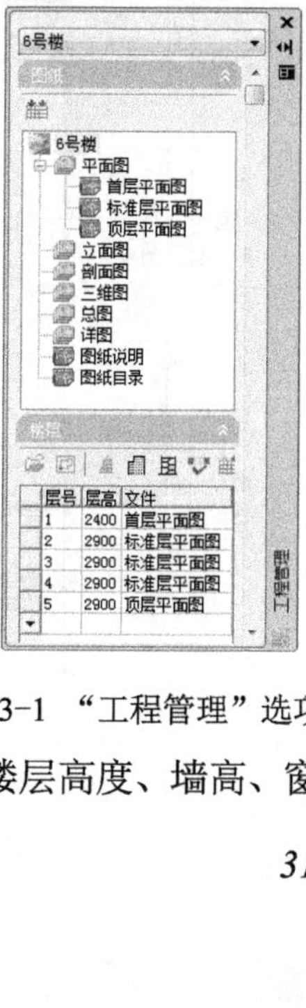

图 13-1 “工程管理”选项板

天正建筑软件通过工程数据库文件（*.TPR）记录、管理与工程总体相关的数据，包含图纸集、楼层表、工程设置参数等。提供了“导入楼层表”命令，用户可以从楼层表创建工程。为了能获得尽量准确和详尽的立面图，用户在绘制平面图时，应确保楼层高度、墙高、窗高、窗台高、阳台栏板高和台阶踏步高、级数等竖向参数的正确。

13.1.2 建筑立面

1．功能

该命令将会按照“工程管理”选项板中的楼层数据库，一次生成多层建筑立面。

2．命令调用

用户可采用下列操作方法之一调用该命令。

- 选择“立面”→“建筑立面”命令。
- 在命令行中输入“Jzlm”，并按〈Enter〉键执行命令。

执行“建筑立面”命令，若当前工程为空，程序将会弹出如图 13-2 所示的警告对话框。如果当前“工程管理”选项板中有正确的楼层数据，程序将会提示用户“输入立面方向”，并弹出“立面生成设置”对话框，如图 13-3 所示。在该对话框中，用户可以设置立面标注的形式，设置是否在立面图上绘制出每层平面的层间线，设置建筑物的室内外高差。

图 13-2 警告对话框

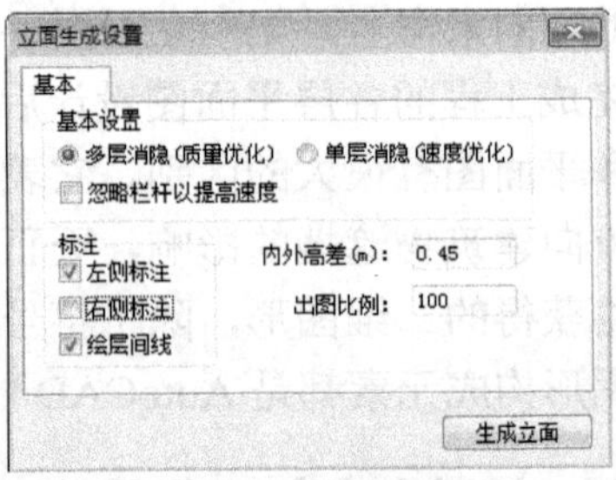

图 13-3 “立面生成设置”对话框

3．操作示例

利用本章前面所绘制的建筑标准层平面图，创建建筑首层平面图和顶层平面图并保存在同一个 DWG 图形文件中，结果如图 13-4 所示。

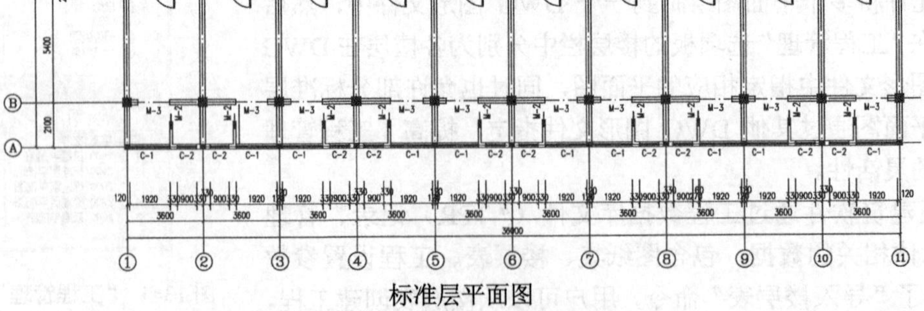

图 13-4 创建平面图

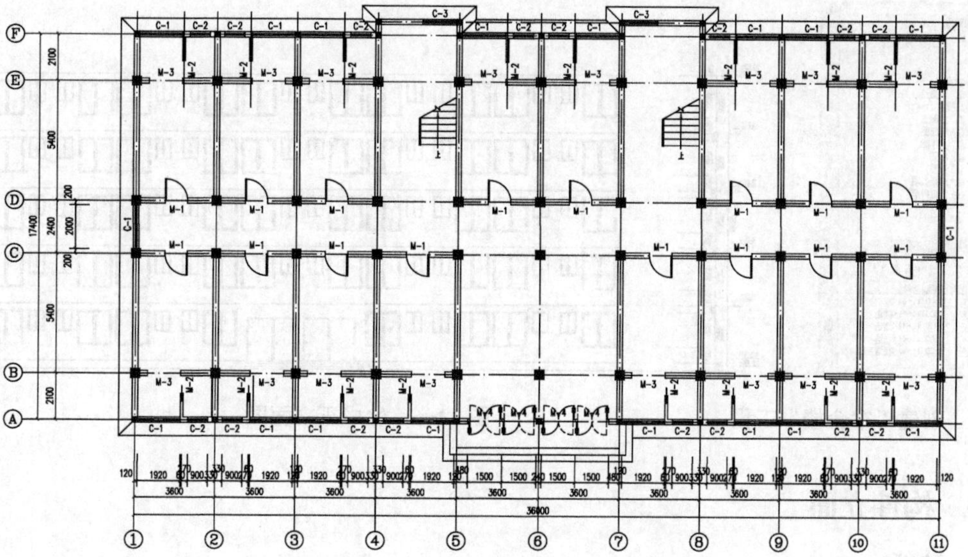

首层平面图

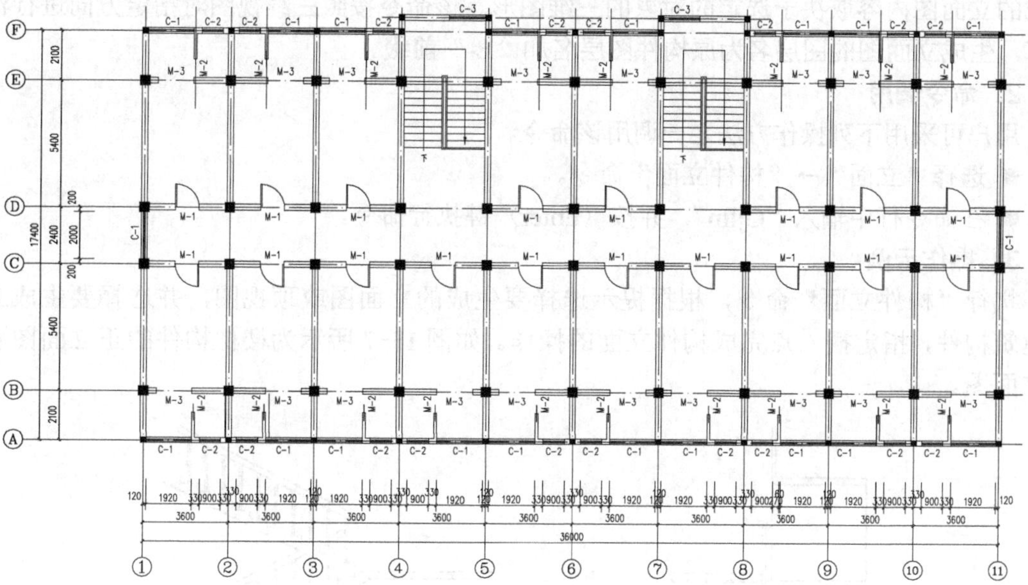

顶层平面图

图 13-4　创建平面图（续）

选择“文件布图”→“工程管理”命令，在弹出的“工程管理”对话框中，新建一个名为“宿舍楼”的工程，在“楼层”面板中单击“在当前图中框选楼层范围”按钮，选择相应楼层的图形，并将层高设为3300mm，完成楼层表的设置，结果如图 13-5 所示。

选择“立面”→“建筑立面”命令，并根据提示选择生成“正立面”，在弹出的“立面生成设置”对话框中完成设置，单击“生成立面”按钮，生成宿舍楼的正立面图并保存。结果如图 13-6 所示。

图 13-5　创建“宿舍楼”工程

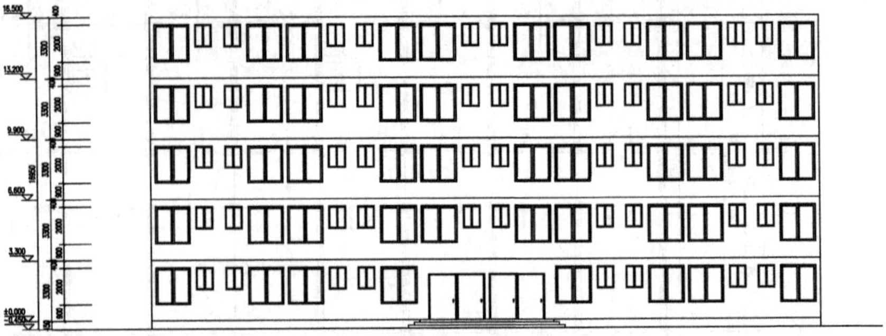

图 13-6　生成正立面图

13.1.3　构件立面

1. 功能

该命令用于生成当前标准层、局部构件或三维图块对象在选定方向上的立面图与顶视图。生成的立面图内容取决于选定的对象的三维图形。该命令按照三维视图对指定方向进行消隐计算，生成立面图的图层名为原构件图层名加“E-”前缀。

2. 命令调用

用户可采用下列操作方法之一调用该命令。

- 选择“立面”→“构件立面”命令。
- 在命令行中输入“Gjlm”，并按〈Enter〉键执行命令。

3. 操作示例

执行“构件立面”命令，根据提示选择要生成的立面图或顶视图，并选择要生成立面的建筑构件，指定插入点完成构件立面的操作。如图 13-7 所示为楼梯构件的正立面图和左侧立面图。

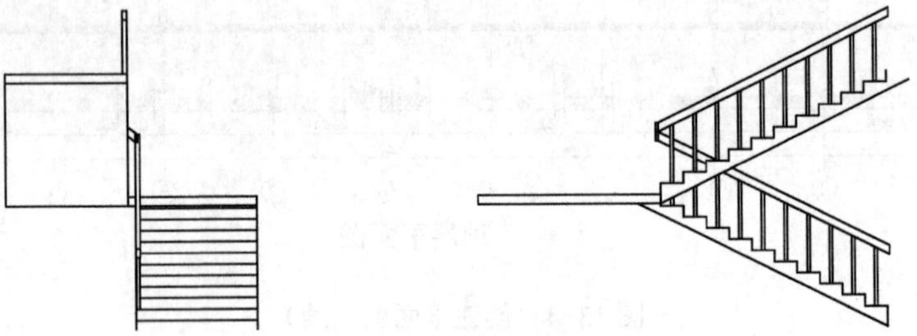

图 13-7　构件立面

13.1.4　立面门窗

1. 功能

该命令用于替换、添加立面图中的门窗，同时也是立剖面图的门窗图块管理工具，可对带有装饰门窗套的立面门窗进行处理，并提供了与之配套的立面门窗图库。

2. **命令调用**

用户可采用下列操作方法之一调用该命令。

- 选择“立面”→“立面门窗”命令。
- 在命令行中输入“Lmmc”，并按〈Enter〉键执行命令。

3. **操作示例**

执行“立面门窗”命令，程序将会弹出“天正图库管理系统”窗口，如图 13-8 所示。用户可以在此选择需要的立面门窗图块插入到立面图中，或对原有的立面门窗图块进行替换。

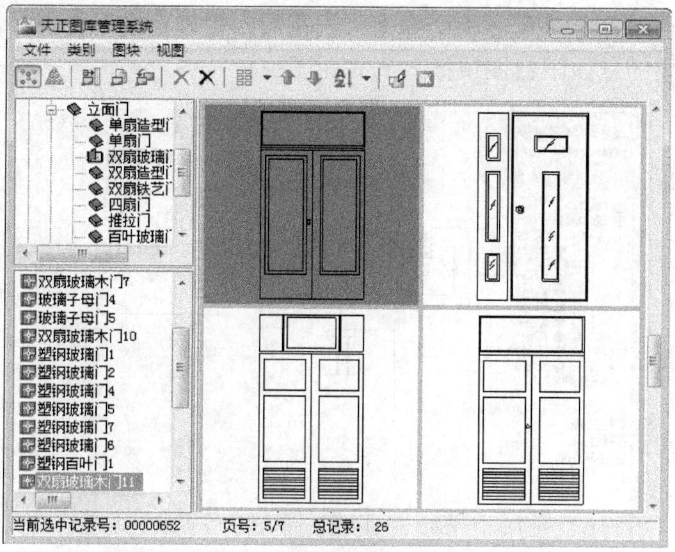

图 13-8 “天正图库管理系统”立面门窗窗口

在“天正图库管理系统”窗口中选择需要的立面门窗样式，单击窗口工具栏中的“替换”按钮，利用该功能对图 13-6 所示的正立面图中的门窗进行替换。结果如图 13-9 所示。

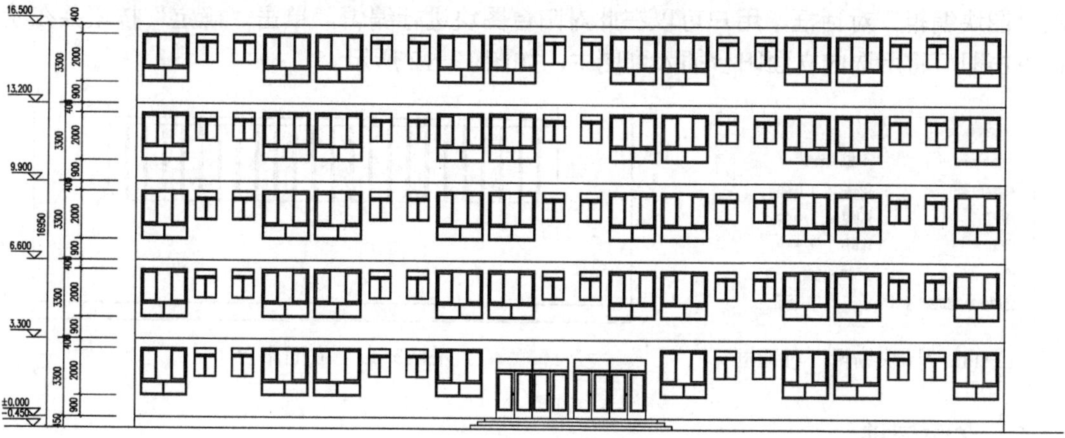

图 13-9 立面门窗

13.1.5 立面阳台

1．功能

该命令用于替换或添加立面图上阳台的样式，同时也是对立面阳台图块的管理工具。

2．命令调用

用户可采用下列操作方法之一调用该命令。

- 选择“立面”→“立面阳台”命令。
- 在命令行中输入“Lmyt”，并按〈Enter〉键执行命令。

3．操作示例

执行“立面阳台”命令，程序将会弹出“天正图库管理系统”窗口，如图 13-10 所示。用户可以在此将需要的立面阳台图块插入到立面图中。

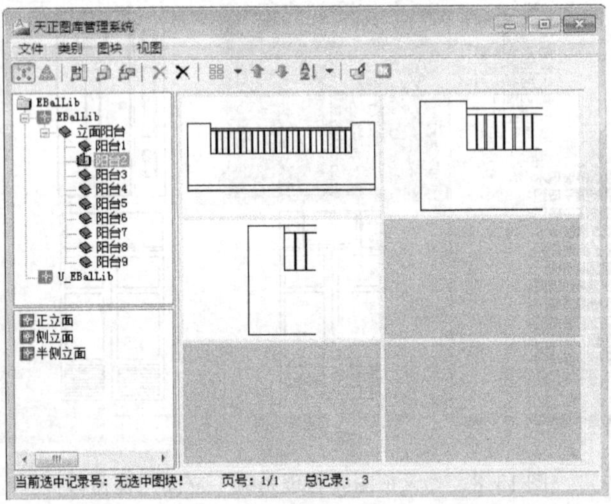

图 13-10 “天正图库管理系统”立面阳台窗口

在“天正图库管理系统”窗口中双击需要的立面阳台样式，程序将会弹出如图 13-11 所示的“图块编辑”对话框，用户可以在此对阳台图块进行编辑，单击“确定”按钮并在绘图窗口单击即可将所选的立面阳台插入到图中。如图 13-12 所示。

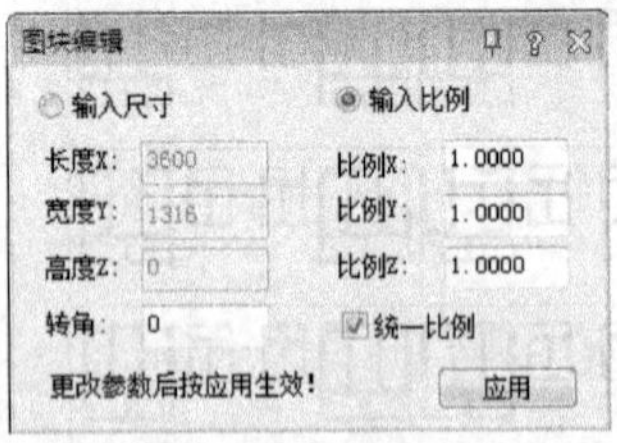

图 13-11 “图块编辑”对话框

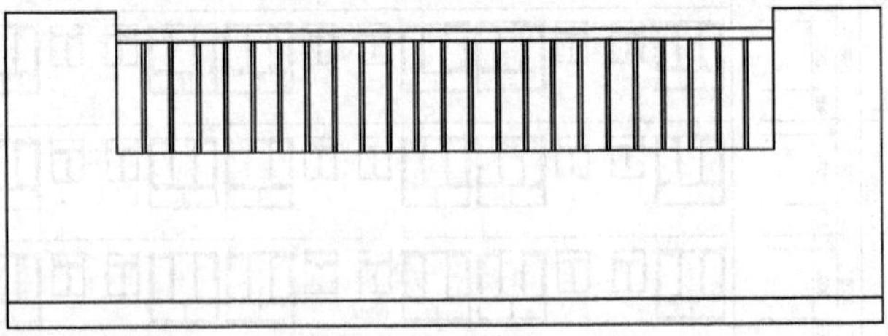

图 13-12 立面阳台

13.1.6 立面屋顶

1．功能

该命令可创建包括平屋顶、单坡屋顶、双坡屋顶、四坡屋顶与歇山屋顶的正立面和侧立面、组合的屋顶立面、一侧与相邻墙体或其他屋面相连接的不对称屋顶。

2. 命令调用

用户可采用下列操作方法之一调用该命令。

- 选择“立面”→“立面屋顶”命令。
- 在命令行中输入“Lmwd”，并按〈Enter〉键执行命令。

3. 操作示例

执行“立面屋顶”命令，程序将会弹出“立面屋顶参数”对话框，如图 13-13 所示。用户可以在此设置屋顶的样式。

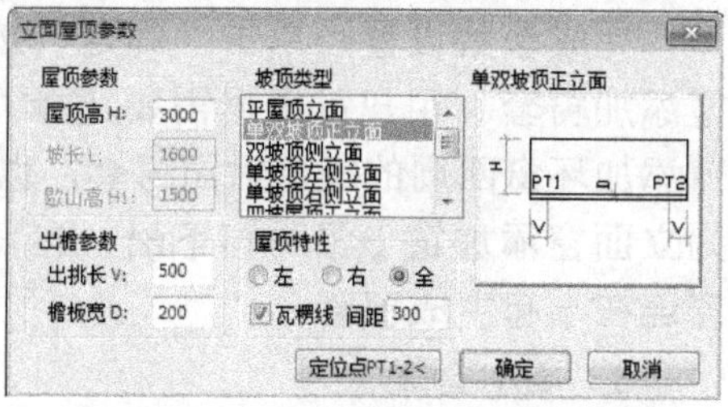

图 13-13 “立面屋顶参数”对话框

利用该功能为前面所绘制的立面图创建双坡屋顶，具体的操作步骤如下。

1）先从“坡顶类型”列表框中选择所需的屋顶类型，如“单双坡顶正立面”。

2）在“屋顶特性”中选择“左”、“右”、“全”互锁按钮之一，如选择“全”。

3）在“屋顶参数”中和“出檐参数”中输入必要的参数，如将“屋顶高”设为 3000，将“出挑长”设为 500，将“檐板宽”设为 200。

4）勾选“瓦楞线”复选框，并在“间距”框中输入瓦楞线的填充间距为 300。

5）单击“定位点 PT1-2<”按钮，在图形中单击屋顶的定位点，最后单击“确定”按钮完成屋顶的创建。结果如图 13-14 所示。

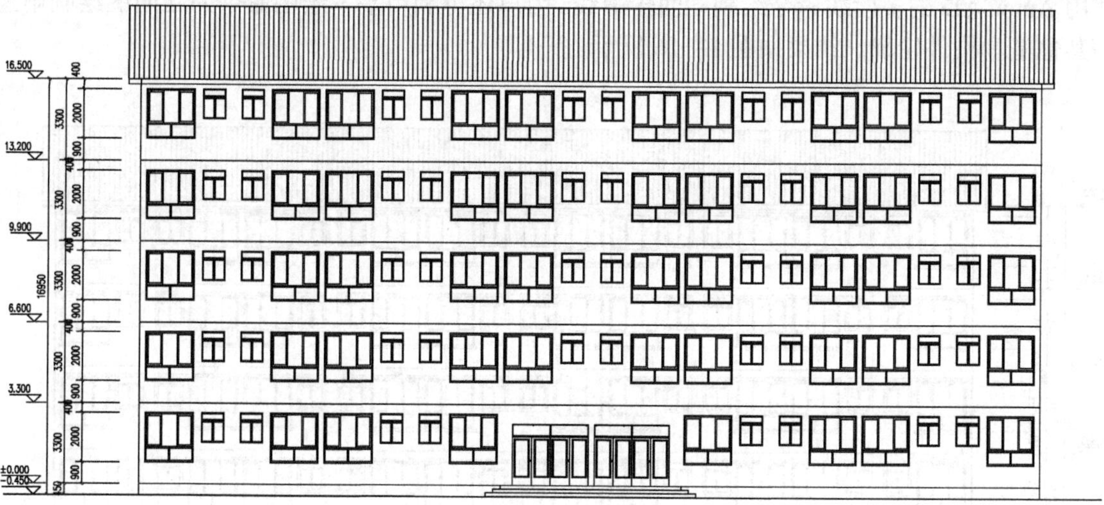

图 13-14 立面屋顶

13.1.7 立面编辑

1. 门窗参数

该命令把已经生成的立面门窗尺寸以及门窗底标高作为默认值，用户可根据命令提示修改立面门窗的底标高、宽度和高度，系统将会自动更新所选门窗。

2. 立面窗套

该命令可以为已有的立面窗创建全包的窗套、窗楣线和窗台线。执行该命令，根据提示分别单击要创建窗套的立面窗的左下角点和右上角点，程序将会弹出“窗套参数”对话框，如图 13-15 所示。

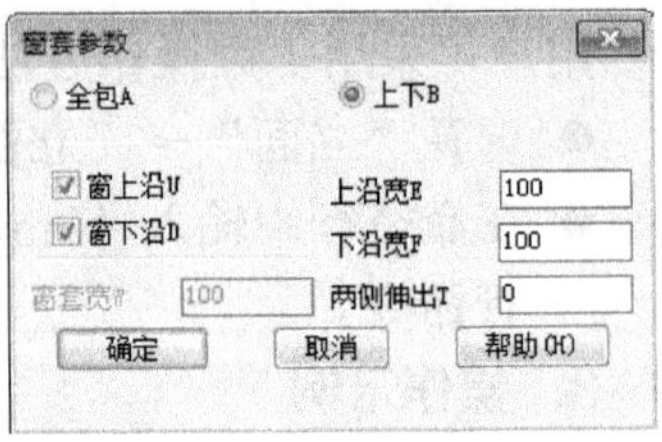

图 13-15 “窗套参数”对话框

完成参数设置，单击“确定”按钮，即可为所选立面窗添加窗套。用户可根据需要选择“全包”选项，为立面窗添加环窗四周的矩形封闭窗套，也可选择“上下”选项，为立面窗添加窗上沿与窗下沿，也可根据需要将多个立面窗连在一起生成窗套。

3. 雨水管线

该命令可以在立面图中按指定的位置生成竖直向下的雨水管。用户可根据命令提示指定雨水管的起点和终点，并可指定雨水管的管径。

4. 柱立面线

该命令可以按默认的正投影方向模拟圆柱立面投影，在柱子立面范围内画出有立体感的竖向投影线。用户可根据命令提示确定其起始角、包含角、立面线数目、圆柱立面边界点。

5. 立面轮廓

该命令可以自动搜索建筑立面的外轮廓，并在边界上加一道粗实线，但不包括地坪线在内。在建筑立面较为复杂的情况下自动搜索轮廓线会失败，无法生成轮廓线，此时用户可以使用 AutoCAD 的多段线命令绘制立面轮廓线。用户还可利用基本绘图命令为立面图绘制雨篷等其他基本构件轮廓。结果如图 13-16 所示。

图 13-16 立面轮廓

13.2 创建剖面图

建筑剖面图主要用来表达建筑物的剖面设计细节，剖面图的图形表达和平面图有很大的区别，剖面图表现的是建筑三维模型的一个剖切与投影视图，与立面图同样受三维模型细节和视线方向建筑物遮挡的影响，剖面图的剖切位置和数量要根据房屋的具体情况和需要表达的部位来确定。剖切位置应选择在能反映内部构造的典型部位，并应通过门窗洞口。

为了能获得尽量准确和详尽的剖面图，用户在绘制平面图时应确保楼层高度、墙高、窗高、窗台高、阳台栏板高和台阶踏步等竖向参数的正确。

同立面生成一样，剖面生成也需要利用“工程管理”功能，并创建楼层关系表。剖面图的剖切位置依赖于剖切符号的位置，用户需要事先在首层建筑平面图中创建剖切符号。在生成剖面图时，用户还可以设置标注的形式等内容。剖面生成使用的“内外高差”需要同首层平面图中定义的一致，用户应当通过适当更改首层外墙的底标高、高度或设置内外高差平台，来创建室内外高差。天正建筑软件还提供了直接绘制剖面图的命令，用户可以直接绘制剖面墙体，然后在剖面墙体上插入剖面门窗、剖面梁等构件，还可以使用剖面楼梯和剖面栏杆命令直接绘制楼梯与栏杆。

13.2.1 建筑剖面

1．功能

该命令将会按照“工程管理”选项板中的楼层数据库，一次生成多层建筑剖面。

2．命令调用

用户可采用下列操作方法之一调用该命令。

- 选择“剖面”→“建筑剖面”命令。
- 在命令行中输入“Jzpm”，并按〈Enter〉键执行命令。

3．操作示例

1）执行“建筑剖面”命令，如果当前“工程管理”选项板中有正确的楼层数据，程序将会提示“请选择一剖面线”和“请选择要出现在剖面图上的轴线”，用户根据需要完成选择后，程序将会弹出“剖面生成设置”对话框，如图 13-17 所示。

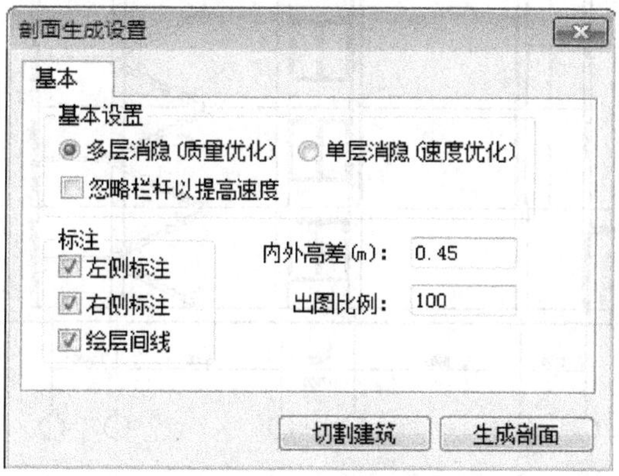

图 13-17 “剖面生成设置”对话框

2）打开在前面所绘制的建筑平面图及名为“宿舍楼”的工程，选择屏幕菜单下“符号标注”中的“剖面剖切”命令 剖面剖切，为首层平面图创建剖切符号。如图 13-18 所示。

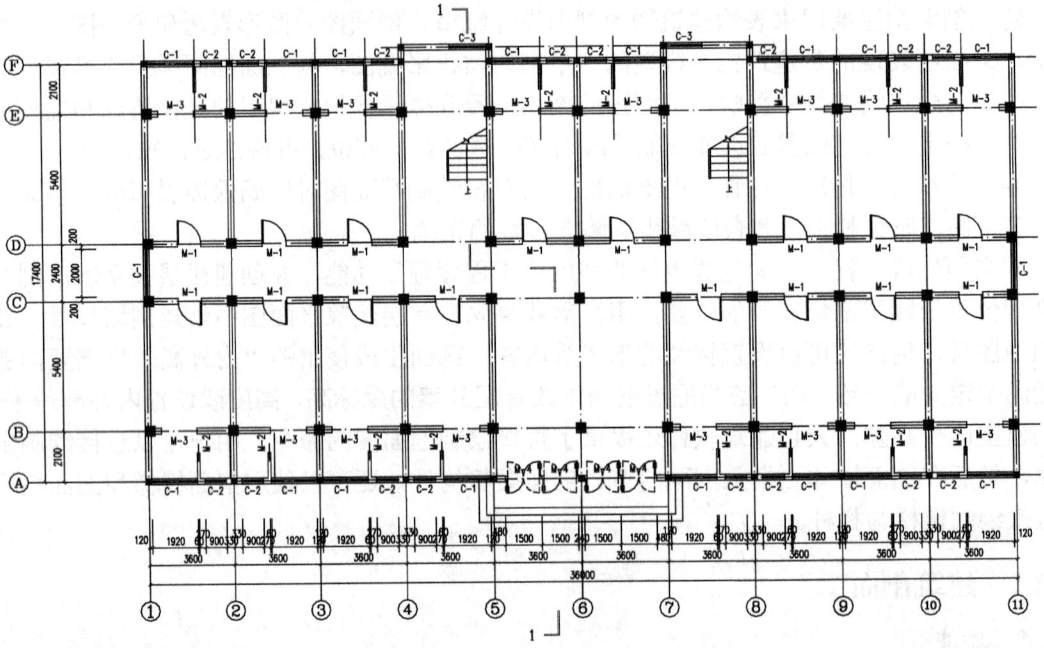

图 13-18　创建剖切符号

3）选择“剖面”→“建筑剖面”命令，根据提示选择剖切符号及需要在剖面图中出现的轴线，在弹出的“剖面生成设置”对话框中完成相应设置，单击“生成剖面”按钮，生成宿舍楼的剖面图。结果如图 13-19 所示。

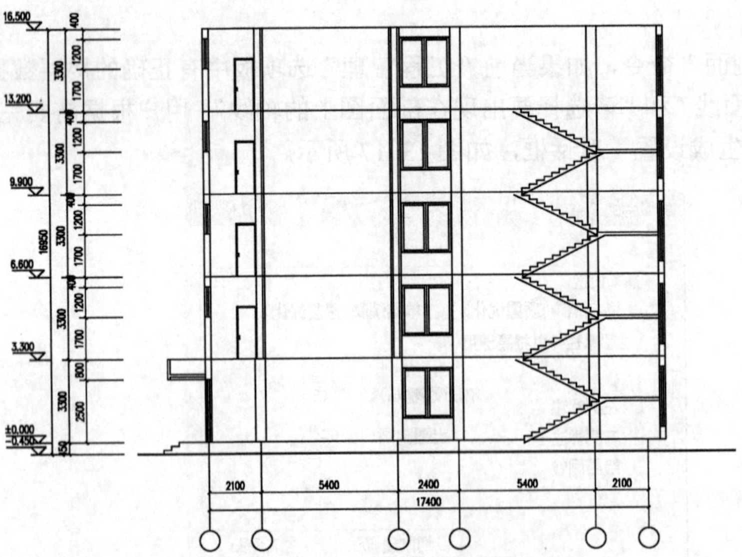

图 13-19　创建剖面图

13.2.2 双线楼板

1．功能

使用双线楼板命令，可以在 S_FLOORL 图层中直接绘制剖面双线楼板。

2．命令调用

用户可采用下列操作方法之一调用该命令。

- 选择“剖面”→“双线楼板”命令。
- 在命令行中输入“Sxlb”，并按〈Enter〉键执行命令。

3．操作示例

执行“双线楼板”命令，程序将会提示输入楼板的起始点和结束点，并确定楼板顶面标高及楼板的厚度。重复执行该命令，依次选取各楼层的楼板起始点和结束点，板厚设为100mm，为如图 13-19 所示的剖面图创建双线楼板。结果如图 13-20 所示。

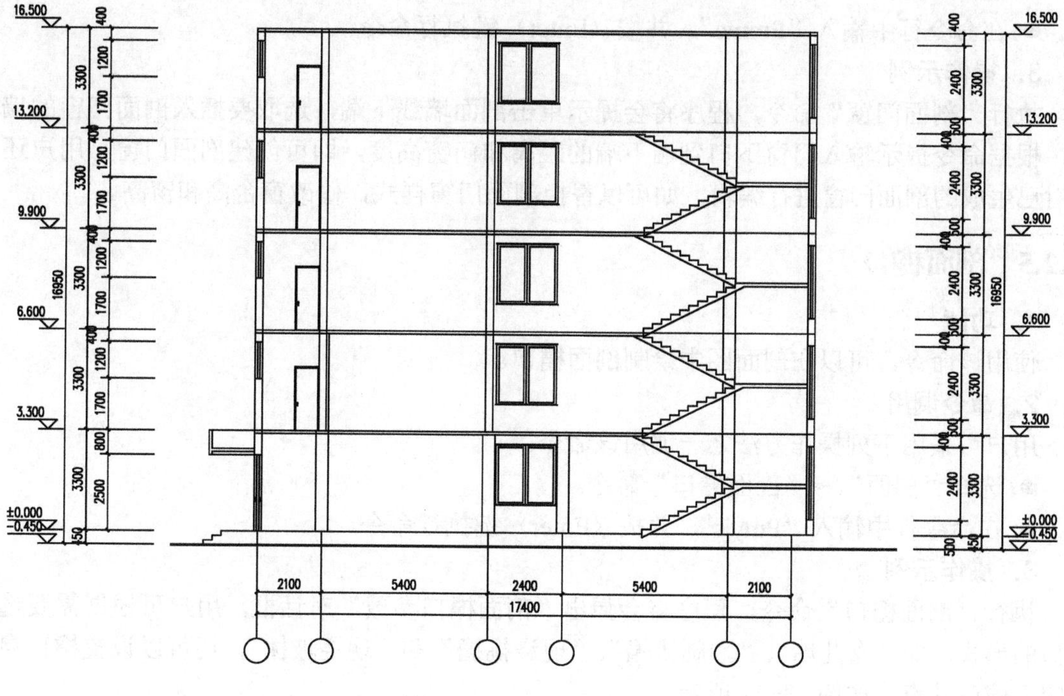

图 13-20　创建双线楼板

13.2.3 加剖断梁

1．功能

使用加剖断梁命令，用户可以在剖面楼板处按指定尺寸添加梁剖面，并自动剪裁双线楼板底线。

2．命令调用

用户可采用下列操作方法之一调用该命令。

- 选择“剖面”→“加剖断梁”命令。
- 在命令行中输入“Jpdl”，并按〈Enter〉键执行命令。

3．操作示例

执行“加剖断梁”命令，程序将会提示输入剖面梁的参照点及尺寸，完成命令操作即可生成剖面梁并自动剪裁双线楼板底线。重复执行该命令，依次选取各楼层剖面梁的参照点，并将梁尺寸设为240mm×400mm，为建筑剖面图创建剖面梁。

13.2.4 剖面门窗

1．功能

使用剖面门窗命令，用户可以连续插入剖面门窗、替换已经插入的剖面门窗，还可以修改剖面门窗的高度和窗台高度。

2．命令调用

用户可采用下列操作方法之一调用该命令。

- 选择“剖面”→“剖面门窗”命令。
- 在命令行中输入“Pmmc”，并按〈Enter〉键执行命令。

3．操作示例

执行“剖面门窗”命令，程序将会提示单击剖面墙线下端，选取要插入剖面门窗的墙体后，根据命令提示输入门窗下口到墙下端的距离和门窗高度，即可创建剖面门窗。用户还可以对已生成的剖面门窗进行编辑，如可以替换剖面门窗样式，修改窗台高和窗高。

13.2.5 剖面檐口

1．功能

使用该命令，可以在剖面图中绘制剖面檐口。

2．命令调用

用户可采用下列操作方法之一调用该命令。

- 选择“剖面”→“剖面檐口”命令。
- 在命令行中输入“Pmyk”，并按〈Enter〉键执行命令。

3．操作示例

执行“剖面檐口”命令，程序将会弹出“剖面檐口参数”对话框，用户可根据需要选择檐口的形式，如“女儿墙”、“预制挑檐”、“现浇挑檐”和“现浇坡檐”，还可以设置檐口参数并定义檐口基点。如图13-21所示。

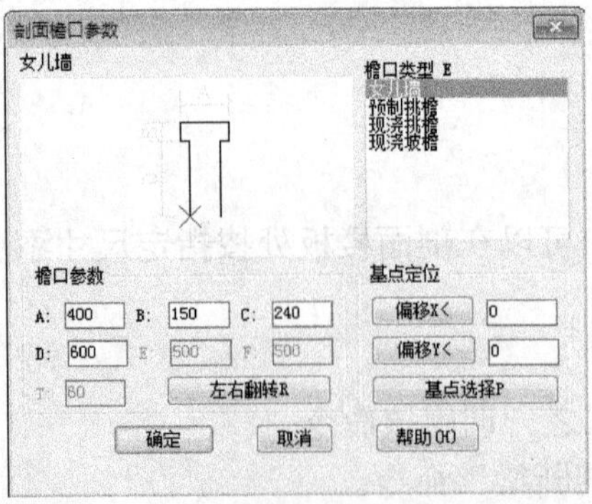

图13-21 “剖面檐口参数”对话框

13.2.6 参数楼梯

1. **功能**

使用参数楼梯命令，可以创建两种梁式楼梯和两种板式楼梯，并可从平面楼梯获取梯段参数，一次可以绘制多跑楼梯，条件是各跑步数应相同，而且各跑之间对齐，此时参数中的梯段高是其中的分段高度而非总高度。

2. **命令调用**

用户可采用下列操作方法之一调用该命令。

- 选择“剖面”→“参数楼梯”命令。
- 在命令行中输入“Cslt”，并按〈Enter〉键执行命令。

3. **操作示例**

执行“参数楼梯”命令，程序将会弹出“参数楼梯”对话框，如图 13-22 所示。完成参数设置后，在绘图区域指定楼梯插入点，即可创建参数楼梯。如图 13-23 所示。

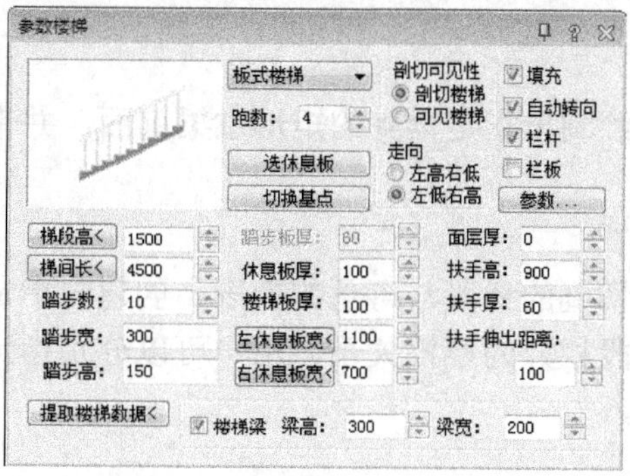

图 13-22 “参数楼梯”对话框

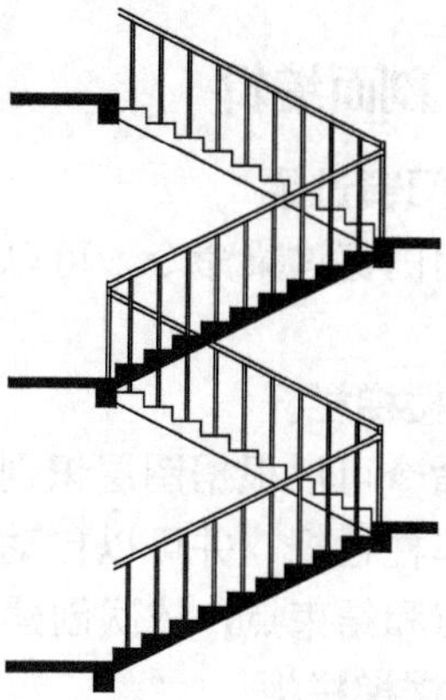

图 13-23 创建参数楼梯

13.2.7 参数栏杆

1. **功能**

使用参数栏杆命令，可以按照参数交互方式生成楼梯栏杆。

2. **命令调用**

用户可采用下列操作方法之一调用该命令。

- 选择“剖面”→“参数栏杆”命令。
- 在命令行中输入“Cslg”，并按〈Enter〉键执行命令。

3. **操作示例**

执行“参数栏杆”命令，程序将会弹出“剖面楼梯栏杆参数”对话框，如图 13-24 所示。用户在此可以选择楼梯栏杆的形式、楼梯走向、基点和相应的楼梯参数。完成参数设置后，在绘图区域指定栏杆插入点（梯段底部），即可创建参数栏杆。如图 13-25 所示。

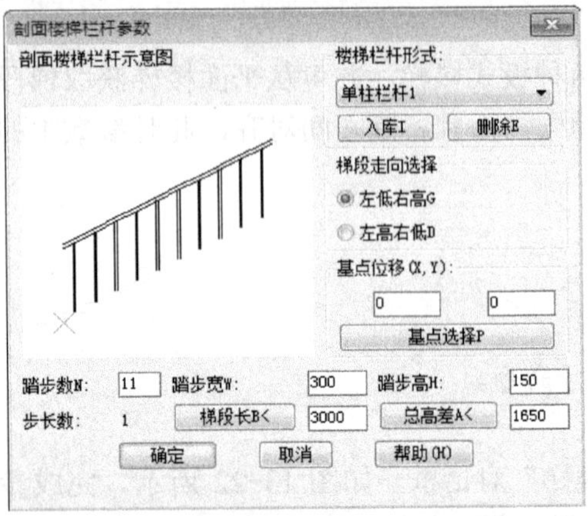

图 13-24 “剖面楼梯栏杆参数”对话框

图 13-25 创建参数栏杆

13.2.8 剖面编辑

1. 门窗过梁

使用门窗过梁命令，可以在剖面门窗上方绘制出指定梁高的矩形过梁剖面，并带有灰度填充。

2. 楼梯栏杆

该命令可以根据图层识别在双跑楼梯中剖切到的梯段与可见的梯段，创建与指定梯段相对应的单柱栏杆，并可以自动处理两个相邻梯段栏杆的遮挡关系。用户可以分别指定各梯段的起始点和结束点，依次创建相应的楼梯栏杆。

3. 楼梯栏板

该命令可以创建实心楼梯栏板，并可按图层自动处理栏板遮挡踏步的效果，对可见梯段以虚线表示踏步；对剖面梯段以实线表示踏步。

4. 扶手接头

该命令与剖面楼梯、参数栏杆、楼梯栏杆、楼梯栏板各命令均可配合使用，对楼梯扶手或楼梯栏板的接头部位作倒角与水平连接处理，用户可以自定义扶手接头的水平伸出长度。

5. 剖面填充

该命令可以将剖面墙线与楼梯按指定的材料图例进行图案填充，与 AutoCAD 的图案填充使用条件不同，该命令不要求墙端封闭即可进行图案填充。

执行“剖面填充”命令，根据提示选择要进行填充的剖面对象，程序将会弹出“请点取所需的填充图案”对话框，如图 13-26 所示。用户可依次选择需要填充的剖面墙体、梁板、楼梯等对象，并在该对话框中选择“涂黑”效果，为建筑剖面图进行图案填充。结果如图 13-27 所示。

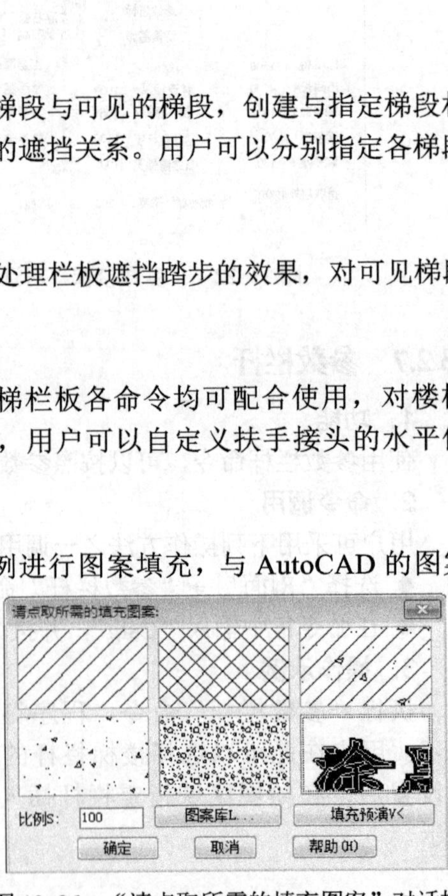

图 13-26 “请点取所需的填充图案”对话框

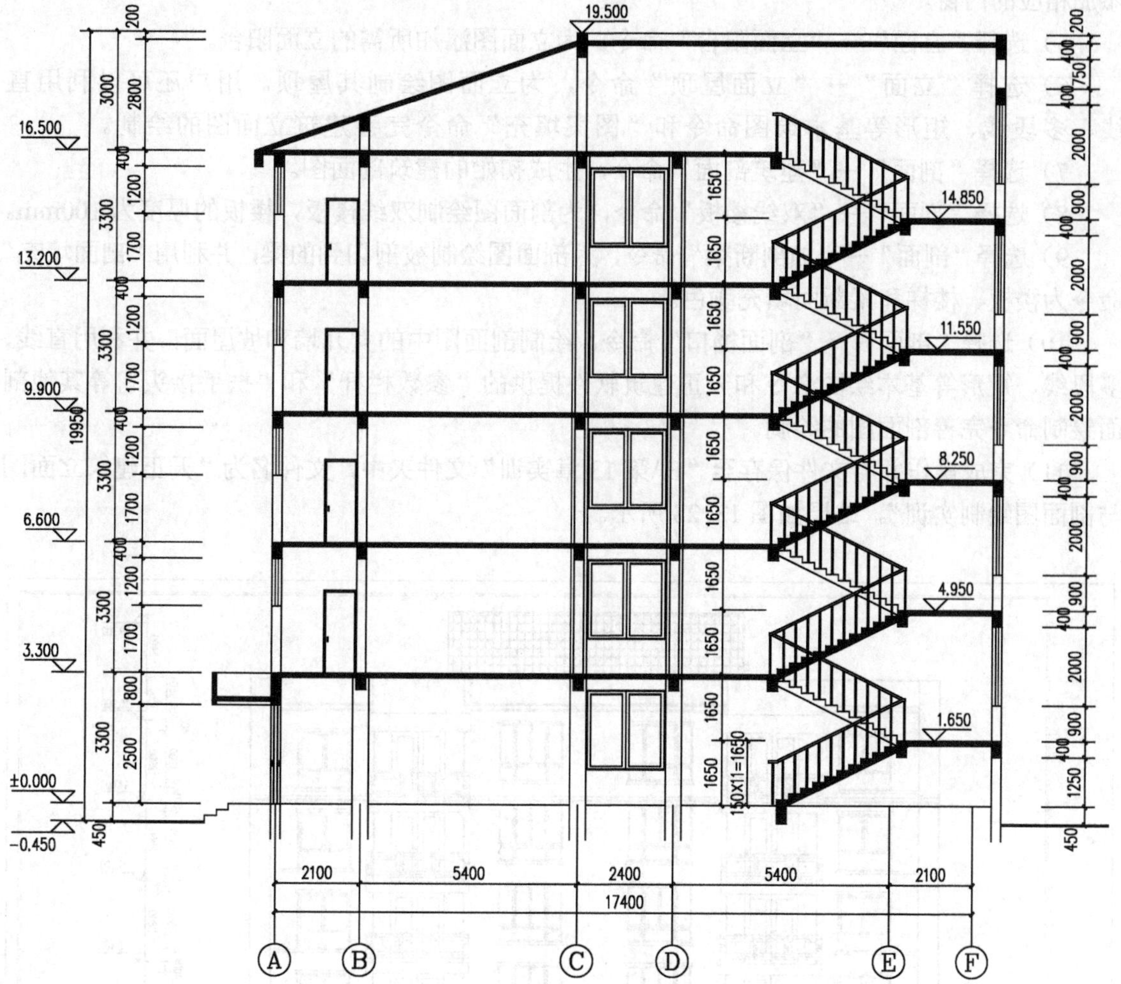

图 13-27　剖面填充结果

13.3　实训操作

1. 实训要求

根据本章所学内容，绘制某建筑的立面图和剖面图。

2. 操作指导

1）打开天正建筑 TArch 8.2 软件，选择“文件布图”→“工程管理”命令，打开在第12 章中创建的名为“天正建筑实训操作”的工程。

2）在“工程管理”选项板中将绘制的首层平面图、标准层平面图和顶层平面图添加至楼层表，并将层高定义为 2800mm。

3）选择“立面”→“建筑立面”命令，生成初始的建筑立面图。

4）选择“立面”→“立面门窗”命令，根据需要替换立面图中相应的门窗样式，也可以添加相应的门窗。

5）选择“立面”→“立面阳台”命令，为立面图添加所需的立面阳台。

6）选择“立面”→“立面屋顶”命令，为立面图绘制其屋顶。用户还可以利用直线、多段线、矩形等基本绘图命令和“图案填充”命令完善建筑立面图的绘制。

7）选择“剖面”→“建筑剖面”命令，生成初始的建筑剖面图。

8）选择“剖面”→“双线楼板”命令，为剖面图绘制双线楼板，楼板的厚度为100mm。

9）选择“剖面”→“加剖断梁”命令，为剖面图绘制被剖切到的梁，并利用“剖面填充”命令为楼板、楼梯和梁断面填充颜色。

10）选择“剖面”→“剖面檐口”命令，绘制剖面图中的女儿墙和坡屋面，并利用直线、多段线、矩形等基本绘图命令和天正建筑软件提供的“参数栏杆”和“扶手接头”等其他剖面绘制命令完善剖面图的绘制。

11）完成操作并将文件保存至“E:\第 13 章实训”文件夹中，文件名为“天正建筑立面图与剖面图绘制实训”。结果如图 13-28 所示。

正立面图

图 13-28　天正建筑立面图与剖面图绘制实训

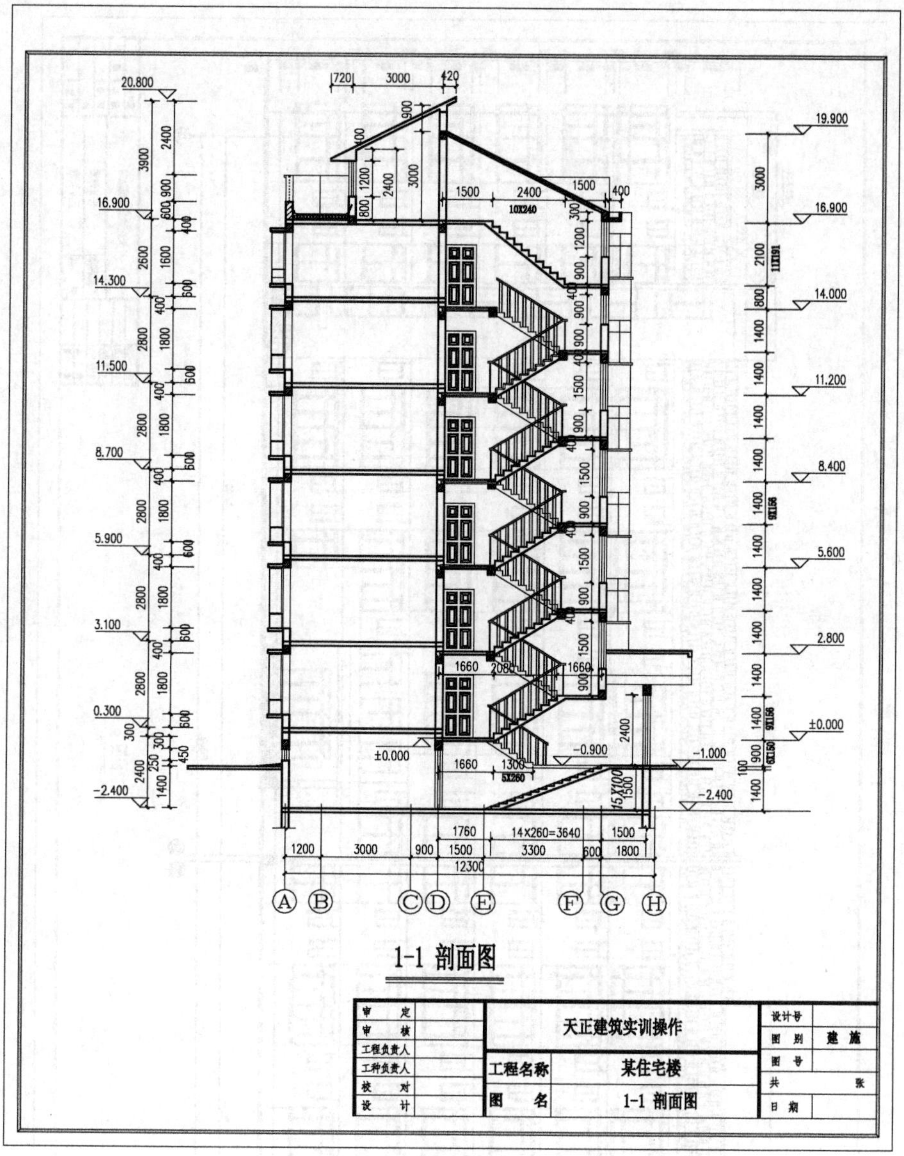

1-1 剖面图

图 13-28　天正建筑立面图与剖面图绘制实训（续）

13.4　思考与练习

1．天正建筑软件提供的“工程管理”命令有什么作用？如何定义楼层？
2．试述利用天正建筑软件绘制建筑立面图的操作步骤。
3．试述利用天正建筑软件绘制建筑剖面图的操作步骤。
4．利用天正建筑软件绘制某建筑物的立面图，如图 13-29 所示。
5．利用天正建筑软件绘制某建筑物的剖面图，如图 13-30 所示。

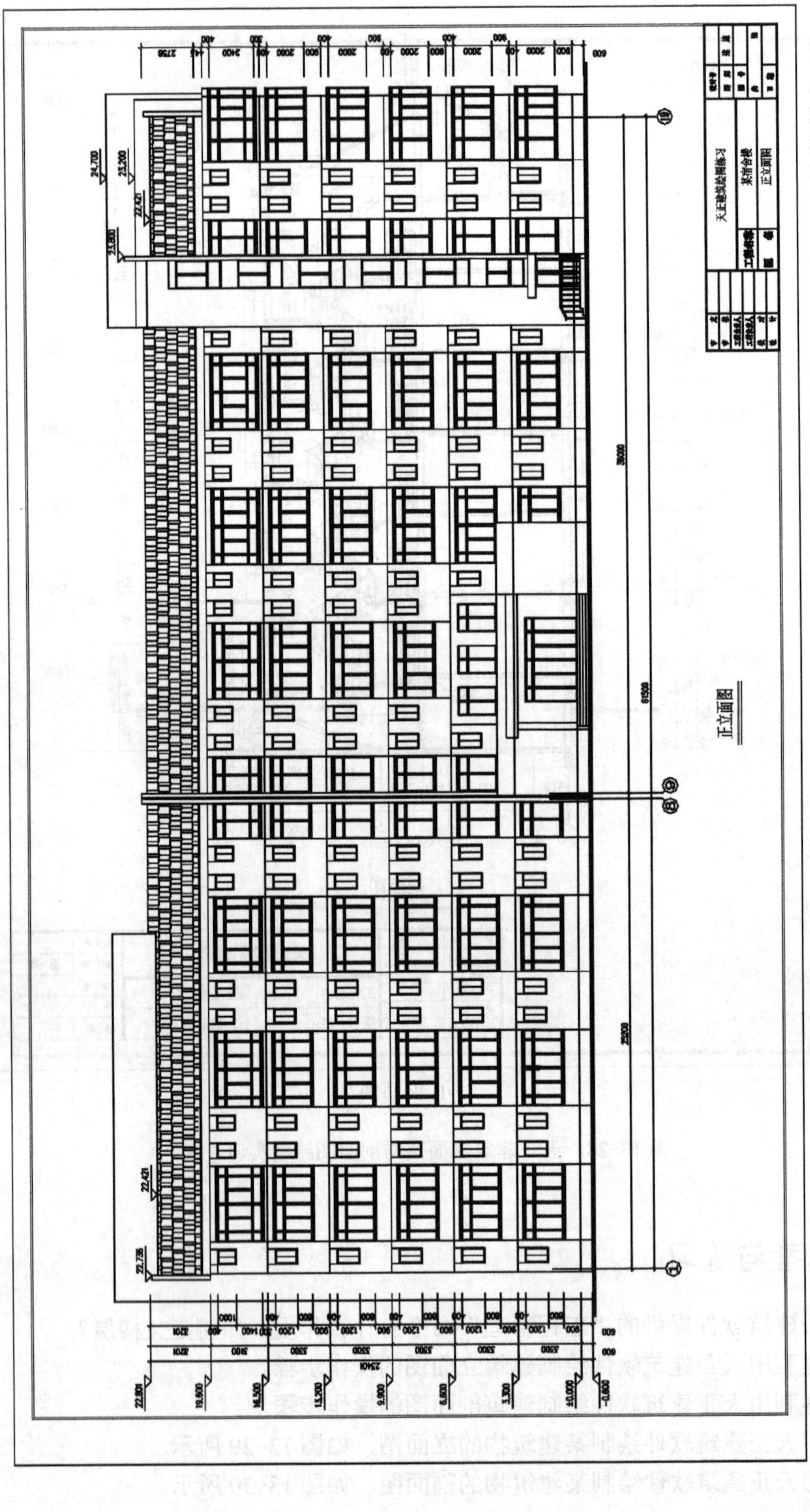

图 13-29　天正建筑立面图绘制练习

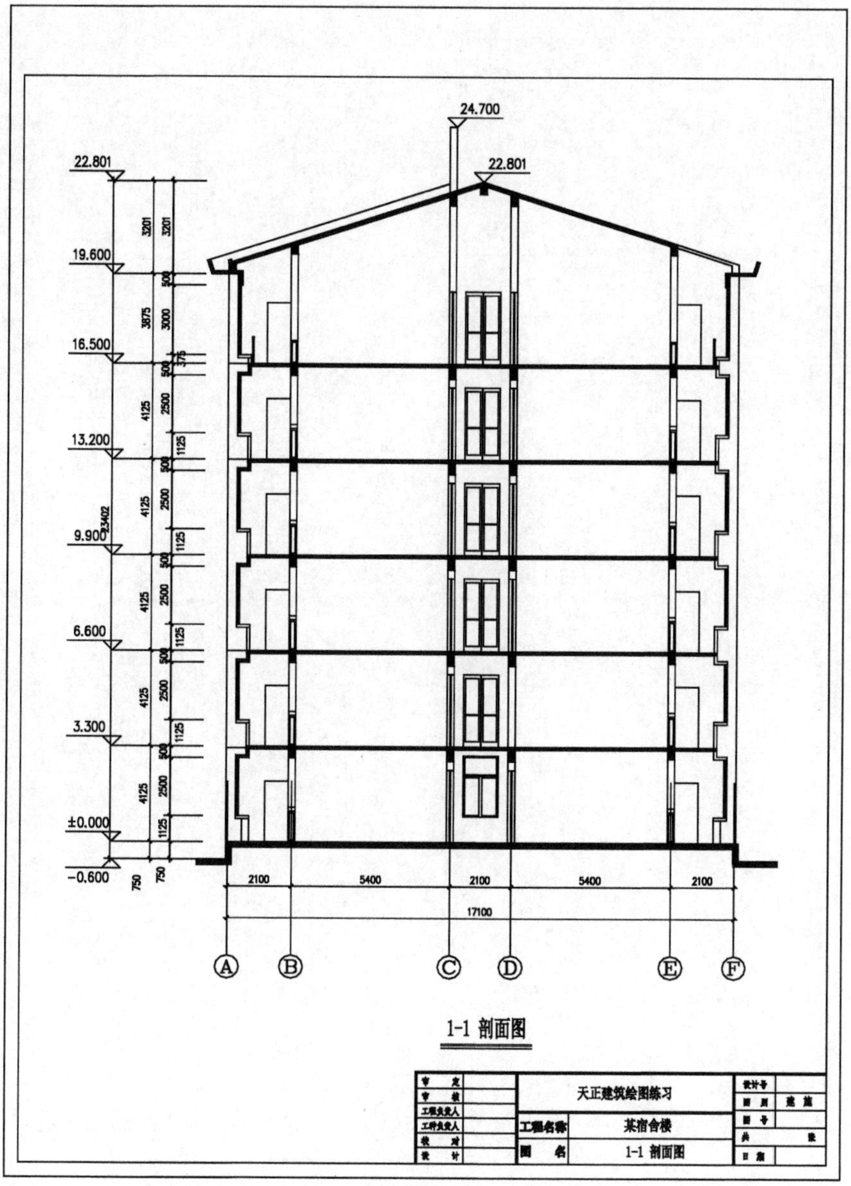

图 13-30　天正建筑剖面图绘制练习